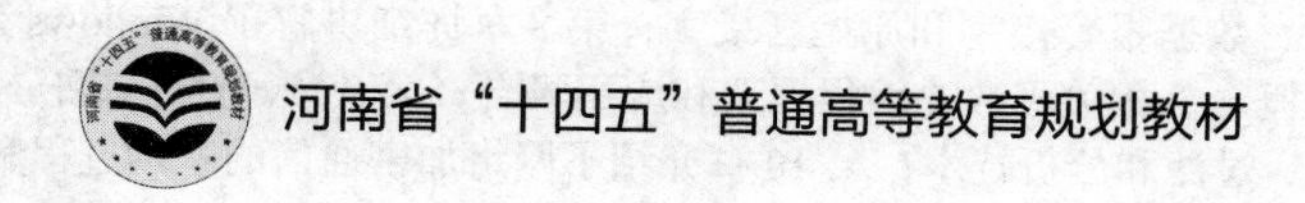

· 网络空间安全学科系列教材 ·

Windows 网络编程

第 2 版

WINDOWS NETWORK PROGRAMMING

Second Edition

主编 刘琰 王清贤

参编 罗向阳 杨春芳 陈熹 杜少勇 杨忠信

本书全面系统地介绍了网络编程的基本原理。第 1 ～ 3 章阐述网络编程涉及的基础知识，包括网络应用程序设计基础、网络程序通信模型和网络数据的内容与形态等；第 4 ～ 7 章重点介绍 Windows Sockets 编程的基本方法，包括协议软件接口，Windows Sockets 中的流式套接字、数据报套接字和原始套接字；第 8 章详细讲解了 Windows 系统中常用的 I/O 模型的基本概念、相关函数、编程框架和应用场合；第 9 章阐述了基于 Npcap 的网络数据构造、捕获、过滤和分析技术；第 10 章介绍了网络加密通信的基本过程和使用套接字进行加密操作的编程方法。

本书结构清晰、实用性强，既突出基本原理和技术，又强调工程实践，适合作为高校网络空间安全相关专业、计算机相关专业的教材，也适合作为从事网络应用开发、网络安全工作的技术人员的参考书。

图书在版编目（CIP）数据

Windows 网络编程 / 刘琰，王清贤主编 . —2 版 . —北京：机械工业出版社，2023.11

网络空间安全学科系列教材

ISBN 978-7-111-74051-3

Ⅰ. ① W… Ⅱ. ①刘… ②王… Ⅲ. ① Windows 操作系统 – 网络软件 – 程序设计 – 教材 Ⅳ. ① TP316.86

中国国家版本馆 CIP 数据核字（2023）第 197080 号

机械工业出版社（北京市百万庄大街 22 号 邮政编码 100037）

策划编辑：朱 劼 责任编辑：朱 劼

责任校对：马荣华 张慧敏 景 飞 责任印制：郜 敏

三河市国英印务有限公司印刷

2024 年 11 月第 2 版第 1 次印刷

185mm × 260mm · 21 印张 · 1 插页 · 495 千字

标准书号：ISBN 978-7-111-74051-3

定价：59.00 元

电话服务 网络服务

客服电话：010-88361066 机 工 官 网：www.cmpbook.com

010-88379833 机 工 官 博：weibo.com/cmp1952

010-68326294 金 书 网：www.golden-book.com

 机工教育服务网：www.cmpedu.com

前　　言

在信息化高度发展的今天，技术日新月异，网络应用层出不穷。越来越多的应用运行在网络环境下，要求程序员能够在广泛使用的 Windows 操作系统上开发网络应用程序。目前，国内大批专门从事网络技术开发与技术服务的机构和高科技企业需要网络基础扎实、编程技术精湛的专业技术人才。作为计算机网络课程体系的重要组成部分，网络编程相关课程已在国内各大高校开设。

本书着眼于基本技能的训练和强化，以问题为牵引，由浅入深，辅以前后贯穿的范例，力求将编程方法的使用场合分析透彻，将网络编程的原理解释清楚，并让读者能够对网络通信中遇到的瓶颈问题进行优化、改进。本书详细地介绍了网络编程的基本原理，剖析了网络应用程序实现与套接字实现和协议实现之间的关联，重点阐述了 Windows Sockets 编程和 Npcap 编程的主要思想和方法，分析了不同编程方法的适用性和优缺点。通过学习本书，读者可以熟悉 Windows 系统中网络编程的基本方法，系统掌握网络数据处理的原理和技术，提高网络实践能力，为将来从事网络技术研究、网络应用程序开发和网络管理等工作打下坚实的基础。

本书第 1 版出版于 2014 年，距今已十年。在这十年中，不仅计算机网络有了长足的发展，而且国内计算机网络相关专业的学生和从业人员的技术水平、编程需求也有了明显变化，因此在第 2 版中，我们针对原有内容做了大量调整、修改和增删。

全书共有 10 章和 1 个附录。第 1 ～ 3 章阐述网络编程涉及的基础知识，包括分布式网络应用程序的结构、TCP/IP 基础、网络程序通信模型和网络数据的内容与形态等；第 4 ～ 7 章重点介绍 Windows Sockets 编程的基本方法，包括协议软件接口，以及 Windows Sockets 中的流式套接字、数据报套接字和原始套接字（重点介绍这三种基本套接字的使用场合、通信功能、处理细节和优化策略等）；第 8 章详细讲解 Windows 系统中常用的 I/O 模型的基本概念、相关函数、编程框架和应用场合；第 9 章重点阐述基于 Npcap 的网络数据构造、捕获、过滤和分析技术；第 10 章介绍网络加密通信的基本过程和使用套接字进行加密操作的编程方法；附录中给出了 Windows Sockets 错误码和错误描述。

为了方便读者阅读和学习以及教师授课，编者将提供相关的辅助资源，读者可以登录机械工业出版社网站下载相关资源。

本书由中国人民解放军网络空间部队信息工程大学网络空间安全学院组织编写，刘琰教授负责第 1 ～ 8 章的撰写和示例代码，王清贤教授、罗向阳教授、杨春芳副教授参与部分章节的编写并审校全书，杨忠信负责第 9 章的撰写和示例代码，陈熹负责第 10 章的撰写和示例代码，杜少勇主要负责书中示例代码的优化和教学资源制作。

本书是编者根据多年来的网络应用程序开发和课程教学经验，在内部讲义的基础上反复修改后编写而成的。由于网络技术发展迅速，限于作者水平，书中疏漏和错误之处在所难免，恳请读者和有关专家不吝赐教。

编　者

2023 年 7 月

教学和阅读建议

本课程的先修课程为“程序设计”“计算机网络”“网络协议分析”。本课程强调技能训练，在授课内容上注重知识的实用性和连贯性，建议授课时长为 40 学时（22 学时授课，18 学时上机实践，工学时自学)，各章的教学内容可做如下安排。

第 1 章　网络应用程序设计基础（课堂教学 2 学时）

教学内容：

- 协议层次和服务模型。
- 网络程序寻址方式。
- 分布式网络应用程序的特点及分类。
- 常用的网络编程方法。

考核要求：

通过课堂讲解，学生应能比较全面地掌握网络程序设计中涉及的计算机网络方面的基础知识，包括各种网络术语、网络协议、网络程序寻址方式等，了解基于计算机网络开发的分布式网络应用程序的特点，从层次化的角度了解网络应用程序设计的基本方法。

第 2 章　网络程序通信模型（课堂教学 2 学时，上机实践 2 学时）

教学内容：

- 网络应用程序与网络通信之间的关系。
- 客户 / 服务器模型。
- 浏览器 / 服务器模型。
- P2P 模型。

考核要求：

通过课堂讲解，学生应能理解各种网络程序通信模型产生的原因，掌握客户 / 服务器模型的基本原理，了解浏览器 / 服务器模型和 P2P 模型的基本概念，能够根据实际问题需求选择合适的通信模型，搭建合理的程序架构。

通过上机实践，学生应熟悉常用的网络编程辅助工具，掌握网络应用程序的调试和分析技能。

第 3 章　网络数据的内容与形态（自学 2 学时）

教学内容：

- 整数的长度与符号。
- 字节顺序。
- 结构的对齐与填充。
- 网络数据传输形态。
- 字符编码。
- 数据校验。

考核要求：

通过课堂讲解，学生应掌握网络数据在存储、传输过程中的基本概念，掌握正确的整数符号处理、字节顺序转换、结构对齐、字符编码转换和数据校验计算的方法等。

第 4 章　协议软件接口（课堂教学 2 学时，上机实践 2 学时）

教学内容：

- TCP/IP 协议软件接口的位置和功能。
- 网络通信的基本方法。
- 套接字的基本概念和通信过程。
- Windows 套接字的基本概念和编程接口。

考核要求：

通过课堂讲解，学生应了解套接字的起源和设计初衷，掌握套接字的基本概念，掌握 Windows 套接字的组成和特点，熟悉 Windows 套接字的基本函数功能，掌握套接字的初始化和释放、套接字控制以及地址的描述与转换的方法等。

通过上机实践，学生应掌握使用 Windows 套接字进行网络应用程序开发的基本方法，包括开发环境配置方法、常用数据结构和程序开发流程等。

第 5 章　流式套接字编程（课堂教学 4 学时，上机实践 4 学时）

教学内容：

- 流式套接字的适用场合、通信过程和交互模型。
- 流式套接字编程相关函数的使用方法。
- TCP 的流传输控制。
- 面向连接程序的可靠性保护和传输效率分析。

考核要求：

通过课堂讲解，学生应理解流式套接字的应用场合，掌握流式套接字编程的基本模型、函数使用细节和开发流程，掌握 TCP 流的传输控制方法，了解使用 TCP 传输的应用程序可能出现的失败模式，掌握面向连接程序的可靠性保护和传输效率改进的基本方法。

通过上机实践，学生应掌握流式套接字编程的基本方法，熟练使用辅助工具观察程序运行过程中的状态和通信细节，排除流式套接字编程中的常见故障。

第 6 章　数据报套接字编程（课堂教学 2 学时，上机实践 2 学时）

教学内容：

- 数据报套接字的适用场合、通信过程和交互模型。
- 数据报套接字编程相关函数的使用方法。
- 无连接程序的可靠性维护方法。
- 无连接服务器的并发处理方法。

考核要求：

通过课堂讲解，学生应理解数据报套接字的应用场合，掌握数据报套接字编程的基本模型、函数使用细节和开发流程，了解使用 UDP 传输的应用程序可能出现的不可靠性问题和维护方法，了解无连接服务器并发处理的基本思路。

通过上机实践，学生应掌握数据报套接字编程的基本方法，熟练使用辅助工具观察程序运行过程中的状态和通信细节，排除数据报套接字编程中的常见故障。

第 7 章　原始套接字编程（课堂教学 2 学时，上机实践 2 学时）

教学内容：

- 原始套接字的功能、适用场合、通信过程和交互模型。
- 原始套接字的创建、数据发送和数据接收方法。

考核要求：

通过课堂讲解，学生应理解原始套接字的功能和应用场合，掌握原始套接字编程的基本模型和开发流程，掌握原始套接字的创建、控制、发送和接收处理方法，了解 Windows 对原始套接字的限制。

通过上机实践，学生应掌握原始套接字编程的基本方法，排除原始套接字编程中的常见故障，提高对协议数据的操控能力。

第 8 章　网络通信中的 I/O 操作（课堂教学 4 学时，上机实践 2 学时）

教学内容：

- 套接字的 I/O 模式。
- 阻塞 I/O 模型。
- 非阻塞 I/O 模型。
- I/O 复用模型。
- 基于消息的 WSAAsyncSelect 模型。
- 基于事件的 WSAEventSelect 模型。

- 重叠 I/O 模型。
- 完成端口模型。

考核要求：

通过课堂讲解，学生应掌握网络 I/O 操作的基本思想，掌握在 Windows 系统中常用的 7 种 I/O 模型的基本概念、相关函数、编程框架和应用场合。

通过上机实践，学生应掌握基本网络 I/O 模型的编程方法，结合现实需求，选择合适的网络 I/O 模型，对网络应用程序的通信性能进行改进。

第 9 章　Npcap 编程（课堂教学 2 学时，上机实践 2 学时）

教学内容：

- Npcap 的起源与功能。
- Npcap 的体系结构和编程接口。
- Npcap 编程环境配置。
- wpcap.dll 的常用数据结构和编程方法。
- Packet.dll 的常用数据结构和编程方法。

考核要求：

通过课堂讲解，学生应掌握 Npcap 的功能、体系结构和编程环境，掌握利用 wpcap.dll 进行底层网络程序开发的基本方法，掌握利用 Packet.dll 进行底层网络程序开发的基本方法。

通过上机实践，学生应掌握 Npcap 编程环境的配置方法，掌握使用 Npcap 进行底层网络通信程序开发的基本流程，排除 Npcap 编程中的常见故障，提高对底层协议数据的操控能力。

第 10 章　加密通信（课堂教学 2 学时，上机实践 2 学时）

教学内容：

- 掌握主流网络安全协议 IPSec 和 SSL/TLS 的基本流程。
- 熟悉加密通信的基本过程。
- 使用流式套接字实现加密通信系统。

考核要求：

通过课堂讲解，学生应掌握网络安全协议的运行机制，特别是目前广泛使用的网络安全协议 IPSec 和 SSL/TLS，了解它们的组成结构以及通信过程。

通过上机实践，学生应理解一般加密通信的基本流程，能够利用流式套接字实现简单的加密通信系统，在此基础上体会加密通信的原理和本质。

目　录

第 1 章

网络应用程序设计基础

网络编程的基础是计算机网络，因此本章简要讲述网络编程中涉及的计算机网络方面的基础知识，包括常用网络术语、网络拓扑结构、网络协议等。基于计算机网络开发的分布式网络应用程序种类多样，设计需求也千差万别，本章对常用的网络编程方法进行归纳，由高层至低层分别介绍面向应用的网络编程方法、基于 TCP/IP 协议栈的网络编程方法和面向原始帧的网络编程方法。

1.1 计算机网络基础

1.1.1 协议层次和服务模型

计算机网络是指将地理位置不同且具有独立功能的多台计算机及其外部设备，通过通信线路连接起来，在网络操作系统、网络管理软件及网络通信协议的管理和协调下，实现资源共享和信息传递的计算机系统。总的来说，计算机网络由计算机、网络操作系统、传输媒体以及相应的应用软件四部分组成。

计算机网络是一个极为复杂的系统，包括大量的应用程序和协议、各种类型的端系统，以及各种类型的链路级媒体。对于这种复杂的系统，设法简化管理是非常重要的。为了降低设计难度，网络设计者以分层的方式组织协议以及实现这些协议的网络硬件和软件。协议分层具有概念化和结构化的优点，每一层都建立在它的下层之上，使用下层提供的服务，下层对上层隐藏服务实现的细节。

一个机器上的第 n 层与另一个机器的第 n 层交流，所使用的规则和协定被称为第 n 层协议。这里的协议，是指通信双方关于如何进行通信的一种约定，每个协议属于某个层次。特定系统所使用的一组协议被称为协议栈（protocol stack）。

1. 开放系统互连参考模型

在开放系统互连（Open System Interconnect，OSI）参考模型出现之前，计算机网络中存在多种体系结构，其中以 IBM 公司的系统网络体系结构（System Network Architecture，SNA）和 DEC 公司的数字网络体系结构（Digital Network Architecture，DNA）最为著名。为了解决不同体系结构的网络互连问题，国际标准化组织（ISO）于 1981 年制定了开放系统互连参考模型。这个模型把网络通信的工作分为7层，由低到高分别是物理层（physical layer）、数据链路层（data link layer）、网络层（network layer）、传输层（transport layer）、会话层（session layer）、表示层（presentation layer）和应用层（application layer），如图1-1a所示。

OSI参考模型	
7	应用层
6	表示层
5	会话层
4	传输层
3	网络层
2	数据链路层
1	物理层

a）

TCP/IP 参考模型	
5	应用层
4	传输层
3	网络层
2	数据链路层
1	物理层

b）

图1-1　OSI参考模型与TCP/IP参考模型

第1层到第3层属于OSI参考模型的低三层，负责创建网络通信连接的链路；第4层到第7层为OSI参考模型的高四层，负责端到端的数据通信。每一层完成一定的功能，每一层都直接为其上层提供服务，并且所有层次互相支持，网络通信可以自上而下（在发送端）或者自下而上（在接收端）双向进行。当然，并不是每一次通信都需要经过OSI的全部七层，有的通信只需要经过双方对应的某一层即可，例如物理接口之间的转接、中继器与中继器之间的连接就只需在物理层中进行，路由器与路由器之间的连接只需经过网络层、数据链路层和物理层。总的来说，双方的通信是在对等层次上进行的。

2. TCP/IP参考模型

ISO制定的OSI参考模型过于庞大、复杂，实际应用时有许多不便，因此，由技术人员自己开发的TCP/IP协议栈得到了更为广泛的应用。

TCP/IP协议栈是美国国防部高级研究规划局计算机网络（Advanced Research Projects Agency Network，ARPANET）和其后继因特网使用的参考模型。TCP/IP参考模型分为五个层次：应用层、传输层、网络层、数据链路层和物理层，如图1-1b所示。

在TCP/IP参考模型中，去掉了OSI参考模型中的会话层和表示层（这两层的功能被合并到应用层实现）。以下分别介绍各层的主要功能。

（1）应用层

应用层是网络应用程序及其应用层协议存留的层次。TCP/IP协议栈的应用层协议包括Finger（用户信息协议）、文件传输协议（File Transfer Protocol，FTP）、超文本传输协议（Hypertext Transfer Protocol，HTTP）、Telent（远程终端协议）、简单邮件传输协议（Simple Mail Transfer Protocol，SMTP）、因特网中继聊天（Internet Relay Chat，IRC）、网络新闻传输协议（Network News Transfer Protocol，NNTP）等。

应用层之间交换的数据单位为消息流或报文（message）。

（2）传输层

在 TCP/IP 模型中，传输层的功能是使源端主机和目标端主机上的对等实体可以进行会话。在传输层定义了两种服务质量不同的协议，即传输控制协议（Transmission Control Protocol，TCP）和用户数据报协议（User Datagram Protocol，UDP）。

TCP 是一个面向连接的、可靠的协议，为应用程序提供了面向连接的服务。这种服务将一台主机发出的消息流无差错地发往互联网上的其他主机。在发送端，它负责把上层传送下来的消息流分成数据段并传递给下层；在接收端，它负责把收到的数据包进行重组后递交给上层。另外，TCP 还要处理网络拥塞控制，在网络拥塞时帮助发送源抑制其传输速度；提供端到端的流量控制，避免缓慢的接收方没有足够的缓冲区接收发送方发送的大量数据。TCP 的数据传输单元为 TCP 数据段（TCP segment）。

UDP 是一个不可靠、无连接的协议，它为应用程序提供无连接的服务。这种服务主要适用于广播数据发送和不需要对报文进行排序和流量控制的场合。UDP 的数据传输单元为 UDP 数据报（UDP datagram）。

（3）网络层

网络层是整个 TCP/IP 协议栈的核心。网络层的功能是通过路径选择把分组发往目标网络或主机，进行网络拥塞控制和差错控制。

网际协议（Internet Protocol，IP）是网络层的重要协议，该协议定义了数据包中的各个字段以及端系统和路由器如何作用于这些字段。

网络层中的另一个协议是 Internet 控制报文协议（Internet Control Message Protocol，ICMP），该协议用于在 IP 主机、路由器之间传递控制消息。控制消息包括网络是否畅通、主机是否可达、路由是否可用等网络本身的消息。这些控制消息虽然并不传输用户数据，但是对于用户数据的传递起着重要的监测与反馈作用。

另外，网络层也包括决定路由的选路协议，如路由信息协议（Routing Information Protocol，RIP）、开放最短路径优先协议（Open Shortest Path Find，OSPF）等。这些协议帮助路由器建立、维护路由表，数据包根据选定的路由从源传输到目的地。

网络层的数据传输单元为数据包（packet），或称为分组。

（4）数据链路层

数据链路层负责物理层和网络层之间的通信，将网络层接收到的数据分割成特定的、可被物理层传输的帧，并交付给物理层进行实际的数据传送。

数据链路层提供的服务取决于应用于该层的协议，常用的协议包括以太网的 802.3 协议、Wi-Fi 的 802.11 协议和点对点协议（Point to Point Protocol，PPP）等。因为数据包从源传送到目的地通常需要经过几条链路，所以它可能被沿途不同链路上的不同协议处理。

数据链路层的数据传输单元为帧（frame）。

（5）物理层

数据链路层的任务是将整个帧从一个网络元素移动到邻近的网络元素，而物理层的任务是将该帧中的比特逐个从一个节点移动到下一个节点。该层中的协议仍然是链路相关的，并且与链路（如双绞线、单模光纤）的实际传输媒体相关。对应于不同的传输媒体，跨越这些链路移动比特的方式也不同。

物理层的数据传输单元为比特（bit）。

1.1.2 网络程序的寻址方式

在邮寄信件时，邮政系统需要收信人的地址；在电话交流时，电话系统需要拨号者提供通信对方的电话号码。与之类似，在一个网络程序与另一个网络程序通信之前，必须告诉网络某些信息以标识另一个程序。在 TCP/IP 中，网络应用程序使用两个信息来唯一标识一个特定的应用程序：IP 地址和端口号。在具体的网络应用中，IP 地址和端口号的使用还会遇到一些更复杂的变化，比如名称解析、网络地址转换等。

1. IP 地址

互联网上的每个主机和路由器都有 IP 地址，它将网络号和主机号编码在一起。这个组合在全网范围内是唯一的（原则上，互联网上没有两个机器有相同的 IP 地址）。

IP 地址是二进制数字，具有 IPv4 和 IPv6 两种类型，分别对应于已经标准化的网际协议的两个版本。IPv4 地址的长度为 32 位，用于标识 40 亿个不同的地址。对于今天的 Internet 来说，这个地址范围并不能满足实际使用的需要。IPv6 地址的长度为 128 位。

为便于人们使用，IP 的两个版本采用了不同的约定。按照惯例，IPv4 地址一般写为一组 4 个用句点隔开的十进制数字（例如 10.0.0.3），这种方式称为“点分十进制”表示法。点分十进制字符串中的 4 个数字表示 IP 地址的 4 字节的内容，每个部分都是 0 ～ 255 之间的数字。另外，根据约定，16 字节的 IPv6 地址被表示为用冒号隔开的十六进制数字的组合（例如 2000:fdb8:0000:0000:0000:0023:7865:28a1），每一组数字表示 2 字节的地址，可以省略前导 0 和只包含 0 的组序列。

就 IPv4 地址而言，最初采用的地址编址方法是分类编址方法，如图 1-2 所示，IP 地址的网络部分的长度为 8、16 或 24 比特，分别称为 A、B 和 C 类网络，D 类网络用于组播，E 类网络保留供今后使用。

<table>
<tr><td>A类地址</td><td>0</td><td colspan="2">网络地址</td><td colspan="4">主机地址</td></tr>
<tr><td>B类地址</td><td>1</td><td>0</td><td colspan="2">网络地址</td><td colspan="3">主机地址</td></tr>
<tr><td>C类地址</td><td>1</td><td>1</td><td>0</td><td colspan="2">网络地址</td><td colspan="2">主机地址</td></tr>
<tr><td>D类地址</td><td>1</td><td>1</td><td>1</td><td>0</td><td colspan="3">组播地址</td></tr>
<tr><td>E类地址</td><td>1</td><td>1</td><td>1</td><td>1</td><td>0</td><td colspan="2">保留</td></tr>
</table>

图 1-2 IP 地址格式和分类

还有一些地址段有特殊的用法，比如：

- 10.0.0.0 ～ 10.255.255.255、172.16.0.0 ～ 172.31.255.255、192.168.0.0 ～ 192.168.255.255 是私有地址，这些地址被大量用于内部的局域网络中，以免以后接入公网时引起地址混乱。
- 127.0.0.0 ～ 127.255.255.255 是保留地址，用于本地回环测试，发送到这个地址的封包不会被传输到线路上，而是被当作到来的封包直接在本地处理。这样，发送者不需要知道网络号就可以完成封包的发送。
- 169.254.0.0 ～ 169.254.255.255 是保留地址。
- 0.0.0.0 表示所有不清楚的主机和目的网络。如果在网络配置中设置了默认网关，那么 Windows 系统会自动产生一个目的地址为 0.0.0.0 的默认路由。
- 255.255.255.255 表示限制广播地址，对本机来说，它指本网段内（同一广播域）的所有主机。

在域名系统出现之后的第一个十年里，基于分类编址进行地址分配和路由 IP 数据包的设计就已明显表现出可扩充性不足的问题（参见 RFC 1517）。为了解决这个问题，互联网工程工作小组在 1993 年发布了一系列的标准——RFC 1518 和 RFC 1519，以定义新的分配 IP 地址块和路由 IPv4 数据包的方法。无类别域间路由（Classless Inter-Domain Routing，CIDR）是一个 IP 地址归类方法，用于给用户分配 IP 地址以及在互联网上有效地路由 IP 数据包。CIDR 用 13 ～ 27 位长的前缀取代了原来地址结构中对网络部分的限制，一个 IP 地址包含两部分：主机地址和表示网络的前缀与主机地址。以地址 222.80.18.18/25 为例，“/25”表示其前面地址中的前 25 位代表网络部分，其余位代表主机部分。

在管理员能分配的地址块中，主机数量范围是 32 ～ 500 000，从而能更好地满足机构对地址的特殊需求。另外，将多个连续的前缀聚合起来，总体上可以减少路由表的表项数目。

2. 端口号

网络层 IP 地址用来寻址指定的计算机或者网络设备，传输层的端口号用来确定运行在目的设备上的应用程序。端口号是 16 位的，范围在 0 ～ 65 535 之间。在设备上寻址端口号时经常使用的形式是“IP：端口号”，通信的两端都要使用端口号来唯一标识其主机内运行的特定应用程序。

许多公共服务都使用固定的端口号，例如万维网（World Wide Web，WWW）服务器默认使用的端口号是 80，FTP 服务器使用的端口号是 21，SMTP 服务器使用的端口号是 25 等。自定义的服务一般使用高于 1024 的端口号。

3. 名称解析

在一个基于 TCP/IP 的网络中，IP 地址用于唯一标识网络上的一台计算机。如果某台计算机想访问网络中的其他计算机，首先必须知道目标计算机的 IP 地址，然后使用该 IP 地址与其通信。

但在实际应用中，用户很少直接使用 IP 地址来访问网络中的资源，而是习惯使用便于记忆的计算机名或域名。比如，当用户在浏览器地址栏中输入“http://www.test.com”访问网络中的某台服务器时，客户计算机必须通过一个地址转换过程将该域名转换成该服务器的 IP 地址，这个名称转换过程是通过名称解析服务完成的。

名称解析服务可以访问来源广泛的信息，主要的来源是域名系统（Domain Name System，DNS）和本地配置数据库（一般是操作系统中用于本地名称与IP地址映射的特殊机制，如Windows系统中的NetBIOS解析）。

4. 网络地址转换

IP地址是紧缺资源。对于整个Internet来说，长期的解决方案是迁移到IPv6，但这个过程真正完成需要很多年。因此，人们必须找到一个能够马上投入使用的解决方法。网络地址转换（Network Address Translation，NAT）是接入广域网（WAN）的一种技术，能够将私有（保留）地址转化为合法的IP地址，可广泛应用于各种Internet接入方式和各种类型的网络中。NAT不仅完美地解决了IP地址不足的问题，而且能够有效地避免来自网络外部的攻击，隐藏并保护网络内部的计算机。

NAT有三种实现方式，即静态转换、动态转换和端口多路复用。

- 静态转换是指将内部网络的私有IP地址转换为公有IP地址时，IP地址对是一对一的、一成不变的，某个私有IP地址只能转换为某个公有IP地址。借助静态转换，可以实现外部网络对内部网络中某些特定设备（如服务器）的访问。
- 动态转换是指将内部网络的私有IP地址转换为公用IP地址时，IP地址是不确定的、随机的，所有被授权访问Internet的私有IP地址都可以随机转换为任何指定的合法IP地址。也就是说，只要指定哪些内部地址可以进行转换，以及使用哪些合法地址作为外部地址，就可以进行动态转换。动态转换可以使用多个合法的外部地址集。当ISP提供的合法IP地址略少于网络内部的计算机数量时，可以采用动态转换的方式。
- 端口多路复用是指改变外出数据包的源端口并进行端口地址转换（Port Address Translation，PAT）。内部网络的所有主机均可共享一个合法的外部IP地址来实现对Internet的访问，从而最大限度地节约IP地址资源。同时，又可以隐藏网络内部的所有主机，有效避免来自Internet的攻击。因此，目前网络中应用最多的就是端口多路复用方式。

NAT有效解决了IP地址短缺的问题，但是它也带来了一些新的问题，使得开发点对点通信应用程序时要考虑很多附加的问题，主要体现在：

- 处于NAT后面的主机不能充当服务器直接接收外部主机的连接请求，必须对NAT设备进行相应的配置才能完成外部地址与内部服务器地址的映射。
- 处于不同NAT之后的两台主机无法建立直接的UDP或TCP连接，必须使用中介服务器来帮助它们完成初始化的工作。

1.2　分布式网络应用程序

随着计算机技术的深入发展和应用，分布式网络应用程序在构建企业级的应用中更加流行。这类程序的主要特点是：

- 分布式网络应用程序将整个应用程序的处理分成几个部分，分别在不同的机器上运行，这里的“分布”包含两层含义：地理上的分布和数据处理的分布。

- 多台主机之间交互协作，共同完成一个任务。
- 就网络访问而言，分布式应用对用户来说是透明的，其目标在于提供一个环境，该环境隐藏了计算机和服务的地理位置，使它们看上去就像在本地一样。

从应用场合来看，分布式网络应用程序可分为以下五类：

1）远程控制类应用程序。远程控制类应用程序的目的是远程操作对方主机。其主要工作过程是：程序与远程主机建立会话，根据控制需求传送命令，使用统一的操作界面操控多台主机。典型的应用有远程协助、木马远程监控等。

2）网络探测类应用程序。网络探测类应用程序的目的是通过灵活地构造探测包获得期望的探测结果。其主要工作过程是：选择较低层的网络编程接口，根据探测需求，构造特殊请求，对探测目标发送各类请求，接收并分析响应，给出探测结论。典型的应用有端口扫描、操作系统探测、网络爬虫等。

3）网络管理类应用程序。网络管理类应用程序的目的是对网络数据和网络设备进行监管，发现异常，限制应用等。其主要工作过程是：根据网络管理需求，选择合适的网络编程接口，使用特定的网络管理协议进行设备的状态监控，或通过强大的流量分析能力对网络进出流量进行监控。典型的应用有网络管理、上网监控、网络流量分析、入侵检测等。

4）远程通信类应用程序。远程通信类应用程序的目的在于提供用户间的各类通信渠道。其主要工作过程是：根据通信需求，选择合适的通信模型，为文字聊天、文件传输、语音视频等用户应用设计稳定、可靠的传输通道。典型的应用有即时通信、电子邮件客户端、联机游戏等。

5）信息发布类应用程序。信息发布类应用程序的目的在于发布信息。其主要工作过程是：在公开知名的地址上开放服务，等待用户的信息查询和发布请求，提供有效的信息展示。典型的应用有 WWW 服务器、FTP 服务器、Whois 服务器等。

1.3 网络编程方法概览

根据实际工作的需求，实现网络编程的方法很多，如套接字编程、基于网络驱动程序接口规范（Network Driver Interface Specification，NDIS）的编程、Web 网站开发等。每一种编程方法都可以实现数据传输，但不同方法的工作机制差别很大，其实现能力也有很大区别。在实际运用中，需要首先明确这些方法的工作层次和特点，然后选择适合的编程方法。从网络数据的内容来看，不同的编程方法可操控的数据包括链路层上的帧、网络层上的数据包、传输层上的数据段或应用层上的消息流。以下依据操控网络数据的层次分别阐述常用的网络编程方法。

1.3.1 面向应用的网络编程方法

在应用层上有大量针对具体应用、特定协议的网络编程方法，这些方法屏蔽了大量网络操作的细节，提供简单的接口用于访问应用程序中的数据流。面向应用的网络编程方法主要有以下几种。

1. WinInet 编程

WinInet 编程面向 Internet 常用协议中消息流的访问，这些协议包括 HTTP、FTP 和 Gopher 文件传输协议。WinInet 函数的语法与常用的 Win32 API 函数的语法类似，这使得使用这些协议就像使用本地硬盘上的文件一样容易。

2. 基于 WWW 应用的网络编程

WWW 又称为万维网或 Web，WWW 应用是 Internet 上最常见的应用。它用超文本标记语言（HyperText Markup Language，HTML）来表达信息，用超链接将全世界的网站连成一个整体，用浏览器这种统一的形式进行浏览，为人们提供了一个图文并茂的多媒体信息世界。WWW 已经深入应用到各行各业。无论是电子商务、电子政务、数字企业、数字校园，还是各种基于 WWW 的信息处理系统、信息发布系统和远程教育系统，都采用了网站的形式。这种巨大的需求催生了各种基于 WWW 应用的网络编程技术，主要包括网页制作工具（如 Frontpage、Dreamweaver、Flash 和 Firework 等）、动态服务器页面的制作技术（如 ASP、JSP 和 PHP 等）。

3. 面向 SOA 的 Web Service 网络编程

随着业务应用程序对业务需求的灵活性要求逐步提高，传统紧耦合的面向对象模型已不再适用，面向服务的体系结构（Service-Oriented Architecture，SOA）可以根据需求通过网络对松散耦合的粗粒度应用组件进行分布式部署、组合和使用。在 SOA 方式下，服务之间通过简单、精确定义的接口进行通信，不涉及底层编程接口和通信模型。SOA 可以看作 B/S 模型、XML/Web Service 技术之后的自然延伸。

Web Service 是一种常见的 SOA 实现方式，是松散耦合的可复用软件模块。Web Service 完全基于可扩展标记语言（eXtensible Markup Langnage，XML）、文档结构描述（XML Schema Definition，XSD）等独立于平台和软件供应商的标准，是创建可互操作、分布式应用程序的新平台。

在 Internet 上发布后，Web Service 能够通过标准协议在程序中访问。在谷歌、新浪微博等传统 WWW 应用平台下已发布了大量可通过 Web Service 远程访问的公共 API 访问接口，尤其是在云计算方兴未艾的趋势下，越来越多的程序需要跨平台交互，基于 Web Service 的网络编程将得到更加广泛的应用。

1.3.2 基于 TCP/IP 协议栈的网络编程方法

基于 TCP/IP 协议栈的网络编程是最基本的网络编程方法，主要是使用各种编程语言，利用操作系统提供的套接字网络编程接口，直接开发各种网络应用程序。在套接字通信中，常用套接字类型有流式套接字（用于在传输层提供面向连接、可靠的数据传输服务）、数据报套接字（用于在传输层提供无连接的数据传输服务）和原始套接字（用于网络层上的数据包访问）。

这种编程方法能够直接利用网络协议栈提供的服务来实现网络应用，层次比较低，编程者有较大的自由度。这种编程方法要求设计者深入了解 TCP/IP 的相关知识，掌握套接字编程接口的主要功能和使用方法。

1.3.3 面向原始帧的网络编程方法

在网络上直接发送和接收数据帧是最原始的数据访问方式。在这个层面上，程序员能够控制网卡的工作模式，灵活地访问帧中的各个字段。然而，这种灵活性也增加了编程的复杂性，要求程序员深入掌握操作系统底层的驱动原理，并具备较强的编程能力。面向原始帧的网络编程方法主要有以下 4 种。

1. 直接网卡编程

在 OSI/RM 模型中，物理层和数据链路层的主要功能一般由硬件——网络适配器（网络接口卡或网卡）来实现，每个工作站都安装有一个或多个网卡，每个网卡上都有自己的控制器，用于确定何时发送数据，何时从网络上接收数据，并负责执行网络协议所规定的规程，如构成帧、计算帧检验序列、执行编码译码转换等。

对于不同的网络芯片，其编程方法略有区别，但原理相似。通常使用汇编语言，通过操纵网卡寄存器实现对网卡微处理器的控制，完成数据帧的发送与接收。

直接网卡编程为用户提供了直接控制网卡工作的能力，速度很快。但是，这种编程方法比较抽象，要求编程人员具有一定的汇编语言基础，并且不同厂商的网卡之间有很大的差异，程序的通用性较差。

2. 基于 Packet Driver 的网络编程

为了屏蔽网络适配器的内部实现细节，使用户与网卡之间的通信更方便，几乎所有的网卡生产厂家都提供相应的网卡驱动程序，其中包含了 Packet Driver 编程接口，由它来屏蔽网卡的具体工作细节，在上层应用软件和底层的网卡驱动程序之间提供一个接口。

使用 Packet Driver 不用针对网卡硬件编程，较为方便，且 Packet Driver 作为一个网络编程标准，适用于所有网卡。

3. 基于 NDIS 的网络编程

网络驱动程序接口规范是一个较为成熟的驱动接口标准，它包含局域网网卡驱动程序标准、广域网网卡驱动程序标准以及协议和网络之间的中间驱动程序标准。它为网络驱动抽象了网络硬件，指定了分层网络驱动间的标准接口，因此，它为上层驱动（如网络传输）抽象了管理硬件的下层驱动。同时维护了网络驱动的状态信息和参数，包括指向函数的指针、句柄等。

NDIS 在网络编程中占据着重要的地位，许多编程方法都是基于 NDIS 实现的。

4. Npcap 编程

Npcap 是一个 Windows 平台下访问网络中数据链路层的开源库，用于捕获网络数据包并进行分析。

Npcap 为程序员提供了一套标准的网络数据包捕获接口，包括一个内核级的数据包过滤器、一个低层的动态链接库（Packet.dll）、一个高层的依赖于系统的库（wpcap.dll）。它可以独立于 TCP/IP 协议栈进行原始数据包的发送和接收，主要提供了直接在网卡上捕获原始数据包、过滤核心层数据包、通过网卡直接发送原始数据包和统计网络流量等功能。

目前，Npcap 已经成为非常成熟、实用的捕获与分析网络数据包的技术框架。

习题

1. TCP/IP 协议栈的五个层次是什么？每层的主要任务是什么？
2. 请分析路由器、链路层交换机和主机分别完成 TCP/IP 协议栈中哪些层次的功能。
3. 请阐述 NAT 技术的主要实现方式，并思考 NAT 技术对网络应用程序的使用有哪些影响。
4. 某业务要求实现一个局域网上网行为监控的软件，能够对局域网内用户的上网行为（包括访问站点、使用聊天工具、发布言论等）进行截获和分析，请选择一个合适的网络编程方法，并说明该软件设计的主要流程。

第2章

网络程序通信模型

网络程序通信模型是网络应用程序设计的基础，决定了网络功能在每个通信节点的部署方式。本章首先探讨网络应用软件与网络通信之间的关系，从会聚点问题引出网络程序通信模型的重要性；其次，介绍客户 / 服务器模型，从客户 / 服务器模型的基本概念入手，深入讨论客户端和服务器之间的数量、位置和角色关系，归纳服务器软件的特点，并从多个角度对服务器的类别进行分析；最后，介绍浏览器 / 服务器模型和 P2P 模型的基本概念和优缺点。

透彻地理解网络程序通信模型的相关概念对于网络编程是十分重要的，能够帮助设计者将过去所学的网络构造原理应用到网络应用设计的层面上，并在网络应用设计中有目的地选择适合的通信模型，搭建合理的程序架构。

2.1　网络应用程序与网络通信之间的关系

网络通信是由底层物理网络和各层通信协议实现的，物理网络建立了相互连通的通信实体，通信协议在各个层次上以规范的消息格式和不同的服务约定保证了数据传输过程中的寻址、路由、转发、可靠性维护、流量控制、拥塞控制等传输能力。网络硬件与协议实现相结合，形成了一个能使网络中任意一对计算机上的应用程序相互通信的基本通信结构。

在计算机网络环境中，运行于协议栈之上并借助协议栈实现通信的网络应用程序，主要具备三个功能：

1）实现通信能力。网络应用程序在协议栈的不同层次上选择特定通信服务，调用相应的接口函数实现数据传输功能。比如，在文件传输应用中，使用客户 / 服务器模型，选择 TCP 完成数据传输。

2）处理程序逻辑。根据程序功能，网络应用程序对网络交换的数据进行加工处理，从而满足用户的各种需求。以文件传输为例，网络应用程序应具备管理文件的访问权限管理、断点续传等功能。

3）提供用户交互界面。接受用户的操作指示，将操作指示转换为机器可识别的命令并进行处理，将处理结果显示到用户界面上。在文件传输应用中，需提供文件下载选项、文件传输进度的实时显示等界面指示功能。

网络通信为网络应用软件提供了强大的通信支持，应用软件为网络通信提供了灵活方便的操作平台。实际上，在网络通信层面，仅仅提供了一个通用的通信架构，负责传送信息；而在网络应用软件层面，仅仅考虑通信接口的调用。两者之间还需要有一些策略，这些策略能够对通信顺序、通信过程、通信角色等问题进行协调和约束，从而合理地组织分布在网络不同位置的应用程序，使其能够有序、正确地处理实际业务。

以下从会聚点问题引出网络通信模型设计的必要性，重点介绍客户 / 服务器模型、浏览器 / 服务器模型和 P2P 模型。

2.2　会聚点问题

尽管 TCP/IP 指明了数据如何在一对正在进行通信的应用程序间传递，但它并没有规定对等的应用程序在什么时间，以及为什么要进行交互，也没有规定程序员在一个分布式环境下应如何组织这样的应用程序。如果没有通信模型，会发生什么情况？我们来看一个典型的会聚点问题。

设想用户试图在分布于两个位置的机器上启动两个程序，并让它们通信，如图 2-1 所示。由于计算机的运行远比人的速度快得多，在用户启动第一个程序后，该程序开始执行并向其对等程序发送消息，在几微秒内，它便发现对等程序不存在，于是发出一条错误消息，然后退出。在这个过程中，该用户启动了第二个程序，然而，当第二个程序开始执行时，它发现对等程序已经终止，于是只能退出。这个过程可能会重复很多次，但由于每个程序的执行速度远快于用户的操作速度，因此它们在同一瞬间向对方发送消息并从此继续通信下去的概率是很低的。

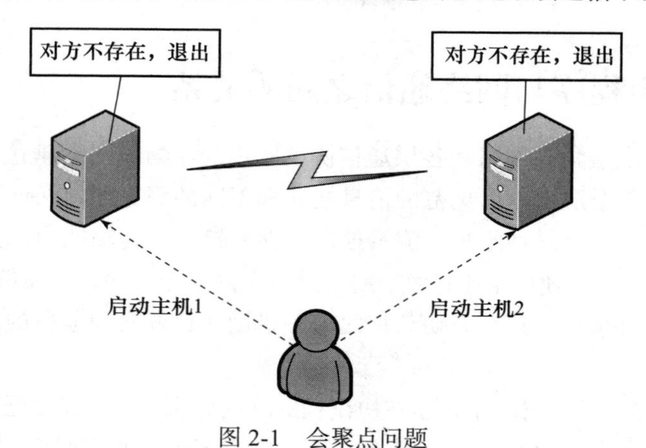

图 2-1　会聚点问题

由此看来，互联网仅仅提供了一个通用的通信架构，网络协议只是规定了应用程序在通信时必须遵循的约定，并不解决用户的各种具体应用问题，而且，还有很多关于通信功能和通信实体的组织、协调策略没有考虑，主要包括：

1）确定通信双方的角色，用于部署每个通信实体的具体功能。

2）确定通信双方的通信顺序，用于安排不同角色的通信实体的启动和停止时机以及交互顺序。

3）确定通信的传送形式，用于指导应用程序对底层传输服务的选择。

为了保证网络中的分布式应用程序能够协同工作，不同网络模型对以上问题有不同的考虑。

2.3 客户 / 服务器模型

在网络应用进程通信时，主要的进程间交互模型是客户 / 服务器（Client/Server，C/S）模型。客户 / 服务器模型的建立基于以下两点：

1）建立网络的原因是网络中软硬件资源、运算能力和信息不均等，需要共享，这就导致拥有众多资源的主机提供服务、资源较少的客户请求服务这一非对等关系。

2）网络间的进程通信完全是异步的，相互通信的进程既不存在父子关系，也不共享内存缓冲区，因此需要一种机制为希望通信的进程建立联系，保证二者的数据交换同步。

客户 / 服务器模型从 20 世纪 90 年代开始流行。该模型将网络应用程序分为两部分，服务器负责数据管理，客户完成与用户的交互。该模型具有健壮的数据操纵和事务处理能力。

2.3.1 基本概念

在客户 / 服务器模型中，客户和服务器分别是两个独立的应用程序，即计算机软件。

客户（Client）是请求的发起方，它向服务器发出服务请求，接收服务器返回的应答。

服务器（Server）是请求的响应方，它开放服务，等待请求；收到请求后，提供服务，做出响应。

用户（User）是使用计算机的人。

客户 / 服务器模型最重要的特点是客户与服务器处于不平等的地位，服务器拥有客户所不具备的硬件和软件资源以及运算能力，服务器提供服务，客户请求服务。

客户 / 服务器模型的基本交互过程如图 2-2 所示。

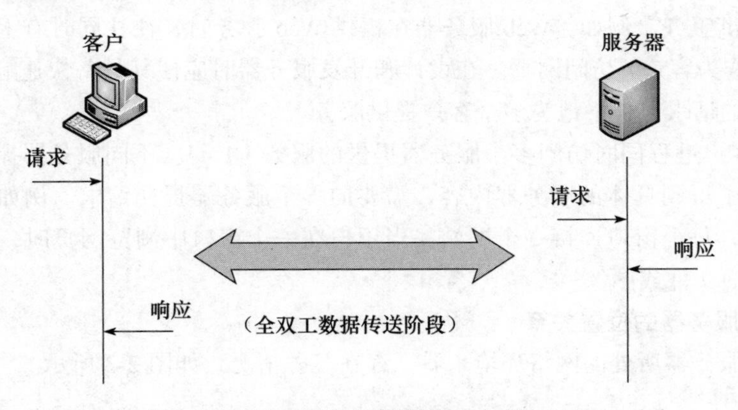

图 2-2　客户 / 服务器模型的基本交互过程

在这个过程中，服务器处于被动服务的状态。服务器要先启动，然后根据客户的请求提供相应的服务。服务器的工作过程如下：

1）打开一个通信通道，告知服务器进程所在主机将要在某一公认的端口（通常是 RFC 文档中分配的知名端口或双方协商的端口）上接收客户请求。

2）等待客户的请求到达该端口。

3）服务器接收到服务请求，处理该请求并发送应答。

4）返回第 2 步，等待并处理另一个客户的请求。

5）当满足特定条件时，关闭服务器。

注意，在第3步中，服务器可能会有很多策略。比如，在处理简单客户请求时，服务器通常采用单线程循环处理的方式工作；在处理复杂、不均等的客户请求时，服务器会创建一个新的进程或线程来并发地处理每个客户的请求。另外，使用不同的底层传输服务时，服务器在通信模块的调用上也会有所差别。

客户采取的是主动请求方式，其工作过程如下：

1）打开一个通信通道，告知客户进程所在主机将要向某一公认的端口（通常是RFC文档中分配的知名端口或双方协商的端口）请求服务。

2）向服务器发送请求报文，等待并接收应答，然后继续提出请求。

3）请求结束后，关闭通信通道并终止进程。

注意：在第1步中，当使用不同的底层传输服务时，客户在通信模块的调用上会有所差别，比如使用TCP的客户需要首先连接到服务器所在主机的特定监听端口后再请求服务，而使用UDP的客户在指定服务器地址后可以直接发送服务请求。

2.3.2　客户与服务器的关系

尽管我们经常说起客户和服务器，但在一般情况下，一个特定的程序到底是客户还是服务器并不明确，在实际的网络应用中，往往会形成错综复杂的C/S交互的局面。

1. 客户与服务器的数量关系

从客户和服务器的数量来看，存在两种关系：

1）多个客户进程同时访问一个服务器进程（*n*:1）。Internet上的各种服务器都能同时为多个客户提供服务，例如，Web服务器在提供Web服务时，往往同时有上万个用户通过各类浏览器（作为客户）访问网页。在设计和开发服务器时应使其具备快速响应能力，能够区分不同客户的请求，公平地为多个客户提供服务。

2）一个客户进程同时访问多个服务器提供的服务（1:*n*）。不同服务器提供的服务有所不同，客户为了得到具体的服务器内容，需要向多个服务器提交请求。例如，同时打开多个浏览器窗口，每个窗口连接一个网站。当用户在一个窗口中浏览网页时，另一个窗口可能正在下载页面文件或图像。

2. 客户与服务器的位置关系

从客户和服务器所处的网络环境来看，存在三种情况，如图2-3所示。

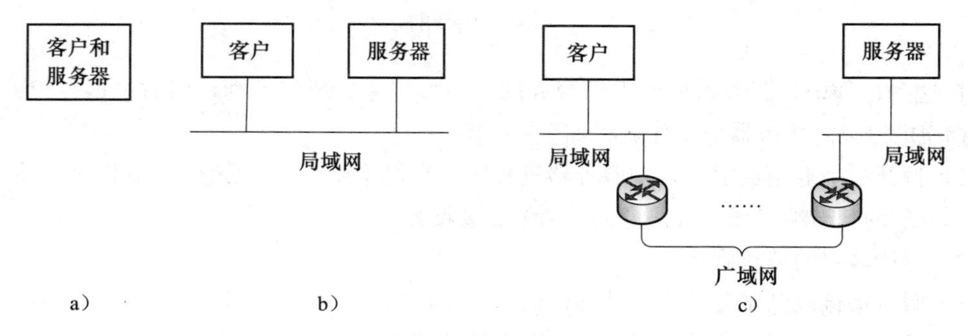

图2-3　客户和服务器在网络中的位置关系

1）客户和服务器运行在同一台机器上（如图 2-3a 所示）。因为没有涉及物理网络，所以这是最简单的一种部署，数据从客户或服务器发出，沿着 TCP/IP 协议栈下行，然后在内部返回，沿着 TCP/IP 协议栈上行作为输入。在开发网络应用程序时，这种部署有很多优点。首先，这种方法提供了一种理想的实验环境，包不会丢失、延迟或不按顺序递交；其次，由于没有网络延迟，因此可以很容易地判断客户和服务器应用程序的性能；最后，作为一种进程间通信的方法，可以方便地把两个本来独立的功能通过网络交互的形式组合起来。

2）客户和服务器运行在同一个局域网内的不同机器上（如图 2-3b 所示）。虽然涉及真正的网络，但这个环境仍然是近乎理想化的，数据包几乎不会丢失、乱序。网络打印机是一个常见的例子，在一个局域网中，可能为几台主机只配置一个打印机，其中一个主机充当服务器，接收来自其他主机（客户）的打印请求，并把这些数据放到缓冲区中等待打印机打印。

3）客户和服务器运行于广域网内不同网络的机器上（如图 2-3c 所示）。广域网可以是 Internet，也可以是公司的内部网，两个应用程序不在同一个局域网内，从一个应用程序发出的 IP 数据包必须经过一个或若干个路由器转发才能到达另一个应用程序。这种环境比前两种复杂得多，常常会由于网络拥塞、震荡等问题导致数据丢失、乱序。在开发网络应用程序时，程序设计者要考虑很多因素，比如可靠性问题，要选择可靠的传输服务，或在应用程序设计中增加可靠性的维护功能。另外，经过网络地址转换后的内网地址无法通过广域网直接访问，在程序部署时也需要考虑这一机制带来的影响。

3. 客户与服务器的角色关系

从应用程序的角色来看，存在三种情况：

1）应用程序作为纯粹的客户。在这种情况下，客户软件只有主动发出请求和接收响应的能力，例如浏览器作为 Web 服务器的客户就是单纯的客户角色。

2）应用程序作为纯粹的服务器。在这种情况下，服务器软件只提供自身资源具备的服务，例如文件服务器提供文件的上传与下载。

3）应用程序同时具有客户和服务器两种角色。一个服务器在提供服务的过程中可能并不具备该服务所需的所有资源。例如，文件服务器为了给文件标注准确的访问时间，需要获得当时的标准时间，但是该服务器没有日期时钟，那么为了获得这个时间，该服务器会作为客户向时间服务器发出请求，在这种情况下，文件服务器同时具有客户和服务器两种角色。

以上从数量、位置和角色三个方面分析了在真实的网络应用中客户和服务器的关系。我们观察到，客户与服务器并不是简单的一对一关系，其传输路径可能跨越若干网络，角色可能复杂多样，这就要求我们在设计应用程序时，注意以下两点：

1）对于不同形式的客户 / 服务器角色，其程序的设计方法有所不同，应在实际操作过程中考虑这种差别。

2）应用场景不同，客户和服务器的关系也不同，应结合应用程序对服务的效率与公平性、网络传输的可靠性、对资源的访问等需求综合决策，得到合理的网络应用程序设计方案。

2.3.3 服务器软件的特点与分类

1. 服务器的特权和复杂性

由于服务器软件往往需要访问操作系统保护的数据资源、计算资源以及协议端口，因此服务器软件常常具有一些特定的系统权限。服务器软件在提供服务的过程中，为了保证其服务功能不会将特权传递给访问它的客户，就要特别关注服务器的设计和开发。除了基本的网络通信和服务功能，服务器还应具备处理以下问题的能力：

- 鉴别——验证客户的身份。
- 授权——确定某个客户是否有权访问服务器所提供的服务。
- 数据安全——确保数据不被无意泄露或损坏。
- 保密——防止对有关个人的信息进行未授权的访问。
- 保护——确保网络应用程序不能滥用系统资源。

另外，对于执行高强度计算或处理长时间客户请求的服务器，还要考虑增加并发处理请求的能力，使其运行更加高效。

综合来看，相比客户，特权的保护和并发操作等使服务器的设计与实现更加复杂。

2. 无连接和面向连接的服务器

对于网络应用程序的设计，首先要决定在传输层选择哪种传输服务：无连接服务还是面向连接服务。这两种服务直接对应于 TCP/IP 协议栈的两个主要的传输层协议：UDP 和 TCP。如果客户和服务器使用 UDP 进行通信，那么交互就是无连接的；如果使用 TCP 进行通信，那么交互就是面向连接的。

从应用程序设计者的角度看，无连接的交互和面向连接的交互之间有很大的区别，其服务能力决定了下层系统所提供的可靠性等级。TCP 提供了通过互联网络进行通信所需的可靠性：验证数据是否到达；对未到达的报文段自动重传；计算数据上的校验和，以保证数据在传输过程中没有损坏；使用序号，确保数据按序到达并自动忽略重复的分组；提供流量控制功能，确保发送方发送数据的速度不超过接收方的承受能力；如果下层网络因某种原因变得无法运行，TCP 将通知客户和服务器。与 TCP 相比，UDP 并没有在可靠传输上做出任何保证，数据可能会丢失、重复、延迟或者传递失序。客户和服务器必须采取合适的措施来检查并更正这样的差错。

使用 TCP 的服务器是面向连接的服务器，面向连接的服务器的主要优势是易于编程。由于传输层 TCP 已经自动处理了分组的丢失、交付失序等不可靠问题，因此面向连接的服务器只要管理和使用这些连接就可以保证数据传送功能的可靠运行。

面向连接的服务器也存在缺点。每个连接需要操作系统额外为其分配资源，而且 TCP 在一个空闲的连接上几乎不发送分组，假如一个服务器之前已经与多个客户建立了连接，那么在某种极端的情况下，这些客户所在的系统同时崩溃或网络连接中断，TCP 并不会发送任何通知报文。面向连接的服务器之前已经分配给这些连接的数据结构（包括缓冲区空间）等在一段较长的时间内会一直被占用，如果不断有客户崩溃，服务器可能会耗尽资源，进而终止服务。

使用 UDP 的服务器是无连接的服务器。无连接的服务器不需要在传输数据过程中维护连接，因此数据投递非常灵活、高效。尽管无连接的服务器没有资源耗尽方面的困扰，但它们不能依赖下层传输协议提供可靠的投递，通信的一方或双方必须承担可靠交付的责任。比如，如果没有响应到达，客户要承担超时重传请求的责任；如果服务器需要将其响应分为若干个分组，客户需要实现数据缓存和重组机制。对于网络应用程序的设计者来说，这些可靠性维护的工作可能十分困难，需要具备相当专业的协议设计方面的知识。

在选择无连接的服务器时的另一个考虑是该服务器是否需要广播或组播通信，由于TCP只能提供点到点通信，不能提供广播或组播通信，这时有广播或组播通信要求的服务需要使用UDP。

总之，面向连接的服务器和无连接的服务器使用不同的传输服务，在编程复杂性、数据传输代价等方面各有优缺点，选择的关键在于网络运行环境和应用程序的实际需求。

3. 无状态和有状态的服务器

我们把状态信息理解为服务器维护的、它与客户交互的信息。

无状态的服务器不保存任何状态信息，它要求每次的客户请求是无二义性的，也就是说无论一个请求何时到达或重复到达，服务器都应给出相同的响应。在可靠性要求较高的情况下，尤其是使用无连接传输时，这类服务器设计比较常见。数据在网络中传输时很可能出现重复、延迟、丢失或失序交付，如果传输协议不能保证可靠交付，那么可以通过设计可靠交付的应用协议和服务器来弥补这一缺陷。

有状态的服务器维护了与其存在交互历史的客户的状态信息，这些状态信息减少了客户和服务器间交换的报文内容，帮助服务器在接收到客户的请求时能够快速做出响应。尽管状态信息可以提高效率，但是状态的维护是一个复杂的问题。如果报文丢失、重复或交付失序，或者客户计算机崩溃或重启，那么一个服务器中的状态信息就可能变得不正确。此后，在服务器计算响应时，如果使用了不正确的状态信息，就可能产生不正确的响应（错误的文件读取结果、混乱的用户标识、重复写文件等）。

一个服务器到底是无状态还是有状态，主要取决于应用协议而不是实现。如果应用协议规定了某个报文的含义在某种方式上依赖于先前的一些报文，那么它就不可能提供无状态的交互。

4. 循环服务器和并发服务器

一个服务器通常被设计为面向多个客户提供服务，那么服务器在某个时刻能够处理多少个客户请求呢？循环服务器描述了在一个时刻只处理一个请求的服务器实现方式，并发服务器描述了在一个时刻处理多个请求的服务器实现方式。

循环服务器通过在单线程内设置循环控制来实现对多个客户请求的逐一响应。这种服务器的设计、编程、调试和修改是最容易的，因此，只要循环执行的服务器对预期的负载有足够快的响应速度，多数程序员会选择这种循环的设计。循环服务器在由无连接协议承载的简单服务中工作得很好。

将并发引入服务器中的主要原因是需要给多个客户提供快速响应。并发可以在以下几种情况下缩短响应时间：

- 需要较长的I/O时间来构造响应。允许服务器并发地计算响应，意味着即使机器只有一个CPU，它也可以部分重叠地使用处理器和外设，这样当处理器忙于计算一个响应时，I/O 设备可以将数据传送到存储器中，而这些数据可能是其他响应所需要的，从而使服务器避免了无谓的 I/O 等待。

- 每个请求需要的响应处理时间有很大不同。操作系统的时间分片机制将长任务分割为一个个执行时间很短的任务，从而避免服务器停留在某个长处理时间的客户请求中，这保证了服务器提供服务的公平性。
- 服务器运行在一个拥有多处理器的计算机上。这样可以使不同的处理器针对不同的请求做出响应。

并发服务器通过使请求处理和 I/O 部分重叠而获得高性能。这种服务器的开发和调试代价较高，在面向连接的服务器设计中，通常使用并发方式处理多个客户的请求。常见的并发服务器的实现方法是采用多线程或单线程异步 I/O。在多线程实现方法中，服务器主线程为每个到来的客户请求创建一个新的子服务线程。这类服务器的代码通常由两部分组成，一部分负责监听并接收客户请求，为客户请求创建一个新的服务线程；另一部分负责处理单个客户的请求。在单线程异步 I/O 实现方法中，服务器主线程管理多个连接，通过使用异步 I/O 捕获最先满足 I/O 条件的连接并进行处理，从而在单个线程中及时处理 I/O 事件，达到表面上的并发性。

循环服务器和并发服务器的选择取决于对单个客户请求的处理时延。我们将“服务器的请求处理时间”定义为服务器处理单个孤立的请求所花费的时间，将“客户的观测响应时间”定义为客户发送一个请求至服务器响应之间的全部时延。

循环服务器在以下两种情况下不能满足应用需求：

1）客户的观测响应时间远大于服务器的请求处理时间。如果服务器正在处理一个已经存在的客户请求时另一个请求到达，系统便让这个新的请求排队，那么第二个客户要等待服务器处理完历史请求和当前客户的请求后才能收到响应。假如客户请求过于频繁，服务器来不及处理，会使队列越来越长，对客户的响应时间也越来越长，此时循环服务器便无法满足需求。

2）服务器的请求处理时间大于单个请求要求的时间范围。如果一个服务器的设计能力为可处理 K 个客户，而每个客户每秒发送 N 个请求，则此服务器对每个请求的处理时间必须小于 $1/(KN)$ 秒。如果服务器不能以所要求的速率处理完一个请求，那么等待其服务的客户请求队列最终将溢出。为了避免客户请求队列溢出，设计者必须考虑服务器的并发实现。

2.3.4 客户/服务器模型的优缺点

客户/服务器模型的优点如下：

1）结构简单。系统中不同类型的任务分别由客户和服务器承担，有利于发挥不同机器平台的优势。

2）支持分布式、并发环境，特别是当客户和服务器之间是多对多的关系时，可以有效地提高资源的利用率和共享程度。

3）服务器集中管理资源，有利于权限控制和系统安全。

4）可扩展性较好，可有效地集成和扩展原有的软、硬件资源。以前在其他环境下积累的数据和软件均可在 C/S 中通过集成而继续使用，并且可以透明地访问多个异构的数据源，自由地选用不同厂家的数据应用开发工具，具有高度的灵活性，客户和服务器均可单独地升级。

客户 / 服务器模型存在以下局限：

1）缺乏有效的安全性。由于客户与服务器直接相连，当在客户上存取一些敏感数据时，用户能够直接访问中心数据库，因此可能造成敏感数据的修改或丢失。

2）客户负荷过重。随着计算机处理的事务越来越复杂，客户程序也日渐冗长。同时，由于事务处理规则的变化，也需要随时更新客户程序，从而增加了维护的难度和工作量。

3）服务器工作效率低。由于每个客户都要直接连接到服务器以访问数据资源，使得服务器不得不消耗大量原本就十分紧张的服务器资源，因此会造成服务器工作效率低下。

4）容易造成网络阻塞。多个客户对服务器的同时访问可能会使得服务器所处的网络流量剧增，进而形成网络阻塞。

2.4　浏览器 / 服务器模型

2.4.1　基本概念

浏览器 / 服务器（Browser/Server，B/S）模型是随着 Internet 技术的兴起，对 C/S 模型的一种变化或者改进，它在 20 世纪 90 年代中期逐渐形成。在 B/S 模型中，用户界面完全通过 WWW 浏览器实现，一部分事务逻辑在前端（浏览器）实现，但是主要事务逻辑仍在服务器端实现。B/S 模型通常以三层架构部署实施：

- 客户端表示层。由 Web 浏览器组成，不存放任何应用程序。
- 应用服务器层。由一台或多台服务器（Web 服务器也位于这一层）组成，处理应用中的所有业务逻辑和访问数据库等工作。该层具有良好的可扩展性，可以随着应用的需要任意增加服务器的数目。
- 数据中心层。由数据库系统组成，用于存放业务数据。

浏览器 / 服务器模型是一种特殊的客户 / 服务器模型，特殊之处在于这种模型的客户一般是某种流行的浏览器，使用 HTTP 通信。在实现方面，它利用了不断成熟的 WWW 浏览器技术，结合浏览器的多种脚本语言（VBScript、JavaScript 等）和 ActiveX 技术，采用通用浏览器实现原来需要复杂专用软件才能实现的客户功能，节约了开发成本。

2.4.2　浏览器 / 服务器模型的工作过程

浏览器 / 服务器模型的工作过程如图 2-4 所示。

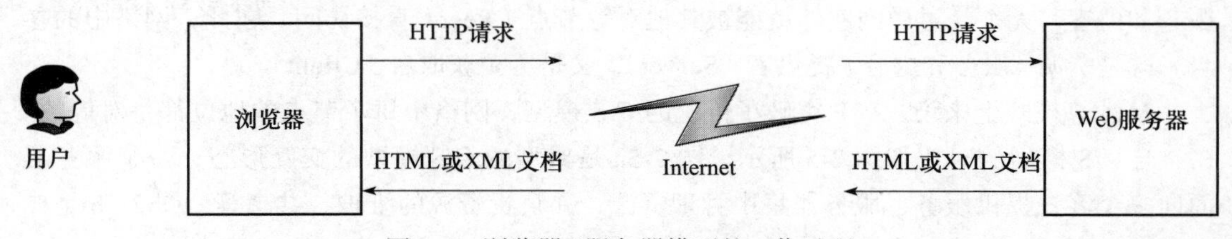

图 2-4　浏览器 / 服务器模型的工作过程

1）用户通过浏览器向 Web 服务器提出 HTTP 请求。

2）Web 服务器根据请求调出相应的 HTML、XML 文档或 ASP、JSP 文件。如果是 HTML 或 XML 文档，则直接返回给浏览器；如果是 ASP、JSP 等动态脚本文档，Web 服务器首先执行文档中的服务器脚本程序，然后把执行结果返回给浏览器。

3）浏览器接收到 Web 服务器发回的页面内容，显示给用户。

2.4.3 浏览器 / 服务器模型的优缺点

浏览器 / 服务器模型的优点是：

- 具有分布性，可以随时随地处理查询、浏览等业务。
- 业务扩展简单方便，通过增加网页即可增加服务器功能。
- 维护简单，只需要改变网页，即可实现所有用户的同步更新。
- 开发简单，便于共享。

浏览器 / 服务器模型的缺点是：

- 操作是以鼠标为主，无法满足快速操作的要求。
- 页面动态刷新，响应速度较慢。
- 功能弱化，难以实现传统模式下的特殊功能要求。

2.5 P2P 模型

2.5.1 基本概念

随着应用规模的不断扩大，软件的复杂度不断提高，面对巨大的用户群，单服务器成为性能的瓶颈。拒绝服务（Denial of Service，DoS）攻击的出现，更凸显了客户 / 服务器模型的问题。服务器是网络中最容易受到攻击的节点，只要向服务器发出海量服务请求，就能导致服务器瘫痪，使所有的客户都不能得到服务响应。

此外，客户的硬件性能不断提高，但在客户 / 服务器模型中，客户只做一些简单的工作，造成资源的巨大浪费。

因此，客户 / 服务器模型已不能有效利用客户系统资源，为了解决这些问题，P2P 技术应运而生。

P2P 是 Peer-to-Peer 的简写，Peer 在英语里有“对等者”和“伙伴”的意义。因此，从字面上看，P2P 可以理解为对等互联网。国内的媒体一般将 P2P 翻译成“点对点”或者“端对端”，学术界则称为对等计算。P2P 可以定义为：网络的参与者共享它们所拥有的一部分资源（处理能力、存储能力、网络连接能力、打印机等），这些共享资源通过网络提供服务和内容，无须经过中间实体就能被其他对等节点（Peer）直接访问。在此，网络中的参与者既是资源（服务和内容）提供者（Server），又是资源获取者（Client）。

从计算模式上来说，P2P 突破了传统的 C/S 模型，网络中每个节点的地位都是对等的。P2P 与 C/S 模型的对比如图 2-5 所示。图 2-5a 是典型的 C/S 模型的交互形态，一个服务器面向多个客户提供服务，服务器集中管理资源，并负责资源的维护、共享等。图 2-5b 是典型的 P2P 模型的交互形态，每个节点既充当服务器，为其他节点提供服务，同时也享用其他节点提供的服务。

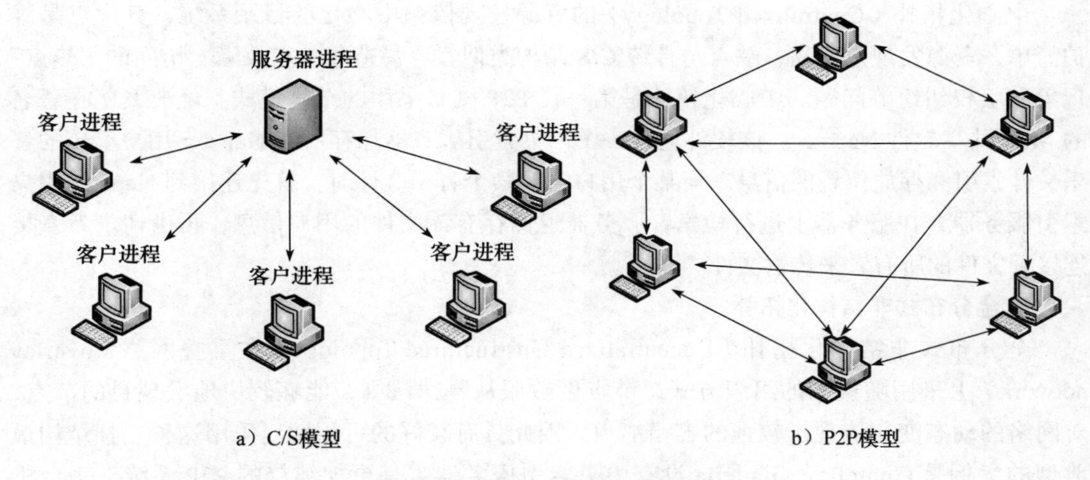

图 2-5　P2P 和 C/S 模型的对比

P2P 模型具有以下特征：

- 非中心化。P2P 是全分布式系统，网络中的资源和服务分散在所有的节点上，信息的传输和服务的实现都直接在节点之间进行，无须中间环节和服务器介入，避免了可能的瓶颈。
- 可扩展性。用户可以随时加入该网络，服务器的需求增加，系统的资源和服务能力也同步扩充。
- 健壮性。P2P 架构具有耐攻击、高容错的优点。由于服务分散在各个节点之间，部分节点或网络遭到破坏对其他部分的影响很小。P2P 网络在部分节点失效时能够自动调整整体拓扑，保持其他节点的连通性。
- 自治性。节点来自不同的所有者，不存在全局的控制者，节点可以随时加入或退出 P2P 系统。
- 高性价比。性能优势是 P2P 被广泛关注的一个重要原因。采用 P2P 架构可以有效地利用互联网中分布的大量普通节点，将计算任务或存储资料分布到所有节点上，利用其中闲置的计算能力或存储空间，达到高性能计算和海量存储的目的。
- 隐私保护。在 P2P 网络中，由于信息的传输分散在各节点之间，无须经过某个集中环节，用户的隐私信息被窃听和泄露的可能性大大降低。
- 负载均衡。在 P2P 网络环境下，由于每个节点既是服务器又是客户，减少了传统 C/S 结构中对服务器计算能力、存储能力的要求，同时因为资源分布在多个节点上，所以更好地实现了整个网络的负载均衡。

2.5.2　P2P 网络的拓扑结构

拓扑结构是指分布式系统中各个计算单元之间的物理或逻辑的互联关系，节点之间的拓扑结构一直是确定系统类型的重要依据。P2P 系统主要采用非集中式的拓扑结构，根据结构关系可以将 P2P 系统分为四种拓扑形式。

1. 中心化拓扑

中心化拓扑（Centralized Topology）的资源发现依赖中心化的目录系统，其优点是维护简单，资源发现效率高，缺点与传统 C/S 结构类似，容易造成单点故障、访问的“热点”现象和版权纠纷等问题。中心化拓扑是第一代 P2P 网络采用的结构模式，经典案例是著名的 MP3 共享软件 Napster。该软件通过一个中央索引服务器保存所有 Napster 用户上传的音乐文件索引和存放位置的信息。当某个用户需要某个音乐文件时，首先连接到 Napster 中央索引服务器，在服务器上进行检索，服务器返回存有该文件的用户信息，再由请求者直接连接到文件的所有者来传输文件。

2. 全分布式非结构化拓扑

全分布式非结构化拓扑（Decentralized Unstructured Topology）在重叠网络（overlay network）上采用随机图的组织方式，节点度数服从幂律法则，能够较快地发现目的节点，对网络的动态变化体现了较强的容错能力，因此具有较好的可用性。采用这种拓扑结构最典型的案例是 Gnutella。Gnutella 没有中央索引服务器，是更加纯粹的 P2P 系统。每台机器在 Gnutella 网络中具有真正的对等关系，既是客户又是服务器，被称为对等机（Servent，即 Server+Client 的组合）。当一台计算机要下载一个文件时，它会以文件名或者关键字生成一个查询，并把这个查询发送给与它相连的所有计算机。这些计算机上如果有这个文件，则与查询的机器建立连接；如果没有这个文件，则继续向相邻的计算机转发这个查询，直到找到文件为止。

3. 全分布式结构化拓扑

全分布式结构化拓扑（Decentralized Structured Topology）主要采用分布式散列表（Distributed Hash Table，DHT）来组织网络中的节点。DHT 是一个由广域范围大量节点共同维护的巨大散列表。散列表被分成不连续的块，每个节点分配一个属于自己的散列块，并成为这个散列块的管理者。通过加密散列函数，一个对象的名字或关键词被映射为 128 位或 160 位的散列值。DHT 类结构能够自适应节点的动态加入 / 退出，有着良好的可扩展性、鲁棒性、节点 ID 分配的均匀性和自组织能力。由于重叠网络采用了确定性拓扑结构，因此 DHT 可以精确地发现节点。经典的案例是点对点路由控制 Tapestry、Pastry、Chord 和 CAN 等。

4. 半分布式拓扑

半分布式拓扑（Partially Decentralized Topology）吸取了中心化拓扑和全分布式非结构化拓扑的优点，选择性能（处理、存储、带宽等方面）较高的节点作为超级节点（Supernode 或 Hub）。在各个超级节点上存储系统中其他节点的信息，发现算法仅在超级节点之间转发，超级节点再将查询请求转发给相关的叶子节点。半分布式结构也是一个层次式结构，超级节点之间构成一个高速转发层，超级节点和所负责的普通节点构成若干层次。采用这种结构的典型的案例就是点对点文件共享软件 Kazaa。

各种拓扑结构的 P2P 网络都有其优缺点，在实际应用中，需要从可扩展性、可靠性、可维护性、发现算法的效率、复杂查询等方面综合权衡，选择适合的拓扑结构来组织 P2P 应用的节点功能。

习题

1. 面向少量客户持续请求的服务器和面向大量客户短期请求的服务器在设计中有哪些区别？
2. 某业务需要基于 C/S 模型设计一个文件服务器，请描述该文件服务器的设计要点。

实验

1. 使用 Wireshark 网络流量分析工具对网页邮件登录过程进行捕获和分析，说明其基本的工作流程。
2. 使用 Wireshark 网络流量分析工具对迅雷登录和文件下载过程进行捕获和分析，说明其基本的工作流程。

第3章

网络数据的内容与形态

网络编程操纵的对象是主机和网络中的数据。当TCP/IP传输用户数据的字节时，并不会检查或修改它们，这使得应用程序在编码和控制数据方面具有巨大的灵活性。网络通信可以在TCP/IP的各个层次上实现，层次越低，数据操控的能力越强。正确传送数据并使主机能够正确理解数据内容是网络应用程序正常工作的基础。本章重点讨论网络数据的内容与形态，涉及网络编程过程中的一些基本概念，如整数的长度与符号、字节顺序、结构对齐、字符编码和数据校验等。

3.1 整数的长度与符号

从某种意义上讲，所有类型的信息最终都会被编码为固定大小的整数。作为实际发送和接收的数据形态，整数会被填充进不同长度的数据类型，并在读取时被赋值和转换，因此理解整数的填充长度和符号是实现数据收发必不可少的知识。

3.1.1 整数的长度

我们看到的网络通信数据是以字节或位的形态传输的序列。这些字节或位的序列通常有长度限制，用于表示不同大小的整数。为了交换固定大小的多字节整数，发送者和接收者会提前定义报文的格式、字段的顺序和长度。

在编程语言中，定义了几种不同长度的整数类型，例如int、short、char和long，这些整数具有不同的取值范围，程序员可选择使用适合应用程序的整数类型。不过，整数的大小可能因平台而异，比如long类型，在32位机器中是4字节，在64位机器中是8字节。

为了确切地获知在当前系统平台上整数类型的准确长度，可以使用sizeof( )运算符，它返回当前平台上由其参数（类型或变量）占据的内存空间（以字节为单位）。

由于整数类型的大小并没有确切说明，当我们希望通过网络发送特定长度字段的数据时，可能会遇到赋值操作上的困难。比如，想要给一个4字节的字段赋值，究竟应该选择int类型、long类型，还是其他类型呢？在一些平台上，int类型是32位，但在另一些平台上，int类型可能是64位。

对于C语言而言，C99语言标准规范了一组可选类型来解决这一问题，这些类型包括int8_t、int16_t、int32_t和int64_t，分别表示8、16、32和64比特的整数类型。另外，还定义了它们的无符号类型 uint8_t、uint16_t、uint32_t 和 uint64_t。在大多数平台上，这些类型都以显式声明的方式定义了 1、2、4、8 字节的整数。

3.1.2 整数的符号

计算机里的数是用二进制表示的。最左边的一位指示了该整数的符号，无符号的整数使用该位表示数值，有符号的整数使用该位表示这个数是正数还是负数。

2 的补码表示法是表示有符号数字的常用方法。以 k 位数字为例，负整数 $-n$（$1 \leqslant n \leqslant 2^{k-1}$）的 2 的补码表示法是 2^k-n，非负整数 p（$0 \leqslant p \leqslant 2^{k-1}-1$）通过 $k-1$ 位进行编码。因此，给定 k 位，我们可以使用 2 的补码表示 $-2^{k-1} \sim 2^{k-1}-1$ 之间的值。此处，最高有效位指示值为正值还是负值：0 代表正值，1 代表负值。

对于无符号的数值，k 位的无符号整数可以直接在 $0 \sim 2^k-1$ 之间进行编码。

对于给定长度的数值，用有符号和无符号两种类型赋值可能具有不同的含义。比如，对于 32 位值 0xFFFFFFFF，将其解释为有符号的数值时表示 –1，将其解释为无符号的整数时表示 4 294 967 295。

如果把有符号的值复制到更宽的类型，符号扩展将从符号位（即最高有效位）中复制额外的位，从而导致有符号和无符号的数值在向宽类型赋值时发生很大变化。举例来说，假设变量 int8_t 类型的值为 01001110（即十进制的 78）。如果将该变量赋值给一个 int16_t 类型的变量，则该变量的值为 00000000 01001110。但是，如果变量 int8_t 类型的值为 11101101（即十进制的 –30），那么赋值后的两字节整型变量的值为 11111111 11101101，这是因为在加宽的两字节变量赋值过程中，为了适应该类型，扩展了原数字的符号位。对于无符号类型的变量，如果向更宽的类型赋值，不会涉及符号扩展，比如，将 uint8_t 类型的二进制值 11100010 赋值给 uint16_t 类型，结果是 00000000 11100010。

对于相同长度类型的数据，进行有符号类型和无符号类型数据的转换时，由于不会发生符号扩展，因此一般不会导致错误。

另外需要注意的是，计算表达式的值时，在进行任何计算之前，会把变量的值加宽到“本机”（int）大小。比如，如果把两个 short 类型的变量值相加，则结果的类型将是 int 类型，而不是 short 类型。因此，如果存在有符号类型的数据运算，需注意符号扩展也存在于这种隐式加宽过程中。

由此看来，在发送者和接收者传输数据的过程中，符号的协商是非常必要的。程序设计者应根据传递数据的符号要求，选择正确的整数类型进行赋值和运算，而且这种约定应该是显式的，不能盲目地认为有符号类型和无符号类型在任何时候转换都不会发生错误。

3.2 字节顺序

根据体系结构的不同，现代计算机以不同的方式存储整数，这里就涉及存储顺序的问题。当某个数据占用的内存超过一个字节时，我们用字节顺序来描述其在内存中的存放顺序。有两种常见的存储顺序。

1）**大端（big-endian）顺序**：高字节数据存放在内存低地址处，低字节数据存放在内存高地址处。

2）**小端（little-endian）顺序**：低字节数据存放在内存低地址处，高字节数据存放在内存高地址处。

例如，考虑一个32位的长整型数据0x12345678，该整数跨越4个字节（每个字节8位），使用大端顺序存储的顺序是0x12、0x34、0x56、0x78，而使用小端顺序存储的顺序则是0x78、0x56、0x34、0x12，其存储形态如图3-1所示。

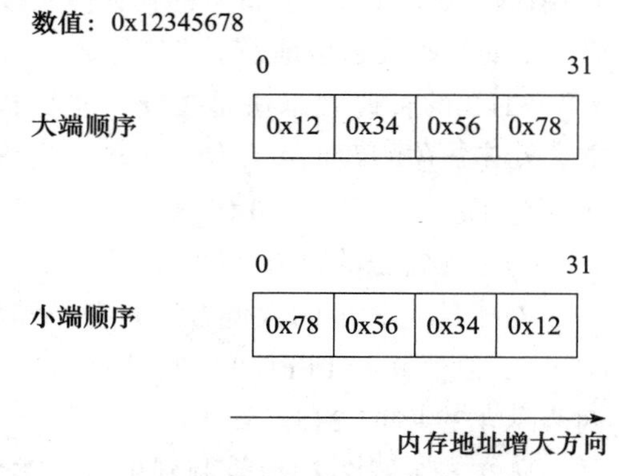

图3-1　两种字节顺序的存储形态

不同的机器以系统相关的方式定义它们的字节顺序。这些字节顺序是指整数在内存中保存的顺序，被称为主机字节顺序，比如基于x86平台的PC是小端顺序的，而有的嵌入式平台则是大端顺序的。为了避免互操作的问题，在网络通信过程中，在网络中发送和接收的数据都采用大端顺序，也称为网络字节顺序。因此，在指明端口号、网络地址、数据报文长度、窗口大小等大于1字节的数据成员时，通信双方必须对整数的表示统一字节顺序。发送数据前，需要将主机字节顺序的数据转换为网络字节顺序再进行网络传输；在接收到网络数据时，需要把数据从网络字节顺序转换为主机字节顺序后再进行处理。

WinSock提供了一些函数来处理主机字节顺序和网络字节顺序的转换。这些函数的定义如下：

```
//将u_long类型变量从TCP/IP网络字节顺序转换为主机字节顺序
u_long WSAAPI ntohl(
  __in  u_long netlong
);
//将u_long类型变量从主机字节顺序转换为TCP/IP网络字节顺序
u_long WSAAPI htonl(
  __in  u_long hostlong
);
//将u_short类型变量从TCP/IP网络字节顺序转换为主机字节顺序
u_short WSAAPI ntohs(
  __in  u_short netshort
);
//将u_short类型变量从主机字节顺序转换为TCP/IP网络字节顺序
u_short WSAAPI htons(
  __in  u_short hostshort
);
```

在这里，名称以“l”结尾的函数用于处理32位整数，名称以“s”结尾的函数用于处理16位的数字，“h”代表“host”（主机），“n”代表“network”（网络）。

由于IP、UDP、TCP都把用户数据看作没有结构的字节集合，因此不关心用户数据中的整数是否采用网络字节顺序，用户数据的字节顺序必须由开发者达成一致，在发送前使用hton*()函数将主机字节顺序的数据转换为网络字节顺序，并在接收后使用ntoh*()函数将网络字节顺序的数据转换回主机字节顺序，以确保不同体系结构的机器之间进行数据交换的正确性。

那么什么时候需要使用字节顺序转换呢？总结来看，在以下几种场景需要使用字节顺序转换：

1）发送数据前，用户定义的数据类型为大于1字节（如2字节或4字节）的整数时，需要将主机字节顺序转换为网络字节顺序。

2）接收数据后，将以字节流形式表示的网络数据转换为大于1字节（如2字节或4字节）的整数时，需要将网络字节顺序转换为主机字节顺序。

3）当使用解析函数（如gethostbyname()、getserverbyname()、inet_addr()等）后，数值都是以网络字节顺序的方式返回，不需要在发送前调用hton*()函数转换，否则会发生错误。

3.3　结构的对齐与填充

构造包含二进制数据（即多字节整数）的消息的常用方法是设计一个结构体，然后把该结构体覆盖在一块内存区域上，该结构中的每个字段都有明确的位置和含义。

计算机中的内存空间是按照字节划分的，从理论上讲访问任何类型的变量可以从任意地址开始。但是实际上，计算机系统对于基本数据类型在内存中的存放位置有限制，要求这些数据存储的首地址是某个数 K 的倍数，这样各种基本数据类型在内存中就是按照一定的规则排列的，而不是一个紧挨着一个排列，这就是内存对齐。内存对齐中指定的对齐数值 K 称为对齐模数（alignment modulus）。

内存对齐作为一种强制性要求，简化了处理器与内存之间传输系统的设计，还可以提高读取数据的速度。不过，各个硬件平台对存储空间的处理有很大的不同，一些平台对某些特定类型的数据只能从某些特定地址开始存取，还有一些处理器则不管数据是否对齐都能正确工作。对于处于异构平台的网络数据通信，不同硬件平台的对齐方式使得对内存数据的理解有所不同，因此网络数据传输中的结构化定义必须考虑到内存对齐会影响变量的位置，以避免操作错误。

微软C编译器（cl.exe for 80x86）的对齐策略是：

1）结构体变量的首地址能够被其最宽的基本类型成员的大小整除。

编译器在给结构体分配空间时，首先找到结构体中最宽的基本数据类型，然后将内存地址能被该基本数据类型整除的位置作为结构体的首地址。这个最宽的基本数据类型的大小就是上面介绍的对齐模数。

2）结构体的每个成员相对于结构体首地址的偏移量（offset）都是成员大小的整数倍，如有需要，编译器会在成员之间加上填充字节。

为结构体的一个成员开辟空间之前，编译器首先检查预分配空间的首地址相对于结构体首地址的偏移是否为本成员的整数倍，若是，则存放本成员；反之，则在本成员和上一个成员之间填充一定的字节，以达到整数倍的要求，也就是将预分配空间的首地址后移几个字节。

3）结构体的总大小为结构体最宽的基本类型成员大小的整数倍，如有需要，编译器会在最末一个成员之后加上填充字节。

结构体的总大小包括填充字节，最后一个成员必须满足上述三条对齐策略，否则就必须在最后填充几个字节以达到要求。

基于以上原则，我们观察下面这个例子。假设定义待传输的二进制消息结构体Message，该结构体包含1个1字节字段、2个2字节字段和1个4字节字段，字段以不同的顺序排列，它们在内存中的位置有很大的差别。

排列1　结构体Message定义如下：

```
struct Message {
    uint8_t onebyte;
    uint16_t twobyte1;
    uint16_t twobyte2;
    uint32_t fourbyte;
}
```

参考以上对齐策略，twobyte1字段必须位于一个偶数地址上，fourbyte字段必须位于一个可以被4整除的地址上。由此，根据对齐策略2，在onebyte字段和twobyte1字段之间填充1字节，在twobyte2字段和fourbyte字段之间填充2字节，则所有字段的位置都满足对齐约束，如图3-2所示。

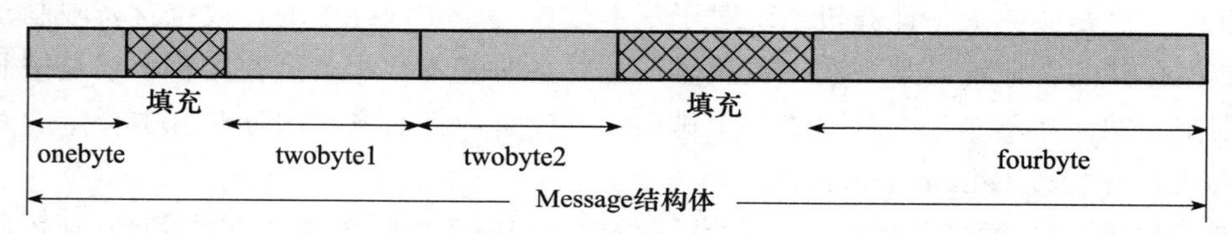

图3-2　排列1的字节对齐与填充情况

使用sizeof(Message)计算整个结构体的长度为12。

排列2　结构体Message定义如下：

```
struct Message {
    uint16_t twobyte1;
    uint16_t twobyte2;
    uint32_t fourbyte;
    uint8_t onebyte;
}
```

根据对齐策略2，twobyte1字段必须位于一个偶数地址上，fourbyte字段必须位于一个可以被4整除的地址上。按照该排列顺序，字段之间不需要填充，不过，根据对齐策略3，为了使结构体的首地址能够被4整除，以保证一个结构体的地址加上结构体的大小（利用sizeof()获得）产生后续元素的地址，需要在onebyte字段结束后，在结构体的实例之间（例如，在数组中）填充3字节的内容，如图3-3所示。

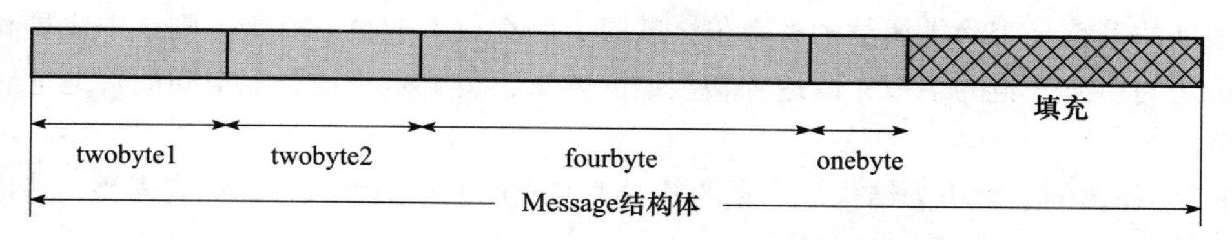

图3-3　排列2的字节对齐与填充情况

使用 sizeof(Message) 计算整个结构体的长度为 12。

另外，在编程中，伪指令 #pragma pack 能够改变 C 编译器默认的对齐方式，设定变量以 *n* 字节对齐方式对齐。

该指令的作用是指定结构体、联合以及类成员的对齐方式。语法如下：

```
#pragma pack( [show] | [push | pop] [, identifier], n )
```

pack 提供数据声明级别的控制，对定义不起作用；调用 pack 时不指定参数，n 将被设成默认值；一旦改变数据类型的对齐方式，会使结构体占用的内存减少，但是性能会下降。

参数说明如下：

- show：可选参数，显示当前对齐的模数，以警告消息的形式显示。
- push：可选参数，将当前指定的对齐模数进行压栈操作，这里的栈是内部编译器堆栈，同时设置当前的对齐模数为 *n*。如果没有指定 *n*，则将当前的对齐模数压栈。
- pop：可选参数，从内部编译器堆栈中删除最顶端的记录。如果没有指定 *n*，则当前栈顶记录为新的对齐模数；如果指定了 *n*，则 *n* 将成为新的对齐模数。如果指定了 identifier，则内部编译器堆栈中的记录都将被出栈，直到找到 identifier 为止；然后将 identifier 出栈，同时设置对齐模数为当前栈顶的记录；如果指定的 identifier 并不在内部编译器堆栈中，则出栈操作被忽略。
- identifier：可选参数，当同 push 一起使用时，赋予当前被压入栈中的记录一个名称。当同 pop 一起使用时，从内部编译器堆栈中出栈所有的记录，直到 identifier 出栈为止；如果没有找到 identifier，则忽略 pop 操作。
- n：可选参数，指定对齐模数，以字节为单位。默认数值是 8，合法的数值分别是 1、2、4、8、16。

具体用法如下：

```
#pragma pack(push,1);
struct Message {
    uint16_t twobyte1;
    uint16_t twobyte2;
    uint32_t fourbyte;
    uint8_t onebyte;
};
#pragma pack(pop);
```

增加了 #pragma pack 伪指令的声明后，结构体在内存中的对齐方式遵守该指令声明的对齐模数要求。比如，上例声明了 Message 结构体按 1 字节对齐，那么该结构体在内存中无论以什么样的形式排列，都不会出现填充字段，使用 sizeof (Message) 计算整个结构体的长度为 9。

为了避免数据构造和成帧在结构和字节对齐上的歧义，传输数据中结构化二进制数据的定义一般会考虑对齐问题，尽量把字段按照对齐策略进行排列，并显式增加填充字段。这样，一方面可以避免由于对齐处理歧义带来的数据理解错误，另一方面可以为协议将来的扩充预留空间，这种思路在一些知名协议设计（如 IP、TCP 等多以 4 字节对齐）中都可以得到印证。

3.4　网络数据传输的形态

一般情况下，在通信两端进行数据交互的数据有文本串和二进制两种格式。

文本串是一类可打印的字符串，是表示信息的常用方式，使用文本串的代表性协议有HTTP、MSN等。这些协议通常以连续的ASCII字母作为命令组织数据。文本由符号或字符序列组成，对于大多数其他类型的数据而言，只要定义一种编码文本的方式，然后对其他类型的数据进行编码转换，将其转换为可打印字符串，就可以以文本的形式来传递它们。使用文本串进行消息传递时的一般做法是：

1）定义消息命令。定义一些固定含义的文本串作为消息的控制命令。以MSN为例，该协议在消息开头定义了一些字符序列，如"MSG"代表一类常见的MSN消息，这种文本表示的命令可以方便接收者快速识别通信协议的消息类型。

2）定义消息标识。定义一些固定含义的文本串来标识消息内容。仍以MSN为例，该协议的通信内容是半结构化的，用若干文本串来标识传递的通信内容，比如"Content-Type："代表消息格式类型，"TypingUser："代表发送方的账号等。

3）选择文本表示方式。选择一种类型表示方式对传输内容进行转换，使得数字、布尔值等数据类型都可以表示为文本字符串，如"123456""6.02e23""true""false"等。

4）选择编码方式。选择一种编码方式对传输内容进行编码表示，对文本串进行二进制编码，构成实际传输的原始码字，常用的消息编码方式有ASCII编码、Unicode编码等（在3.5节详细介绍）。

二进制格式的消息使用固定大小的数据区域存储消息，这是表示信息的常用方式，代表性的例子有IP、TCP等，这些协议通常以固定格式的协议首部存储协议控制命令。当传递二进制格式的消息时，需要对传递内容进行定义，规范该内容的字节长度、位置及含义，然后将这些内容直接作为协议数据进行传输。使用二进制数据进行消息传递时，需注意以下问题：

- 不同实现以不同的格式存储二进制数据。在3.2节探讨过字节顺序的问题，有的平台以大端顺序存储，有的平台以小端顺序存储。
- 不同实现在存储相同的数据类型时可能会有所不同。在3.1节探讨过整数的长度问题，比如对于C数据类型，大多数32位的UNIX系统使用32位表示长整数，但64位系统常常以64位来表示长整数。
- 不同实现为协议打包的方式也不同，这取决于所使用的数据类型的位数和顺序，机器的对齐策略增加了二进制结构在跨平台传递过程中出现差错的可能性。

为此，在二进制格式的消息传递中，为了避免以上问题，我们可以考虑将二进制数值的数据以文本串的形式传递，或者显式定义二进制结构，包括其成员的位数、位置、字节顺序，并尽量做到显式字节对齐。

3.5　字符编码

计算机中的信息包括数据信息和控制信息，数据信息又可分为数值和非数值信息。非数值信息和控制信息涵盖字母、各种控制符号、图形符号等，它们都以二进制编码的方式存入计算机并得以处理，这种对字母和符号进行编码的二进制代码称为字符编码（character code）。

下面是与字符编码相关的几个基本概念：

- **字节**：计算机中存储数据的基本单元，一个 8 位的二进制数，比如以十六进制表示的 0x00，0x01，…，0xFF。
- **字符**：抽象意义上的一个符号，是各种文字、标点符号、图形符号、数字等的总称，比如 '1'、'中'、'a'。
- **字符集**：一组抽象的字符集合。各个国家和地区制定了各自语言所需的字符集，比如英文字符集 ASCII、简体中文字符集 GB2312、繁体中文字符集 BIG5、日文字符集 JIS 等。
- **字符编码**：规定了每个字符分别用一个字节还是多个字节表示，以及用哪个字节值来存储。

3.5.1 字符集传输编码标准

现在有很多种字符集传输编码（字符编码）。在计算系统中，字符编码的发展经过了三个阶段。

第一阶段：字符编码的产生。在这个阶段中，典型的编码标准是 ASCII 标准，该标准只支持英文字符集，其他语言不能在计算机上存储和显示。ASCII 码规定了 128 个字符的编码，比如空格是 32（二进制 00100000），大写字母 A 是 65（二进制 01000001）。这 128 个符号（包括 32 个不能打印出来的控制符号）只占用一个字节的后面 7 位，最前面的 1 位统一规定为 0。

第二阶段：字符编码的本地化。在这个阶段中，典型的编码标准是 ANSI 编码。为使计算机支持更多语言，通常使用 0x80 ～ 0xFF 的 2 个字节来表示 1 个字符。比如，汉字“中”在中文操作系统中使用 [0xD6，0xD0] 存储。不同的国家和地区制定了不同的标准，由此产生了 GB2312、BIG5、JIS 等编码标准。这些使用 2 个字节来代表 1 个字符的各种汉字延伸编码方式，称为 ANSI 编码。在简体中文系统下，ANSI 编码代表 GB2312 编码；在日文操作系统下，ANSI 编码代表 JIS 编码。不同 ANSI 编码之间互不兼容，当信息在国际间交流时，无法将属于两种语言的文字存储在同一段 ANSI 编码的文本中。

第三阶段：字符编码的国际化。为了使国际间的信息交流更加方便，国际组织制定了 Unicode 字符集，为各种语言中的每一个字符设定了统一并且唯一的数字编号，以满足跨语言、跨平台进行文本转换和处理的要求。Unicode（统一码）是一个很大的集合，现在可以容纳 100 多万个符号。每个符号的编码都不一样，比如，U+0041 表示英语的大写字母 A，U+4E25 表示汉字“严”。需要注意的是，Unicode 只是一个符号集，它只规定了符号的二进制代码，却没有规定这个二进制代码应该如何存储。

Unicode 编码系统可分为编码方式和实现方式两个层次。

Unicode 的**编码方式**与通用字符集（Universal Character Set，UCS）概念对应。通用字符集是由 ISO 制定的 ISO 10646（或称 ISO/IEC 10646）标准所定义的标准字符集。目前实际应用的统一码版本对应 UCS-2，使用 16 位的编码空间，也就是每个字符占用 2 字节。这样，理论上最多可以表示 2^{16}（即 65 536）个字符，基本能够满足各种语言的使用需求。实际上，当前版本的统一码并未完全使用这 16 位编码，而是保留了大量空间作为特殊用途或用于将来扩展。为了表示更多的文字，人们又提出了 UCS-4。UCS-4 是一个更大的尚未填充完全的 31 位字符集，加上恒为 0 的首位，共需占据 32 位，即 4 字节。理论上最多能表示 2^{31} 个字符，完全可以涵盖一切语言所用的符号。

Unicode 的**实现方式**不同于编码方式。一个字符的 Unicode 编码是确定的。但是在实际传输过程中，由于不同系统平台的设计不一致，以及出于节省空间的目的，对 Unicode 编码的实现方式可能有所不同。Unicode 的实现方式称为 Unicode 转换格式（Unicode Transformation Format，UTF）。它规定了对 UCS 对应的基本多语种码点（Basic Multilingual Plane，BMP）进行传输编码的策略。具体来说，提供了三种对 BMP 进行传输编码的策略，分别为 UTF-8、UTF-16、UTF-32。

以 UTF-8 编码为例，UTF-8 是一种变长编码的标准，其编码序列长度最多可以达到 6 字节。UTF-8 的编码策略如下：

1）对于不同语言的字符，采用不同长度的字节序列进行编码。例如，汉字的编码采用 3 字节长度的编码序列。

2）UTF-8 编码序列中的第一个 8 位二进制元中的换码位序列的特征指明了编码序列中 8 位二进制元的数目。若编码序列中的 8 位二进制元的个数超过两个，则每个 8 位二进制元都由一个换码位序列开始。在首字节中，换码位序列为 n 个值为 1 的二进制位加上 1 个值为 0 的二进制位（n 表示字符编码所需的字节数），后续字节的换码位序列均为二进制序列“10”。各字节除换码位序列后的剩余二进制位才是编码位。

对 Unicode 的 BMP 码点的 UCS-2 编码和 UTF-8 编码的比较如表 3-1 所示。

表 3-1 UCS-2 编码与 UTF-8 编码的比较

UCS-2 编码（十六进制表示）	UTF-8 编码字节序列（二进制表示）
0000 ～ 007F	0×××××××
0080 ～ 07FF	110××××× 10××××××
0800 ～ FFFF	1110×××× 10×××××× 10××××××
010000 ～ 10FFFF	11110××× 10×××××× 10×××××× 10××××××

在以 8 比特为单位的传输流中，较容易识别出字符编码的边界从哪里开始。在 UTF-8 编码的传输过程中，即使丢掉一个字节，根据编码规律也很容易定位丢掉的位置，不会影响到其他字符。

3.5.2 文本化传输编码标准

字符集传输编码标准虽然定义了规范的字符编码，但是难免网络的一些应用协议还有更苛刻的要求，例如对网络中的 SMTP 协议来说，底层邮件协议及邮件网关只能处理 7 位 ASCII 编码字符，在传送过程中，非 ASCII 消息中的数据会按这个限制进行拆解，如果想用邮件传输多媒体信息，就要对非文字消息进行编码，将其转换为 7 位 ASCII 格式后再传送，这涉及文本化传输编码标准。文本化传输编码（Content Transfer Encoding）标准主要有三种。

1. Base64 编码

Base64 是网络上常用的传输 8 比特字节代码的编码方式之一，可在 HTTP 环境下传递较长的标识信息。例如，在 Java Persistence 系统 Hibernate 中，就采用 Base64 来将一个较长的唯一标识符（一般为 128 位的 UUID）编码为一个字符串，用作 HTTP 表单和 HTTP GET URL 中的参数。在其他应用程序中，也常常需要把二进制数据编码为适合放在 URL（包括隐藏表单域）中的形式。此时，采用 Base64 编码不仅比较简短，同时具有不可读性，即所编码的数据不会被人用肉眼直接看到。

Base64 的编码对象可以是任何已编码的数据，其文本化编码策略是：

- 对于要编码对象的原始的二进制数据流，将 3 字节的数据先后放入一个 24 位的缓冲区中，先放入的字节占高位。
- 每次取 6 位，用此 6 位的值（0 ～ 63）作为索引号，在 Base64 索引表中找到对应的字符。
- 用字符的 ACSII 编码作为被编码对象的输出。
- 为了保证资料还原的正确性，如果最后剩下两个输入数据，则在编码结果后加 1 个“=”；如果最后剩下一个输入数据，则在编码结果后加 2 个“=”。
- 每隔 76 个字符加一个回车符换行。

表 3-2 给出了 Base64 编码的示例。

表 3-2　Base64 编码的示例

文　本	M								a								n							
ASCII 编码	77								97								110							
二进制位	0	1	0	0	1	1	0	1	0	1	1	0	0	0	0	1	0	1	1	0	1	1	1	0
索引	19						22						5						46					
Base64 编码	T						W						F						u					

2. UTF-7 编码

UTF-7 是一个修改的 Base64，主要用于将 UTF-16 的数据以 Base64 的方法编码为可打印的 ASCII 字符序列，目的是传输 Unicode 数据。UTF-7 中定义的转换策略为：

- 对被编码成 UTF-16 的 ASCII 字符，可直接使用 ASCII 等价字节表示。
- 对被编码成 UTF-16 的非 ASCII 字符，先通过 Base64 编码输出，再在前面加上字符“+”，并在结尾加上字符“–”，表示非 ASCII 字符编码结果的起始和结束。
- 可使用非字母表中的字符来表示起止字符。

以字符“£”为例，UTF-7 编码过程如表 3-3 所示。

表 3-3　字符“£”的 UTF-7 编码过程

文　本	£																	
UTF-16 编码	0				0				A				3					
二进制位	0	0	0	0	0	0	0	0	1	0	1	0	0	0	1	1	0	0
索引	0						10						12					
Base64 编码	A						K						M					
UTF-7 编码	+AKM–（5 个字节）																	

3. QP 编码

QP（Quoted Printable）编码通常缩写为 Q 编码，它使用可打印的 ASCII 字符（如字母、数字与“=”）表示各种编码格式下的字符，以便在 7 位数据通路上传输 8 位数据，在 Email 系统中比较常用。其原理是把一个 8 位的字符用两个十六进制数值表示，然后在前面加“=”，其编码规则如下：

- 对于 ASCII 字符，不进行转换，直接使用 ASCII 等价字节表示。
- 对于非 ASCII 字符，将一个 8 位的字符用两个对应的十六进制数值字符（0 ～ F）来表示，然后在前面加“=”。
- 原始数据中的等号“=”用“=3D”表示。

举例来说，对字符串“ If you believe that truth=beauty，then surely mathematics is the most beautiful branch of philosophy.”进行 QP 编码的一个结果是：

```
"If you believe that truth=3Dbeauty, then surely=20=
mathematics is the most beautiful branch of philosophy."
```

在上面这段原始字符串中，“=”不能直接表示，“=”的十进制值为 61，必须表示为“=3D”。另外，QP 编码的数据的每行长度不能超过 76 个字符，为满足此要求且不改变被编码文本，在 QP 编码结果的每行末尾加上软换行，即在每行末尾加上一个“=”，同时对换行符 QP 编码，表示为“=20”(空格)。

在实际网络数据处理中，出于传输、存储和显示的不同考虑，数据可能以不同的方式编码并存储，因此需要根据实际需求，按照编码规则进行编码，并对编码后的数据进行解码和编码转换。

3.6　数据校验

在构造数据报文的过程中，协议首部的校验和是经常会涉及并可能出现错误的关键环节。

网络上的信号最终都是通过物理传输线路进行传输的，如果高层没有采用差错控制机制，那么物理层传输的数据信号可能出现差错。为了保证数据的正确性，现有的设计是在各个层次的发送和接收过程中增加数据的差错校验功能。

进行差错检测和差错控制的主要方法是：在需要传输的数据分组后面加上一定的冗余信息，这些冗余信息通常是通过对所发送的数据应用某种算法而计算得到的固定长度的数值。数据的接收方在收到数据后进行同样的计算，与接收到的冗余信息进行比较。如果数据在传输过程中没有发生任何差错，那么接收方计算的结果应该与发送方计算的校验和相同，否则表明校验和错误。当出现校验和错误时，接收方丢弃收到的数据，由上层发现数据包丢失并进行重传，从而保证数据传递的可靠性。

目前广泛使用的网络协议中通常都设置了校验和项以保存冗余信息，例如 IPv4、ICMPv4、IGMPv4、ICMPv6、UDP、TCP 等。这些协议都采用相同的校验和计算算法，即先把校验和字段置为 0，然后对缓冲区中每个 16 位进行二进制反码求和（把整个缓冲区看成由一串 16 位的数字组成），然后把计算得到的结果存储在校验和字段中。

不同协议中的校验和字段覆盖范围会有一些差异，在 TCP/IP 协议栈中，常用协议的校验和覆盖范围如表 3-4 所示。

表 3-4 常用协议的校验和覆盖范围

协　议	校验和覆盖范围	协　议	校验和覆盖范围
IPv4	IPv4 首部	UDP	UDP 伪首部 +UDP 首部 +UDP 数据
ICMP	ICMP 首部 +ICMP 数据	TCP	TCP 伪首部 +TCP 首部 +TCP 数据
IGMP	IGMP 首部 +IGMP 数据		

在手工构造协议首部和填充校验和的过程中，正确计算校验和的步骤如下：

1）将校验和字段置为 0。

2）填充校验和覆盖范围内所有的数据内容。

3）将校验和覆盖范围内的数据看成由一串 16 位的数字组成。

4）计算校验和，并复制到校验和字段。

在接收方进行差错检验的步骤如下：

1）将校验和覆盖范围内的数据（包括校验和在内）看成由一串 16 位的数字组成。

2）计算校验和。

3）检查计算出的校验和结果是否等于 0 或者 1（依赖于具体实现），根据结果接收报文或丢弃报文。

以下给出了计算校验和的示例代码：

```
USHORT CheckSum(USHORT *pchBuffer, int iSize)
{
    unsigned long ulCksum=0;
    //对16位字求和
    while (iSize > 1)
    {
        ulCksum += *pchBuffer++;
        iSize -= sizeof(USHORT);
    }
    if (iSize)
    {
        ulCksum += *(UCHAR*)pchBuffer;
    }
    ulCksum = (ulCksum >> 16) + (ulCksum & 0xffff);
    ulCksum += (ulCksum >>16);
    //取反返回
    return (USHORT)(~ulCksum);
}
```

习题

1. 假设应用程序使用有符号短整型给端口号赋值，当端口号大于 32768 时，端口号的具体值为多少？是否合理？
2. 大端顺序和小端顺序是 CPU 处理多字节数的不同方式。例如，“汉”字的 Unicode 编码是 0x6C49，那么在内存中，数据是如何存储的呢？请在自己的系统平台下观察字节在内存中的存储方式。

3. 试考虑一个15字节的消息结构：

```
struct integerMessage {
uint8_t  onebyte;
uint16_t  twobytes;
uint32_t  fourbytes;
uint64_t  eightbytes;
}
```

请问，该消息结构在内存中的实际布置如何？该结构的长度为多少？

4. 假设一个端口扫描应用程序被设计为递增IP地址和TCP端口，手工构造TCP扫描包并发送给目标方，那么在每次发送数据前，TCP扫描包的哪些字段需要修改，如何修改？

5. 请设计一个远程投票系统的消息传送协议，具体内容包括：

   1）投票协议标识。

   2）投票消息类型。

   3）投票候选人标识。

   4）投票结果。

   请使用文本串和二进制两种方式设计投票消息来满足以上需求。

第 4 章

协议软件接口

协议软件接口在应用程序与操作系统协议实现之间起到了桥梁的作用，Windows Sockets 就是一种广泛使用的协议软件接口。本章从如何访问 TCP/IP 这个问题出发，探讨实现网间进程通信必须解决的问题，进而引入套接字的基本概念。Windows Sockets 是本章的重点，我们会介绍 Windows Sockets 的起源和组成，并对 Windows Sockets 在使用过程中的一些重要环节进行介绍，这些环节包括套接字的初始化和释放、套接字控制方法以及地址的描述与转换等。

4.1　TCP/IP 协议软件接口

4.1.1　协议软件接口的位置

TCP/IP 为网络通信设计了一系列提供各类能力的传输服务，使得应用程序的设计者可以根据实际需要选择这些服务，使分布在网络不同位置的应用程序之间实现数据交互。协议软件接口的位置如图 4-1 所示。

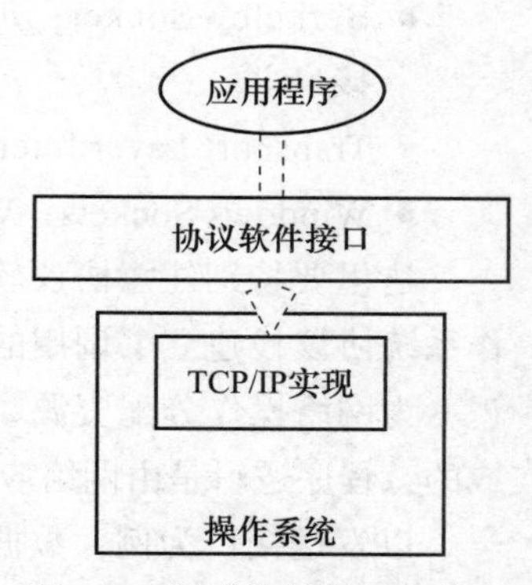

图 4-1　协议软件接口的位置

从操作系统层面来看，系统内核集成了对 TCP/IP 的具体实现，协议实现在内核空间执行；从应用程序层面来看，各类涉及网络通信的应用程序都通过系统中的协议实现完成数据交互过程，应用程序在用户空间执行。那么对于两个不同层次上的实现，应用程序如何访问操作系统内核中协议实现的具体功能呢？

协议软件接口是应用程序与操作系统协议实现之间的桥梁，它封装了协议实现的基本功能，开放系统调用接口来简化操作，使应用程序可以用系统调用的方式方便地使用协议实现提供的数据传输功能。

4.1.2　协议软件接口的功能

TCP/IP 的设计者们避免使用任何一个厂商的内部数据表示，还避免让接口使用那些只能在某一个厂商的操作系统中可用的特征。因此，TCP/IP 和使用它的应用之间的接口并不会精确指明。

尽管TCP/IP标准没有指明应用软件与TCP/IP协议软件的接口细节，但这些标准仍然建议了所要求的功能。接口必须支持如下概念性操作：

- 分配用于通信的本地资源。
- 指定本地和远程通信端点。
- （客户端）启动连接。
- （服务器端）等待连接到来。
- 发送或接收数据。
- 判断数据何时到达。
- 产生紧急数据。
- 处理到来的紧急数据。
- 从容终止连接。
- 处理来自远程端点的连接终止。
- 通信异常终止。
- 处理错误或连接异常终止。
- 连接结束后释放本地资源。

不精确指明的特点提供了灵活性和容错能力，允许设计者使用各种操作系统实现并调用TCP/IP，既可以用过程调用的方法也可以用消息传递的形式实现接口功能。但是，接口细节的不同使得不同操作系统之间程序的可移植性大大降低。

依赖于底层操作系统，目前常用的协议软件接口有3种。

- Berkeley Socket：加州大学伯克利分校为Berkeley UNIX操作系统定义的套接字接口。
- Transport Layer Interface：AT&T为System V定义的传输层接口。
- Windows Sockets：Windows系统下的套接字接口。

这里要特别注意协议软件接口的“接口”功能，即协议软件接口为网络应用程序和操作系统协议栈建立了调用的关联，其功能主要体现在关联的能力上，如创建用于关联的标识，为网络操作分配资源、复制数据、读取信息等，而真实的网络通信功能是由协议栈完成的，程序逻辑是由网络应用程序部署的。

以发送接口为例，数据的发送究竟是由发送接口完成还是由系统协议栈完成呢？实际上，发送接口函数仅仅完成了两个工作：第一个工作是将数据从应用程序缓冲区复制到内核缓冲区；第二个工作是通知系统内核应用程序有新的数据要发送，而真正负责发送数据的是协议栈。因此，发送接口函数成功返回并不意味着数据已经发送出去，此时数据可能还保留在协议栈中等待发送，也可能已经被发送到网络中，这取决于协议的选择、当前的网络环境、系统环境等因素。

4.2　网络通信的基本方法

4.2.1　如何访问TCP/IP

由上一节的分析可知，网络中两个进程的通信是借助网络协议栈实现的。应用进程把数据交给下层的传输层协议实体，调用传输层提供的传输服务，传输层及其下层协议将数据层层向下递交，最后由物理层将数据变为信号，发送到网络中，经过各种网络设备的寻址和存储转发，才能到达目的端主机。目的端的网络协议栈再将数据层层上传，最终将数据送达接收端的应用进程。这个过程非常复杂，但对于网络编程来说，必须有一种简单的方法与协议栈交互。

操作系统的设计者们把协议软件安装在操作系统中，并设计协议软件接口，定义一组精确的过程来访问 TCP/IP。协议软件接口可以按照两种方法来实现：第一种方法是设计者发明一种新的系统调用，应用程序用它们来访问 TCP/IP，这要求设计者列举出所有的概念性操作，为每个操作指定一个名字和参数，将每个操作实现为一个系统调用；第二种方法是设计者使用一般的 I/O 调用，对其进行扩充，使其既可以同网络协议也可以同一般的 I/O 设备一起工作。在实际运用中，许多设计者选择了这两种方法的混合，即尽可能使用基本的 I/O 功能，对那些不能方便表达的操作，则增加其他函数。

接下来，我们从一般 I/O 操作开始，讨论如何把网络操作作为一种新的 I/O 操作引入现有 I/O 体系。

4.2.2 UNIX 中的基本 I/O 功能

UNIX（许多操作系统是由它变化派生而来的）提供了一组（6 个）基本的系统函数用来对设备或文件进行输入 / 输出操作，见表 4-1。

表 4-1 UNIX 中提供的基本 I/O 操作

操　作	含　义
open( )	为输入或输出操作准备一个设备或文件
close( )	终止使用先前已经打开的设备或文件
read( )	从输入设备或文件中获得数据，将数据放到应用程序的缓冲区中
write( )	将数据从应用程序的缓冲区传送到输出设备或文件
lseek( )	转到文件或设备中的某个指定位置
ioctl( )	控制设备的 I/O 特性（如指明缓冲区的大小或改变字符集的映射）

当一个应用程序调用 open( ) 来启动输入或输出时，系统返回一个整数，称为文件描述符。此应用程序在之后的 I/O 操作中会以该描述符为标识进行文件操作。最后，当一个应用进程结束使用一个文件时，调用 close( ) 撤销文件描述符，并释放相关的资源。

4.2.3 实现网间进程通信必须解决的问题

当设计者把 TCP/IP 通信加入基本 I/O 时，尽管在操作序列上可以延续原有的打开 – 操作 – 关闭的模式，但网络上两台主机中两个进程间的相互通信面临诸多问题：

1）网间进程的标识问题。在同一主机中，不同的进程可以用进程号唯一标识，但在网络环境下，各主机独立分配进程号，此时进程号不具有唯一性。

2）多重协议的识别问题。现行的网络体系结构有很多，如 TCP/IP、IPX/SPX 等，操作系统往往支持众多的网络协议。不同协议的工作方式不同，地址格式也不同，因此网络间进程通信还要解决多重协议的识别问题。

3）多种通信服务的选择问题。网络应用不同，网络间进程通信所要求的通信服务会有不同的要求，有的要求传输效率高，有的要求传输可靠性高，还有的要求数据构造灵活。因此，网络应用程序应该能够有选择地使用网络协议栈提供的网络通信服务功能。

为此，在继承一般 I/O 操作的基础上，协议软件接口的设计扩展了以下环节：

- 扩展了文件描述符集，使应用程序可以创建能被网络通信使用的描述符（称为“套接字”）。
- 扩展了读和写这两个系统调用，使其支持网络数据的接收和发送（增加了新的数据收发函数）。
- 增加了对通信双方的标识（用 IP 地址和端口号标识唯一的网络地址上唯一的应用程序）。
- 指明通信采用的协议（用协议栈和服务类型对不同协议栈下的特定传输服务进行统一命名）。
- 确定通信方的角色（客户端或服务器）。
- 增加了对网络数据格式的识别和处理。
- 增加了对网络操作的控制等。

4.3　套接字

在 TCP/IP 网络环境中，可以使用套接字来建立网络连接，实现主机之间的数据传输。

4.3.1　套接字编程接口的起源与发展

在 20 世纪 80 年代早期，美国国防部高级研究计划局（Advanced Research Projects Agency，ARPA）资助加州大学伯克利分校开发并推广了一个包括 TCP/IP 的 UNIX，称为 BSD UNIX（Berkeley Software Distribution UNIX）操作系统。Socket 编程接口是这个操作系统的一部分，称为 Berkeley Socket。后来，许多计算机供应商将 BSD 系统移植到他们的硬件上，并将其作为商业操作系统产品的基础，广泛应用于各种计算机。由于 BSD UNIX 系统的广泛应用，大多数人已经接受了 Socket 编程接口，后来的许多操作系统并没有另外开发一套编程接口，而是选择支持 Socket 编程接口。例如，Windows 操作系统、各种 UNIX 系统（如 Sun 公司的 Solaris）以及各种 Linux 系统都实现了 BSD UNIX Socket 编程接口，并结合自己的特点有所发展。各种编程语言也纷纷支持 Socket 编程接口，并广泛应用在各种网络编程中，这样就使得 Socket 编程接口成为工业界事实上的标准，成为开发网络应用软件的有力工具。

4.3.2　套接字的抽象概念

Socket 的字面意思是凹槽、插座，它形象地把网络操作比喻成生活中的电话插座、电线插座等简单且具有连通能力的设备。

套接字（Socket）是网络通信中支持 TCP/IP 网络通信的基本操作单元，可以看作一个接口，本地主机中的应用程序调用该接口后，在操作系统的控制下与其他（远程）应用进程之间相互发送和接收数据。这意味着一个进程用 Socket 和其他进程互通信息，就像一个人用电话和其他人交流一样，通过 Socket 为客户和服务器建立了一个双向的传输管道。

作为连接应用程序和协议实现的桥梁，Socket 在应用程序中创建，通过绑定应用程序所在的 IP 地址和端口号，与系统的协议实现建立关系。此后，应用程序发送数据到 Socket，由 Socket 交给协议实现，发送到网络，计算机从网络上收到与该 Socket 绑定的 IP 地址和端口号相关的数据后，由系统协议实现交给 Socket，应用程序便可从该 Socket 中提取接收到的数据。网络应用程序就是这样通过 Socket 实现数据的发送与接收。

套接字接口并没有直接使用协议类型来标识通信时的协议，而是采用一种更灵活的方式——协议栈 + 套接字类型，以方便网络应用程序在多协议栈的同类套接字程序中移植。

在 Socket 通信中，常用的协议栈有：

- PF_INET：IPv4 协议栈。
- PF_INET6：IPv6 协议栈。
- PF_IPX：IPX/SPX 协议栈。
- PF_NETBIOS：NetBIOS 协议栈。

在 Socket 通信中，常用套接字类型有三类。

- 流式套接字（SOCK_STREAM）：流式套接字用于提供面向连接、可靠的数据传输服务。该服务保证实现无差错、无重复的数据发送，并按顺序接收数据。传输的数据是双向的字节流。
- 数据报套接字（SOCK_DGRAM）：数据报套接字用于提供无连接的数据传输服务。该服务并不能保证数据传输的可靠性，数据有可能在传输过程中丢失或重复，且无法保证顺序地接收到数据。由于数据报套接字不能保证数据传输的可靠性，因此，对于有可能出现的数据传输不可靠的情况，需要在程序中进行相应的处理。
- 原始套接字（SOCK_RAW）：当使用前两类套接字无法完成数据收发任务时，原始套接字可以提供更加灵活的数据访问接口，用于在网络层上对 Socket 进行编程，发送和接收网络层上的原始数据包。

4.3.3 套接字接口层的位置与内容

图 4-2 描绘了单个主机内的应用程序、套接字、协议和端口之间的逻辑关系，需要注意以下 4 点：

1）一个程序可以同时使用多个套接字，不同套接字完成不同的传输任务。

2）多个应用程序可以同时使用同一个套接字，不过这种情况并不常见。

3）每个套接字都有一个关联的本地 TCP 或 UDP 端口，它用于把传入的分组指引到应该接收它们的应用程序。

4）TCP 和 UDP 的端口号是独立使用的，有时候一个 TCP 的端口号会关联多个套接字，因此不能仅仅用端口来标识套接字。不过，TCP 仍然有能力区分关联在一个端口上的多个套接字。

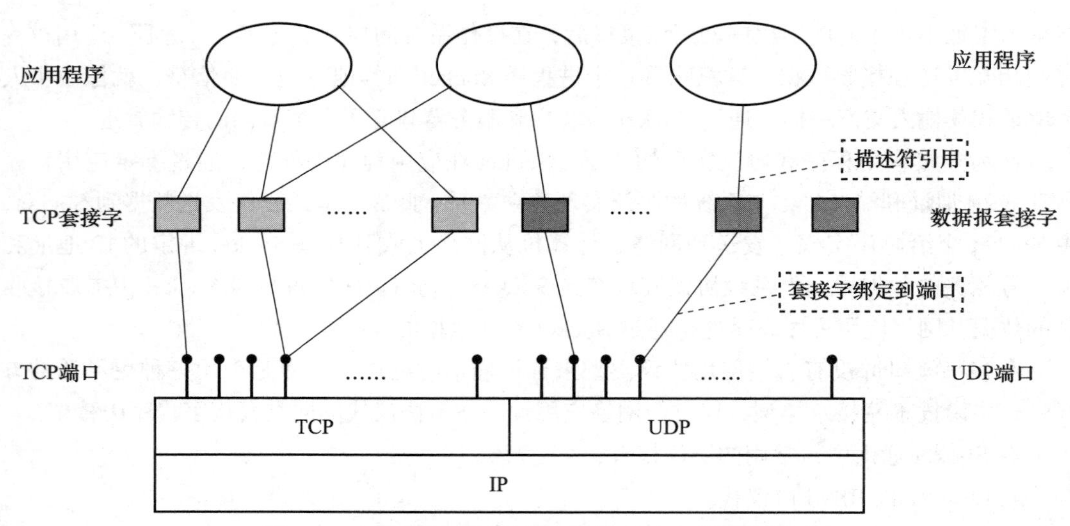

图 4-2 套接字与应用程序、协议和端口之间的关系

在具体实现时，与文件描述符类似，套接字表现为系统中的一个整型标识符，用于标识操作系统为该套接字分配的套接字结构，该结构保存了一个通信端点的数据集合，如图 4-3 所示。这里的“数据结构”是一个抽象意义的结构，指套接字抽象层和 TCP/IP 实现中与套接字描述符相关的所有数据结构和变量，主要包括以下方面：

- 套接字创建时声明的通信协议类型。
- 与套接字关联的本地和远程 IP 地址、端口号。这些信息将在套接字操作过程中由不同的函数为套接字描述符逐步确定。
- 一个等待向应用程序传送数据的接收队列和一个等待向协议栈传输数据的发送队列。
- 对于流式套接字，还包含与打开和关闭 TCP 连接相关的协议状态信息。

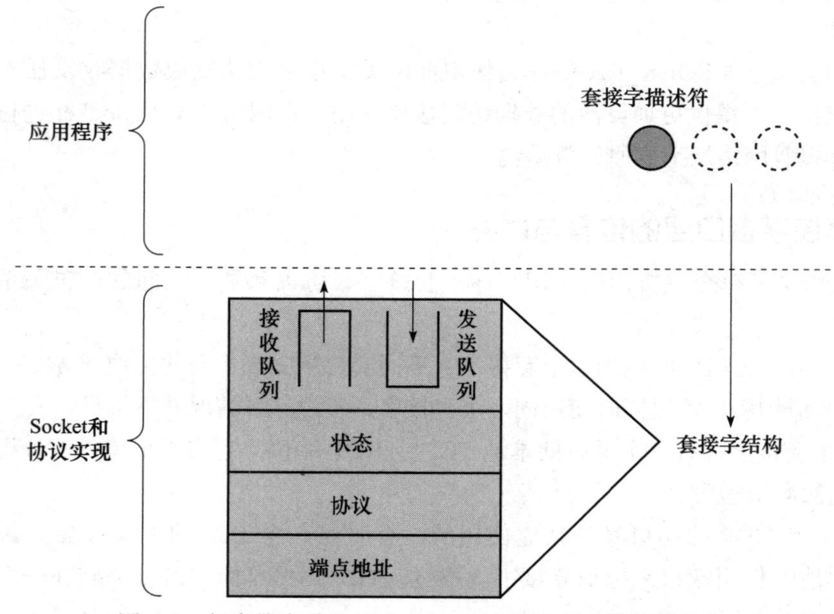

图 4-3 与套接字关联的 Socket 和协议实现中的数据结构

了解这些数据结构的内容以及底层协议如何影响它们是非常有必要的，因为它们控制着套接字行为的不同方面。例如，TCP 提供了可靠的字节流服务，通过流式套接字发送的任何数据的副本都必须由 TCP 实现保存起来，直到其在连接的另一端被成功接收为止。一般来讲，在流式套接字上完成发送操作并不意味着实际的数据传输完成，而只是把数据复制到了本地缓冲区中。在正常情况下，数据将被立即传输，但是精确的传输时间由 TCP 实现（而不是应用程序）控制。

4.3.4 套接字通信

进行网络通信时至少需要一对套接字，一个运行在客户端，称为客户套接字；另一个运行于服务器端，称为服务器套接字。网络应用程序的通信总是以套接字为线索，以五元组（源 IP、源端口、目的 IP、目的端口、协议）为基础进行数据传输，其基本过程如下：

1）建立一个 Socket。

2）配置 Socket。

3）连接 Socket（可选）。

4）通过 Socket 发送数据。

5）通过 Socket 接收数据。

6）关闭 Socket。

可见，与文件操作类似，作为一类特殊的文件操作，网络操作以 Socket 为网络描述符，通过其指向的数据结构存储与当前通信相关的五元组信息，并在数据发送和接收时对该数据结构的内容进行读写访问，网络操作结束后，通过 Socket 释放已分配的资源。

使用套接字进行数据处理有两种基本模式：同步和异步。

同步模式的特点是在通过 Socket 进行连接、接收、发送数据时，客户和服务器在接收到对方响应前会处于阻塞状态，即一直等到 I/O 条件满足才继续执行下面的操作。同步模式适用于数据处理不太多的场合。当程序执行的任务很多时，用户可能无法接受长时间的等待。

异步模式的特点是在通过 Socket 进行连接、接收、发送操作时，客户或服务器会利用多种机制获知 I/O 条件满足的事件，然后进行连接、接收、发送处理，这样就可以更灵活、高效地处理网络通信。异步套接字适用于进行大量数据处理、复杂网络 I/O 的场合。

4.4 Windows 套接字

Windows 套接字是 Windows 环境下的网络编程接口，它源于 UNIX 环境下的 BSD Socket，是一个与网络协议无关的编程接口。

4.4.1 Windows Sockets 规范

20 世纪 90 年代初，Sun Microsystems、JSB Corporation、FTP Software、Microdyne 和微软等公司共同参与了 Windows Sockets 规范的制定，以 BSD UNIX 中流行的 Socket 接

口为模板，为 Windows 定义了一套网络编程接口。该接口不但包含人们所熟知的 Berkeley Socket 风格的函数，还包含一组针对 Windows 的扩展库函数，以便程序员能够充分地利用 Windows 消息驱动机制进行编程。

Windows Sockets 规范的目标是为应用程序开发者提供一套简单的 API，并让网络软件供应商共同遵守。除此之外，在 Windows 的特定版本上，还定义了一个二进制接口，以确保网络软件供应商使用 Windows Sockets API 开发且遵循 Windows Sockets 规范实现的应用程序能够正常工作。因此，Windows Sockets 定义了应用程序开发者能够使用且网络软件供应商能够实现的一套库函数调用和相关语义。

对于符合 Windows Sockets 规范的网络软件，一般将其视为与 Windows Sockets 兼容，而将 Windows Sockets 兼容实现的提供者称为 Windows Sockets 提供者。一个网络软件供应商必须完全实现 Windows Sockets 规范才能与 Windows Sockets 兼容。通常，只要应用程序能够与 Windows Sockets 兼容，并且能与之协同工作，就认为它具有 Windows Sockets 接口，进而将其称为 Windows Sockets 应用程序。

4.4.2 Windows Sockets 的版本

1. Windows Sockets 1.0

Windows Sockets 1.0 是网络软件供应商和用户社区共同努力的结果，目标是让网络软件供应商和应用程序开发者能够创建符合 Windows Sockets 规范的实现和应用程序。

2. Windows Sockets 1.1

Windows Sockets 1.1 延续了 Windows Sockets 1.0 的指导思想和结构，包含了更加清晰的说明，并对 Windows Sockets 1.0 做了一些小改动。除此之外，它还包含一些重要变更，如下所示：

- 增加了 gethostname( ) 调用，以便简化主机名字和地址的获取。
- 将动态链接库（Dynamic Link Library，DLL）中小于 1000 的序数定义为 Windows Sockets 保留，对大于 1000 的序数则没有限制。这可以使 Windows Sockets 供应商在自己的 DLL 中包含私有接口，而不用担心选择的序数会和未来的 Windows Sockets 版本冲突。
- 为 WSAStartup( ) 和 WSACleanup( ) 函数增加了引用计数，并要求两个函数调用时成对出现，在所有 Windows Sockets 函数之前调用 WSAStartup( ) 函数，最后调用 WSACleanup( ) 函数。这使得应用程序和第三方 DLL 在使用 Windows Sockets 实现时不需要考虑其他程序对这套 API 的调用。

3. Windows Sockets 2

Windows Sockets 2（简称 WinSock 2）是对 Windows Sockets 1.1（简称 WinSock 1.1）的扩展。通过 WinSock 2，程序员可以创建高级的 Internet、Intranet 以及其他网络应用程序。利用这些应用程序，可以不依赖网络协议在网上传输应用数据。

创建 Windows Sockets 2 的动机是提供一个协议无关的传输接口，并且该接口完全具有支持应急网络的处理能力，包括实时多媒体通信。Windows Sockets 2 在保持向后完全兼容能力的同时在很多领域扩展了 Windows Sockets 接口。

(1)体系结构的改变

为了提供同时访问多个传输协议的能力，对该版本下的 Windows Sockets 结构做了改变。WinSock 2 通过在 WinSock DLL 和协议栈之间定义一个标准的服务提供者接口（Service Provider Interface，SPI），改变了 WinSock 1.1 和底层协议栈之间的私有接口模式，使得从单个 WinSock DLL 中同时访问来自多个厂商的多个协议栈成为可能。Windows Sockets 2 的体系结构如图 4-4 所示。

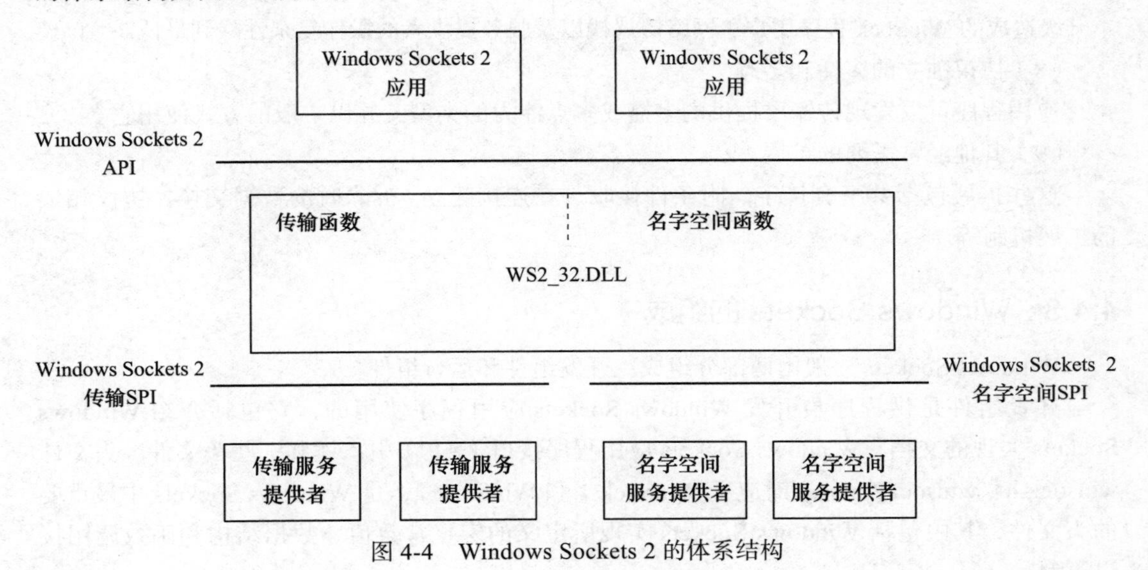

图 4-4　Windows Sockets 2 的体系结构

(2)套接字句柄的改变

在 Windows Sockets 2 中，套接字句柄可以是文件句柄，这意味着可以将套接字句柄用于 Windows 文件 I/O 函数，如 ReadFile( )、WriteFile( )、ReadFileEx( )、WriteFileEx( )、DuplicateHandle( ) 等。当然，并非所有传输服务提供者都支持这个选项，这一点必须注意。

(3)对多协议栈的支持

Windows Sockets 2 可以使应用程序利用熟悉的套接字接口同时访问其他已安装的传输协议，这是最重要的特征之一。Windows Sockets 1.1 则是与 TCP/IP 协议栈绑定在一起，仅仅支持 TCP/IP 协议栈。

(4)协议独立的名字解析能力

Windows Sockets 2 包含了一套标准 API 以适用于现有的大量名字解析系统，如 DNS、SAP、X.500 等。

(5)分散 / 聚集 I/O 支持

按照在 Win32 环境中建立的模型，WinSock 2 为套接字 I/O 包含了重叠范例，还包含了分散 / 聚集的能力。WSASend( )、WSASendTo( )、WSARecv( )、WSARecvFrom( ) 都以应用程序缓冲区数组作为输入参数，可以用于执行分散 / 聚集方式的 I/O 操作。当应用程序传送的信息除了信息体外还包含一个或多个固定长度的首部时，这种操作非常有用，发送之前不需要由应用程序将这些首部和数据连接到一个连续的缓冲区中，就可以直接将分散的多个缓冲区的数据发送出去，接收数据时与此类似。

（6）服务质量控制

WinSock 2 为应用程序提供了协商所需服务等级的能力，如带宽、延迟等。相关的 QoS 增强功能包括套接字分组、优先级、特定网络的 QoS 扩展机制等。

（7）与 WinSock 1.1 的兼容性

WinSock 2 与 WinSock 1.1 在两个级别上保持兼容：源代码级和二进制级，这样，最大化地便利了任意版本的 WinSock 程序与任意版本的 WinSock 实现之间的交互操作，同时将因版本升级造成的 WinSock 程序用户、网络协议栈以及服务提供者的操作复杂性降到最低。

（8）协议独立的多播和多点

应用程序可以发现传输层提供的多播或多点能力的类型，并以一般的方式使用它。

（9）其他经常需要的扩展

这些扩展包括共享套接字、附条件接收、在连接建立 / 拆除时的数据交换、协议相关的扩展机制等。

4.4.3　Windows Sockets 的组成

Windows Sockets 一般由两部分组成：开发组件和运行组件。

开发组件是供程序员开发 Windows Sockets 应用程序使用的，它包括介绍 Windows Sockets 实现的文档、Windows Sockets 应用程序接口（API）引入库和一些头文件。头文件 winsock.h、winsock2.h 分别对应于 WinSock 1 和 WinSock 2，是 Windows Sockets 中最重要的头文件，其中包括 Windows Sockets 实现所定义的宏、常数值、数据结构和函数调用接口原型。

运行组件是 Windows Sockets 应用程序接口的动态链接库（DLL），应用程序在执行时通过装入它实现网络通信功能。两个版本的动态链接库、静态链接库以及对应的头文件如表 4-2 所示。

表 4-2　Windows Sockets 两个版本中的动态链接库、静态链接库和头文件

版　本	头　文　件	静态链接库文件	动态链接库文件
WinSock 1	winsock.h	winsock.lib	winsock.dll
WinSock 2	winsock2.h	ws2_32.lib	ws2_32.dll

4.5　WinSock 编程接口

4.5.1　WinSock API

WinSock API 是 Windows 提供的基于套接字的网络应用程序开发接口，它一方面继承了 Berkeley UNIX 套接字的基本函数定义，另一方面在 WinSock 1.1 和 WinSock 2 上进一步扩展了 Windows Sockets 特有的功能。表 4-3 列出了 WinSock 继承的 Berkeley UNIX 套接字的基本函数。表 4-4 列出了 WinSock 1.1 扩展的库函数，表 4-5 列出了 WinSock 2 扩展的库函数，函数的使用细节将在之后的章节中深入介绍。

表 4-3 WinSock 继承的 Berkeley UNIX 套接字的基本函数

函数名称	简要描述
accept( )	在一个套接字上接受连接请求
bind( )	将本地地址与套接字绑定
closesocket( )	关闭指定的套接字
connect( )	在指定的套接字与远程主机之间建立连接
gethostbyaddr( )	根据网络地址获得主机信息
gethostbyname( )	根据主机名获得主机信息
getpeername( )	获取与套接字相连的端地址信息
getprotobyname( )	获取对应于协议名的协议信息
getprotobynumber( )	获取对应于协议号的协议信息
getservbyname( )	获取对应于服务名以及协议的服务信息
getservbyport( )	获取对应于端口号以及协议的服务信息
getsockname( )	获取一个套接字的本地名称
getsockopt( )	获取套接字的选项
htonl( )	将主机字节顺序从 u_long 转换为 TCP/IP 的网络字节顺序
htons( )	将主机字节顺序从 u_short 转换为 TCP/IP 的网络字节顺序
inet_addr( )	将 IPv4 字符形式的点分十进制地址转换为无符号的 4 字节整数形式地址
inet_ntoa( )	将 IPv4 的无符号 4 字节整数形式地址转换为字符形式的点分十进制地址
ioctlsocket( )	控制套接字的 I/O 模式
listen( )	将套接字设置为监听状态，并分配监听队列
ntohl( )	将 u_long 从 TCP/IP 网络字节顺序转换为主机字节顺序
ntohs( )	将 u_short 从 TCP/IP 网络字节顺序转换为主机字节顺序
recv( )	从已连接或已绑定的套接字上接收数据
recvfrom( )	接收数据包，获取其源地址
select( )	确定一个或多个套接字的状态，等待或执行同步 I/O
send( )	在已连接套接字上发送数据
sendto( )	指定地址发送数据
setsockopt( )	设置套接字选项
shutdown( )	在套接字上禁止数据的发送或接收
socket( )	创建套接字

表 4-4 WinSock 1.1 扩展的库函数

函数名称	简要描述
gethostname( )	从本地计算机获取标准的主机名
WSAAsyncGetHostByAddr( )	根据地址异步获取主机信息
WSAAsyncGetHostByName( )	根据主机名异步获取主机信息
WSAAsyncGetProtoByName( )	根据协议名异步获取协议信息
WSAAsyncGetProtoByNumber( )	根据协议号异步获取协议信息
WSAAsyncGetServByName( )	根据服务名和端口号异步获取服务信息
WSAAsyncGetServByPort( )	根据协议和端口号异步获取服务信息

（续）

函数名称	简要描述
WSAAsyncSelect( )	通知套接字有基于 Windows 消息的网络事件发生
WSACancelAsyncRequest( )	取消未完成的异步操作
WSACancelBlockingCall( )	取消正在进行的阻塞调用
WSACleanup( )	终止 Windows Sockets DLL 的使用
WSAGetLastError( )	获得上次失败操作的错误号
WSAIsBlocking( )	判断是否有阻塞调用正在进行
WSASetBlockingHook( )	建立一个应用程序指定的阻塞钩子函数
WSASetLastError( )	设置错误号
WSAStartup( )	初始化 Windows Sockets DLL
WSAUnhookBlockingHook( )	回复默认的阻塞钩子函数

表 4-5 WinSock 2 扩展的库函数

函数名称	简要描述
AcceptEx( )	接受连接请求，并返回本地和远程地址，同时接收客户端发送的第一个数据块
ConnectEx( )	在指定的套接字与远程主机之间建立连接，如果成功则发送数据
DisconnectEx( )	关闭套接字的连接，此后可以重用套接字句柄
freeaddrinfo( )	释放 getaddrinfo( ) 函数在 addrinfo 结构中动态分配的地址信息
gai_strerror( )	辅助打印基于 getaddrinfo( ) 函数返回的 EAI_* 错误信息
GetAcceptExSockaddrs( )	解析从 AcceptEx( ) 函数中获取的数据
GetAddressByName( )	查询名字空间或默认的名字空间集合，以便获取特定网络服务的网络地址信息，即服务名字解析
getaddrinfo( )	提供协议无关的从 ANSI 主机名到地址的名字转换
getnameinfo( )	提供从 IPv4 或 IPv6 地址到 ANSI 主机名以及从端口号到 ANSI 服务名的解析
TransmitFile( )	在已连接套接字上传输文件数据
TransmitPackets( )	在已连接套接字上传送内存或文件数据
WSAAccept( )	基于条件函数的返回值有条件地接受连接请求
WSAAddressToString( )	将 sockaddr 结构的所有元素转换为可读的字符串
WSACloseEvent( )	关闭已打开的事件对象句柄
WSAConnect( )	与另一个套接字应用程序建立连接，交换连接数据
WSACreateEvent( )	新建事件对象
WSADuplicateSocket( )	返回可以用来为共享套接字新建套接字描述符的结构
WSAEnumNameSpaceProviders( )	返回可用名字空间的相关信息
WSAEnumNetworkEvents( )	检测指定套接字上网络事件的发生、清除网络事件记录、复位事件对象等
WSAEnumProtocols( )	获取可用传输协议的有关信息
WSAEventSelect( )	确定与所提供的 FD_××× 网络事件集合相关的事件对象
WSAFDIsSet( )	确定套接字是否还在套接字描述符集合中
WSAGetOverlappedResult( )	获取指定套接字上重叠操作的结果
WSAGetQoSByName( )	初始化基于命名模板的 QoS 结构；如果提供缓冲区，则可以列举出可用模板的名字

（续）

函数名称	简要描述
WSAGetServiceClassInfo( )	从指定的名字空间服务提供者获取指定服务类的有关信息
WSAGetServiceClassNameByClassId( )	获取与指定类型相关联的服务名
WSAHtonl( )	将主机字节顺序从 u_long 转换为网络字节顺序
WSAHtons( )	将主机字节顺序从 u_short 转换为网络字节顺序
WSAInstallServiceClass( )	在名字空间中注册服务类模式
WSAIoctl( )	控制套接字的 I/O 模式
WSAJoinLeaf( )	将叶节点加入多点会话，交换连接数据，指定基于特定结构的服务质量
WSALookupServiceBegin( )	发起一个客户查询，具体内容由包含在 WSAQUERYSET 结构中的信息指定
WSALookupServiceEnd( )	释放前一个 WSALookupServiceBegin( ) 和 WSALookupServiceNext( ) 调用使用的句柄资源
WSALookupServiceNext( )	获取请求的服务信息
WSANSPIoctl( )	用于设置或获取与名字空间查询句柄相关联的操作参数
WSANtohl( )	将 u_long 从网络字节顺序转换为主机字节顺序
WSANtohs( )	将 u_short 从网络字节顺序转换为主机字节顺序
WSAProviderConfigChange( )	当提供者配置改变时通知应用程序
WSARecv( )	从已连接的套接字上接收数据
WSARecvDisconnect( )	结束套接字上数据的接收，如果是面向连接的套接字，还要接收断开连接数据
WSARecvEx( )	从已连接的套接字上接收数据
WSARecvFrom( )	接收数据包并获得其源地址
WSARecvMsg( )	从已连接或未连接的套接字上接收数据与可选的控制信息
WSARemoveServiceClass( )	从注册表中永久性地删除服务类模式
WSAResetEvent( )	将指定事件对象的状态设置为非信号态
WSASend( )	在已连接的套接字上发送数据
WSASendDisconnect( )	发起结束连接并发送断开连接数据
WSASendTo( )	将数据发送到指定的地址，可以根据环境使用重叠 I/O
WSASetEvent( )	将指定的事件对象设置为信号态
WSASetService( )	在一个或多个名字空间中注册或删除服务实例
WSASocket( )	新建套接字
WSAStringToAddress( )	将数值字符串转换为 sockaddr 结构
WSAWaitForMultipleEvents( )	等待一个或多个事件的发生，当等待的事件对象转换为信号态或超时后返回

4.5.2 Windows Sockets DLL 的初始化和释放

Windows Sockets 在继承 Berkeley Socket 的基础上进行了若干扩展，其中包括 Windows Sockets DLL 的初始化和释放。对于所有在 Windows Sockets 上开发的应用程序，在它使用任何 Windows Sockets API 调用之前，必须先调用启动函数 WSAStartup( ) 来完成 Windows Sockets DLL 的初始化，协商版本支持，分配必要的资源。在应用程序完成对 Windows Sockets DLL 的使用之后，必须调用函数 WSACleanup( ) 从 Windows Sockets 实现中注销该应用程序，并允许实现释放为其分配的任何资源。

1. Windows Sockets DLL 的初始化

所有进程（包括应用程序或动态链接库）在调用 WinSock 函数之前必须对 Windows Sockets DLL 的使用进行初始化操作，这个过程也是确认在该操作系统上是否支持将要使用的 WinSock 版本的一个基本步骤。

（1）WSAStartup( ) 函数

初始化 Windows Sockets DLL 需要使用函数 WSAStartup( )。该函数是网络程序中最先使用的套接字函数，其他套接字函数都要在 WSAStartup( ) 被成功调用后才能正常工作。

WSAStartup( ) 函数的定义如下：

```
int WSAStartup(
  __in   WORD wVersionRequested,
  __out  LPWSADATA lpWSAData
);
```

参数说明如下：

- wVersionRequested[in]：Windows Sockets API 提供的调用方可使用的最高版本号。高位字节指出副版本（修正）号，低位字节指明主版本号。
- lpWSAData[out]：指向 WSADATA 数据结构的指针，用来接收 Windows Sockets 实现细节。

如果函数成功，则返回 0，否则返回错误码。

（2）Windows Sockets DLL 初始化的具体操作

使用 WSAStartup( ) 对 Windows Sockets DLL 进行初始化的具体步骤如下：

1）创建类型为 WSADATA 的对象：

```
WSADATA wsaData;
```

2）调用函数 WSAStartup( )，并根据返回值判断是否初始化成功。

```
int iResult;
//初始化WinSock，声明使用WinSock 2.2
iResult = WSAStartup(MAKEWORD(2,2), &wsaData);
if (iResult != 0) {
    printf("WSAStartup failed: %d\n", iResult);
    return -1;
}
```

2. Windows Sockets DLL 的释放

当应用程序完成了 Windows Sockets 的使用后，应用程序或 DLL 必须调用 WSACleanup( ) 将其从 Windows Sockets 的实现中注销，并且该实现会释放为应用程序或 DLL 分配的资源。

每个 WSAStartup( ) 调用必须有一个对应的 WSACleanup( ) 调用。只有最后的 WSACleanup( ) 做实际的清除工作，前面的调用仅仅将 Windows Sockets DLL 中的内置引用计数递减。为确保 WSACleanup( ) 调用了足够的次数，应用程序也可以在一个循环中不断调用 WSACleanup( )，直至返回 WSANOTINITIALISED 错误，并以此作为调用结束的条件。

（1）WSACleanup( ) 函数

```
int WSACleanup(void);
```

该函数没有参数，如果成功，则返回 0，否则返回错误码。

（2）释放 Windows Sockets DLL 的步骤

使用 WSACleanup( ) 释放 Windows Sockets DLL 的具体步骤如下：

```
int iResult;
//释放 Windows Sockets DLL
iResult = WSACleanup( );
if (iResult != 0) {
    printf("WSACleanup failed: %d\n", iResult);
    return -1;
}
```

4.5.3 WinSock 的地址描述

编写网络程序时，需要一种机制来标识通信的双方。在 Internet 各个协议层次上存在不同的寻址方式，当选择不同层次上的网络程序设计时，会使用多种地址标识。

1. 地址的种类

（1）物理地址

网络中的节点（主机或路由器）都有链路层地址，通常称为物理地址或 MAC 地址，该地址是网络节点中适配器的唯一标识，存在于每个数据包的帧首部。在不同类型的物理网络中，物理地址的长度和内容可能会有差别。物理地址仅应用在局域网中，一旦数据包离开局域网，其链路层的源和目的物理地址都会发生改变。

（2）IP 地址

互联网上每个主机和路由器都有 IP 地址，它将网络号和主机号编码在一起。在 IPv4 环境下，IP 地址长度为 32 位；在 IPv6 环境下，IP 地址长度为 128 位。IP 地址存在于 IP 数据包的首部，在全网范围内唯一标识该数据包的发送端和目的端。

（3）端口号

网络层的 IP 地址用来寻址指定的计算机或者网络设备，传输层的端口号用来确定将数据包发送给目的设备上的哪个应用程序。端口号存在于传输层的 TCP 或 UDP 的报文首部，范围在 0 ～ 65 535 之间。许多公共服务都使用固定的端口号，例如 WWW 服务默认使用 80 号端口，FTP 服务默认使用 21 号端口。

2. 端点地址

TCP/IP 定义了通信端点，它包括一个 IP 地址和一个协议端口号。其他协议栈按照各自的方式定义端点地址。由于套接字适用于多种协议栈，它既没有指明如何定义端点地址，也没有定义一种特定的协议地址格式，而是改为允许每个协议栈自由定义。为了支持自由选择地址表示方式，套接字为每种类型的地址定义了一个地址族。一个协议栈可以使用一种或多种地址族来定义地址表示方式。常见的地址族有以下几种：

- AF_INET：IPv4 地址族。
- AF_INET6：IPv6 地址族。

- AF_IPX：IPX/SPX 地址族。
- AF_NETBIOS：NetBIOS 地址族。

3. **地址结构**

为了适应不同地址族对地址的描述，套接字接口定义了一个一般化的格式，供所有端点地址使用。这种一般化的格式如下：

{ 地址族，端点地址 }

其中，“地址族”字段包含一个常量，它表示一个预定义的地址类型。“端点地址”字段含有一个该族中的端点地址，它使用地址族指明的地址类型标准来表示地址。

地址结构一般定义为 sockaddr 结构，它包含一个 2 字节的地址族标识符和一个 14 字节的数组用于存储地址，其精确形式依赖于地址族。该结构的定义如下：

```
struct sockaddr {
    ushort  sa_family;
    char    sa_data[14];
};
```

使用套接字的每个协议簇不会以数组形式描述地址，用作 TCP/IP 套接字地址结构的 sockaddr 结构的特定形式依赖于 IP 版本。对于 IPv4，每个 IPv4 端点地址由下列字段构成：

- 地址类型：2 字节。
- 端口号：2 字节。
- IP 地址：4 字节。

常用的 IPv4 地址结构是 sockaddr_in，该结构的定义如下：

```
typedef struct in_addr {
  union {
    struct {
      u_char s_b1,s_b2,s_b3,s_b4;
    } S_un_b;
    struct {
      u_short s_w1,s_w2;
    } S_un_w;
    u_long S_addr;
  } S_un;
} IN_ADDR, *PIN_ADDR, FAR *LPIN_ADDR;

struct sockaddr_in {
       short   sin_family;
       u_short sin_port;
       struct  in_addr sin_addr;
       char    sin_zero[8];
};
```

可以看到，sockaddr_in 结构包括端口号、Internet 地址和地址族字段，为了与 sockaddr 结构的长度保持一致，增加了 8 字节的保留字段。该结构对 sockaddr 结构中的数据进行了更详细的描述，它是为使用 IPv4 的套接字而定制的，因此我们可以填写 sockaddr_in 结构中的字段，然后把它强制类型转换为 sockaddr，并把它传递给套接字函数。套接字函数会检查 sa_family 字段以获取实际的类型，然后强制转换回合适的类型。

对于 IPv6，每个 IPv6 端点地址由下列字段构成：

- 地址类型：2 字节。
- 端口号：2 字节。
- 流信息：4 字节。
- IPv6 地址：16 字节。
- Scope 标识：4 字节。

在实际编程时，常用的 IPv6 地址结构是 sockaddr_in6，该结构的定义如下：

```
typedef struct in6_addr {
  union {
    u_char  Byte[16];
    u_short Word[8];
  } u;
} IN6_ADDR, *PIN6_ADDR, FAR *LPIN6_ADDR;

struct sockaddr_in6 {
        short   sin6_family;
        u_short sin6_port;
        u_long  sin6_flowinfo;
        struct  in6_addr sin6_addr;
        u_long  sin6_scope_id;
};
```

除了和 sockaddr_in 相同的字段之外，sockaddr_in6 结构还有一些额外的字段。这些字段用于 IPv6 协议的一些不太常用的能力。

与 sockaddr_in 类似，必须把 sockaddr_in6 强制类型转换为 sockaddr（事实上是把指向 sockaddr_in6 的指针强制类型转换为指向 sockaddr 的指针），以便把它传递给多个不同的套接字函数。之后，在具体代码实现中使用地址族字段来确定参数的实际类型。

除了以上两个常用的地址结构外，WinSock 2 增加了 addrinfo 结构用于描述地址信息。该结构在 getaddrinfo( ) 函数中使用，提供了一个以链表形式保存的地址信息。

addrinfo 结构的定义如下：

```
typedef struct addrinfo {
  int              ai_flags;
  int              ai_family;
  int              ai_socktype;
  int              ai_protocol;
  size_t           ai_addrlen;
  char             *ai_canonname;
  struct sockaddr  *ai_addr;
  struct addrinfo  *ai_next;
} ADDRINFOA, *PADDRINFOA;
```

其中：

- ai_flags：getaddrinfo 函数的调用选项。
- ai_family：地址族。
- ai_socktype：套接字类型。
- ai_protocol：协议。
- ai_addrlen：ai_addr 指向的 sockaddr 结构的缓冲区字节长度。

- ai_canonname：主机的正规名称。
- ai_addr：以 sockaddr 结构描述的地址信息。
- ai_next：指向下一个 addrinfo 结构。

该结构在 getaddrinfo( ) 函数中使用，提供了一种协议无关的地址获取和表示方式。值得注意的是，地址结构中的内容都以网络字节顺序表示。

4. 地址的转换

为了使套接字函数理解地址，在填充和比较时，IPv4 地址通常以无符号 4 字节整数的形式存储，而用户输入和读取这些 IP 地址时，习惯用点分十进制形式的字符串来记录地址，因此，IP 地址的数字和字符串形式的转换在程序操作过程中会频繁出现。

inet_addr( ) 函数能够将 IPv4 字符串形式的点分十进制地址转换为无符号 4 字节整数形式的地址。该函数的定义如下：

```
unsigned long inet_addr(
  __in    const char* cp
);
```

其中，cp 指向以点分十进制形式描述的 IP 地址。

如果转换成功，则返回以网络字节顺序存储的 32 位二进制 IPv4 地址，否则返回 INADDR_NONE。

另一个与之对应的函数 inet_ntoa( ) 将 IPv4 的 Internet 地址转换为 Internet 标准的点分十进制地址形式。该函数的定义如下：

```
char* FAR inet_ntoa(
  __in  struct   in_addr in
);
```

其中，in 存储了 in_addr 结构体中的 32 位二进制网络字节顺序的 IPv4 地址。

如果正确，返回一个字符指针，指向一块存储着点分十进制格式 IP 地址的静态缓冲区，否则返回 NULL。

为了扩展对 IPv6 地址转换的支持，与 inet_addr( ) 和 inet_ntoa( ) 函数的功能对应，WinSock 2 分别提供了 WSAStringToAddress( ) 和 WSAAddressToString( ) 函数，以便进行 IPv6 地址的字符串形式与二进制形式的相互转换。

4.5.4 套接字选项和 I/O 控制命令

TCP/IP 的开发者考虑了可以满足大多数应用程序的默认行为。对于大多数应用程序来说，这种默认行为简化了开发者的工作，但很少有一种万能的设计适用于各种应用。比如，每个套接字都有与之关联的缓冲区用于数据的发送和接收，那么应该把这个缓冲区设计为多大才合适呢？默认设置的大小是否适合真实的网络通信状况呢？实际上，套接字的默认行为是可以改变的。通过设置套接字选项或 I/O 控制命令可以操作套接字的属性。有些套接字选项仅仅用于返回信息，还有些选项可以影响套接字的默认行为。

1. 套接字选项

套接字选项会影响套接字的操作。获取和设置套接字的函数分别是 getsockopt( ) 和

setsockopt( )，这两个函数的定义如下：

```
int getsockopt(
  __in          SOCKET s,
  __in          int level,
  __in          int optname,
  __out         char* optval,
  __inout       int* optlen
);

int setsockopt(
  __in  SOCKET s,
  __in  int level,
  __in  int optname,
  __in  const char *optval,
  __in  int optlen
);
```

其中：

- s：指示套接字句柄。
- level：指定此选项被定义在哪个级别，如 SOL_SOCKET、IPPROTO_TCP、IPPROTO_IP 等。
- optname：声明套接字选项的名称。
- optval：指定一个缓冲区，存储所请求或定义的选项的值。
- optlen：指定参数 optval 所指的缓冲区大小。

如果函数成功，则返回 0，否则返回 SOCKET_ERROR。

我们知道，协议是分层的，每层又有多个协议，这就造成了选项有不同的级别（level）。最高层是应用层，这一层的属性对应着 SOL_SOCKET 级别，是对套接字自身的一些参数的配置；再下一层是传输层，有 TCP 和 UDP，分别对应 IPPROTO_TCP 和 IPPROTO_UDP 级别；再往下是网络层，有 IP，在套接字选项上对应 IPPROTO_IP 级别。各个级别的属性不同，同一级别的不同协议的属性可能也不同，所以在套接字选项的设定上，一定要根据具体情况指定恰当的级别，并设置正确的选项参数。

表 4-6 分别列出了一些选项级别下常用的套接字选项。

表 4-6　套接字选项

选项级别	选项名称	类　型	值	选项含义
SOL_SOCKET	SO_BROADCAST	BOOL	0，1	设置套接字传输和接收广播消息，此选项对于非 SOCK_STREAM 类型的套接字有效
	SO_DONTROUTE	BOOL	0，1	告诉下层网络堆栈忽略路由表，直接发送数据到此套接字绑定的接口。在 Windows 平台上调用这个选项将返回成功，但是系统忽略了此请求，总是使用路由表来确定外出数据的合适接口
	SO_KEEPALIVE	BOOL	0，1	设置该选项对面向连接的套接字允许发送 Keep-Alive 探测包
	SO_LINGER	LINGER	LINGER 结构体	设置该选项指示如果存在尚未发送的数据，延迟 close 返回

（续）

选项级别	选项名称	类　型	值	选项含义
SOL_SOCKET	SO_REUSEADDR	BOOL	0，1	设置该选项指定套接字可以绑定到一个已经被另一个套接字使用的地址，或是绑定到一个处于 TIME_WAIT 状态的地址。但是，两个不同的套接字不能绑定到相同的本地地址去监听到来的连接
	SO_EXCLUSIVEADDRUSE	BOOL	0，1	设置该选项指定套接字绑定到的本地端口不能被其他进程重用。该选项是 SO_REUSEADDR 的补充，它阻止其他进程在应用程序使用的地址上应用 SO_REUSEADDR 选项
	SO_RCVBUF	int	字节数	设置或获取套接字内部为接收操作分配的缓冲区的大小
	SO_SNDBUF	int	字节数	设置或获取套接字内部为发送操作分配的缓冲区的大小
	SO_RCVTIMEO	DWORD	时间	设置或获取套接字上接收数据段的超时时间（以毫秒为单位）。超时值指定了接收数据时接收函数应该阻塞的时间
	SO_SNDTIMEO	DWORD	时间	设置或获取套接字上发送数据段的超时时间（以毫秒为单位）。超时值指定了发送数据时发送函数应该阻塞的时间
IPPROTO_IP	IP_OPTIONS	char[]	字符串	设置或获取 IP 首部中的 IP 选项
	IP_HDRINCL	BOOL	0，1	设置该选项，声明发送函数在数据构造时包含 IP 首部，要求发送程序能够正确填充 IP 首部的每个字段。该选项仅对 SOCK_RAW 类型的套接字有效
	IP_TTL	int	0 ~ 255	设置或获取 IP 首部中的 TTL 参数
	IP_MULTICAST_LOOP	BOOL	0，1	设置或禁止多播套接字接收它发送的分组
IPPROTO_TCP	TCP_NODELAY	BOOL	0，1	设置该选项禁止用于数据合并的 Nagle 算法中的延迟
IPPROTO_IPv6	IPv6_V6ONLY	BOOL	0，1	限制 IPv6 套接字只进行 IPv6 通信
	IPv6_UNICAST_HOPS	int	-1 ~ 255	设置或获取单播 IP 分组的生存期
	IPv6_MULTICAST_HOPS	int	-1 ~ 255	设置或获取多播 IP 分组的生存期
	IPv6_MULTICAST_LOOP	BOOL	0，1	允许多播套接字接收它发送的分组

2. I/O 控制命令

I/O 控制命令（缩写为 ioctl）用来控制套接字上 I/O 的行为，也可以用来获取套接字上未决的 I/O 信息。向套接字发送 I/O 控制命令的函数有两个：一个是源于 WinSock 1.1 的 ioctlsocket( )，另一个是 WinSock 2 中新增的 WSAIoctl( )。

ioctlsocket( ) 函数可以控制套接字的 I/O 模式，该函数的定义如下：

```
int ioctlsocket(
  __in      SOCKET s,
  __in      long cmd,
  __in_out  u_long *argp
);
```

其中：

- s：是一个套接字句柄。
- cmd：指示在套接字上要执行的命令。
- argp：指向 cmd 参数的指针。

WinSock 2 新增的 I/O 控制命令函数 WSAIoctl( ) 添加了一些新的选项，包括一些输入参数，以及一些输出参数用于从调用中返回数据。另外，该函数的调用可以使用重叠 I/O。该函数的定义如下：

```
int WSAIoctl(
  __in    SOCKET s,
  __in    DWORD dwIoControlCode,
  __in    LPVOID lpvInBuffer,
  __in    DWORD cbInBuffer,
  __out   LPVOID lpvOutBuffer,
  __in    DWORD cbOutBuffer,
  __out   LPDWORD lpcbBytesReturned,
  __in    LPWSAOVERLAPPED lpOverlapped,
  __in    LPWSAOVERLAPPED_COMPLETION_ROUTINE lpCompletionRoutine
);
```

WSAIoctl( ) 函数是一个 WinSock 2 的函数，提供了对套接字的控制能力。其中：

- s：是一个套接字的句柄。
- dwIoControlCode：描述将进行的操作的控制代码，在设置接收全部选项时使用 SIO_RCVALL。
- lpvInBuffer：指向输入缓冲区的地址。
- cbInBuffer：描述输入缓冲区的大小。
- lpvOutBuffer：指向输出缓冲区的地址。
- cbOutBuffer：描述输出缓冲区的大小。
- lpcbBytesReturned：是一个输出参数，返回输出实际字节数的地址。
- lpOverlapped：指向 WSAOVERLAPPED 结构的地址。
- lpCompletionRoutine：指向操作结束后调用的例程指针。

最后两个参数在使用重叠 I/O 时才有用。

表 4-7 列出了一些常用的 I/O 控制命令，其中只有 WSAIoctl( ) 函数支持向调用者返回数据的 I/O 控制命令。

表 4-7 常用的 I/O 控制命令

I/O 控制命令	含 义
FIONBIO	将套接字置于非阻塞模式，这个命令启动或者关闭套接字 s 上的非阻塞模式。默认情况下，所有套接字在创建时都处于阻塞模式。如果要打开非阻塞模式，调用 I/O 控制函数时，设置 *argp 为非 0；如果要关闭非阻塞模式，则设置 *argp 为 0 WSAAsyncSelect( ) 或 WSAEventSelect( ) 函数自动设置套接字为非阻塞模式。在这些函数调用后，任何试图将套接字设置为阻塞模式的调用都将以 WSAEINVAL 错误失败。为了将套接字设置回阻塞模式，应用程序必须首先通过让网络事件 lEvent 参数等于 0 使得调用 WSAAsyncSelect( ) 无效，或者通过设置 NetworkEvents 参数等于 0 使得调用 WSAEventSelect( ) 无效

（续）

I/O 控制命令	含　义
FIONREAD	返回在套接字上要读的数据的大小。这个命令用来确定可以从套接字上读多少数据。对于 ioctlsocket( ) 函数，argp 参数使用长整型来返回可读的字节数，当使用 WSAIoctl( ) 函数时，长整型在 lpvOutBuffer 参数中返回。如果是流式套接字，返回接收操作可以接收数据的数量，如果是数据报套接字，返回套接字上第一个消息的大小
SIOCATMARK	确定带外数据是否可读
SIO_RCVALL	接收网络上所有的封包，使用该命令可以在套接字上接收网络上的所有 IP 包。套接字必须绑定到一个明确的本地接口上

4.5.5　处理 WinSock 的错误

通常情况下，一些套接字函数返回 0 表示操作成功，否则函数返回错误，大部分 Windows Sockets 的函数并不会返回调用失败的原因。

Windows Sockets 函数可能有以下几种指示发生了错误的方法：

- 返回 SOCKET_ERROR（-1）。
- 返回 INVALID_SOCKET（0xffff）。
- 返回 NULL。

为了清楚地了解这些函数调用的错误原因，Windows Sockets 增加了 WSAGetLastError( ) 函数来获得最近一次错误的错误号。该函数的定义如下：

```
int WSAGetLastError(void);
```

Windows Sockets 在头文件 winsock.h 中定义了所有的错误码，包括以 WSA 开头的 Windows Sockets 实现返回的错误码和 Berkeley Socket 定义的错误码全集。

一些常见的错误码对应的网络操作错误见附录。

习题

1. 阐述使用 Windows Sockets 编程的环境配置过程。
2. 考虑一种提供消息传递的操作系统，阐述如何扩展应用程序接口使其适用于网络通信。
3. 阐述程序、套接字、端口和协议之间的关系。

实验

调用 Windows Sockets 的 API 函数获得本地主机和远程域名的 IP 地址，如果一个主机名称对应多个 IP 地址，请依次打印出来。

第5章

流式套接字编程

TCP 为网络应用程序提供了可靠的数据传输服务，适用于大多数应用场景，也是初学者使用套接字编程的主要方法。本章从 TCP 的原理出发，阐明流式套接字编程的适用场合，介绍流式套接字编程的基本模型、函数使用细节等，并举例说明流式套接字编程的具体过程。

网络编程是一个与协议原理关系密切的实现过程，本章在基本流式套接字编程的基础上，进一步探讨在面对复杂网络环境时程序设计人员使用流式套接字编程常常困惑的一些问题，包括 TCP 的流传输特点与常用的流控制方法；面向连接程序的可靠性保护问题，指出尽管 TCP 是可靠的协议，但 TCP 在数据交付过程中也可能出错，并从失败模式判断、死连接检测及顺序释放连接等方面给出了一些可靠性保护的方法。另外，我们还会讨论 TCP 传输控制对性能的影响，从数据发送方法、缓冲区设置等方面给出一些提高 TCP 传输效率的具体措施。

5.1 TCP：传输控制协议的要点

5.1.1 TCP 的传输特点

TCP 是一个面向连接的传输层协议，能够提供高可靠性字节流传输服务，主要用于一次传输要交换大量报文的场景。

为了维护传输的可靠性，TCP 增加了许多开销，如确认、流量控制、计时器以及连接管理等。

TCP 的传输特点是：

- **端到端通信**：TCP 给应用提供面向连接的接口。TCP 连接是端到端的，客户应用程序在一端，服务器在另一端。
- **建立可靠连接**：TCP 要求客户应用程序在与服务器交换数据前，先连接服务器，保证建立可靠连接，建立连接测试网络的连通性。如果发生故障，阻碍分组到达远端系统，或者服务器不接受连接，那么企图连接就会失败，客户就会得到通知。
- **可靠交付**：一旦建立连接，TCP 保证数据将按发送时的顺序交付，不会出现丢失和重复。如果因为故障而不能可靠交付，发送方会得到通知。

- **具有流控的传输**：TCP 控制数据传输的速率，防止发送方传送数据的速率大于接收方的接收速率，因此 TCP 可以用于从快速计算机向慢速计算机传送数据。
- **双工传输**：在任何时候，单个 TCP 连接都允许同时双向传送数据，而且不会相互影响，因此客户可以向服务器发送请求，服务器也可以通过同一个连接发送应答。
- **流模式**：TCP 可以从发送方向接收方发送没有报文边界的字节流。

5.1.2 TCP 的首部

TCP 数据被封装在一个 IP 数据包中，如图 5-1 所示。

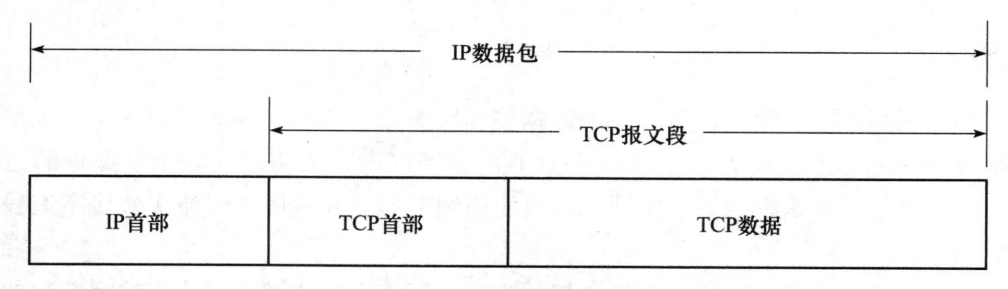

图 5-1　TCP 数据在 IP 数据包中的封装

图 5-2 显示了 TCP 首部的数据格式，如果不计选项字段，它通常是 20 字节。

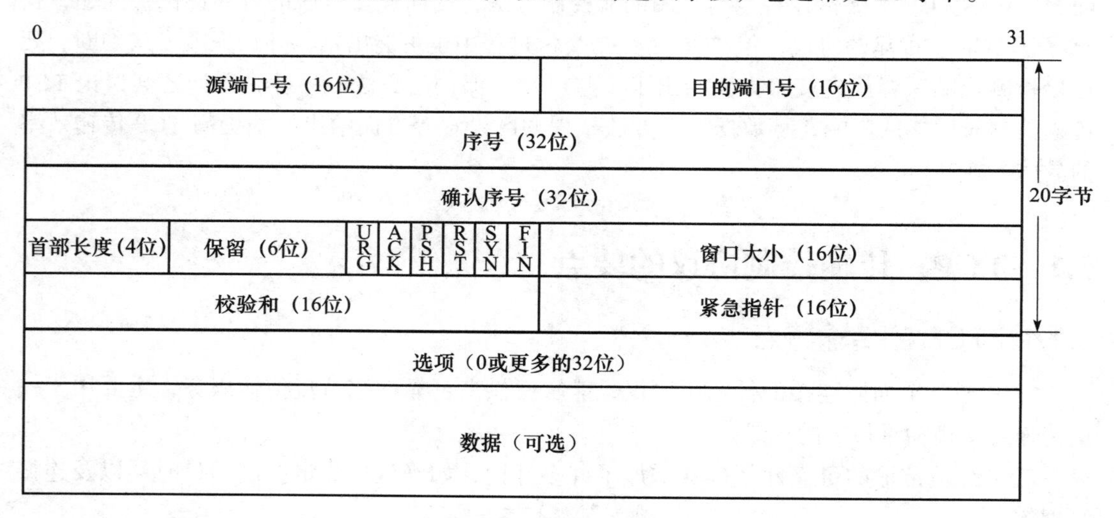

图 5-2　TCP 首部的数据格式

TCP 首部各字段的含义如下：

- 源端口号、目的端口号：每个 TCP 报文段都包含源端口号和目的端口号，用于寻找发送端和接收端的应用进程。
- 序号和确认序号：序号用来标识从 TCP 发送端向 TCP 接收端发送的数据字节流，它表示这个报文段中的第一个数据字节。如果将字节流看作在两个应用程序间的单向流动，则 TCP 用序号对每个字节进行计数。序号是 32 位无符号数。确认序号是发送确认的一端期望收到的下一个序号。因此，将上次已成功收到的数据字节序号加 1 得到确认序号。只有 ACK 标志为 1 时，确认序号字段才有效。

- 首部长度：首部长度给出首部中 32 位字的数目。需要这个值是因为选项字段的长度是可变的。这个字段占 4 位，因此 TCP 最多有 60 字节的首部。如果没有选项字段，正常的首部长度是 20 字节。
- 标志位：在 TCP 首部中有 6 个标志位，其含义分别为：
  URG：紧急指针有效。
  ACK：确认序号有效。
  PSH：接收方应该尽快将这个报文段交给应用层。
  RST：重置连接。
  SYN：发起一个连接。
  FIN：发送端完成发送任务。
  注意，这些标志位中的多个可同时设置为 1。
- 窗口大小：TCP 的流量控制由连接的每一端通过声明的窗口大小来实现。窗口大小为字节数，初始值为确认序号字段指明的值，这个值是接收端期望接收的字节编号。窗口大小是一个 16 位字段，窗口大小最大为 65 535 字节。
- 校验和：校验和覆盖了整个 TCP 报文段，包含 TCP 首部、TCP 伪首部和 TCP 数据。这是一个强制性的字段，一定是由发送端计算和存储，并由接收端进行验证。
- 紧急指针：只有当 URG 标志位置 1 时紧急指针才有效。紧急指针是一个正的偏移量，与序号字段中的值相加表示紧急数据最后一个字节的序号。这是发送端向另一端发送紧急数据的一种方式。
- 选项：TCP 首部的选项部分是 TCP 为了适应复杂的网络环境和更好地服务应用层而设计的，选项部分最长可以达到 40 字节。最常见的选项字段是最大报文段大小（Maximum Segment Size，MSS）。每个连接方通常都在通信的第一个报文段（为建立连接而设置 SYN 标志位的那个段）中指明这个选项。它指明本端所能接收的报文段的最大长度。
- 数据：TCP 报文段中的数据部分是可选的。比如，在连接建立和连接终止时，双方交换的报文段仅有 TCP 首部。一方即使没有数据要发送，也会使用没有任何数据的首部来确认收到的数据。在处理超时的许多情况中，也会发送不带任何数据的报文段。

5.1.3 TCP 连接的建立与终止

建立一条 TCP 连接需要以下三个基本步骤：

1）请求端（通常称为客户）发送一个 SYN 报文段指明客户打算连接的服务器端口号，以及初始序号（Initial Sequence Number，ISN）。SYN 请求发送后，客户进入 SYN_SENT 状态。

2）服务器启动后进入 LISTEN 状态，当它收到客户发来的 SYN 请求后，进入 SYN_RCV 状态，发回包含服务器初始序号的 SYN 报文段作为应答，同时将确认序号设置为客户的初始序号加 1，对客户的 SYN 报文段进行确认。一个 SYN 将占用一个序号。

3）客户接收到服务器的确认报文后进入 ESTABLISHED 状态，表明本方连接已成功建立，客户将确认序号设置为服务器的ISN加1，对服务器的SYN报文段进行确认，当服务器接收到该确认报文后，也进入ESTABLISHED状态。

这三个报文段建立连接的过程称为"三次握手"，如图5-3所示。

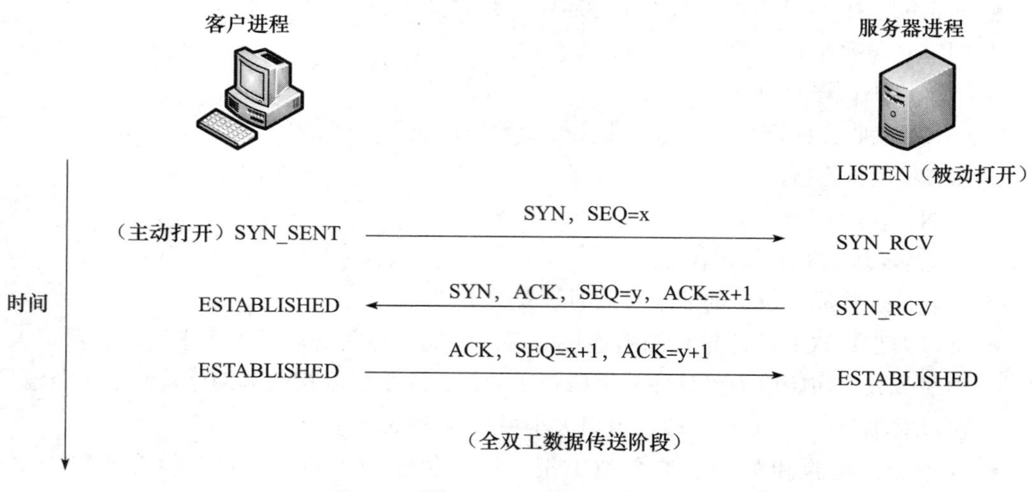

图5-3 通过"三次握手"建立连接

一般由客户决定何时终止连接，因为客户进程通常由用户交互控制，比如Telnet的用户会键入quit命令来终止进程。由于一个TCP连接是全双工的（即数据在两个方向上能同时传递），因此每个方向必须单独关闭。终止一个连接要经过四次交互，当一方完成数据发送任务后，发送一个FIN报文段来终止这个方向的连接。当一端收到FIN，它必须通知应用层另一端已经终止了那个方向的数据传送。发送FIN通常是应用层进行关闭的结果。图5-4显示了终止一个连接的典型握手顺序。首先进行关闭的一方（即发送第一个FIN）将执行主动关闭，而另一方（收到这个FIN）执行被动关闭，具体步骤如下：

1）客户的应用进程主动发起关闭连接请求，TCP客户会发送一个FIN报文段，用来关闭从客户到服务器的数据传送，此时客户进入FIN_WAIT_1状态。

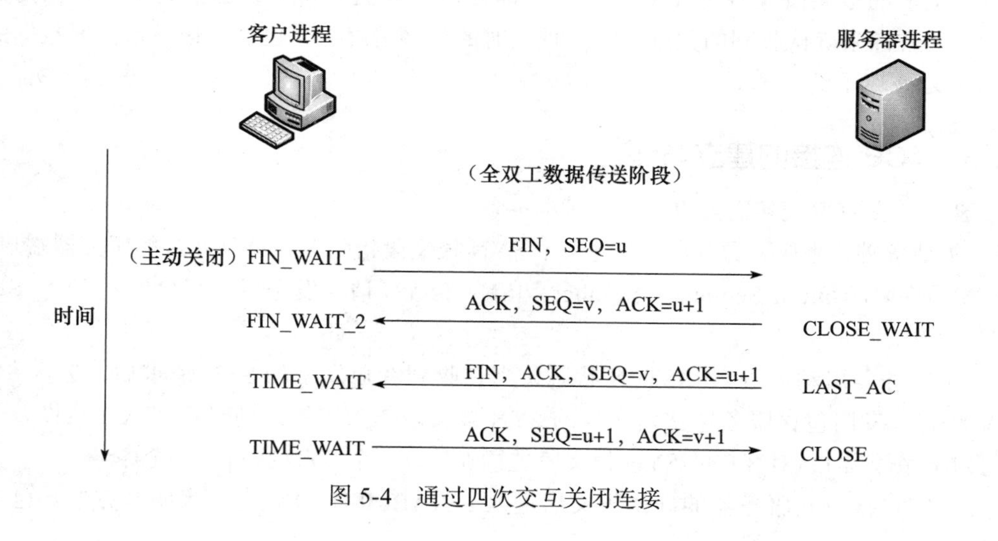

图5-4 通过四次交互关闭连接

2）服务器收到这个 FIN 后发回一个 ACK，进入 CLOSE_WAIT 状态，确认序号为收到的序号加 1。与 SYN 一样，一个 FIN 将占用一个序号。客户收到该确认后进入 FIN_WAIT_2 状态，表明本方连接已关闭，但仍可以接收服务器发来的数据。

3）服务器程序关闭本方连接，其 TCP 端发送一个 FIN 报文段，进入 LAST_AC 状态，当客户接收到该报文段后，进入 TIME_WAIT 状态。

4）客户收到服务器发来的 FIN 请求后，发回一个确认，并将确认序号设置为收到的序号加 1。发送 FIN 将导致应用程序关闭它们的连接，服务器接收到该确认后关闭连接。这些 FIN 的 ACK 是由 TCP 软件自动产生的。

在实际应用中，服务器也可以作为主动发起关闭连接的一方，如果交换图 5-4 中的服务器进程和客户进程的位置，通信过程不变。

我们注意到，在如图 5-4 所示的连接关闭过程中，当四次交互完成后，客户并没有直接关闭连接，而是进入 TIME_WAIT 状态，且此状态会保留两个最大段生存时间（Maxium Segment Lifetime，MSL），等待 2MSL 时间之后，客户关闭连接并释放它的资源。

为什么需要 TIME_WAIT 状态呢？设立 TIME_WAIT 有两个目的：

1）当由主动关闭方发送的最后的 ACK 丢失并导致另一方重新发送 FIN 时，TIME_WAIT 维护连接状态。当最后的 ACK 发生丢失时，执行被动关闭的一方没有接收到最后序号的 ACK，会运行超时并重新传输 FIN。假如执行主动关闭的一方没有进入 TIME_WAIT 状态就关闭了连接，那么此时重传的 FIN 到达时，由于 TCP 已经不再有连接的信息了，它就用 RST（重置连接）报文段应答，导致对等方进入错误状态而不是有序终止状态。由此看来，TIME_WAIT 状态延长了 TCP 对当前连接的维护信息，当连接关闭请求的确认报文丢失时，该状态使得 TCP 能够正常处理对等方再次发送的关闭请求报文。

2）TIME_WAIT 为连接中“离群的段”提供从网络中消失的时间。IP 数据包在广域网传输时不仅可能丢失，还可能延迟。如果延迟或重传的报文段在连接关闭之后到达，通常情况下，TCP 仅仅丢弃该数据并响应 RST，那么当该报文段到达发出延时报文段的主机时，因为该主机也没有记录该连接的任何信息，所以它也丢弃该报文段。如果两个相同主机之间又建立了一个具有相同端口号的新连接，那么离群的段就可能被视为属于新连接，如果离群的段中数据的任何序号恰好处在新连接的当前接收窗口中，数据就会被新连接接收，其结果是破坏了新连接，使 TCP 不能保证以顺序的方式递交数据。因此，TIME_WAIT 状态确保了旧连接的报文段在网络上消失之前不会被重用，从而防止其在上述情况下扰乱新连接。

通常情况下，仅有主动关闭连接的一方会进入 TIME_WAIT 状态。RFC 793 中定义 MSL 为 2 分钟，在这个定义下，连接在 TIME_WAIT 状态下保持 4 分钟，而实际中，MSL 的值在不同的 TCP 实现中的定义并不相同。如果连接处于 TIME_WAIT 状态期间有报文段到达，则重新启动一个 2MSL 计时器。

在客户和服务器建立连接、断开连接的交互过程中，双方端点所经历的 TCP 状态发生了多次转换，当发生网络环境异常时，这些状态的变迁有助于理解和解释基于流式套接字的应用程序在运行中的表现。

5.2 流式套接字编程模型

流式套接字依托传输控制协议（在 TCP/IP 协议栈中对应 TCP）提供面向连接的、可靠的数据传输服务，该服务保证数据无差错、无重复地发送，并按顺序接收。基于流的特点，使用流式套接字传输的数据形态是没有记录边界的有序数据流。

5.2.1 流式套接字编程的适用场合

流式套接字基于可靠的数据流传输服务，这种服务的特点是面向连接、可靠。面向连接的特点决定了流式套接字的传输代价大，并且只适合一对一的数据传输；可靠的特点意味着上层应用程序在设计开发时不需要过多地考虑数据传输过程中的丢失、乱序、重复问题。总结来看，流式套接字适合在以下场合使用：

1）大数据量的数据传输应用。流式套接字适合文件传输这类大数据量传输的应用，传输的内容可以是任意大的数据，类型可以是 ASCII 文本，也可以是二进制文件。在这种应用场景下，数据传输量大，对数据传输的可靠性要求比较高，且与数据传输的代价相比，连接维护的代价微乎其微。

2）可靠性要求高的传输应用。流式套接字适合应用在对可靠性要求高的传输应用中，在这种情况下，可靠性是传输过程中首先要满足的要求，如果应用程序选择使用 UDP 或其他不可靠的传输服务承载数据，那么为了避免数据丢失、乱序、重复等问题，程序员必须要考虑以上诸多问题带来的应用程序的错误，以及由此带来的复杂编码代价。

5.2.2 流式套接字的通信过程

流式套接字的通信过程是在连接成功建立的基础上完成的。

1. 基于流式套接字的服务器进程的通信过程

在通信过程中，服务器进程作为服务提供方，被动接收连接请求，决定接受或拒绝该请求，并在已建立好的连接上完成数据通信。其基本通信过程如下：

1）Windows Sockets DLL 初始化，协商版本号。

2）创建套接字，指定使用 TCP（可靠的传输服务）进行通信。

3）指定本地地址和通信端口。

4）等待客户的连接请求。

5）进行数据传输。

6）关闭套接字。

7）结束对 Windows Sockets DLL 的使用，释放资源。

2. 基于流式套接字的客户进程的通信过程

在通信过程中，客户进程作为服务请求方，主动请求建立连接，等待服务器的连接确认，并在已建立好的连接上完成数据通信。其基本通信过程如下：

1）Windows Sockets DLL 初始化，协商版本号。

2）创建套接字，指定使用 TCP（可靠的传输服务）进行通信。

3）指定服务器地址和通信端口。

4）向服务器发送连接请求。

5）进行数据传输。

6）关闭套接字。

7）结束对 Windows Sockets DLL 的使用，释放资源。

5.2.3　流式套接字编程的交互模型

基于以上对流式套接字通信过程的分析，下面介绍通信双方在实际通信中的交互时序以及对应的函数。

在通常情况下，服务器最初处于监听状态，它随时等待客户连接请求的到来，而客户的连接请求则由客户根据需要随时发出；连接建立后，双方在连接通道上进行数据交互；会话结束后，双方关闭连接。由于服务器端的服务对象通常不止一个，因此在服务器的函数设置上考虑了多个客户同时连接服务器的情形。基于流式套接字的客户与服务器的交互通信过程如图 5-5 所示。

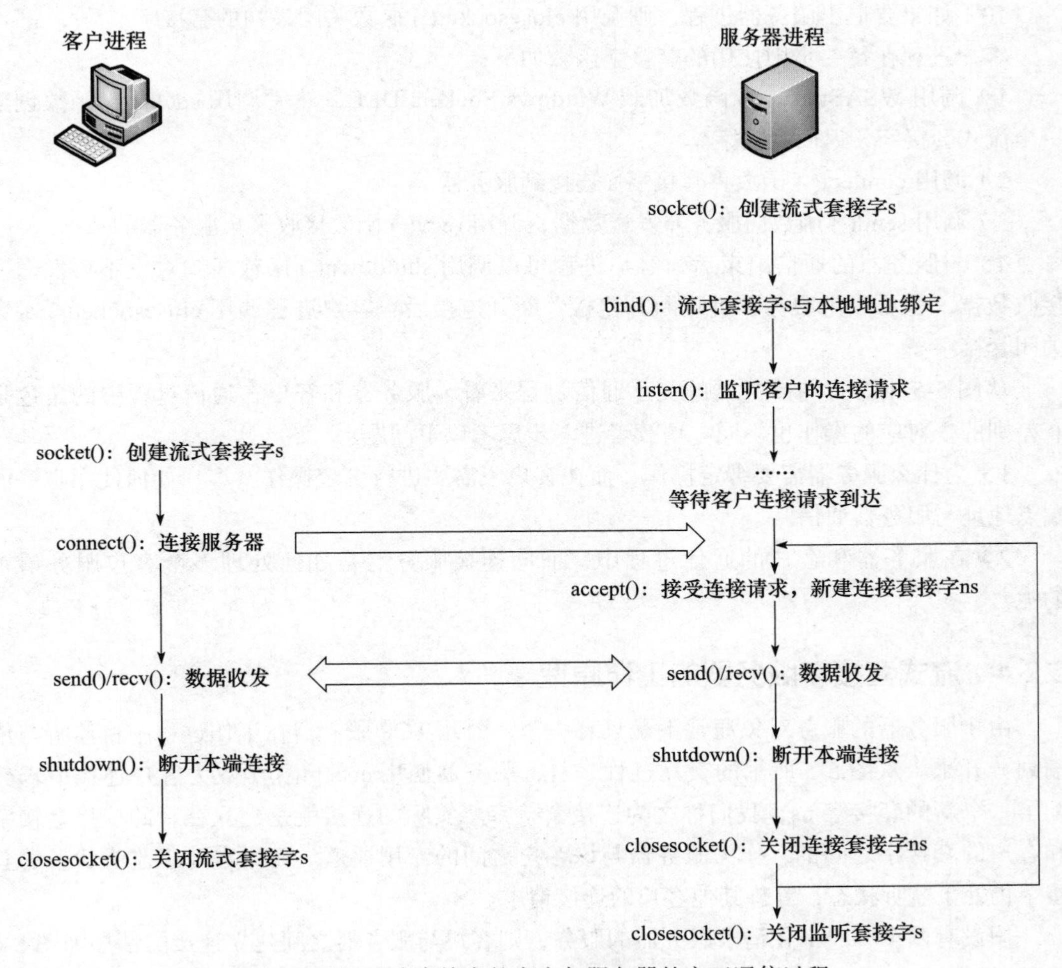

图 5-5　基于流式套接字的客户与服务器的交互通信过程

服务器进程要先于客户进程启动，每个步骤中调用的套接字函数如下：

1）调用 WSAStartup( ) 函数加载 Windows Sockets DLL，然后调用 socket( ) 函数创建一个流式套接字 s 并返回该套接字。

2）调用 bind( ) 函数将流式套接字 s 绑定到一个本地的端点地址上。

3）调用 listen( ) 函数将流式套接字 s 设置为监听模式，准备好接受来自各个客户的连接请求。

4）调用 accept( ) 函数等待接受客户的连接请求。

5）如果接收到客户的连接请求，则 accept( ) 函数返回，得到新的套接字 ns。

6）调用 recv( ) 函数在套接字 ns 上接收来自客户的数据。

7）处理客户的服务器请求。

8）调用 send( ) 函数在套接字 ns 上向客户发送数据。

9）与客户进程的通信结束后，服务器进程可以调用 shutdown( ) 函数通知对方不再发送或接收数据，也可以由客户进程断开连接。断开连接后，服务器进程调用 closesocket( ) 函数关闭套接字 ns。此后服务器进程继续等待客户进程的连接，回到第 4 步。

10）如果要退出服务器进程，则调用 closesocket( ) 函数关闭最初的套接字。

客户进程在每一步中使用的套接字函数如下：

1）调用 WSAStartup( ) 函数加载 Windows Sockets DLL，然后调用 socket( ) 函数创建一个流式套接字，返回套接字 s。

2）调用 connect( ) 函数将套接字 s 连接到服务器。

3）调用 send( ) 函数向服务器发送数据，调用 recv( ) 函数接收来自服务器的数据。

4）与服务器的通信结束后，客户进程可以调用 shutdown( ) 函数通知对方不再发送或接收数据，也可以由服务器进程断开连接。断开连接后，客户进程调用 closesocket( ) 函数关闭套接字 s。

从图 5-5 中客户与服务器的交互通信过程来看，服务器和客户在通信过程中的角色是有差别的，对应的操作也不同。请读者进一步思考以下问题：

1）为什么服务器需要绑定操作，而在客户不需要进行绑定操作？客户如何使用唯一的端点地址与服务器通信？

2）在服务器和客户的通信过程中，面向连接服务器是如何处理多个客户服务请求的呢？

5.2.4　流式套接字服务器的工作原理

由于服务器的服务对象通常不是只有一个，因此 TCP 服务器在工作过程中将监听与传输划分开来。从图 5-5 所示的交互过程来看，服务器使用 accept( ) 函数为客户连接请求分配了一个新的套接字 ns，我们称之为连接套接字。实际的连接就是建立在新的连接套接字和客户的套接字之间的，作为服务器与该客户之间的专用通道。而原本处于监听状态的套接字仍处于监听状态，等待其他客户的连接请求。

假设有两个客户都在请求服务器的服务，则客户与服务器之间建立连接的情形如图 5-6 所示。

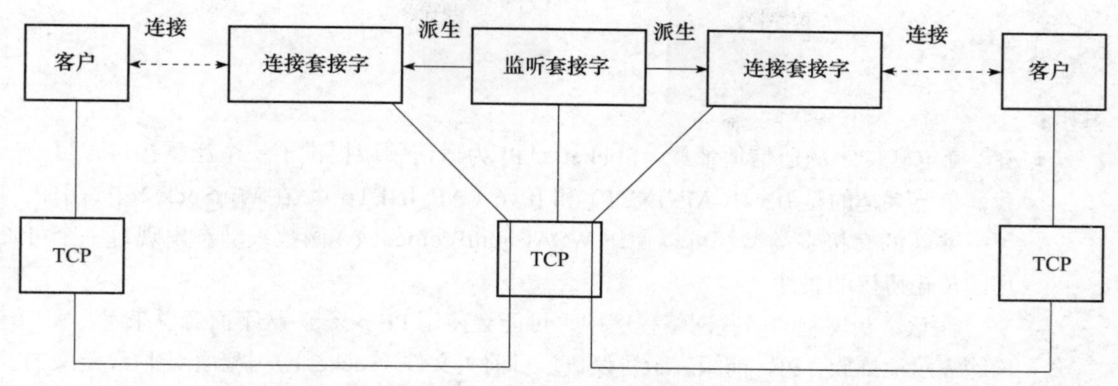

图 5-6 有两个客户时客户与服务器之间建立连接的情形

结合流式套接字服务器的工作原理，我们进一步思考在服务器和客户的通信过程中，服务器是如何处理多个客户服务请求的呢？

从服务器的并发方式上看，根据实际应用的需求，服务器可以设计为一次只服务于单个客户的循环服务器，也可以设计为同时为多个客户服务的并发服务器。

1）如果是循环服务器，则服务器与一个客户建立连接后，其他客户只能等待；服务完一个客户之后，服务器才会处理另一个客户的服务请求。在循环服务器的通信流程中，步骤 4 ～ 9 是循环进行的。

2）如果是并发服务器，当服务器与一个客户进行通信时，可以同时接收其他客户的服务请求，并且服务器要为每一个客户创建一个单独的子进程或线程，用新创建的连接套接字与每个客户进行独立连接上的数据交互。在并发服务器的通信流程中，通过步骤 4 返回了多个连接套接字，这些连接套接字在步骤 5 ～ 9 与多个客户通信时是并发执行的。

5.3 基本函数与操作

Sockets API 是一套编程接口，接口函数为调用者与 TCP/IP 实现搭起了一座直观的桥梁，帮助应用程序读取或改变底层套接字结构中的内容，触发底层 TCP/IP 实现的具体工作，写入或读取协议交互的具体数据。本节围绕流式套接字编程的基本操作具体介绍相关函数的使用，重点介绍套接字的实现所关联的数据结构和底层协议的工作细节。

5.3.1 创建和关闭套接字

要使用 TCP 通信，程序首先要求操作系统创建套接字抽象层的实例。在 WinSock 2 中，完成这个任务的函数是 socket( ) 和 WSASocket( )，它们的参数指定了程序所需的套接字类型。socket( ) 函数主要实现同步传输套接字的创建，在应用于网络操作时会阻塞，WSASocket( ) 函数增加了套接字组的声明，可用于异步传输。

socket( ) 函数的定义如下：

```
SOCKET WSAAPI socket(
  __in  int af,
  __in  int type,
```

```
    __in  int protocol
);
```

其中：

- af：确定套接字的通信地址族。Sockets API 为通信领域提供了一个泛型接口，目前我们最感兴趣的是 IPv4（AF_INET）和 IPv6（AF_INET6）。在 WinSock 2 中，引入了一些新的套接字类型，可以使用 WSAEnumProtocols( ) 函数来动态发现每一个可用的传输协议的属性。

  注意，在现有的一些网络程序中，可能会使用 PF_×××。从字面意思来看，AF_ 前缀表示地址族，PF_ 前缀表示协议栈。目前头文件（socket.h）中为给定协议定义的 PF_××× 值总是与此协议的 AF_××× 值相等。尽管这种相等关系并不保证永远正确，但若有人试图为已有的协议改变这种约定，则许多现有代码可能会崩溃。目前，两个值混用的现象比较多。
- type：指定套接字类型。类型决定了利用套接字进行数据传输的底层网络传输服务。在流式套接字中，我们使用常量 SOCK_STREAM 指明使用可靠的字节流服务；在数据报套接字中，我们使用常量 SOCK_DGRAM 指明使用数据报传输服务。
- protocol：指定要使用的特定的传输协议，确保通信程序使用相同的传输协议。对于 IPv4 和 IPv6，我们希望把 TCP（由常量 IPPROTO_TCP 标识）用于流式套接字，如果把常量 0 作为第三个参数，则系统默认选择对应于指定协议栈和套接字类型对应的默认协议。由于在 TCP/IP 协议栈中，对于流式套接字目前只有一种选择，因此可以指定 0 来允许系统默认选择协议。

WSASocket( ) 函数的定义如下：

```
SOCKET WSASocket(
    __in  int af,
    __in  int type,
    __in  int protocol,
    __in  LPWSAPROTOCOL_INFO lpProtocolInfo,
    __in  GROUP g,
    __in  DWORD dwFlags
);
```

WSASocket( ) 的前三个参数与 socket( ) 的参数含义相同，另外，它还增加了三个参数：

- lpProtocolInfo：与前三个参数互斥使用，是一个指向 PROTOCOL_INFO 结构的指针，该结构定义所创建套接字的特性。
- g：标识一个已存在的套接字组 ID 或指明创建一个新的套接字组。
- dwFlags：声明一组对套接字属性的描述。

socket( ) 函数和 WSASocket( ) 函数的返回值是通信实例的句柄（handle），类似于文件描述符。

在之后的 API 函数调用过程中，这种句柄（我们称之为套接字描述符）作为输入参数被传递给调用函数，以标识要在其上执行操作的套接字抽象层。在源于 UNIX 的系统上，该句柄是一个整数：非负值表示成功，-1 表示失败。

当利用套接字完成应用程序的网络操作时，调用 closesocket( ) 完成套接字的关闭操作。该函数的定义如下：

```
int closesocket(
  __in  SOCKET s
);
```

closesocket( ) 的作用是通知底层协议栈关闭通信，释放与套接字关联的任何资源。如果成功，返回 0，否则返回 -1。调用 closesocket( ) 之后再进行套接字操作，会导致错误。

5.3.2 指定地址

基于套接字的网络应用程序在进行数据传递前，需要明确通信的本地和远程端点地址，创建套接字后，仅仅明确了该套接字即将使用的地址族，但并未关联具体的端点地址。在 4.5.3 节，我们讨论了套接字地址的存储结构和转换方法，本节探讨如何将套接字与本地和远端的端点地址相关联，以及应用程序如何从套接字层次获得实际通信的端点地址。

bind( ) 函数通过将一个本地名字赋予一个未命名的套接字来实现将套接字与本地地址相关联。该函数的定义如下：

```
int bind(
  __in  SOCKET s,
  __in  const struct sockaddr *name,
  __in  int namelen
);
```

其中：

- s：调用 socket( ) 返回的描述符。
- name：地址参数，被声明为一个指向 sockaddr 结构的指针。对于 TCP/IP 应用程序，通常使用 sockaddr_in（用于 IPv4）或 sockaddr_in6（用于 IPv6）对地址进行赋值，之后将指针强制类型转换为指向 sockaddr 结构的指针进行 bind( ) 函数的参数输入。
- namelen：地址结构的大小。

如果成功，bind( ) 函数返回 0，否则返回 -1。

针对 bind( ) 函数，我们讨论几个在编程过程中常见的问题。

1. 具有多个 Internet 地址的主机上的服务器进程如何为客户提供服务

sockaddr 结构或 sockaddr_in 结构指定的地址类型有两种：

1）常规地址，包括一个特定主机的地址和一个端口号。

2）通配地址。当应用程序不关心赋予它的本地地址时，可以将 sockaddr 设定为任意地址，即一个等于常数 INADDR_ANY 的主机地址或一个编号为 0 的端口。如果为 socket 指定的地址为 INADDR_ANY，则本地主机上的任何一个可用的网络接口都将与这个套接字联系起来。

从地址类型来看，多宿主服务器可以有两种工作状态：一种是服务器绑定到一个特定的地址，只接收到达该地址的连接请求；另一种是服务器绑定到通配地址，接收进入每个地址的连接请求，不管来自哪一个网卡的数据，只要其协议和目标端口号信息与该套接字一致，就可以在此套接字上接收到该数据。服务器在接受连接后，获得本次连接的入口 IP，以明确在后续通信过程中实际使用的服务器的端点地址，从而简化多宿主机上的应用程序的设计。

2. 判断客户是否需要 bind( ) 操作

服务器进程提供服务的端口通常是与这个熟知服务对应的知名端口，是设计人员为该服务预留的端口，因此服务器进程通过 bind( ) 函数可以准确无误地将一个套接字与本地的主机地址和这个知名端口关联起来。

那么客户是否也要指定一个端点地址呢?

由于客户进程是请求服务的一方，设计人员没有必要为其指定固定的端口。如果客户进程通过 bind( ) 函数强行将套接字与某一个端口绑定，如果这个端口已经被其他套接字使用，则此时就会发生冲突，导致通信无法正常进行。因此，对于客户进程，不鼓励将套接字绑定到一个确定的端口上。实际上，在客户调用 connect( ) 或 sendto( ) 发送数据前，系统会从当前未使用的端口号中随机选择一个，隐式调用一次 bind( ) 来实现客户套接字与本地地址的关联。

通过上述分析，我们可以明确在客户和服务器进行真正的数据通信前，双方的端点地址已经明确，而且与套接字关联在一起了。不过，关联操作可能是由用户通过显式的 bind( ) 函数调用指明的，也可能是由系统在程序运行过程中选择并关联的。进程指定端点地址的四种情况如表 5-1 所示。

表 5-1 进程指定端点地址的四种情况

进程对 bind( ) 函数的调用情况		结 果
IP 地址	端 口	
通配地址（0）	通配地址（0）	操作系统选择 IP 和端口
通配地址（0）	非 0	操作系统选择 IP，进程指定端口
本地 IP 地址	通配地址（0）	进程指定 IP，操作系统选择端口
本地 IP 地址	非 0	进程指定 IP 和端口

3. 获取套接字的关联地址

由表 5-1 可知，当应用程序使用通配地址来声明本地端点地址或没有显式调用 bind( ) 函数时，系统为每个套接字选择并关联了本地地址。另外，当流式套接字建立好连接时，其远端的端点地址也相应地与套接字关联起来，这些信息存储于为该套接字分配的内存结构中，但程序设计人员可能并不知道确切的地址。

使用 getsockname( ) 函数能够获得套接字关联的本地端点地址，该函数的定义如下：

```
int getsockname(
  __in    SOCKET s,
  __out   struct sockaddr *name,
  __inout  int *namelen
);
```

在对本地套接字进行调用 bind( ) 或 connect( ) 之后，可以使用该函数获取这个套接字的名字信息，即这个套接字所绑定的本地主机地址和端口号，并将其保存在参数 name 中返回。

使用 getpeername( ) 函数能够获得套接字关联的远端端点地址，该函数的定义如下：

```
int getpeername(
  __in      SOCKET s,
  __out     struct sockaddr *name,
  __inout   int *namelen
);
```

该函数用于获得已连接套接字的对等方的端点地址，并将其保存在参数 name 中返回。与其他使用 sockaddr 的套接字调用一样，namelen 是一个输入 / 输出型参数，它以字节为单位指定了缓冲区的长度（输入）和返回的地址结构（输出）。

5.3.3 连接套接字

在通过一个流式套接字发送数据之前，必须将其连接到另一个套接字上。从这个意义上说，使用流式套接字类似于使用电话网络，在通话前，必须指定通话的电话号码，并建立连接，否则不能成功通话。在建立连接的过程中，客户和服务器的角色不同，作为被动接受连接的一方，服务器需要为连接准备接收缓冲区，获得客户的连接请求，并为客户建立独立的传输通道；而作为主动发起连接的一方，客户主动请求，等待响应。

1. 请求连接

客户通过调用 connect( ) 函数请求与服务器连接，该函数的定义如下：

```
int connect(
  __in  SOCKET s,
  __in  const struct sockaddr *name,
  __in  int namelen
);
```

其中：

- s：由函数 socket( ) 创建的描述符。
- name：被声明为一个指向 sockaddr 结构的指针。对于 TCP/IP 应用程序，该指针通常先被转换为以 sockaddr_in 或 sockaddr_in6 结构保存的服务器的 IP 地址和端口号，然后在调用时进行指针的强制类型转换。
- namelen：指明地址结构的长度，通常为 sizeof(struct sockaddr_in) 或 sizeof(struct sockaddr_in6)。当 connect( ) 函数成功返回时，客户连接套接字成功，可以进行后续的数据通信。

在流式套接字中，connect( ) 函数的调用会触发操作系统完成一系列客户准备建立连接的过程，该过程主要包括以下步骤：

1）对于一个未绑定的套接字，请求操作系统分配尚未使用的本地端口号并分配本地 Internet 地址，形成唯一的端点地址与套接字绑定。

2）向套接字注册 name 参数中声明的服务器地址。

3）触发协议栈向函数指明的目标地址发送 SYN 请求，完成 TCP 的三次握手。在正常情况下，这个过程很快，不过，Internet 是一种“尽力而为”的网络，客户的初始消息或服务的响应都有可能会丢失。因此，系统的 TCP 实现会逐渐增大时间间隔并多次重传握手消息，如果客户 TCP 在一段时间后还没有接收到来自服务器的响应，它就会超时并放弃。

4）等待服务器的响应。由于网络传输时延和服务器处理过程中的延迟，connect( ) 函数要等待协议栈的操作，可能无法立刻返回。在等待服务器响应的过程中，工作在阻塞模式下的套接字会一直等待，直到返回连接建立成功与否的消息；而工作在非阻塞模式下的套接字，无论连接是否建立好都会立即返回，此时需要通过 WSAGetLastError( ) 函数判断当前的连接状态。

从以上分析来看，在流式套接字的编程过程中，connect( ) 函数成功返回意味着已确认服务器是存在的，而且从客户到服务器的路径是可达的。注意，在数据报套接字编程中，connect( ) 函数也可以被调用，但是调用后的结果与流式套接字并不相同。

2. 处理进入的连接

在服务器端，服务器绑定后需要执行的另一个步骤是指示底层协议实现监听来自客户的连接，这是通过在套接字上调用 listen( ) 函数完成的，该函数的定义如下：

```
int listen(
  __in  SOCKET s,
  __in  int backlog
);
```

调用 listen( ) 函数使得服务器进入监听状态，并对进入的 TCP 连接请求进行排队，以便程序可以接受它们。参数 backlog 指明了可以等待进入连接的数量上限。backlog 的具体含义与系统关系密切。当客户端 SYN 请求到达时，如果队列已满，则 TCP 的实现会忽略该 TCP 数据段，这么做是因为这种情况是暂时的，客户 TCP 将重发 SYN 请求，期望不久就能在服务器的连接请求队列中找到可用的空间。

accept( ) 函数由 TCP 服务器调用，用于从已完成连接的连接请求队列中返回一个已完成连接的客户请求，该函数定义如下：

```
SOCKET accept(
  __in     SOCKET s,
  __out    struct sockaddr *addr,
  __inout  int *addrlen
);
```

其中：

- s：已绑定并设置为监听状态的套接字，我们称它为监听套接字，该套接字只负责监听连接请求，不会用于发送和接收数据。
- addr：被声明为一个指向 sockaddr 结构的指针，当 accept( ) 函数成功返回后，将连接对等方的端点地址写入 addr 指针指向的结构中并返回。
- addrlen：指明地址结构的长度。

accept( ) 函数的返回值是另一个用于数据传输的套接字，被称为已连接套接字，负责与本次连接的客户通信。区分这两个套接字非常重要，一个服务器通常仅仅创建一个监听套接字，它在该服务器的生命期中一直存在。操作系统为每个由服务器进程接受的客户连接创建一个已连接套接字，当服务器完成对某个给定客户的服务时，相应的已连接套接字会被关闭。

accept( ) 函数调用实际上是一个出队操作，如果此时没有客户连接请求，则客户连接请求队列为空。在阻塞模式下，该函数会持续等待，直到一个连接请求到达为止。当成功返回时，由 addr 指向的 sockaddr 结构中填充了连接另一端客户的地址和端口号，如果调用者对此不关心，可以将参数 addr 和 addrlen 设置为 NULL。

5.3.4 数据传输

套接字连接成功后，就可以开始发送和接收数据，这种操作对于服务器和客户是没有区别的。

1. 发送数据

流式套接字通常使用 send( ) 函数进行数据发送，该函数的定义如下：

```
int send(
  __in  SOCKET s,
  __in  const char *buf,
  __in  int len,
  __in  int flags
);
```

其中：

- s：已连接套接字的描述符，数据发送时，将从其指向的套接字结构中获取对方地址，然后把数据发送出去。
- buf：指向要发送的字节序列。
- len：发送的字节数。
- flags：提供了一种改变套接字调用默认行为的方式，把 flags 设置为 0 用于指定默认的行为。另外，数据传输还能以 MSG_DONTROUTE（不经过本地的路由机制）和 MSG_OOB（带外数据）两种方式进行。

send( ) 函数的返回值指示了实际发送的字节总数，在默认情况下，send( ) 函数的调用会一直阻塞到发送了所有数据为止。针对该函数，我们思考以下问题：在该函数中仅指出了使用的套接字、要发送的数据地址及数据大小，但没有指出数据接收方的地址，那么协议栈如何获知通信对方的地址呢？

在流式套接字中，服务器进程已经通过调用 accept( ) 函数获得了在该套接字上通信的客户的地址；同时，客户进程也通过调用 connect( ) 函数注册了在该套接字上通信的服务器地址。这些地址信息在连接建立完成时保存在连接套接字指向的套接字结构中，协议栈在数据发送时可以通过套接字描述符查找到与之对应的远端地址。

2. 接收数据

流式套接字通常使用 recv( ) 函数进行数据的接收，该函数的定义如下：

```
int recv(
  __in   SOCKET s,
  __out  char *buf,
  __in   int len,
  __in   int flags
);
```

其中：

- s：已连接套接字的描述符，通过套接字指向的套接字结构所标识的端点地址，TCP实现会将发送给本地端点地址的数据提交到该套接字的接收缓冲区中。
- buf：指向要保存接收数据的应用程序缓冲区。
- len：接收缓冲区的字节长度。
- flags：提供了一种改变套接字调用默认行为的方式，把flags设置为0用于指定默认的行为。另外，数据传输还能以MSG_DONTROUTE（不经过本地的路由机制）和MSG_OOB（带外数据）两种方式进行。

recv( )函数的返回值指示了实际接收的字节总数。

与send( )函数类似，在该函数中仅指出了使用的套接字、要接收的数据存储地址及缓冲区长度，并不需要专门声明通信的对方地址。在连接建立的过程中，服务器进程已经通过调用accept( )函数获得了在该套接字上通信的客户的地址；同时，客户端进程也通过调用connect( )函数注册了在该套接字上通信的服务器地址。这些地址信息在连接建立完成时保存在连接套接字指向的套接字结构中，协议栈在数据接收时可以通过套接字描述符查找到与之对应的远端地址，并将特定远端地址发送来的数据提交给应用程序。

5.4 编程示例

本节通过一个Windows控制台应用程序实现基于流式套接字的回射功能。回射是指服务器接收客户发来的字符，并将接收到的内容再次发送回客户端，以此作为检测网络和主机运行状态的一种途径。客户发送的字符可以是用户输入的字符串，也可以是程序生成的序号、随机数等。本节设计客户和服务器两个独立的网络应用程序，结合网络操作的基本步骤介绍流式套接字编程中相关函数的使用方法。

5.4.1 基于流式套接字的回射客户端编程操作

客户程序完成界面交互和网络数据传输，下面介绍其实现过程。

1. 创建客户套接字

初始化Windows Sockets DLL后，为了进行网络操作，需要创建一个客户套接字，用于标识网络操作，同时将其与特定的传输服务提供者关联起来，具体步骤如下：

1）声明一个类型为addrinfo的对象，该对象包含sockaddr地址结构，并对该对象进行初始化。在本程序中，地址族声明为AF_INET，指示使用IPv4。如果没有确定地址族，则声明为AF_UNSPEC，此时IPv6和IPv4的地址都可以返回。如果应用程序确定使用IPv6，则地址族声明为AF_INET6。应用程序声明套接字类型为流式套接字，使用TCP进行网络传输，代码如下：

```
struct addrinfo *result = NULL, *ptr = NULL, hints;
ZeroMemory( &hints, sizeof(hints) );
hints.ai_family = AF_INET;
hints.ai_socktype = SOCK_STREAM;
hints.ai_protocol = IPPROTO_TCP;
```

2）调用 getaddrinfo( ) 函数，获得服务器的 IP 地址，将其存放在 result 指向的 addrinfo 对象中。在本示例中，服务器端的端口号被宏 DEFAULT_PORT 设置为 27105，服务器的 IP 地址由输入参数 argv[1] 指明，同时程序对 getaddrinfo( ) 函数的返回值进行判断以处理错误，代码如下：

```
iResult = getaddrinfo(argv[1], DEFAULT_PORT, &hints, &result);
if (iResult != 0)
{
    printf("getaddrinfo failed: %d\n", iResult);
    WSACleanup();
    return 1;
}
```

3）创建套接字对象，将其命名为 ConnectSocket。调用 socket( ) 函数，并将返回值赋予对象 ConnectSocket，对调用结果进行检查和错误处理。代码如下：

```
SOCKET ConnectSocket = INVALID_SOCKET;
//获得getaddrinfo()得到的服务器地址信息
ptr=result;
//创建流式套接字
ConnectSocket = socket(ptr->ai_family, ptr->ai_socktype, ptr->ai_protocol);
if (ConnectSocket == INVALID_SOCKET) {
    printf("Error at socket(): %ld\n", WSAGetLastError());
    freeaddrinfo(result);
    WSACleanup();
    return 1;
}
```

以上示例使用 getaddrinfo( ) 函数对地址进行初始化操作，该函数是 Windows XP 及之后的系统在 WinSock 2 上新增加的，它能够处理名字到地址以及服务到端口这两种转换，返回一个 sockaddr 结构的链表而不是一个地址清单。这些 sockaddr 结构随后可由套接字函数直接使用。这样，getaddrinfo( ) 函数把协议相关性安全隐藏在这个库函数内部。

另一种常用的获取和配置地址的方法是使用 gethostbyname( ) 和 gethostbyaddr( )，这种方法是 Berkeley Socket 和 Windows Sockets 1.1 中常用的方法。代码如下：

```
LPHOSTENT lpHost;
struct    sockaddr_in saDest;
//获得存储主机信息的HOSTENT结构
lpHost = gethostbyname(pstrHost);
if (lpHost == NULL)
{
    printf("Host not found.\n");
    WSACleanup();
    Return 1;
}
//获得目的IP地址
memset(&saDest, 0, sizeof(saDest));
saDest.sin_addr.s_addr = *((u_long FAR *) (lpHost->h_addr));
saDest.sin_family = AF_INET;
saDest.sin_port = DEFAULT_PORT;
```

在这种情况下，创建套接字需要显式声明套接字的类型和相关的协议类型：

```
SOCKET ConnectSocket = INVALID_SOCKET;
ConnectSocket = socket(AF_INET, SOCK_STREAM, 0);
if (ConnectSocket == INVALID_SOCKET) {
    printf("Error at socket(): %ld\n", WSAGetLastError());
    WSACleanup();
    return 1;
}
```

以上代码示例显式指明 AF_INET，使用 IPv4 地址族，创建流式套接字 SOCK_STREAM，此时 socket( ) 函数的第三个参数协议字段默认为 TCP。

使用新版 Visual Studio 开发工具编译运行 gethostbyname( ) 函数时，会提示错误信息“'gethostbyname': Use getaddrinfo( ) or GetAddrInfoW( ) instead or define_WINSOCK_DEPRECATED_NO_WARNINGS to disable deprecated API warnings”，遇到这种情况，可以手动关闭 SDL 检查，清除此类错误信息。通过菜单栏中“项目→ <项目名称> 属性”可进入图 5-7 所示的页面进行设置，在图 5-8 中可以手动关闭 SDL 检查。

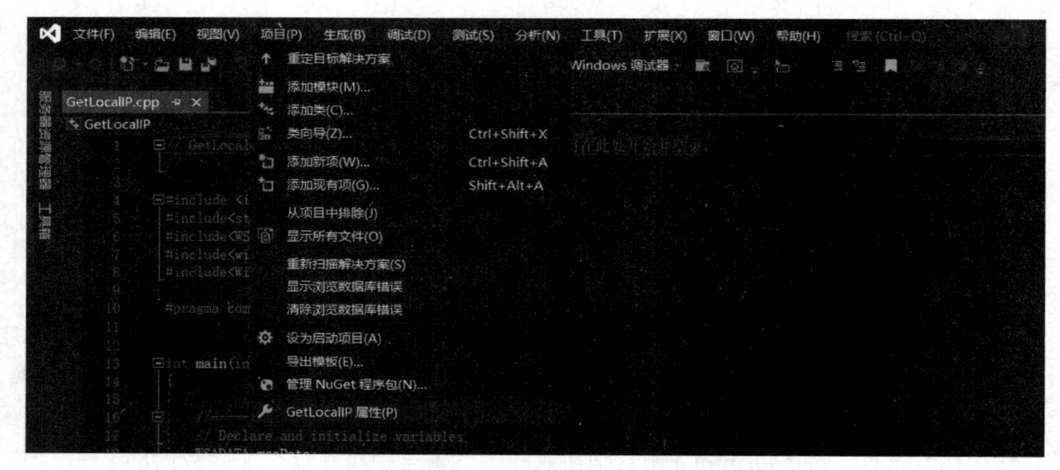

图 5-7　进入项目属性页

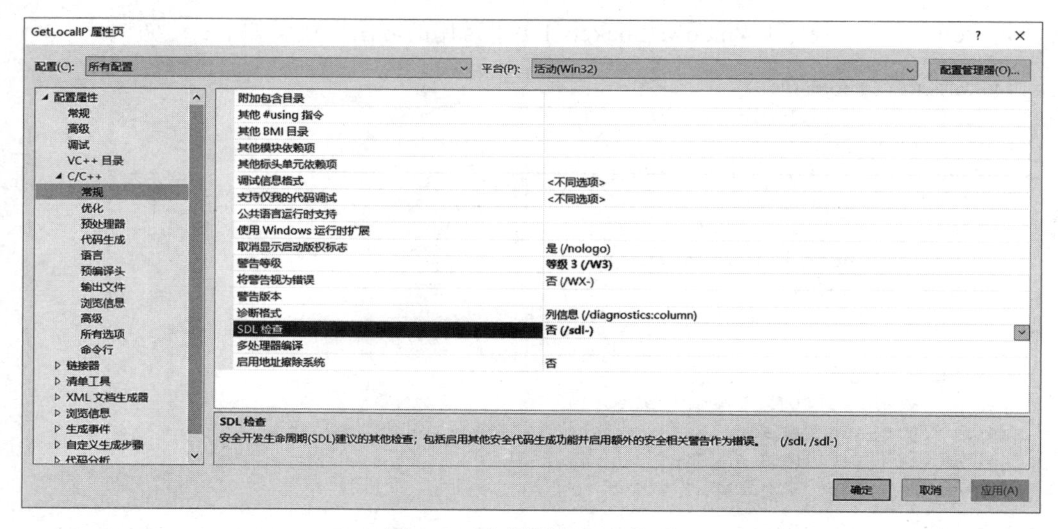

图 5-8　手动关闭 SDL 检查

2. 连接到服务器

将已创建的套接字和 sockaddr 结构中存储的服务器地址作为输入参数，调用 connect( ) 函数，请求与服务器建立连接。代码如下：

```
//调用 connect() 函数向服务器请求建立连接
iResult = connect( ConnectSocket, result->ai_addr, (int) result->ai_addrlen);
if (iResult == SOCKET_ERROR) {
    printf("connect failed: %d\n", WSAGetLastError());
    closesocket(ConnectSocket);
    WSACleanup();
    return 1;
}
//释放 result 指向的地址结构
freeaddrinfo(result);
```

在 connect( ) 函数的调用参数中，使用了 getaddrinfo( ) 函数返回的以 addrinfo 链表指向的 sockaddr 结构描述的服务器地址。在本例中，使用 addrinfo 链表的第一个 IP 地址作为服务器地址。在实际的应用中，如果对第一个 IP 地址的 connect( ) 调用失败，还应该尝试与 addrinfo 链表的后续地址建立连接。

3. 发送和接收数据

连接建立后，为了测试与服务器端的通信，客户端调用 send( ) 函数发送测试数据，并调用 recv( ) 函数接收服务器的响应。代码如下：

```
#define DEFAULT_BUFLEN 512
int recvbuflen = DEFAULT_BUFLEN;
char *sendbuf = "this is a test";
char recvbuf[DEFAULT_BUFLEN];
int iResult;
//发送数据
iResult = send(ConnectSocket, sendbuf, (int) strlen(sendbuf), 0);
if (iResult == SOCKET_ERROR) {
    printf("send failed: %d\n", WSAGetLastError());
    closesocket(ConnectSocket);
    WSACleanup();
    return 1;
}
//打印已发送的字节数
printf("Bytes Sent: %ld\n", iResult);
//持续接收数据，直到服务器方关闭连接
do {
    iResult = recv(ConnectSocket, recvbuf, recvbuflen, 0);
    if (iResult > 0)
        printf("Bytes received: %d\n", iResult);
    else if (iResult == 0)
        printf("Connection closed\n");
    else
        printf("recv failed: %d\n", WSAGetLastError());
} while (iResult > 0);
```

在本例中，客户端只发送了一串字符就结束了本方的数据发送，由于 TCP 是一个字节流服务，有可能数据一次接收不全，因此使用循环接收的方式来保证数据接收完整。在接收过程中，通过返回值 iResult 的不同取值来判断数据接收状态。

4. 断开连接，释放资源

可以使用两种方式断开连接。

当客户端发送完数据时，调用 shutdown( ) 函数，使用 SD_SEND 参数声明本方不再发送数据，shutdown( ) 函数的调用关闭了客户端单方向的连接，声明不再发送数据，服务器端会根据客户端的声明释放一部分不再使用的资源，但并不影响客户端之后的数据接收。代码如下：

```
// 数据发送结束，调用 shutdown() 函数声明不再发送数据，此时客户端仍可以接收数据
iResult = shutdown(ConnectSocket, SD_SEND);
if (iResult == SOCKET_ERROR) {
    printf("shutdown failed: %d\n", WSAGetLastError());
    closesocket(ConnectSocket);
    WSACleanup();
    return 1;
}
```

当客户端接收完数据后，调用 closesocket( ) 关闭连接。当客户端不再使用 Windows Sockets DLL 时，调用 WSACleanup( ) 函数释放相关资源。代码如下：

```
// 关闭套接字
closesocket(ConnectSocket);
// 释放 Windows Sockets DLL
WSACleanup();
return 0;
```

客户端的完整代码如下：

```
 1  #define WIN32_LEAN_AND_MEAN
 2  #include <windows.h>
 3  #include <winsock2.h>
 4  #include <ws2tcpip.h>
 5  #include <stdlib.h>
 6  #include <stdio.h>
 7  // 连接到 WinSock 2 对应的 lib 文件: Ws2_32.lib, Mswsock.lib, Advapi32.lib
 8  #pragma comment (lib, "Ws2_32.lib")
 9  #pragma comment (lib, "Mswsock.lib")
10  #pragma comment (lib, "AdvApi32.lib")
11  // 定义默认的缓冲区长度和端口号
12  #define DEFAULT_BUFLEN 512
13  #define DEFAULT_PORT "27015"
14
15  int __cdecl main(int argc, char **argv)
16  {
17      WSADATA wsaData;
18      SOCKET ConnectSocket = INVALID_SOCKET;
19      struct addrinfo *result = NULL, *ptr = NULL, hints;
20      const char *sendbuf = "this is a test";
21      char recvbuf[DEFAULT_BUFLEN];
22      int iResult;
23      int recvbuflen = DEFAULT_BUFLEN;
24      // 验证参数的合法性
25      if (argc != 2) {
26          printf("usage: %s server-name\n", argv[0]);
```

```
27              return 1;
28          }
29          //初始化套接字
30          iResult = WSAStartup(MAKEWORD(2,2), &wsaData);
31          if (iResult != 0) {
32              printf("WSAStartup failed with error: %d\n", iResult);
33              return 1;
34          }
35          ZeroMemory( &hints, sizeof(hints) );
36          hints.ai_family = AF_UNSPEC;
37          hints.ai_socktype = SOCK_STREAM;
38          hints.ai_protocol = IPPROTO_TCP;
39          //解析服务器地址和端口号
40          iResult = getaddrinfo(argv[1], DEFAULT_PORT, &hints, &result);
41          if ( iResult != 0 ) {
42              printf("getaddrinfo failed with error: %d\n", iResult);
43              WSACleanup();
44              return 1;
45          }
46          //尝试连接服务器地址，直到成功
47          for(ptr=result; ptr != NULL ;ptr=ptr->ai_next) {
48              //创建套接字
49              ConnectSocket = socket(ptr->ai_family, ptr->ai_socktype,
50                  ptr->ai_protocol);
51              if (ConnectSocket == INVALID_SOCKET) {
52                  printf("socket failed with error: %ld\n", WSAGetLastError());
53                  WSACleanup();
54                  return 1;
55              }
56              //向服务器请求连接
57              iResult = connect( ConnectSocket, ptr->ai_addr, (int)ptr->ai_addrlen);
58              if (iResult == SOCKET_ERROR) {
59                  closesocket(ConnectSocket);
60                  ConnectSocket = INVALID_SOCKET;
61                  continue;
62              }
63              break;
64          }
65          freeaddrinfo(result);
66          if (ConnectSocket == INVALID_SOCKET) {
67              printf("Unable to connect to server!\n");
68              WSACleanup();
69              return 1;
70          }
71          //发送缓冲区中的测试数据
72          iResult = send( ConnectSocket, sendbuf, (int)strlen(sendbuf), 0 );
73          if (iResult == SOCKET_ERROR) {
74              printf("send failed with error: %d\n", WSAGetLastError());
75              closesocket(ConnectSocket);
76              WSACleanup();
77              return 1;
78          }
79          printf("Bytes Sent: %ld\n", iResult);
80          //数据发送结束，调用shutdown()函数声明不再发送数据，此时客户端仍可以接收数据
81          iResult = shutdown(ConnectSocket, SD_SEND);
82          if (iResult == SOCKET_ERROR) {
```

```
 83            printf("shutdown failed with error: %d\n", WSAGetLastError());
 84            closesocket(ConnectSocket);
 85            WSACleanup();
 86            return 1;
 87        }
 88        //持续接收数据，直到服务器关闭连接
 89        do {
 90            iResult = recv(ConnectSocket, recvbuf, recvbuflen, 0);
 91            if ( iResult > 0 )
 92                printf("Bytes received: %d\n", iResult);
 93            else if ( iResult == 0 )
 94                printf("Connection closed\n");
 95            else
 96                printf("recv failed with error: %d\n", WSAGetLastError());
 97        } while( iResult > 0 );
 98        //关闭套接字
 99        closesocket(ConnectSocket);
100       //释放资源
101       WSACleanup();
102       return 0;
103   }
```

运行以上代码，客户程序启动时，主动向服务器的 TCP 端口 27015 发送连接请求。连接建立后，发送数据“ this is a test”给服务器，接收服务器返回的应答，统计发送和接收的字节数并显示。当服务器关闭连接时，客户也关闭连接，退出程序。客户程序的运行界面如图 5-9 所示。

图 5-9　流式套接字回射客户程序的运行界面

5.4.2　基于流式套接字的回射服务器端编程操作

下面具体介绍服务器程序的实现过程。

1. 创建服务器套接字

初始化 Windows Sockets DLL 后，为了进行网络操作，需要创建一个服务器的套接字，用于标识网络操作，同时将其与特定的传输服务提供者关联起来，具体步骤如下：

1）声明一个类型为 addrinfo 的对象，该对象包含 sockaddr 地址结构，对该对象进行初始化。在本程序中，使用 IPv4，则地址族声明为 AF_INET。应用程序声明套接字类型为流式套接字，使用 TCP 进行网络传输，代码如下：

```
struct addrinfo *result = NULL, *ptr = NULL, hints;
ZeroMemory(&hints, sizeof (hints));
hints.ai_family = AF_INET;
hints.ai_socktype = SOCK_STREAM;
hints.ai_protocol = IPPROTO_TCP;
hints.ai_flags = AI_PASSIVE;
```

在调用 getaddrinfo( ) 函数之前，将 hints 参数的 ai_flags 设置为 AI_PASSIVE，表示调用者将在 bind( ) 函数调用中使用返回的地址结构，相当于把服务器的 IP 地址手工设置为通配地址 INADDR_ANY。之后，服务器本地的 IP 地址将由内核根据请求入口网卡的 IP 地址来决定。

2）调用 getaddrinfo( ) 函数，获得服务器的地址信息。getaddrinfo( ) 函数能够处理名字到地址以及服务到端口这两种转换，返回值存放在 result 指向的 addrinfo 对象中，在本示例中，服务器端的端口号被宏 DEFAULT_PORT 设置为 27105，同时程序对 getaddrinfo( ) 函数的返回值进行判断以处理错误，代码如下：

```
//解析服务器地址和端口号
iResult = getaddrinfo(NULL, DEFAULT_PORT, &hints, &result);
if (iResult != 0) {
    printf("getaddrinfo failed: %d\n", iResult);
    WSACleanup();
    return 1;
}
```

3）创建套接字对象，将其命名为 ListenSocket。调用 socket( ) 函数，并将返回值赋予对象 ListenSocket，对调用结果进行检查和错误处理。代码如下：

```
//创建服务器端的监听套接字
ListenSocket = socket(result->ai_family, result->ai_socktype, result->ai_protocol);
if (ListenSocket == INVALID_SOCKET) {
    printf("Error at socket(): %ld\n", WSAGetLastError());
    freeaddrinfo(result);
    WSACleanup();
    return 1;
}
```

2. 为套接字绑定本地地址

通过 getaddrinfo( ) 函数获得的服务器地址结构 sockaddr 保存了服务器的地址族、IP 地址和端口号，调用 bind( ) 函数，将监听套接字与服务器本地地址关联起来，并检查调用结果是否出错。代码如下：

```
//为监听套接字绑定本地地址和端口号
iResult = bind( ListenSocket, result->ai_addr, (int)result->ai_addrlen);
if (iResult == SOCKET_ERROR) {
    printf("bind failed with error: %d\n", WSAGetLastError());
    freeaddrinfo(result);
    closesocket(ListenSocket);
    WSACleanup();
    return 1;
}
freeaddrinfo(result);
```

调用 bind( ) 函数后，不再需要由 getaddrinfo( ) 函数返回的地址信息，调用 freeaddrinfo( ) 函数释放已分配的资源。

3. 在监听套接字上等待连接请求

接下来调用 listen( ) 函数，将监听套接字的状态更改为监听状态，并将连接等待队列的最大长度设置为 SOMAXCONN，该值是 WinSock 提供的一个特殊常量，指示套接字缓冲区的连接请求队列的最大长度，根据实际需要，我们也可以对连接请求队列的长度进行调整。代码如下：

```
if ( listen( ListenSocket, SOMAXCONN ) == SOCKET_ERROR ) {
    printf( "Listen failed with error: %ld\n", WSAGetLastError() );
    closesocket(ListenSocket);
    WSACleanup();
    return 1;
}
```

4. 接收一个连接请求

首先，声明另一个套接字对象——连接套接字，然后调用 accept( ) 函数接受一个客户端的连接请求，将返回值赋予新声明的连接套接字，专门用于与客户端的实际数据传输。代码如下：

```
SOCKET ClientSocket;
ClientSocket = INVALID_SOCKET;
//接受客户端的连接请求
ClientSocket = accept(ListenSocket, NULL, NULL);
if (ClientSocket == INVALID_SOCKET) {
    printf("accept failed: %d\n", WSAGetLastError());
    closesocket(ListenSocket);
    WSACleanup();
    return 1;
}
```

在实际应用中，服务器可能面临多个客户的同时请求，为了合理处理这些请求，服务器可能以循环的方式依次处理客户请求，也可能以并发方式多线程地处理客户请求。在并发方式下，accept( ) 函数返回新的连接套接字后，在多个子线程中处理与不同客户之间的数据交互。

5. 发送和接收数据

连接建立好后，为了测试与服务器的通信，服务器调用 recv( ) 函数接收客户发来的数据，对接收字节数进行统计，并调用 send( ) 函数发回已收到的测试数据。代码如下：

```
#define DEFAULT_BUFLEN 512
char recvbuf[DEFAULT_BUFLEN];
int iResult, iSendResult;
int recvbuflen = DEFAULT_BUFLEN;
//接收数据，直到对等方关闭连接
do {
    iResult = recv(ClientSocket, recvbuf, recvbuflen, 0);
    if (iResult > 0) {
        printf("Bytes received: %d\n", iResult);
        //将缓冲区中的内容回射给发送方
        iSendResult = send(ClientSocket, recvbuf, iResult, 0);
        if (iSendResult == SOCKET_ERROR) {
            printf("send failed: %d\n", WSAGetLastError());
            closesocket(ClientSocket);
            WSACleanup();
            return 1;
```

```
        }
        printf("Bytes sent: %d\n", iSendResult);
    } else if (iResult == 0)
        printf("Connection closing...\n");
      else {
        printf("recv failed: %d\n", WSAGetLastError());
        closesocket(ClientSocket);
        WSACleanup();
        return 1;
    }
} while (iResult > 0);
```

6. 断开连接，释放资源

可以使用两种方式断开连接。

当服务器发送完数据时，调用 shutdown( ) 函数，使用 SD_SEND 参数声明本方不再发送数据。调用 shutdown( ) 函数关闭了服务器单方向的连接，声明不再发送数据，客户会根据服务器的声明释放一部分不再使用的资源，但并不影响服务器后续的数据接收。代码如下：

```
//数据发送结束，调用 shutdown() 函数声明不再发送数据，此时服务器仍可以接收数据
iResult = shutdown(ClientSocket, SD_SEND);
if (iResult == SOCKET_ERROR) {
    printf("shutdown failed: %d\n", WSAGetLastError());
    closesocket(ClientSocket);
    WSACleanup();
    return 1;
}
```

当服务器接收完数据后，调用 closesocket( ) 关闭连接。当服务器不再使用 Windows Sockets DLL 时，调用 WSACleanup( ) 函数释放相关资源。代码如下：

```
//关闭套接字
closesocket(ClientSocket);
//释放 Windows Sockets DLL
WSACleanup();
return 0;
```

服务器端的完整代码如下：

```
 1  #undef UNICODE
 2  #define WIN32_LEAN_AND_MEAN
 3  #include <windows.h>
 4  #include <winsock2.h>
 5  #include <ws2tcpip.h>
 6  #include <stdlib.h>
 7  #include <stdio.h>
 8  //连接到 WinSock 2 对应的 lib 文件：Ws2_32.lib
 9  #pragma comment (lib, "Ws2_32.lib")
10  //定义默认的缓冲区长度和端口号
11  #define DEFAULT_BUFLEN 512
12  #define DEFAULT_PORT "27015"
13
14  int __cdecl main(void)
```

```
15 {
16     WSADATA wsaData;
17     int iResult;
18     SOCKET ListenSocket = INVALID_SOCKET;
19     SOCKET ClientSocket = INVALID_SOCKET;
20     struct addrinfo *result = NULL;
21     struct addrinfo hints;
22     int iSendResult;
23     char recvbuf[DEFAULT_BUFLEN];
24     int recvbuflen = DEFAULT_BUFLEN;
25     //初始化 WinSock
26     iResult = WSAStartup(MAKEWORD(2,2), &wsaData);
27     if (iResult != 0) {
28         printf("WSAStartup failed with error: %d\n", iResult);
29         return 1;
30     }
31     ZeroMemory(&hints, sizeof(hints));
32     //声明 IPv4 地址族、流式套接字、TCP
33     hints.ai_family = AF_INET;
34     hints.ai_socktype = SOCK_STREAM;
35     hints.ai_protocol = IPPROTO_TCP;
36     hints.ai_flags = AI_PASSIVE;
37     //解析服务器地址和端口号
38     iResult = getaddrinfo(NULL, DEFAULT_PORT, &hints, &result);
39     if ( iResult != 0 ) {
40          printf("getaddrinfo failed with error: %d\n", iResult);
41          WSACleanup();
42          return 1;
43     }
44     //为面向连接的服务器创建套接字
45     ListenSocket = socket(result->ai_family, result->ai_socktype, result-
           >ai_protocol);
46     if(ListenSocket == INVALID_SOCKET) {
47         printf("socket failed with error: %ld\n", WSAGetLastError());
48         freeaddrinfo(result);
49         WSACleanup();
50         return 1;
51     }
52     //为套接字绑定地址和端口号
53     iResult = bind( ListenSocket, result->ai_addr, (int)result->ai_addrlen);
54     if (iResult == SOCKET_ERROR) {
55         printf("bind failed with error: %d\n", WSAGetLastError());
56         freeaddrinfo(result);
57         closesocket(ListenSocket);
58         WSACleanup();
59         return 1;
60     }
61     freeaddrinfo(result);
62     //监听连接请求
63     iResult = listen(ListenSocket, SOMAXCONN);
64     if (iResult == SOCKET_ERROR) {
65         printf("listen failed with error: %d\n", WSAGetLastError());
66         closesocket(ListenSocket);
67         WSACleanup();
68         return 1;
69     }
```

```
70      //接受客户端的连接请求，返回连接套接字ClientSocket
71      ClientSocket = accept(ListenSocket, NULL, NULL);
72      if (ClientSocket == INVALID_SOCKET){
73          printf("accept failed with error: %d\n", WSAGetLastError());
74          closesocket(ListenSocket);
75          WSACleanup();
76          return 1;
77      }
78      //在不需要监听套接字的情况下释放该套接字
79      closesocket(ListenSocket);
80      //持续接收数据，直到对方关闭连接
81      do
82      {
83          iResult = recv(ClientSocket, recvbuf, recvbuflen, 0);
84          if (iResult > 0)
85          {
86              //情况1：成功接收数据
87              printf("Bytes received: %d\n", iResult);
88              //将缓冲区的内容回送给客户端
89              iSendResult = send( ClientSocket, recvbuf, iResult, 0 );
90              if (iSendResult == SOCKET_ERROR) {
91                  printf("send failed with error: %d\n", WSAGetLastError());
92                  closesocket(ClientSocket);
93                  WSACleanup();
94                  return 1;
95              }
96              printf("Bytes sent: %d\n", iSendResult);
97          }
98          else if (iResult == 0) {
99              //情况2：连接关闭
100             printf("Connection closing...\n");
101         }
102         else {
103             //情况3：接收发生错误
104             printf("recv failed with error: %d\n", WSAGetLastError());
105             closesocket(ClientSocket);
106             WSACleanup();
107             return 1;
108         }
109     } while (iResult > 0);
110     //关闭连接
111     iResult = shutdown(ClientSocket, SD_SEND);
112     if (iResult == SOCKET_ERROR) {
113         printf("shutdown failed with error: %d\n", WSAGetLastError());
114         closesocket(ClientSocket);
115         WSACleanup();
116         return 1;
117     }
118     //关闭套接字，释放资源
119     closesocket(ClientSocket);
120     WSACleanup();
121     return 0;
122 }
```

运行以上代码，服务器应用程序启动时，在TCP端口27015上监听，等待客户的连接

请求。连接建立后，接收客户发来的数据，统计并打印字节数，将接收到的数据发送回客户，之后关闭连接，结束应用程序。服务器程序的运行界面如图 5-10 所示。

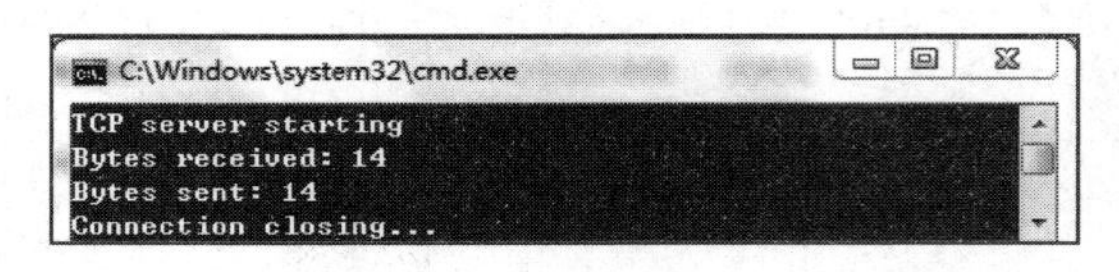

图 5-10 流式套接字回射服务器程序的运行界面

5.5 TCP 的流传输控制

前面我们介绍了流式套接字编程的基本流程和函数使用，作为一名程序设计人员，要在真实的网络环境下编写实用的网络应用程序，因此只掌握基本的编程方法还远远不够。网络编程与协议原理和协议实现关系密切，TCP 是一类以字节流形式提供可靠传输服务的协议，使用这种协议进行数据传输时，需要考虑到 TCP 的流特性，以便在应用程序设计中对网络传输进行合理地操控。

5.5.1 TCP 的流传输特点

TCP 是一个流协议，这意味着数据是作为字节流传送给接收者的，没有内在的“消息”或“消息边界”的概念。由此带来的结果是：当发送者调用发送函数进行数据发送时，发送者并不清楚数据真实的发送情况，协议栈中 TCP 的实现根据当时的网络状态决定以多少个字节为单位组装数据，并决定什么时候发送这些数据。因此，接收者在读取 TCP 数据时并不知道给定的接收函数调用将返回多少个字节。

假设应用程序 A 要调用两次 send( ) 函数给应用程序 B 发送数据，如图 5-11 所示。

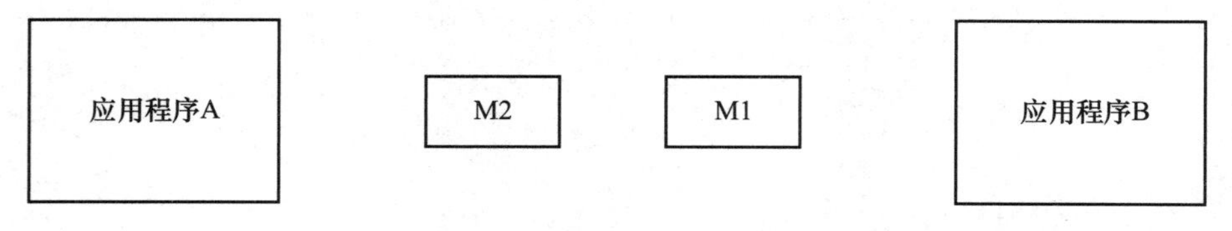

图 5-11 应用程序 A 给应用程序 B 发送数据

当应用程序 A 调用 send( ) 函数执行数据发送时，TCP 获得了该命令，并决定如何发送这些数据。该决定依赖多种因素，如当前接收方希望接收的数据量、网络是否存在拥塞、发送方和接收方之间的网络路径上能够传输的最大数据量、本地连接的输出队列上有多少数据正在排队或未接收到应答等。这些因素决定了数据在发送方被 TCP 打包的情况有 6 种，如图 5-12 所示。

在图 5-12 中，$M1_i$ 表示消息 M1 的第 i 部分。情况（A）表示网络状态良好，M1 和 M2 包的长度没有受到发送窗口、拥塞窗口、TCP 最大传输单元等的限制，此时 TCP 正巧将两次 send( ) 调用提交的数据封装为对应的两个数据段发送到网络中；情况（B）表示由于受到某种网络限制，M1 的发送被延迟，TCP 将这两段数据合并为一个数据段发送；情况（C）

表示 M1 的发送被延迟，并且在与 M2 的数据合并后超过了窗口限制或报文长度限制，导致 M2 的数据被分为两部分发送；情况（D）表示由于 M1 的大小超过了窗口限制或报文长度限制，使得 M1 的数据被分割，并且 M1 的遗留数据与后续 M2 的数据合并发送；情况（E）表示接收方的接收窗口很小，在没有 Nagle 算法控制发送最小长度的情况下，TCP 会将发送缓冲区中的数据按接收窗口逐个划分为小段，依次发送；情况（F）表示在 TCP 发送数据的过程中出现了错误。

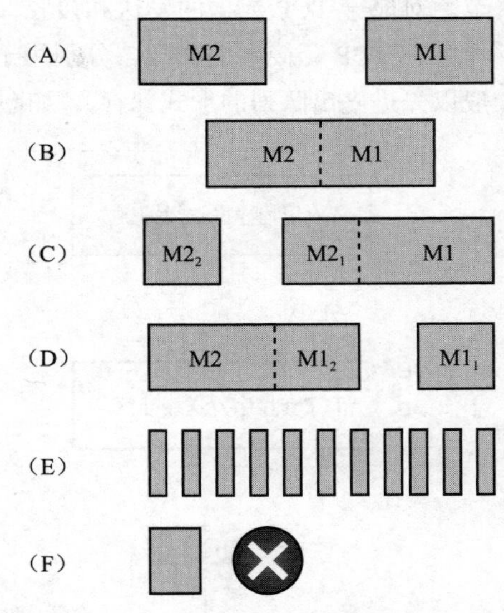

图 5-12　6 种可能的 TCP 打包方法

由以上分析来看，当程序调用发送操作时，由于主机和网络当前的状态不同，会使数据传输的形式产生很大差别。接收方需要结合数据实际的发送形态来进行合理有效的接收。

数据接收时可能会遇到以下三种情况：

1）**没有数据**。表明没有为读准备好数据，应用程序阻塞或者 recv( ) 返回一个指示说明数据不可获得，这种情况对应于过早接收或图 5-12 中的情况（F）。

2）**接收到已交付的所有数据**。假设应用程序的接收缓冲区足够大，此时 recv( ) 函数接收到数据，但可能存在以下四种情形：

- 应用程序获得消息 M1 中的部分报文，这种情况对应于图 5-12 中的情况（D）或（E）。
- 应用程序获得且只获得消息 M1 中的所有数据，这种情况对应于图 5-12 中的情况（A）。
- 应用程序获得消息 M1 中的所有数据以及消息 M2 中的部分数据，这种情况对应于图 5-12 中的情况（A）发送 M2 报文后的延迟接收或者图 5-12 中的（C）。
- 应用程序获得消息 M1 和 M2 的所有数据，这种情况对应于图 5-12 中的情况（B）或（A）(C)(D)(E) 四种情况的延迟接收。

3）**接收到已交付的部分数据**。此时 recv( ) 函数接收到数据，但不是已经传输到接收方的所有数据，这种情况主要是由于应用程序的接收缓冲区较小造成的。

总结来说，TCP 是一个流协议，TCP 如何对数据打包与调用 send( ) 函数交付多少数据给 TCP 没有直接的关系。对于使用 TCP 的应用程序来说，没有“数据边界”的概念，接收操作返回的时机和接收到的数据量是不可预测的，必须在应用程序中正确处理。

5.5.2　使用 TCP 发送和接收数据时的缓存

上一节分析了 TCP 的流传输特点，数据的实际传输过程受主机状态、网络拥塞情况、收发两端缓冲区大小等诸多因素的影响，产生的结果是：一方面，send( ) 函数的调用次数与 TCP 对数据的封装个数是完全独立的；另一方面，针对一定长度的待传输数据，发送端 send( ) 函数的调用次数与接收端 recv( ) 函数的调用次数也是完全独立的。在发送端调用一次 send( ) 传入的数据可以在另一端多次调用 recv( ) 来获取，而调用一次 recv( ) 也可能返回多次 send( ) 调用传入的数据。

本节从套接字实现的角度来观察使用TCP进行数据发送和接收的过程中数据迁徙的细节。对应于TCP数据的发送和接收，套接字实现设计了两个独立的缓冲区，即应用程序缓冲区和TCP套接字缓冲区，分别用于缓存应用程序请求发送的数据和等待接收的数据（一般以先进先出队列的形式保存），如图5-13所示。

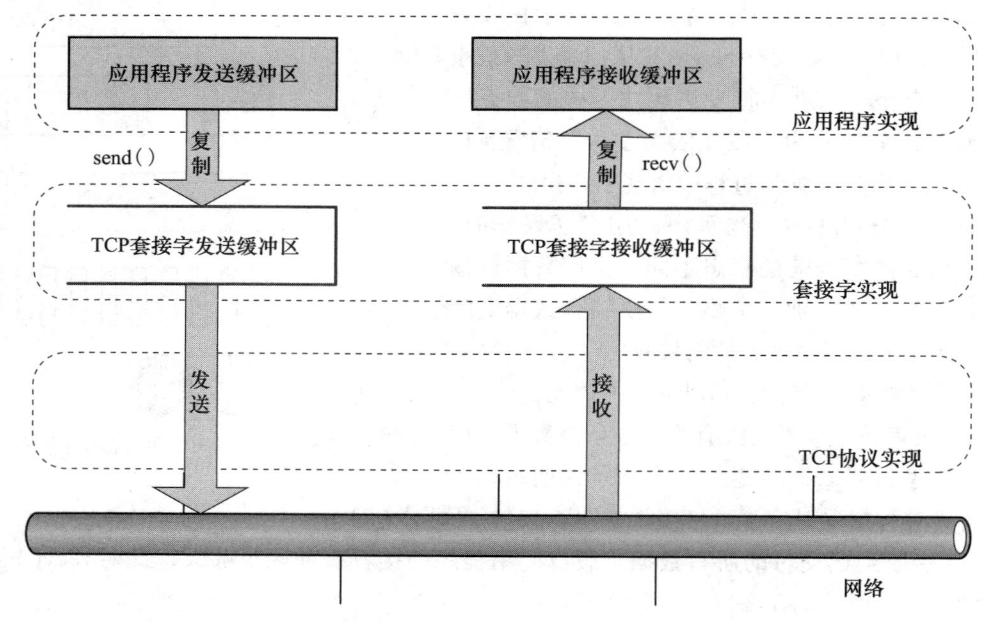

图5-13 应用程序缓冲区和TCP套接字缓冲区

下面从应用程序实现、套接字实现和协议实现三个层次来观察数据发送的过程。数据发送在实施过程中主要涉及两个缓冲区：一个是应用程序发送缓冲区，即调用send( )函数时由用户申请并填充的缓冲区，这个缓冲区保存用户即将使用协议栈发送的TCP数据；另一个是TCP套接字发送缓冲区，在这个缓冲区中保存了TCP尚未发送的数据和已发送但未得到确认的数据。数据发送涉及两个层次的写操作：从应用程序发送缓冲区复制数据到TCP套接字发送缓冲区，以及从TCP套接字发送缓冲区将数据发送到网络中。

数据接收在实施过程中主要涉及另外两个缓冲区，一个是TCP套接字接收缓冲区，在这个缓冲区中保存了TCP从网络中接收到的与该套接字相关的数据；另一个是应用程序接收缓冲区，即调用recv( )函数时由用户分配的缓冲区，这个缓冲区用于保存从TCP套接字接收缓冲区收到并提交给应用程序的网络数据。数据接收也涉及两个层次的写操作：从网络上接收数据保存到TCP套接字接收缓冲区，以及从TCP套接字接收缓冲区复制数据到应用程序接收缓冲区中。

为了深入理解数据传送过程中的send( )与recv( )操作、应用程序实现与套接字实现及TCP协议实现之间的关系，我们以多次调用send( )函数为例来分析在整个数据传输过程中数据的流向和各个缓冲区的变化情况。考虑以下程序：

```
……
iSendResult = send(ClientSocket, buffer0, 1000, 0);
……
```

```
iSendResult = send(ClientSocket, buffer1, 2000, 0);
……
iSendResult = send(ClientSocket, buffer2, 3000, 0);
……
```

其中，省略号表示其他套接字操作以及在缓冲区中建立数据的代码，但不包含对 send( ) 的其他调用。发送端通过三次 send( ) 调用依次向接收端发送了 1000 字节、2000 字节和 3000 字节的数据。在接收端，这 6000 字节数据的分组方式取决于在连接两端调用 send( ) 和 recv( ) 之间的时间选择、主机和网络状况以及接收端调用 recv( ) 时分配的缓冲区大小。

从上一节的分析来看，在发送端调用 send( ) 将向发送端的套接字发送缓冲区追加字节，TCP 负责从发送端的套接字发送缓冲区将字节移动到接收端的套接字接收缓冲区，这种转移不受用户程序控制，且 TCP 实际发送数据的分段长度和个数独立于 send( ) 传入的缓冲区大小和次数。通过 recv( ) 把字节从套接字接收缓冲区移动到应用程序中交付处理，移动的数据量依赖于接收缓冲区中的数据量以及分配给 recv( ) 的缓冲区大小。

图 5-14 展示了在上面的示例中三次调用 send( ) 完成且接收端尚未执行任何 recv( ) 之前的套接字发送缓冲区、套接字接收缓冲区以及接收端应用程序已交付数据的一种可能的状态，不同的阴影指示不同缓冲区中的数据。

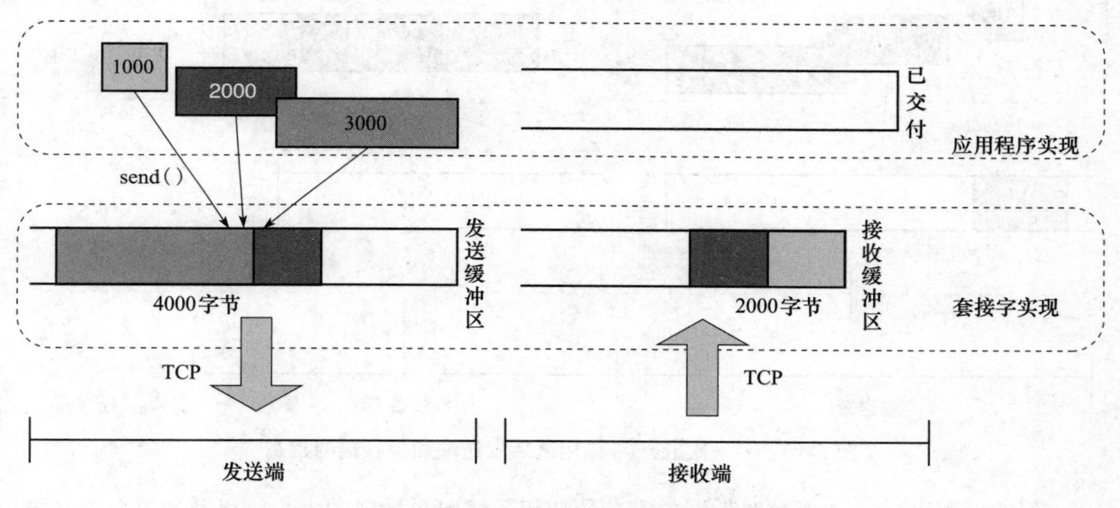

图 5-14 三次调用 send( ) 之后两个缓冲区的状态

考虑一种情况：接收端的应用程序缓冲区长度小于当前接收缓冲区的数据长度。假设接收端分配了 1500 字节的缓冲区 recvbuf 用于调用 recv( ) 函数，这次函数调用将把目前接收缓冲区中的前 1500 字节转移到 recvbuf 中，并返回值 1500。注意，这 1500 字节的数据包括第一次 send( ) 调用和第二次 send( ) 调用时传递的字节。同时，TCP 也在传递发送端尚未发送的数据，一次 recv( ) 调用后发送端和接收端的状态可能如图 5-15 所示。

考虑另一种情况：接收端的应用程序缓冲区长度大于当前接收缓冲区的数据长度。假设接收端第二次分配了 4000 字节的缓冲区 recvbuf 用于调用 recv( ) 函数。由于在调用 recv( ) 函数时，接收缓冲区中只有 3000 字节的数据，该次函数调用将把目前接收缓冲区中的所有字节都转移到recvbuf中，并返回值3000。注意，此时返回的接收字节数小于预分配的recvbuf容量，这次recv( )函数调用后发送端和接收端的状态可能如图5-16所示。

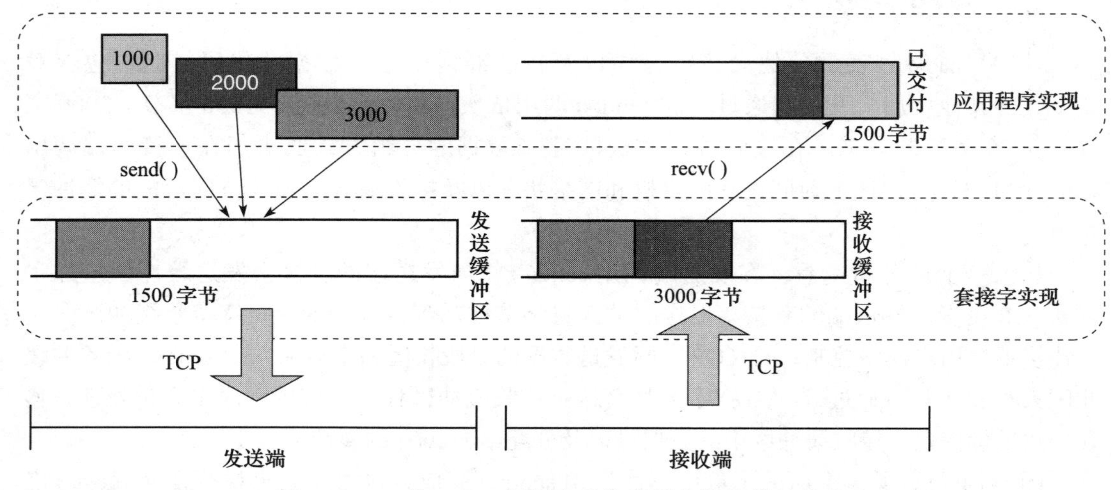

图5-15 一次recv( )调用之后发送端和接收端的状态

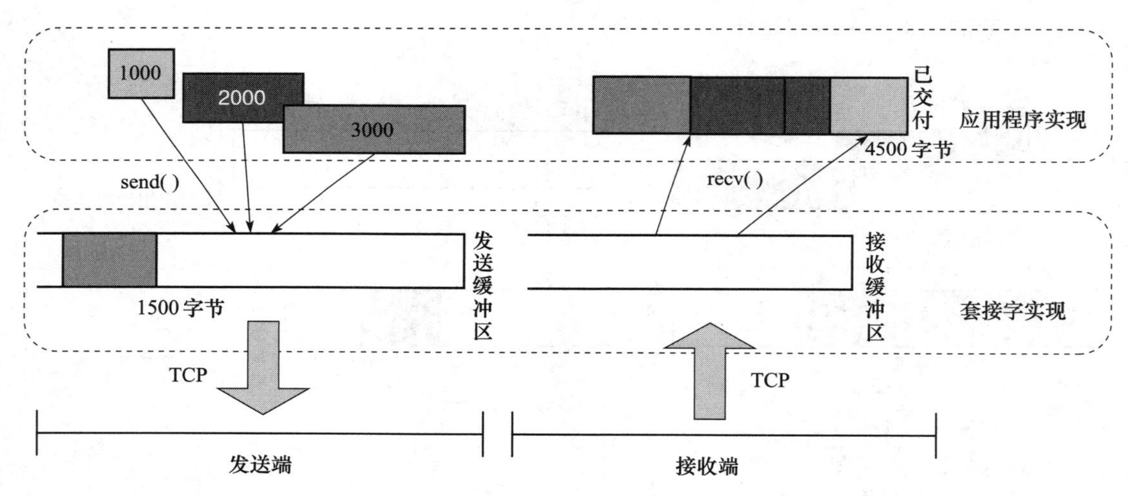

图5-16 另一次recv( )调用之后发送端和接收端的状态

下一次调用recv( )函数时返回的字节数依赖于接收缓冲区的大小，以及通过网络从发送端套接字TCP实现向接收端传输数据的时间选择。数据发送和接收过程中缓冲区的数据移动对应用程序设计有重要的指导意义，这要求程序员在进行流式套接字数据收发过程中慎重考虑流传输的特点所带来的编程中的细节变化。

5.5.3 正确处理流数据的接收

从前面的分析来看，在使用TCP进行数据通信的过程中，数据的接收处理需要考虑网络中的各种可能性，其中有两个关键要素需要注意：第一，即使对方只调用了一次发送函数，单次接收函数的调用很可能仍然无法接收到所有的数据，因此在数据接收过程中应考虑循环接收；第二，接收函数有很多种调用结果，需要根据具体情况进行处理。

以下代码展示了接收操作不完善的示例：

```
SOKCET ConnectSocket;
int recvbuflen;
char recvbuf [MSGSZ];
recv(ConnectSocket, recvbuf, recvbuflen, 0);
```

在进行接收处理时，recv( ) 函数的返回值 iResult 可能会出现以下情况：

1）iResult == recvbuflen。接收到与缓冲区长度相等的数据，此时应对接收的数据进行后续处理或继续调用接收函数。

2）iResult < recvbuflen。到达接收缓冲区的数据量小于接收缓冲区的长度，此时应对接收的数据进行后续处理或继续调用接收函数，直到缓冲区满为止（如 5.5.4 节论述的接收定长数据）。

3）iResult == 0。对方关闭了连接，此时对方已完成数据发送，应退出等待接收过程。这时候，对方可能调用 shutdown( ) 函数单方面结束了本方的数据发送，也可能调用了 closesocket( ) 关闭套接字，这两个函数都会触发调用方的 TCP 实现发送 FIN 标志的 TCP 段，在接收方调用 recv( ) 函数时，如果收到该分段，recv( ) 函数的返回值为 0。

4）iResult == SOCKET_ERROR。接收出现错误，应根据错误类型进行相应的处理。

因此，合理的流数据处理应该考虑到以上四种情况，代码如下：

```
int iResult, recvbuflen;
char recvbuf [MSGSZ];
do
{
    iResult = recv(ConnectSocket, recvbuf, recvbuflen, 0);
    if ( iResult > 0 )
        printf("Bytes received: %d\n", iResult);
    else
    {
        if ( iResult == 0 )
            printf("Connection closed\n");
        else
            printf("recv failed with error: %d\n", WSAGetLastError());
    }
} while( iResult > 0 );
```

总结来说，对于流式套接字，当不能预知接收的数据大小是否超过进程定义的接收缓冲区的大小时，可以通过循环调用 recv( ) 函数来接收流式套接字中的数据。在循环过程中，当某次 recv( ) 函数的返回值为 0 时，说明连接关闭，所有数据已接收完毕。同时，在每一次调用 recv( ) 函数时都要考虑网络或主机异常造成的接收错误。

5.5.4 接收定长和变长数据

上一节我们讨论了使用 recv( ) 函数时需要应用程序考虑的若干情况，基本原则是循环接收并判断接收状态，这种处理能够保证应用程序完整地接收字节流数据并且合理地把握当前套接字的状态。

字节流的传输特点使得应用程序在调用 recv( ) 函数时存在以下问题：

- 难以确定预分配的应用程序缓冲区长度。缓冲区过小会使应用程序频繁地调用 recv( ) 函数，每次系统调用势必消耗一定的资源；缓冲区过大会使大部分接收无法把缓冲区填满，浪费系统的存储资源。
- 接收到的字节数（返回值 iResult）与接收缓冲区长度（recvbuflen）的关系依赖于调用 recv( ) 函数的时机，或者说与网络通信双方的程序逻辑和网络传输情况有很大关系。

由于读操作返回数据的数量是不可预测的，这种不确定性会给数据接收带来很多麻烦。如果接收者尝试从套接字接收的字节数大于消息中的字节数，可能会发生以下两种情况：

- 如果信道中没有其他消息，接收进程会阻塞，并会被阻止处理消息；如果发送端也处于阻塞、等待应答的状态，则会出现死锁，即连接的每一端都等待另一端发送更多的信息。
- 如果信道中已经有另外一条消息，接收者可能读取它的一部分或全部内容作为第一条消息的一部分，从而导致其他类型的错误。

上一节 recv( ) 的示例适合单次请求 – 响应式的数据交互过程。在更普遍的场合下，客户端和服务器端可能存在多次请求 – 响应，仅将关闭连接作为循环接收结束的标志是不科学的。因此，在流式套接字处理的过程中，正确地分割流数据是一个关键问题。接下来，我们讨论两种常见的流式套接字数据接收方法。

1. 使用流式套接字接收定长数据

最简单的流数据分割是固定长度的消息分割。对于这些消息，设计者只需要读取消息中指定长度的字节，模拟定长数据包的形态处理底层提交的字节流数据。与 5.5.3 节示例的接收代码的不同之处在于：预先给定了接收数据的总长度，接收结束的条件不仅是对方关闭连接，还有接收到足够长度的消息。这样有利于通信双方进行持续的数据交互。以下代码实现了使用流式套接字定长接收数据的功能。

```
1  int recvn(SOCKET s, char * recvbuf, unsigned int fixedlen)
2  {
3      int iResult;// 存储单次 recv 操作的返回值
4      int cnt;// 统计相对于固定长度，剩余多少字节尚未接收
5      cnt = fixedlen;
6      while ( cnt > 0 ) {
7          iResult = recv(s, recvbuf, cnt, 0);
8          if ( iResult < 0 ){
9              // 数据接收出现错误，返回失败
10             printf(" 接收发生错误 : %d\n", WSAGetLastError());
11             return -1;
12         }
13         if ( iResult == 0 ){
14             // 对方关闭连接，返回已接收到的小于 fixedlen 的字节数
15             printf(" 连接关闭 \n");
16             return fixedlen - cnt;
17         }
18         //printf(" 接收到的字节数 : %d\n", iResult);
19         // 接收缓冲区指针向后移动
20         recvbuf +=iResult;
21         // 更新 cnt 值
```

```
22          cnt -=iResult;
23      }
24      return fixedlen;
25  }
```

输入参数：

- SOCKET s：连接套接字。
- char * recvbuf：存放接收到的数据的缓冲区。
- unsigned int fixedlen：固定的预接收数据长度。

返回值：

- >0：实际接收到的字节数。
- –1：失败。

定长接收函数仍然以循环方式接收数据，在循环调用 recv( ) 函数进行接收过程中，始终是在缓冲区 recvbuf 中存储接收到的数据。需要注意的是：在第 19 ～ 20 行代码中，每次成功接收到数据后，将指针后移本次接收到的字节数，从而保证多次接收的数据是按序存储的。

在第 21 ～ 22 行代码中，变量 cnt 类似于接收方的接收窗口，标识当前接收方还能接收多大长度的消息。变量 cnt 的值在调用 recv( ) 前等于定长值，之后随着接收的推进逐渐递减，直到接收最后一段数据后，cnt 为 0 时退出循环接收过程。

2. 使用流式套接字接收变长数据

对于那些必须支持可变长度消息的应用程序，可以使用以下两种解决方法。

（1）用结束标记分割变长消息

我们在编辑文本时常常使用回车换行把一个长文本分割成若干单独的行，此时回车换行是一种自然的记录结束标记。与此类似，在消息传递过程中也可以使用类似的结束标记来分割变长消息。不过，这种方法不像看上去那么简单。结束标记的特殊性使得消息体内不能出现与结束标记相同的字符，以避免歧义。因此，在消息中必须对结束标记字符的出现做特殊处理。

从发送方来看，发送方可以在它的消息体中不使用记录结束标记，也可以使用转义字符，或者把它们转换成不会被误解为记录结束标记的编码。例如，如果选择记录分割符“RS”作为记录结束标记，那么发送方就必须在消息体中搜索“RS”字符并使用转义字符，也就是说，在它们前面使用“\”，这就意味着数据不得不为转义字符增加位置。当消息体中出现与转义字符相同的字符“\”时，也必须将其替换为“\\”。

从接收方来看，必须再次扫描整个消息，删除转义字符并搜索（没有被转义字符标记的）记录结束标记。

因为使用记录结束标记需要将整个消息扫描两遍，效率比较低，所以最好限制记录结束标记的使用，仅让它在有自然的记录结束标记的场合中使用，如换行字符用于分割文本行记录。

（2）用长度字段标记变长消息长度

这种方法是协议设计人员常用的，我们在 TCP、UDP 等常用协议首部经常能够看到长度字段的存在。应用层数据的交互也可以参考底层协议的设计思想，在每一个消息前面附加一个消息首部，其中设置长度字段，以存储后面消息体的长度，如图 5-17 所示，这样就把变长数据传输问题转换为两次定长数据接收问题。

消息长度	其他首部字段	可变消息体
消息首部		消息体

图5-17 可变长度消息的格式

在数据发送时，先发送定长的消息头声明本次传输的消息长度，再发送变长的消息体。

在数据接收时，接收数据的应用程序把消息读取分成两个步骤：首先接收固定长度的消息头，从消息头中抽取出可变消息体的长度；然后以定长接收数据的方式读取可变长度部分。

以下代码完成了通过变长字段的方法接收变长消息的基本过程。

recvvl( )函数的代码如下：

```
1 int recvvl(SOCKET s, char * recvbuf, unsigned int recvbuflen)
2 {
3     int iResult;//存储单次recv操作的返回值
4     unsigned int reclen; //用于存储消息首部存储的长度信息
5     //获取接收消息长度信息
6     iResult = recvn(s, ( char * )&reclen, sizeof( unsigned int ));
7     if ( iResult !=sizeof ( unsigned int )
8     {
9         //如果在接收长度字段时没有返回一个整型数据就返回0(连接关闭)或-1(发生错误)
10        if ( iResult == -1 )
11        {
12            printf("接收发生错误：%d\n", WSAGetLastError());
13            return -1;
14        }
15        else
16        {
17             printf("连接关闭\n");
18             return 0;
19        }
20    }
21    //将网络字节顺序转换为主机字节顺序
22    reclen = ntohl( reclen );
23    if ( reclen > recvbuflen )
24    {
25        //如果recvbuf没有足够的空间存储变长消息，则接收该消息并丢弃，返回错误
26        while ( reclen > 0)
27        {
28            iResult = recvn( s, recvbuf, recvbuflen );
29            if ( iResult != recvbuflen )
30            {
31                //如果在接收变长消息时没有返回足够的数据就返回0(连接关闭)或-1(发生错误)
32                if ( iResult == -1 )
33                {
34                    printf("接收发生错误：%d\n", WSAGetLastError());
35                    return -1;
36                }
37                else
38                {
39                    printf("连接关闭\n");
40                    return 0;
```

```
41                  }
42              }
43              reclen -= recvbuflen;
44              // 处理最后一段数据长度
45              if ( reclen < recvbuflen )
46                  recvbuflen = reclen;
47          }
48          printf(" 可变长度的消息超出预分配的接收缓存 \r\n");
49          return -1;
50      }
51      // 接收可变长消息
52      iResult = recvn( s, recvbuf, reclen );
53      if ( iResult != reclen )
54      {
55          // 如果在接收消息时没有返回足够的数据就返回 0（连接关闭）或 -1（发生错误）
56          if ( iResult == -1 )
57          {
58              printf(" 接收发生错误 : %d\n", WSAGetLastError());
59              return -1;
60          }
61          else
62          {
63              printf(" 连接关闭 \n");
64              return 0;
65          }
66      }
67      return iResult;
68  }
```

输入参数：

- SOCKET s：服务器的连接套接字。
- char * recvbuf：存放接收数据的缓冲区。
- unsigned int recvbuflen：接收缓冲区长度。

返回值：

- >0：实际接收的字节数。
- -1：失败。
- 0：连接关闭。

在第 6 ～ 18 行代码中，假定消息首部只有 unsigned int 这样一个长度字段，这段代码通过定长数据接收函数接收长度为 4 字节的数据，获得变长消息的长度信息，以便后面调用 ntohl( ) 函数将消息长度从网络字节顺序转换为主机字节顺序。

在第 20 ～ 49 行代码中，考虑了变长消息长度大于接收缓冲区长度的情况。由于 TCP 是一个可靠的数据传输服务，在数据接收时不应出现数据截断的现象，通过检查调用者的缓冲区大小来检验它是否足够保存整条记录。如果缓冲区的空间不够，该记录就会被丢弃，随后返回错误。注意，这里并不是发现缓冲区不够就直接返回错误，而是要继续做完数据读取的工作，否则会影响后续流数据的接收。

在第 51 ～ 59 行代码中，由于已经明确获知本次接收消息的长度信息 reclen，因此这段代码完成长度为 reclen 的定长数据接收工作，最后根据接收的返回值判断接收状态。

总结来说，对TCP数据传输没有字节流的概念是初级网络编程人员常犯的错误。本节结合TCP的流传输特点和数据发送、接收过程中的缓存现象，分析了流式套接字编程时底层数据的表现形式。TCP仅传送字节流，我们不能准确地预测一个接收操作到底能返回多少字节，因此在接收数据时，需要采取合理的策略。

5.6 面向连接程序的可靠性保护

通常我们对TCP的描述是：TCP提供了可靠的、面向连接的传输服务。这种说法强调的是TCP相对于UDP在可靠性维护方面的优势，尽管使用很普遍，但并不恰当。比如，当通信双方已经建立好连接并正常传输时，网络的紊乱会导致传输路径失效，主机崩溃会切断该主机上已建立的所有TCP连接。在这些情况下，TCP并不能传输应用程序已经交付给它的数据。

因此，尽管TCP是可靠的协议，但并非不会出错的协议。

在基于流式套接字编程的过程中，程序设计者需要注意网络紊乱、主机异常等因素对TCP通信过程带来的影响，不能盲目地认为TCP能够保证发送的数据会到达对方，在编写程序时需要处处留心，考虑失败模式，这样才能做到对TCP的正确使用。

5.6.1 发送成功不等于发送有效

从5.5节对TCP流传输特点的分析来看，send( )函数的写操作调用与TCP发送的段以及对等方接收的段之间在长度、个数等方面并没有一一对应的关系。TCP的流传输特性屏蔽了发送方和接收方的具体操作。一种错误的理解是：写操作调用成功等同于数据已经成功到达对等方。我们常常听到网络程序设计者抱怨："为什么send( )函数成功返回，却没有在网络上嗅探到相关的数据包呢？""为什么send( )函数成功返回却没有接收到数据呢？"实际上，这种理解过于武断，设计者并没有正确理解数据发送操作的内涵。

回顾图5-13，数据发送涉及两个层次的写操作：从应用程序发送缓冲区复制数据到TCP套接字发送缓冲区，以及从TCP套接字发送缓冲区将数据发送到网络中。

流式套接字的send( )函数调用成功仅仅表示我们可以重新使用应用进程缓冲区，并不意味着数据已经从主机发出，更不能理解为对方已经接收到数据。实际上，数据的发送行为是由系统中的TCP实现完成的，TCP实现会根据当前的主机和网络状况对用户要发送的数据进行组装，并选择合适的时机将TCP套接字发送缓冲区中的数据发送出去，收到对方确认后，再删除TCP套接字发送缓冲区中的数据。

下面我们从应用程序和TCP两个层次分别观察数据发送操作。

1. 从应用程序角度观察发送操作

当应用程序调用send( )函数执行发送操作时，请求向网络发送n个字节，可能存在三种结果：

1）send( )函数阻塞。发生这种情况的原因是套接字处于阻塞模式，其发送缓冲区拥堵，不足以保存应用程序将要发送的数据，因此send( )函数一直等到TCP套接字发送缓冲区中的原有数据被释放，能够容纳应用程序即将发送的数据时，send( )函数才会成功返回。

2）send( )函数返回错误。这些错误通常是调用send( )函数时的非法操作或网络异常导致的，比如，没有初始化套接字，套接字描述符非法、无效或不存在，套接字没有连接或连接失效，发送的数据过大等。

3）send( ) 函数成功返回。此时，**错误的理解是**：认为 *n* 字节数据已经发送到对等方，甚至被确认了。实际上，send( ) 函数完成的功能是：

- 将数据从应用程序的发送缓冲区移动到 TCP 套接字发送缓冲区。
- 通知 TCP 实现该应用程序有新的数据等待发送。

send( ) 操作成功返回后，应用程序并不清楚究竟有多少字节的数据被发送出去，也不能断定对等方已经确认了已经发送的数据，这依赖于当前 TCP 的具体情况。可能的结果有：

- 数据立即被发送。比如，此时发送缓冲区和对等方的接收缓冲区都空闲，且网络没有拥塞现象，应用程序交给协议栈的数据会被立即发送。
- 数据排队等待传输。比如，Nagle 算法影响了 TCP 的正常发送，当有一小段未确认的数据时，TCP 不发送数据。
- 数据被传输一部分。比如，套接字的发送缓冲区不足以容纳应用程序将要发送的数据，且套接字工作在非阻塞模式下，send( ) 函数将部分数据复制到套接字发送缓冲区并返回，此时返回的已发送字节数小于应用程序发送缓冲区的总长度；再比如，对等方的接收窗口小于要求发送数据的长度，则 TCP 仅发送一部分数据，其余数据等待对等方有足够的空间接收时再继续发送。
- 发送失败。比如，在 send( ) 函数将数据提交给协议栈后，对等方主机崩溃，TCP 会尝试重新发送，直到重复发送若干次后 TCP 放弃为止。在这种情况下，应用程序不知道发送已经失败，直到接下来的数据接收操作时才获得接收错误，因此发送函数返回成功并不能保证发送的最终结果是正确的。

2. 从 TCP 观察发送操作

从以上分析来看，TCP 在获得数据发送请求后，或者发送所有数据，或者发送部分数据，或者什么数据都不发送。影响 TCP 发送时机和发送字节长度的因素主要有：TCP 的高带宽利用、流量控制、拥塞控制以及 Nagle 算法等。

（1）TCP 的高带宽利用对数据发送的影响

TCP 发送的一个基本目标是尽可能高效地利用可获得的带宽，为了达到这个目标，TCP 选择以 TCP 最大报文段大小（MSS）组装数据块。这个值通常会在双方建立连接时进行通告和协商。通常情况下，MSS 的取值派生于 MTU，比如在以太网中该值通常为 1460 字节。

如果发送的数据大于 MSS，那么 TCP 会按照 MSS 来拆分数据，然后依次发送，并在最后一个报文中带上 PSH 标志，以通知这是一个完整应用数据的最后一部分，对等方应把收到的数据立刻提交应用层。

如果发送的数据小于 MSS，那么 TCP 会为发出的数据带上 PSH 标志，以通知这是一个完整的应用数据，对等方应把收到的数据立刻提交应用层。

因此，发送到网络中的 TCP 分段长度受限于数据本身的长度和 MSS。

（2）TCP 的流量控制对数据发送的影响

TCP 连接的双方各维护一个接收窗口，该窗口的范围是将要接收的对等方数据的序号。最低值代表窗口的左边界，是下一个将要接收的字节的序号；最高值代表窗口的右边界，接收缓冲区里可接收字节的最大序号，接收窗口不仅告知了期待接收的下一个字节序号，而且表达了期待接收的字节数量，提供了流量控制功能，以增加传输稳定性。

在每一次数据交互过程中，TCP都利用2字节的窗口大小字段来告知对等方自己还能接收多少字节的数据。如果接收窗口为0，则发送端不能继续发送数据。图5-18展示了在持续发送若干报文段给服务器后，由于接收窗口为0导致不能继续发送数据的通信过程。可以看到，随着发送方202.30.1.1持续发送，接收方反馈的窗口大小（win）不断减少（序号165，167），直到减为0（序号200）为止。接收窗口为0时，发送方202.30.1.1不再发送数据，而是发送TCP窗口大小探测请求（序号203，214），如果对方反馈的窗口大小仍然为0（序号204，215），则发送暂停。

```
162 12.354947  202.30.1.1   202.30.1.2   TCP  1514 canocentral1 > 12 [ACK] Seq=67937 Ack=1 Win=65535 Len=1460
163 12.354959  202.30.1.1   202.30.1.2   TCP  1514 canocentral1 > 12 [ACK] Seq=69397 Ack=1 Win=65535 Len=1460
164 12.354966  202.30.1.1   202.30.1.2   TCP  1514 canocentral1 > 12 [ACK] Seq=70857 Ack=1 Win=65535 Len=1460
165 12.354982  202.30.1.2   202.30.1.1   TCP    54 12 > canocentral1 [ACK] Seq=1 Ack=72317 Win=1979 Len=0
166 12.355275  202.30.1.1   202.30.1.2   TCP  1514 canocentral1 > 12 [ACK] Seq=72317 Ack=1 Win=65535 Len=1460
167 12.522456  202.30.1.2   202.30.1.1   TCP    54 12 > canocentral1 [ACK] Seq=1 Ack=73777 Win=519 Len=0
199 17.304847  202.30.1.1   202.30.1.2   TCP   573 [TCP Window Full] canocentral1 > 12 [ACK] Seq=73777 Ack=1 Win=65535 Len=519
200 17.444459  202.30.1.2   202.30.1.1   TCP    54 [TCP ZeroWindow] 12 > canocentral1 [ACK] Seq=1 Ack=74296 Win=0 Len=0
203 17.960818  202.30.1.1   202.30.1.2   TCP    60 [TCP ZeroWindowProbe] canocentral1 > 12 [ACK] Seq=74296 Ack=1 Win=65535 Len=1
204 17.960833  202.30.1.2   202.30.1.1   TCP    54 [TCP ZeroWindowProbeAck] [TCP ZeroWindow] 12 > canocentral1 [ACK] Seq=1 Ack=74296 Win=0
214 18.945407  202.30.1.1   202.30.1.2   TCP    60 [TCP ZeroWindowProbe] canocentral1 > 12 [ACK] Seq=74296 Ack=1 Win=65535 Len=1
215 18.945424  202.30.1.2   202.30.1.1   TCP    54 [TCP ZeroWindowProbeAck] [TCP ZeroWindow] 12 > canocentral1 [ACK] Seq=1 Ack=74296 Win=0
```

图5-18　接收窗口为0的数据交互过程

因此，发送的数据长度受限于对等方的接收缓冲区大小。

（3）TCP的拥塞控制对数据发送的影响

拥塞控制是限制TCP发送的另一个重要因素。如果TCP突然将大量报文段输入到网络中，路由器缓冲区空间可能会耗尽，导致路由器丢弃数据包，进而导致重传，使网络越来越拥挤。为了预防拥塞，TCP使用慢启动算法来观察新报文段进入网络的速率和另一端返回确认的速率，以指数增加的方式对发送方进行流量控制。另外，TCP设计了拥塞避免算法，当拥塞窗口的大小达到慢启动阈值时，慢启动过程结束，连接假定到达稳定的状态，拥塞窗口以线性的方式打开。

在拥塞控制的整个过程中，拥塞窗口和对等方的接收窗口共同限制了TCP发送的数据长度。

（4）Nagle算法对数据发送的影响

Nagle算法指出，在任何给定的时间出现的没有确认的“小段”不能多于1个。“小段”是指长度小于MSS的段，目的在于避免TCP给网络发送一系列小段造成数据泛滥。如果应用程序以小数据块的方式写数据，Nagle算法对发送操作的影响就比较明显。比如，假设有一个空闲的连接，它的发送和拥塞窗口都很大，而且程序执行两个连续的发送操作。因为窗口允许发送操作，而且因为没有未确认的数据（连接空闲），Nagle算法也不会限制第一次发送，所以第一个发送操作能够被立即执行；当第二个发送操作的数据到达TCP时，即使这时发送和拥塞窗口还有空间，它也不会被发送，因为这时已经有一个未确认的小段，Nagle算法要求数据排队等待另一个段的ACK消息到达。

由以上分析来看，TCP能够发送的数据长度受限于发送缓冲区长度、对等方接收窗口大小、TCP的MSS、拥塞窗口的最小值等，实际长度是以上若干长度的最小值。Snader在*Effective TCP/IP Programming*一书中总结了TCP发送的时机，包括以下几个方面：

1）应用程序发送的是 MSS 大小的段。

2）连接是空闲的，且可以清空发送缓冲区。

3）Nagle 算法被禁用，且可以清空发送缓冲区。

4）有紧急的数据要发送。

5）应用程序有小段要发送，该段已经有一段时间不能发送了（持续计时器超时）。

6）对等方至少一半的接收窗口是打开的（会导致对等方发送窗口更新消息）。

7）TCP 需要重传段。

8）TCP 需要为对等方数据发送 ACK 消息。

9）TCP 需要发布一个窗口更新消息。

5.6.2 正确处理 TCP 的失败模式

我们通常对 TCP 的理解是“ TCP 提供了可靠的数据传输服务”。表面看来，TCP 提供了一系列可靠性维护机制，避免了数据在不可靠的 IP 数据传输过程中出现丢失、乱序、重复等问题。似乎使用 TCP 的应用程序完全不用考虑传输可靠性问题，TCP 总是能让数据从应用程序安全地到达它的目的地——另一端的应用程序。

而实际上，TCP 提供的可靠性仅仅是传输层的两个端点之间的可靠性，对于使用 TCP 的网络应用程序而言，数据传递的路径更长了，增加了应用程序向 TCP 实现交付和 TCP 实现向应用程序通告这两个环节，此时需要重新理解可靠性的概念。网络程序设计人员需要清晰地认识到使用 TCP 可能出现的失败模式，不能完全信任其对数据传输的可靠性保证，在编程时需处处留心，正确处理。

1. TCP 的可靠性服务

在我们讨论 TCP 可能发生的失败模式之前，首先要理解 TCP 的可靠性服务所处的层次以及所具备的能力。

首先，TCP 的可靠性是为传输层的上一层——应用层提供的，保证了端到端的可靠性。在图 5-19 中，来自应用程序 A 的数据流通过 TCP/IP 协议栈下行，通过几个中间路由器，沿着应用程序 B 所在主机的 TCP/IP 协议栈上行，最终到达应用程序 B。当一个 TCP 段离开应用程序 A 所在主机的 TCP 层时，该段就被封装进一个 IP 数据包中并传输到它的对等主机。它的传输可能会经过若干个路由器，通常这些路由器没有 TCP 层，仅仅转发 IP 数据包。

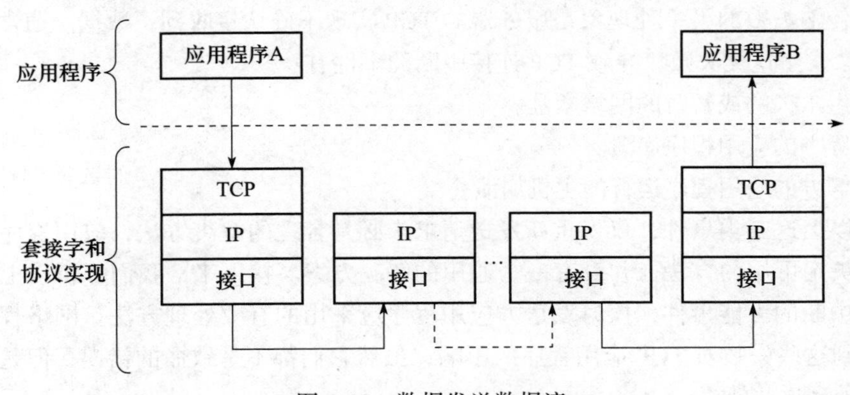

图 5-19 数据发送数据流

接下来，我们将图中的用户层和协议栈划分开，仔细观察传输可靠性保证的真实位置。

从TCP实现来看，由于IP是一个不可靠的协议，所以在数据传输的路径上，可靠性的维护是由TCP完成的。更具体地说，是应用程序B所在主机的TCP实现保证了传输的可靠性，当发送方的TCP实现将TCP段发送出去后，发送方只会缓存这些尚未被确认的段，并不保证数据发送出去后一定会到达接收方。数据在传输过程中有可能被破坏，导致到达接收方的数据有可能是重复的，也有可能是乱序的，还可能因为其他的一些因素导致接收方拒绝接收，此时接收方的TCP实现会对发送方的TCP做出可靠性保证，即它确认的任何数据以及在它之前到达的所有数据在传输层的TCP上已经正确地接收了，然后发送方TCP可以安全地丢弃缓存的发送数据。

然而，从应用程序的角度来看，数据被可靠接收并不意味着数据已经成功交付给应用程序，也不意味着它一定会传递到应用程序。例如，在确认数据之后，接收方主机可能会在应用程序读取数据之前崩溃，显然，在这种情况下，数据是无法成功交付给应用程序的。由于TCP提供的确认机制是靠ACK报文段通知发送方数据已经接收到，但ACK只能代表TCP实现的确认，不能代表应用程序的接收确认，因此应用程序B也需要进一步处理传输可靠性保证的问题。从上一节分析来看，应用程序A不能确定发送的所有数据是否会到达目的地，TCP能够对应用程序B保证到达的所有数据是有序的且没有被破坏，但无法向用户保证应用程序B一定能够有序、无损地接收A发来的数据，这个工作需要应用程序B来判断和反馈。

总结来说，TCP是一个端到端的协议，这意味着通信双方只关心自己提供了一个可靠的传输机制。认识到“端是对等方的TCP实现而不是对等方的应用程序”这一点很重要。应用程序的可靠性需要应用程序自己提供。

2. TCP传输失败的两类场景

TCP传输失败的一种现象是在正常的TCP连接上，TCP确认的数据实际上有可能不会到达它的目的应用程序。这种情况不太常见，即使发生这种情况，影响通常是良性的，重要的是，网络程序员要能够预见这种可能性，并能够在出现这种情况时合理地保护应用程序。对于这种失败模式的解决办法与TCP的设计初衷非常相似，即对等方发送确认通知发送方已经接收到了消息。在具体实施过程中，我们可以要求接收方明确传送一些数据，以作为对发送方原来请求的确认。

TCP传输失败的另一种现象是服务器的TCP实现不确认接收到了数据。通常，当连接中断时就会发生这类失败。导致TCP连接中断的事件有：

- 发生永久的或暂时的网络紊乱。
- 对等方的应用程序崩溃。
- 对等方的应用程序运行的主机崩溃。

对于以上这三类事件，仅仅重新发送请求未必是合理的解决方法，应用程序需根据程序逻辑来决定可用的方法，并没有一个通用的解决方案。接下来，我们分析以上三种导致TCP连接中断的可能事件，探讨发送方应用程序应采用的有效处理方法。网络程序设计人员应注意到这些失败对TCP应用程序的影响，虽然它们都不是致命的错误，但是我们必须准备好去处理这些错误。

3. 程序对网络紊乱现象的处理

网络紊乱可能由多种因素造成，比如路由器失败、主干网连接失败、以太网接头松动等。在传输路径上发生的失败通常是暂时的，路由协议会选择新的路径绕过故障网络。

当发生网络紊乱时，从发送方来看，可能会出现两种情况：

1）路由器发送网络或主机不可达错误。当传输路径上发生比较严重的网络紊乱时，中间路由器找不到合适的路径将数据转发给接收方，就会发送一个 ICMP 报文来说明目的网络或主机不可到达，此时发送方的 TCP/IP 协议栈会意识到网络发生了紊乱，TCP 连接已不可用。

Windows 系统的应用程序能够获得某类错误（如 WSAEHOSTUNREACH、WSAENETUNREACH），要求程序员对错误进行判断和合理处理。对于不传递底层 ICMP 错误的套接字接口，应用程序需增加对 ICMP 错误报文的接收处理。

2）发送超时或发送错误。如果协议栈没有接收到路由器发来的 ICMP 错误，那么发送方和接收方都认为此时 TCP 连接正常，应用程序的 TCP 实现继续传递尚未确认的数据段，直到发送方 TCP 放弃。TCP 放弃之后连接中断，并向应用程序报告错误。如果发送方在网络紊乱期间并没有进行任何网络操作，对当前的网络状况一无所知，那么即使此时连接已经无效，但发送方的应用程序并不清楚，当发送方再次发送数据时，由于之前的 TCP 连接已经无效，因此发送会失败返回。

在以上两种情况下，应用程序的发送操作都会以错误返回，但错误的类型不尽相同，程序中应增加对发送错误的判断和相应处理。

当网络发生紊乱时，从接收方来看，如果接收程序一直处于阻塞接收的状态，由于没有发送操作，因此没有错误产生，接收应用程序会长时间保持接收的阻塞状态，即使连接已经无效，应用程序也无法得到即时的通知。

我们可以把当前由于网络紊乱形成的无效连接看作死连接，为了提高应用程序处理的可靠性和实时性，接收方的应用程序应考虑从增加心跳机制或更改 TCP 的 Keep Alive 选项入手，对应用程序进行修改（参考 5.6.3 节的介绍）。

4. 程序对对等方应用程序崩溃现象的处理

当对等方应用程序 B 崩溃或中断时，从协议的角度观察，应用程序 B 的 TCP 会发送 FIN 报文段给连接的另一方，指示其 TCP 没有任何数据要继续发送。这种行为与对等方应用程序主动调用 shutdown( ) 或 closesocket( ) 函数所触发的网络操作是类似的，所以从应用程序 A 的角度观察，应用程序 B 主动关闭连接和程序崩溃的表现是一样的，需要对 FIN 的接收进行正确处理。

那么从应用程序的角度来看，应用程序何时才能获知对等方已经崩溃了呢？这个时机依赖于 FIN 到达时应用程序正在做的事情。为了说明应用程序的不同行为与实际程序的反应，下面以 5.4 节流式套接字编程基本范例的执行过程为例，分情况讨论发送方的应用程序调用 send( ) 和 recv( ) 两个函数的时机，图 5-20 展示了服务器崩溃的两个场景。

在 5.4 节中介绍的客户的正常流程是：客户发送字符串“This is a test”后，接收服务器发回的响应“This is a test”，对接收到的字节数进行统计、打印，然后断开连接并退出。

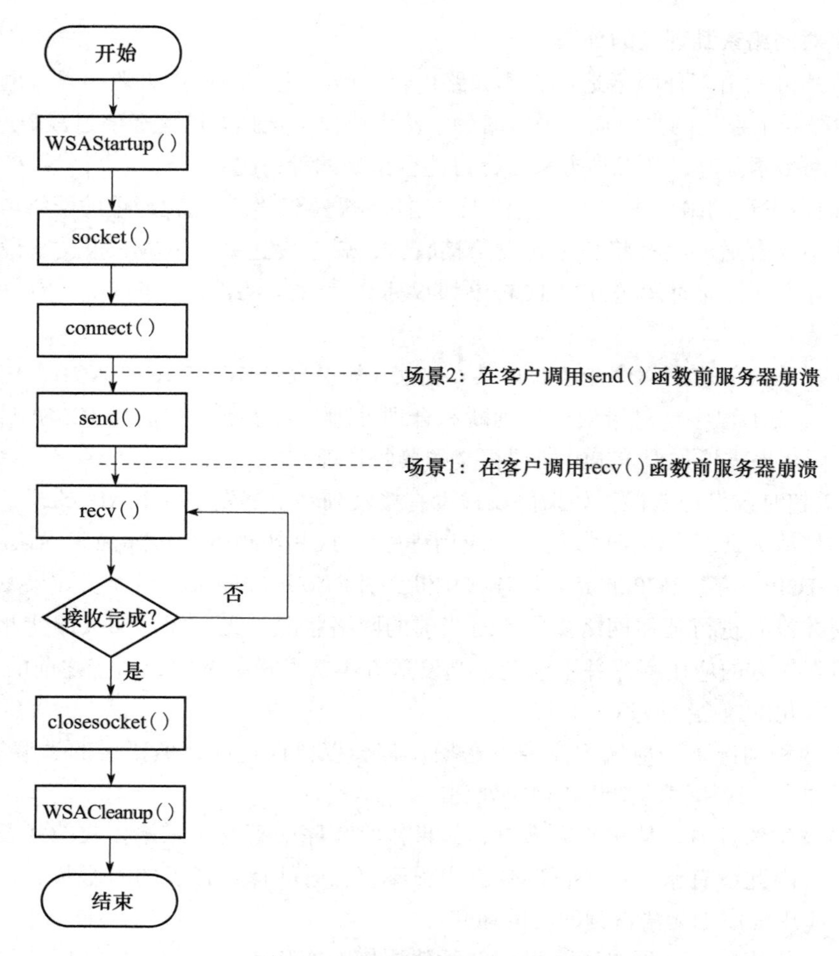

图 5-20　服务器崩溃的两个场景

在整个流程的每一步中，服务器都有可能因为各种因素而崩溃，我们从以下两个基本场景来分析客户程序的反应。

场景 1：在客户调用 recv( ) 函数前服务器崩溃

在这种场景下，服务器崩溃会导致其 TCP 实现给客户端发送 FIN 标志，如果客户即将调用 recv( ) 函数循环接收数据，那么客户能够接收服务器发来的正常数据和结束标志，因此服务器崩溃导致的 FIN 标志能够及时被客户接收，客户程序在第 100 行判断到 iResult==0 时退出，打印“Connection closed\n”。如果服务器在给客户发送正常响应之后崩溃，则崩溃现象与服务器主动调用 closesocket( ) 函数产生的 TCP 行为一致。该场景对应的客户和服务器的时间顺序如图 5-21 所示。

场景 2：在客户调用 send( ) 函数前服务器崩溃

在这种场景下，连接已经建立好，尽管没有数据发送，服务器崩溃仍会导致其 TCP 实现给客户发送 FIN 标志，由于客户并没有调用 recv( ) 函数接收数据，因此并不知晓从服务器发来的结束标志。从半关闭的原理来看，由于应用程序在接收到 FIN 标志后送出数据是完全合理的，因此客户在调用 send( ) 函数时，TCP 实现尝试发送数据，send( ) 函数正常返回；当服务器的 TCP 实现接收到数据时，由于连接已经不存在，它返回一个 RST 标志。接下来，客户调用 recv( ) 函数接收服务器的响应，此时服务器发回的 RST 标志会被接收，函数返回连接重置错误（WSAENETRESET）。显然，在这种情况下连接已无效，客户应关闭本方的套接字，释放资源。该场景对应的客户和服务器的时间顺序如图 5-22 所示。

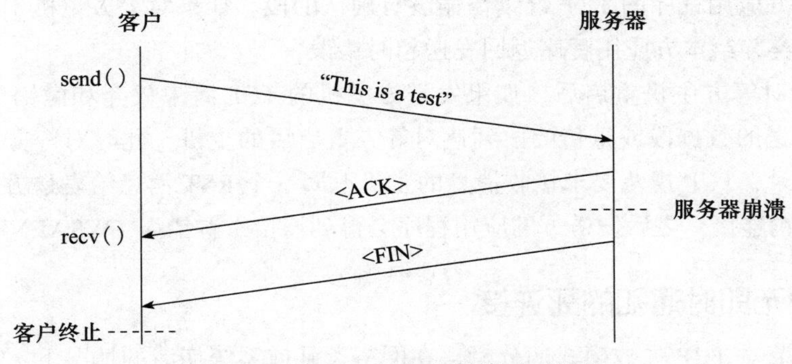

图 5-21　场景 1 的服务器崩溃时间线

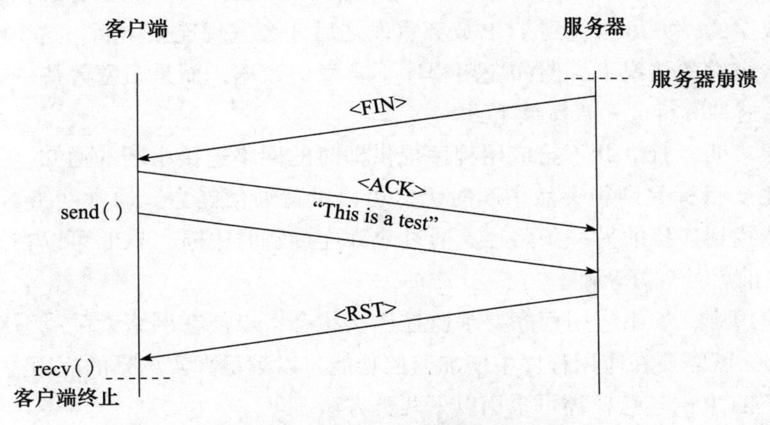

图 5-22　场景 2 的服务器崩溃时间线

如果忽略连接重置错误，并尝试继续发送数据，将会产生第三种类型的错误——发送时的连接重置错误（WSAENETRESET）。这是因为当客户的 TCP 实现接收到对方发来的 RST 标志后，会主动释放本方已保存的该连接信息，所以客户所在主机的协议栈会在调用 send( ) 函数时返回该错误。这种场景在 FTP 服务之类的网络应用中很常见，这些应用往往需要执行多次发送操作，而中间没有插入接收操作，如果应用程序的对等方崩溃，对等方的 TCP 就会发送一个 FIN 消息，由于应用程序仅仅发送数据而不接收数据，因此 FIN 消息就通知不到发送方，应用程序的下一个数据段将导致对方 TCP 发送 RST 消息，如果应用程序仍然接收不到 RST 消息，则在对等方崩溃后的第二次发送操作中，获得发送错误。

从以上对两个基本场景的分析来看，不管服务器在通信过程中的什么时间崩溃，其协议栈都会发送相应的 TCP 标志，服务器崩溃产生的 FIN 标志以及之后对客户端请求的 RST 标志会使客户在调用 send( ) 函数或 recv( ) 函数时发生返回值的变化。如果客户程序能够对这些返回值和差错类型进行合理判断，就能够正确处理网络通信中的这类失败模式。

5. 程序对对等方主机崩溃现象的处理

对等方主机崩溃和对等方应用程序崩溃反映在TCP的行为上是不同的，对等方主机崩溃使得其TCP来不及发送FIN以通告对方本方应用程序已经不再运行。

在崩溃的对等主机重启前，这种现象与网络紊乱失败模式很相似：对等方TCP不再响应，此时发送方应用程序的TCP继续传输没有确认的段。如果对等方主机不重新启动，发送方最后会放弃并给本方应用程序返回发送超时错误。

在崩溃的对等方主机重启后，如果发送方主机的TCP尚未放弃和撤销TCP连接，那么发送方新发送的数据段或重传的段到达对等方重启后的主机，此时对等方没有任何有关这个连接的记录，TCP规范要求接收消息的主机返回一个RST消息给发送方，该消息使得发送方主机撤销连接，之后发送方的应用程序会得到连接重置错误（WSAENETRESET）。

5.6.3　检测无即时通知的死连接

根据上一节对TCP失败模式的分析，在网络紊乱或系统崩溃的情况下，TCP并不能给应用程序提供绝对的数据传输可靠性保护，且通常应用程序并不能立即意识到这些异常的发生。发送数据的一方可能直到TCP放弃重发之后才会发现连接中断，这个时间可能是几分钟。在一些极端的情况下，假如应用程序不再发送数据，而是阻塞等待一个无效连接上的请求，那么这种等待会一直持续下去。

这些现象表明，TCP并不给应用程序提供即时的网络连接中断的通知，主要原因在于TCP设计的主要目标是网络突然中断时仍然可以维持通信能力。通常网络紊乱是暂时的，路由器也可能找到连接的另一条路径。通过允许连接暂时中断，TCP可以在终端应用程序意识到中断之前就处理好紊乱。

在实际应用中，如果应用程序要求监控连接状态，以便在网络紊乱或系统崩溃时立即得到通知，那么就需要在应用程序中增加监控功能，以满足真实场景的应用需求。

目前对于TCP的连接监控可采用以下两类方法。

1. 利用Keep Alive机制实现TCP连接监控

TCP提供了一个用于连接监控的方法——Keep Alive机制。如果应用程序启用Keep Alive机制，TCP就会在连接空闲一定时间间隔后给对等方发送一个特殊的段。如果对等方主机可达且对等方应用程序正常运行，则对等方TCP就会返回一个ACK应答，在这种情况下，TCP发送Keep Alive重置空闲时间为零；如果对等方主机可达但是对等方应用程序没有启动，则对等方TCP响应RST消息，发送Keep Alive消息的TCP撤销连接并给应用程序返回连接重置错误（WSAENETRESET），这通常是对等方主机崩溃后重启的结果；如果对等方主机没有响应ACK或RST消息，发送Keep Alive消息的TCP继续发送Keep Alive探询消息，直到它认为对等方不可到达或已经崩溃为止，此时TCP撤销连接并向应用程序发送超时错误WSAETIMEDOUT，如果路由器已经返回主机或网络不可达的ICMP消息，则返回WSAEHOSTUNREACH或WSAENETUNREACH错误。

在默认情况下，TCP并不开启Keep Alive功能，因为开启Keep Alive功能需要消耗额外的宽带和流量，会在按流量计费的环境下增加费用。另外，Keep Alive设置不合理时，可能会因为短暂的网络波动而断开正常的TCP连接。

如果使用 TCP 的 Keep Alive 机制，则需要通过设置 SO_KEEPALIVE 选项来完成，代码如下：

```
    //开启Keep  Alive选项
    BOOL bKeepAlive = TRUE;
    int nRet = setsockopt(socket_handle, SOL_SOCKET, SO_KEEPALIVE, (char*)&bKeepAlive, 
sizeof(bKeepAlive));
    if (nRet == SOCKET_ERROR)
    {
        return FALSE;
    }
    //设置Keep Alive参数
    tcp_keepalive alive_in  = {0};
    tcp_keepalive alive_out = {0};
    alive_in.keepalivetime = 5000;            //开始首次Keep Alive探测前的TCP空闲时间
    alive_in.keepaliveinterval  = 1000;       //两次Keep Alive探测间的时间间隔
    alive_in.onoff = TRUE;
    unsigned long ulBytesReturn = 0;
    nRet = WSAIoctl(socket_handle, SIO_KEEPALIVE_VALS, &alive_in, sizeof(alive_
in), &alive_out, sizeof(alive_out), &ulBytesReturn, NULL, NULL);
    if (nRet == SOCKET_ERROR)
        return FALSE;
```

尽管 Keep Alive 机制是 TCP 自带的一种连接监测的机制，且使用简单，但是这种方法并不经常用于应用程序，因为设置该机制的初衷是监测并清除长时间的死连接。为了实现即时通知死连接的效果，在使用 Keep Alive 机制时需要更改时间间隔的设置。RFC 认为，如果 TCP 实现了 Keep Alive 机制，在默认情况下，Keep Alive 超时需要 7 200 000ms，即 2h，探测次数为 5 次，那么至少在 2h 的空闲间隔之后它才能发送 Keep Alive 探询消息。考虑到网络传输的不可靠性，TCP 必须在放弃连接之前重复发送探询消息。当然，Keep Alive 的默认时间间隔是可以更改的，但是这种更改是系统范围的更改，如果更改了该默认值，将影响系统上所有的 TCP 连接。

2. 利用心跳机制实现 TCP 连接监控

另一种实现 TCP 连接监控的技术是由应用程序自己发送心跳消息来检测连接是否正常。客户可以在一个计时器中或低级别的线程中定时向服务器发送连接监控包，并等待服务器回应。如果客户程序在一定时间内没有收到服务器的回应，就认为连接不可用。同样，服务器如果在一定时间内没有收到客户的心跳包，就认为客户已经离线。

由于应用程序传送的数据形态不同，心跳机制的实现方式也有所不同。我们考虑以下两种情况：

1）客户和服务器交换不同类型的消息，在传送数据之前，消息首部中有明确的消息类型用于标识当前消息的类型。

在这种情况下，心跳机制的实现可以是对原有消息类型的简单扩展，通过引入一个新的消息类型，由客户或服务器的任何一方发送心跳消息，另一方接收反馈，从而实现双方对连接的监控。

2）客户和服务器交换的内容是字节流，没有内在的记录或消息的概念。

在这种情况下，心跳消息无法通过简单的消息类型扩展嵌入之前的通信中，由于要检测的是对方主机崩溃或者网络中断这类错误，此类错误一旦发生，所有的 TCP 连接都不可用，因此，我们可以使用一个连接来监控另一个连接的状态。此时，心跳消息使用独立的连接进行通信。

5.6.4　顺序释放连接

一个 TCP 连接有三个阶段：连接建立阶段、数据传输阶段和连接撤销阶段。本节关注数据传输阶段和连接撤销阶段之间的过渡，特别是在过渡时期，当发生程序操作失误或网络异常时，如何保证数据可靠交付的问题。

1. closesocket( ) 操作与潜在的弊端

在网络 I/O 操作过程中，完成套接字的连接与通信之后，应当关闭套接字，并且释放套接字句柄所占用的所有资源。直接调用 closesocket( ) 可以释放一个已经打开的套接字句柄的资源，以后对该套接字的访问均以 WSAENOTSOCK 错误返回。但是，调用 closesocket( ) 可能会带来负面影响，具体的影响与调用时机、套接字参数设置等因素有关，最明显的影响是数据丢失。

对于面向连接的流式套接字而言，在调用 closesocket( ) 时，选项 SO_LINGER 和 SO_DONTLINGER 的配置决定了 closesocket( ) 的操作过程。这两个选项使得我们可以改变 closesocket( ) 的默认配置，要求在用户进程与内核间传递 linger 结构，声明当调用 closesocket( ) 时，如果仍有排队的数据等待发送套接字应当如何处理。linger 结构的定义如下：

```
typedef struct linger {
  u_short  l_onoff;
  u_short  l_linger;
} linger;
```

其中：

- l_onoff：声明当程序调用 closesocket( ) 之后是否等待一段时间再关闭，以保证在 TCP 实现中已排入发送队列的数据来得及发送。如果该值为 0，表明套接字不会等待，立刻关闭，设置选项 SO_DONTLINGER 值为 0 或设置选项 SO_LINGER 时把 l_onoff 参数设置为 0 具有相同效果；如果该值非 0，套接字会保留打开程序声明的时间，可以通过设置选项 SO_DONTLINGER 值为非 0 或设置选项 SO_LINGER 时把 l_onoff 参数设置为非 0 实现。
- l_linger：声明延迟等待的秒数，只有在 l_onoff 参数非 0 的前提下，该参数才能够生效。

根据选项 SO_LINGER 和 SO_DONTLINGER 值的具体配置，当应用程序调用 closesocket( ) 后，TCP 实现的行为分为以下三种情形：

1）如果 l_onoff 为 0，那么关闭 LINGER 选项，l_linger 的值被忽略，TCP 采用默认设置对 closesocket( ) 进行操作。此时，立刻执行连接停止操作，closesocket( ) 立刻返回，但是在 TCP 实现中，已经提交待发送的数据会继续由协议栈发送出去，然后关闭套接字，如图 5-23a 所示，不管之前发送的数据是否被对等方的 TCP 实现确认，closesocket( ) 函数都将返回。这种连接关闭方式称为“优雅”关闭，在这段时间内，Windows Sockets 不会释放套接字和相关的资源。这是流式套接字经常采用的默认操作，但是在特殊的情况下可能会发生数据丢失。图 5-23b 说明了一种数据丢失的可能情形，客户的 closesocket( ) 在服务器接收套接字的接收缓冲区中还剩余数据时就返回了，如果服务器应用程序尚未读取完这些剩余数据，服务器主机就崩溃了，那么客户应用进程并不会获知之前发送的数据已丢失。

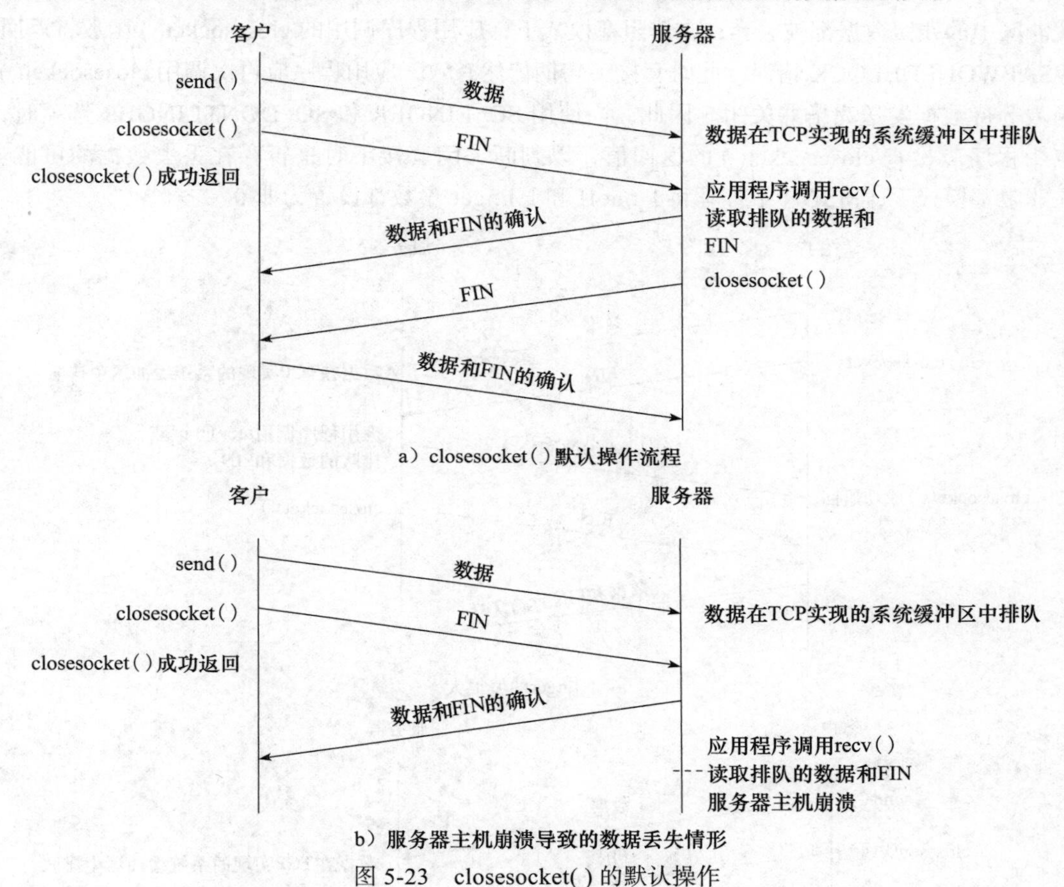

图 5-23　closesocket( ) 的默认操作

2）如果 l_onoff 为非 0，且 l_linger 为 0，无论是否有排队数据未发送或未被确认，closesocket( ) 不被阻塞，立即执行。这种连接关闭方式称为“强制”或“失效”关闭。因为 TCP 将丢弃保留在套接字发送缓冲区中的数据，并给对等方发送一个 RST，而没有通常的 4 次连接停止序列。在远端的 recv( ) 调用将发生 WSAECONNRESET 错误，如图 5-24 所示。

图 5-24　closesocket( ) 的强制关闭方式

3）如果 l_onoff 为非 0，且 l_linger 为非 0，则在阻塞模式下，closesocket( ) 调用阻塞进

程，直到所剩数据发送完毕（如图 5-25a 所示）或超时（如图 5-25b 所示）为止。设置 SO_LINGER 套接字选项后，closesocket( ) 成功返回只是说明先前发送的数据（和 FIN）已由对等方的 TCP 确认，但并没有告诉我们对等方的应用程序已成功读取完数据，此时仍然存在与图 5-23b 类似的问题：在服务器应用程序读取剩余的数据之前，服务器主机崩溃会导致数据丢失，但客户并不知道。如果 l_linger 的值过小导致超时，那么在阻塞模式下，套接字发送缓冲区中的残留数据都被丢弃；在非阻塞模式下，应用程序调用的 closesocket( ) 函数将返回 WSAEWOULDBLOCK 错误，此时套接字句柄依然有效，应用程序应再次调用 closesocket( ) 函数等待数据发送完毕并关闭。因此，当使用 SO_LINGER 和 SO_DONTLINGER 选项时，应用程序应检查 closesocket( ) 的返回值，以判断关闭套接字时是否存在丢失数据的可能。在非阻塞模式下，MSDN 不推荐将 l_onoff 和 l_linger 参数都设置为非 0。

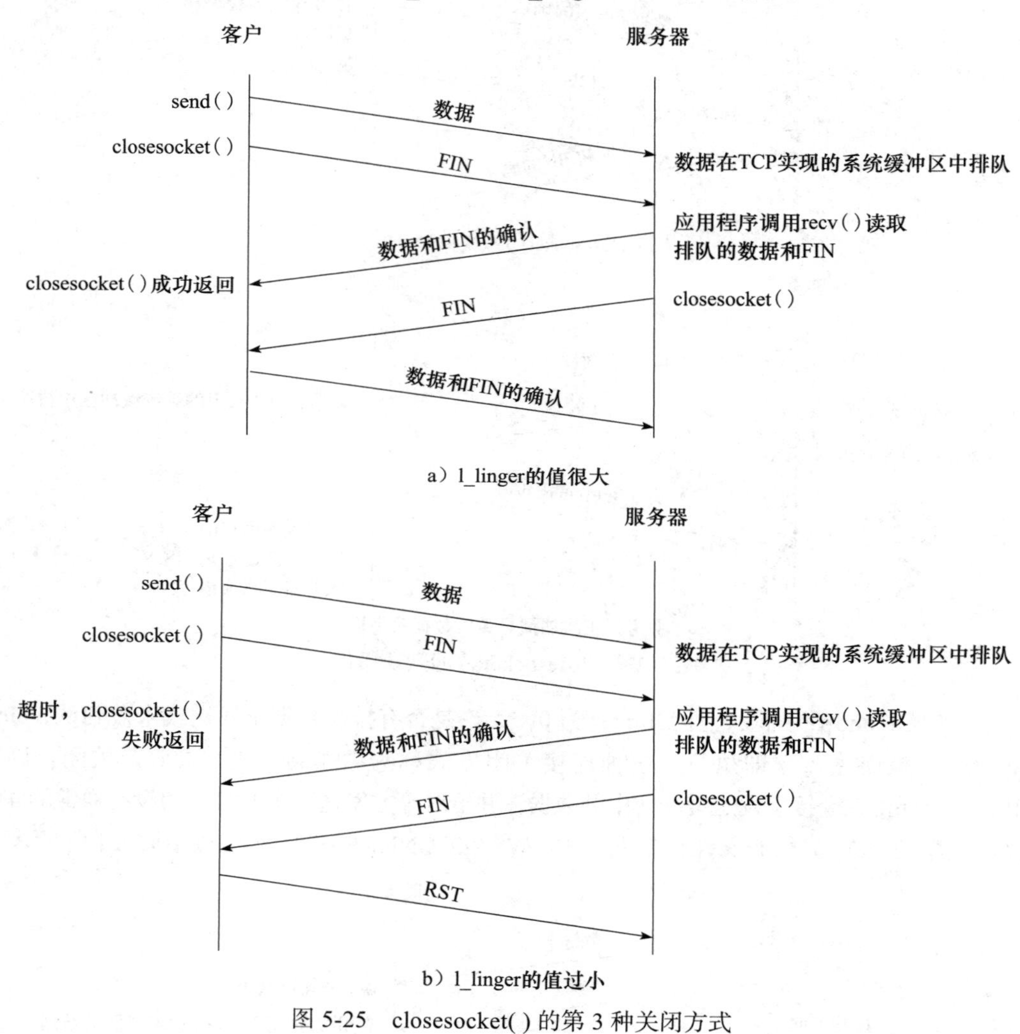

图 5-25　closesocket( ) 的第 3 种关闭方式

综上可知，closesocket( ) 操作有两个限制：

1）closesocket( ) 把描述符的引用计数减 1，如果本次为对套接字的最后一次访问，则相应的名字信息和数据队列都将被释放，换句话说，直到套接字的引用计数减为 0 时才会给对等方发送 FIN 消息，这个通知有可能是滞后的。

2）closesocket( ) 终止读和写两个方向的数据传送。由于 TCP 连接是全双工的，如果单方面调用 closesocket( ) 函数来终止连接，那么可能会因为 TCP 实现尚未发送已经提交的数据，或对方最后发送的数据尚未接收就释放资源而导致数据丢失，且这种数据丢失现象对于发送方是不可见的。

2. 连接停止操作的引入

我们把 TCP 连接关闭时的 4 次交互理解为连接停止序列。以上 closesocket( ) 操作的限制可以通过主动的连接停止操作来避免，在 WinSock 中，函数 shutdown( ) 和函数 WSASendDisconnect( ) 都可以用于启动连接停止序列。下面以 shutdown( ) 为例介绍连接停止操作的使用以及在关闭连接过程中对数据的保护。

shutdown( ) 函数禁止在一个套接字上进行数据的接收与发送，不关闭套接字，任何与套接字相关的资源都不会被释放，其函数定义如下：

```
int shutdown(
  __in  SOCKET s,
  __in  int how
);
```

其中：

- s：用于标识一个套接字的描述符。
- how：用于描述禁止哪些操作。

该函数的行为依赖于 how 参数的取值，如下所示：

1）SD_RECEIVE：关闭连接的接收部分，即套接字中不再有数据可接收，进程不能再对这样的套接字调用任何接收操作。对于底层协议而言，如果仍然有数据等待应用程序接收或对等方仍然有数据发送，那么由于数据无法传送给用户，TCP 连接会被重置。因此，一些设计者认为在 WinSock 下使用该操作很不安全。

2）SD_SEND：关闭连接的发送部分。此时，当前留在套接字发送缓冲区中的数据将被发送，之后发送 FIN 告知对等方。

3）SD_BOTH：关闭连接的发送和接收部分。

让客户知道服务器已读取其数据的一个方法是调用 shutdown( )（并设置其第 2 个参数为 SD_SEND）开始本方的连接停止序列，然后调用接收操作，等待接收到对等方的 FIN 后返回，如图 5-26 所示。

3. 顺序释放连接过程

顺序释放的目的是在连接撤销之前保证双方接收到来自对等方的所有数据。根据上述分析，为了将使用 closesocket( ) 函数关闭连接时可能发生的数据丢失问题最小化，我们希望手工选择 TCP 4 次交互关闭连接的时机，根据应用程序的处理逻辑灵活地控制连接关闭过程。使用连接停止操作可以帮助设计者达到这个目的。表 5-2 以客户主动停止连接为例，展示了 shutdown( ) 函数和 closesocket( ) 函数调用的过程。在客户和服务器上分别使用一次停止操作（shutdown( ) 函数或 WSASenddisconnect( ) 函数），每一方的停止操作会触发其 TCP 实现给对方发送 FIN，从而在对等方生成 FD_CLOSE 事件，当系统发生 FD_CLOSE 时，应用程序将终止本方的接收和发送操作，并关闭连接。

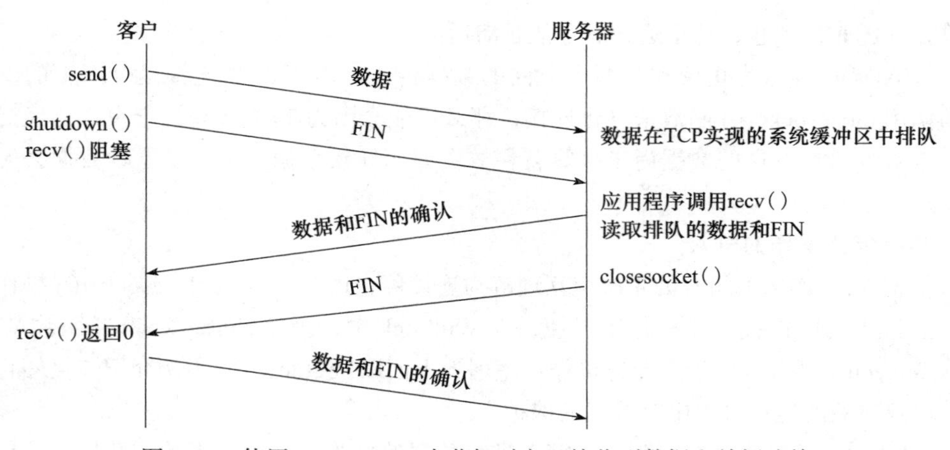

图 5-26 使用 shutdown( ) 来获知对方已接收到数据和关闭连接

表 5-2 连接停止与关闭的操作过程示例

客 户	服务器
①调用 shutdown(s, SD_SEND) 声明会话结束，客户不再发送数据	
	②获知客户已关闭连接，接收客户已发送的所有数据
	③发送剩余的响应数据
调用 recv( ) 函数接收服务器发回的应答数据	④调用 shutdown(s,SD_SEND) 声明服务器不再发送数据
⑤获知对方关闭连接	调用 closesocket( ) 函数，释放套接字相关资源
⑥调用 closesocket( ) 函数，释放套接字相关资源	

5.7 提高面向连接程序的传输效率

网络程序的传输性能依赖于网络、应用程序、负载以及其他因素。TCP 在基本的 IP 数据包服务的基础上增加了可靠性和流量控制，这些机制可能会制约 TCP 的传输性能。在很多现实应用中，我们不仅要求网络程序具备较好的可靠性，还希望网络程序具备较高的传输效率，因此需要了解 TCP 对传输性能的影响，选择正确的流式套接字函数和配置，以适应实际应用需求。

5.7.1 避免 TCP 传输控制对性能的影响

相对于 UDP 来说，TCP 增加了可靠性、流量控制、拥塞控制等机制，表面上看，TCP 不如 UDP 那样直接和灵活，所以很多程序设计人员误认为 TCP 的传输效率比 UDP 低许多。而实际上，在一些场景下，比如连接时间很长且涉及大量的数据传输时，TCP 的性能比 UDP 好很多。为了对传输过程进行控制，TCP 使用了诸多策略，如 Nagle 算法、延迟确认等，使用这些机制的初衷是减少网络中传输的小段，从而提高传输质量，但也可能由于应用不当造成 TCP 的传输性能大大降低。本节探讨造成 TCP 传输效率降低的可能因素，并给出改善方法。

1. 制约 TCP 传输性能的原因

在数据传送过程中，哪些因素会增加传输时间呢？

首先，每一次调用发送函数至少需要两个上下文切换，这种切换操作是很消耗资源的。显然，对于给定大小的数据，调用的次数越多，传输效率越低。

其次，Nagle 算法会影响传输时间。Nagle 算法由 John Nagle 提出，目的是解决 Telnet 以及类似程序的性能问题。这些程序存在的问题是，它们通常在每一个独立的段中发送一个命令而导致网络中存在一系列小数据包，网络中数据包数量增加会引起网络拥塞，拥塞后进行重传会导致更多的拥塞。Nagle 算法的基本定义是：在任意时刻，最多只能有一个未被确认的小段。所谓“小段”，指的是小于 MSS 的数据块；所谓“未被确认”，是指一个数据块发送出去后，没有收到对方发送的 ACK 来确认该数据已收到。

Nagle 算法的规则是：

1）如果数据包长度达到 MSS，则允许发送。

2）如果该数据包含 FIN，则允许发送。

3）如果设置了 TCP_NODELAY 选项，则允许发送。

4）未设置 TCP_CORK 选项时，若所有发出去的小数据包（包长度小于 MSS）均被确认，则允许发送。

5）上述条件都未满足，但发生了超时（一般为 200ms），则立即发送。

使用 Nagle 算法，TCP 在发送过程中的封包形态和发送时机会与不使用 Nagle 算法时有一些不同。例如，假定每隔 200ms 向 TCP 实现提交一个字节，如果连接的 RTT 为 1 秒，不带 Nagle 算法的 TCP 实现将以 1∶40 的开销（因为最小的 TCP 数据段是 40 字节，每个段发送 1 字节将使用 40 字节的附加传输代价）每秒发送 5 个段，如图 5-27a 所示。而对于带 Nagle 算法的 TCP 实现来说，第一个字节立即被发送，用户输入的后 4 字节一直保存到第一个段的 ACK 消息到达，这时 4 字节一起发送，如图 5-27b 所示。这样只发送了 2 个段，而不是 5 个，开销减少为 1∶16，而数据传输率仍为每秒 5 字节。Nagle 算法能够防止应用程序以小段方式传送数据造成网络拥塞，而且在大多数情况下，TCP 运行的效果与没有使用 Nagle 算法是一样的。

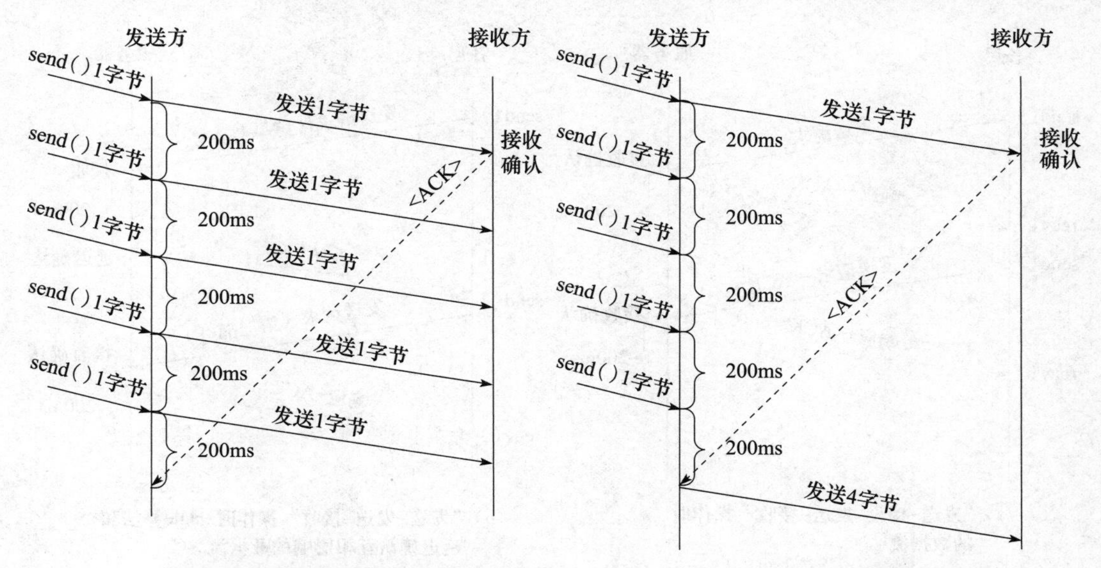

图 5-27 Nagle 算法对 TCP 小段数据发送的影响

但是，Nagle 算法与 TCP 的延迟确认机制一起工作时，在一些特殊场景下，可能会极大影响数据的传输效率。

延迟确认机制的目的是减少网络中传输的段的数量，当对等方的段到达时，TCP 延迟发送 ACK 消息，希望应用程序对刚接收到的数据做出响应，直到有数据要发往对等方时，可以在发往对等方的报文段中捎带 ACK 消息，或者延迟确认的时间耗尽时，直接发送 ACK 消息。该延迟在不同操作系统中的默认值不同。在 Linux 系统中，该值通常为 40ms；在 BSD 实现中，该值通常为 200ms；在 Windows 操作系统中，通常该值也默认使用 200ms。

图 5-28 说明了两个机制在典型的请求 / 响应会话中是如何相互影响的。客户给服务器发送短请求，等待响应，然后发出其他请求。在图 5-28a 所示的场景中，客户的操作顺序是“发送 – 接收 – 发送 – 接收”，由于客户在响应到达后才会发送另一个段，因此响应中还捎带了上一个请求的 ACK 消息，此时 Nagle 算法并没有起作用；在服务器一方，延迟的 ACK 消息与服务器的响应一起发送，且服务器处理请求并响应所需的时间远小于 200ms，每一个请求 / 响应只消耗了一来一回两个段。在图 5-28b 所示的场景中，假定客户以两个分开的写操作来发送请求，比如发送可变长度请求给服务器的客户时，可能先发送请求的长度字段，之后是实际的请求数据。此时，客户的操作顺序是“发送 – 发送 – 接收”，由于 Nagle 算法和延迟确认机制相互影响，结果是每个请求 / 响应的延迟增加了很多。客户的第一个发送请求完成后，Nagle 算法开始起作用，不允许第二个发送请求立即生效；当服务器应用程序接收到第一个请求时，由于尚未接收到全部请求，因此服务器并不发送响应数据，这意味着服务器延迟等待 200ms 后才给客户发送一个独立的 ACK 消息，之后客户的第二部分请求才可以继续发送。在这种场景下，Nagle 和延迟确认互相阻塞：Nagle 算法防止在第一部分数据确认之前发送请求的第二部分，而延迟确认要求等到延迟时间后才发送 ACK 消息。

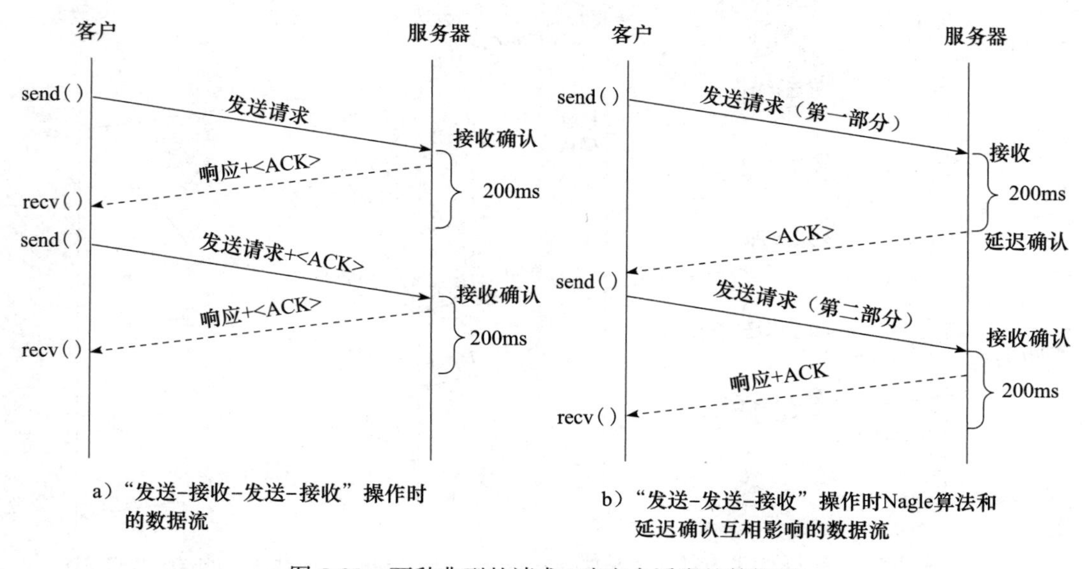

a）“发送–接收–发送–接收”操作时的数据流

b）“发送–发送–接收”操作时Nagle算法和延迟确认互相影响的数据流

图 5-28　两种典型的请求 / 响应会话中的数据流

2. 选择合适的发送方式

接下来，我们通过两种应用场景来分析如何根据具体需求选择合适的发送方式。

场景一：实时、单向小段数据发送的网络操作

这种场景适用于很多实时监控的应用。假定客户给服务器发送的是一系列监控数据，在这些监控数据超过了一定阈值后，要求服务器必须在 100ms 内做出反应，此时，Nagle 算法和延迟确认相互影响，造成 200ms 的延迟，使得响应时间过长，无法满足应用需求。

可以通过 TCP 层次上的套接字选项的设置来禁用 Nagle 算法，以下是禁用选项 TCP_NODELAY 的示例代码：

```
1  int on = 1;
2  int len = sizeof(on);
3  if(setsockopt( fd, IPPROTO_TCP, TCP_NODELAY, (const char *)&on, len ) < 0 )
4  {
5      printf("setsockopt error\n" );
6      return -1;
7  }
```

当禁用 Nagle 算法后，程序性能确实得到了改善。不过，该性能是以网络中存在大量小数据包为代价的，所以不能仅仅因为可以禁用 Nagle 算法，就在所有场景下都使用这种方法。在可以使用其他方法减少 TCP 响应时间的情况下，应尽量少使用该方法。

场景二："发送 – 发送 –…– 接收"型的网络操作

这种场景适用于各种需要执行一系列发送后再进行接收处理的应用，如发送多种监控数据，请求服务器计算综合结果。任何这样的操作序列都会触发 Nagle 算法和延迟确认算法之间的互相影响，因此应当尽量避免这种情况发生。如果能将接收操作之前的多次发送操作聚合为一次发送请求，就能将图 5-28b 中的场景转换为图 5-28a 的情形，从而避免 Nagle 算法和延迟确认算法互相影响造成的传输延迟问题。

一种思路是在发送之前复制不同的段到一个缓冲区后再发送，但是数据通常驻留在两个或多个不连续的缓冲区。另一种思路是把这些不连续的缓冲区中的数据一次性地直接发送出去。在 WinSock 环境下，WSASend( ) 函数提供了这种能力，该函数的定义如下：

```
int WSASend(
  __in    SOCKET s,
  __in    LPWSABUF lpBuffers,
  __in    DWORD dwBufferCount,
  __out   LPDWORD lpNumberOfBytesSent,
  __in    DWORD dwFlags,
  __in    LPWSAOVERLAPPED lpOverlapped,
  __in    LPWSAOVERLAPPED_COMPLETION_ROUTINE lpCompletionRoutine
);
```

其中：

- s：标识一个已连接套接字的描述符。
- lpBuffers：一个指向 WSABUF 结构数组的指针。每个 WSABUF 结构包含一个缓冲区的指针和缓冲区的大小。
- dwBufferCount：记录 lpBuffers 数组中 WSABUF 结构的数目。

- lpNumberOfBytesSent：一个返回值，如果发送操作立即完成，则为一个指向所发送数据字节数的指针。
- dwFlags：标志位，与 send( ) 函数的 flags 参数类似。
- lpOverlapped 和 lpCompletionRoutine：用于重叠套接字。lpOverlapped 是一个指向 WSAOVERLAPPED 结构的指针。lpCompletionRoutine 是一个指向完成例程的指针，所指向的完成例程将在发送操作完成后调用。

WSASend( ) 函数覆盖标准的 send( ) 函数，并在下面两个方面有所增强：

1）可以用于重叠套接字进行重叠发送的操作。

2）可以一次发送多个缓冲区中的数据来进行集中写入。

下面以发送变长消息为例，说明使用 WSASend( ) 发送两个独立缓冲区的数据的过程：

```
WSABUF wbuf[2];
DWORD sent;
int n ,packetlen;
//接收用户输入，发送用户的输入数据
while(fgets(sendline, MAXLINE, fp)!=NULL)
{
    n =strlen( sendline );
    packetlen = htonl( n );
    wbuf[0].buf =(char *)&packetlen;    //缓冲区 1: 4 字节长度字段
    wbuf[0].len =sizeof(packetlen);     //缓冲区 2: 变长的用户输入数据
    wbuf[1].buf =sendline;
    wbuf[1].len =strlen(sendline);
    //发送 wbuf 中两个缓冲区的内容
    iResult = WSASend( s, wbuf, 2 ,&sent, 0, NULL, NULL);
    if(iResult == SOCKET_ERROR)
    {
        printf("WSAsend 函数调用错误，错误号：%ld\n", WSAGetLastError());
        return -1;
    }
    ……
}
……
```

5.7.2　设置合适的缓冲区大小

TCP 实现要求在发送用户数据之前把它复制到发送缓冲区中，再从发送缓冲区封包发送。到达接收方时，数据先存储在接收方的接收缓冲区中，再经应用程序的多次读取操作将缓冲区中的数据复制出来。如果希望传输大量数据，应用程序应使每秒传递的字节数最大化，在没有网络容量或其他限制的情况下，设置合适的缓冲区大小能够帮助应用程序实现较高的端到端数据传送性能。

对于流式套接字来说，发送缓冲区和接收缓冲区的大小成为影响面向连接程序传输效率的重要因素。从这个角度来看，不合适的发送缓冲区和接收缓冲区将增加以下三个方面的开销：

- 上下文切换代价。
- 流量控制机制对 CPU 时间的消耗。
- 页面调度操作频次。

从上下文切换代价来看，每次发送操作和接收操作都涉及系统调用，系统需要进行上下文切换，消耗一定的CPU时间。举一个极端的例子：传输 n（n 比较大）字节的数据时，利用大小为 n 的缓冲区调用一次 send( ) 通常比利用1字节的缓冲区调用 n 次 send( ) 要高效得多。同样的考虑也适用于接收过程。

从流量控制机制来看，接收缓冲区指定在发送中断前可以发送但不会被接收的数据量。如果发送数据太多，就会使缓冲区过载，此时流量控制机制会中断传输。如果接收缓冲区太小，接收缓冲区会频繁地过载，流量控制机制就会停止数据传输，直到接收缓冲区被清空为止。在这个过程中，流量控制会消耗大量CPU时间，并且会由于数据传输中断而延长网络等待时间。

从前两种制约传输效率的因素分析来看，有效缓冲区大小适当能够降低应用程序执行发送和接收的系统调用次数，从而降低上下文切换开销。较大的缓冲区有助于降低发生流量控制的可能性，并且提高CPU利用率。

但是，在某些情况下，较大的缓冲区也会对性能产生负面影响。如果缓冲区太大，并且应用程序处理数据的速度不够快，页面调度操作就会增加。

设置合适的缓冲区大小的目标是使指定的值足以降低上下文切换次数，避免流量控制，但又不能将缓冲区设置得过大，以免系统无法处理系统中积累的数据。

在Windows系统中，默认的发送缓冲区和接收缓冲区大小是8KB，最大大小是8MB（8192KB）。最佳缓冲区大小取决于若干网络环境因素，这些因素包括交换机和系统的类型、确认计时、错误比率和网络拓扑、内存大小以及数据传输大小等。当数据传输量相当大时，可将缓冲区长度设置为较大值，以便提高吞吐量、降低流量控制的发生频率以及降低CPU成本。比如，Web服务器与WebSphere Application Server之间的套接字连接的缓冲区大小建议设置为64KB；WebSphere Commerce Suite建议使用180KB的缓冲区以减少流量控制，并且通常不会对页面调度产生负面影响。最佳值取决于特定的系统特征。在确定系统的理想缓冲区大小之前，我们需要通过程序对缓冲区的取值进行测试，并选择性能最好的缓冲区作为应用程序在特定网络环境下的最佳取值。

发送缓冲区和接收缓冲区的大小可以通过TCP选项设置进行修改。套接字级别上的选项SO_RCVBUF可用于获取和修改接收缓冲区的大小。下列代码给出了获取当前系统的接收缓冲区大小的例子：

```
int rcvbuf_len;
int len = sizeof(rcvbuf_len);
if(getsockopt( fd, SOL_SOCKET, SO_RCVBUF, (char *)&rcvbuf_len, &len ) < 0)
{
   printf("getsockopt error\n" );
   return -1;
}
printf("the recevice buf len: %d\n", rcvbuf_len );
```

套接字级别上的选项SO_SNDBUF用于获取和修改发送缓冲区的大小，代码与上面类似，只是将SO_RCVBUF修改为SO_SNDBUF即可。

修改发送和接收缓冲区的长度可以通过setsockopt( )函数实现，调用前需指明要设置的缓冲区长度参数。以下代码说明了如何设置系统的发送缓冲区大小：

```
int sendbuf_len = 10 * 1024; //10K。
int len = sizeof(sendbuf_len);
if(setsockopt( fd, SOL_SOCKET, SO_SNDBUF, (const char *)&sendbuf_len, len ) < 0 )
{
    printf("setsockopt error\n" );
    return -1;
}
```

习题

1. 思考套接字接口层与 TCP 实现之间的关系，结合数据发送和接收分析数据的传递过程以及两个层次的具体工作。
2. 在基于流式套接字的网络应用程序设计中，假设客户以 8 字节—12 字节—8 字节—12 字节的顺序交替给服务器发送数据，服务器设置固定长度为 12 字节的接收缓冲区用于接收数据。请问，服务器的接收操作每次能够接收到多少字节的数据？为什么？
3. 使用 TCP 进行数据传输的应用程序一定不会出现数据丢失吗？应用程序应在哪些具体操作上考虑可靠性问题？

实验

1. 使用流式套接字编程设计一个并发的回射服务器。该服务器具有并发处理客户请求的功能，当多个客户同时请求服务器回射时，服务器能够同时接收多个客户的请求并做出回射响应。
2. 设计一个网络测试程序。客户能够模拟“发送－发送－…－接收”的操作序列，采用 send( ) 和 WSASend( ) 两种发送方式发送请求，测试在这两种发送操作下服务器的响应时间有何差别，并说明原因。

第6章

数据报套接字编程

UDP 为网络应用程序提供不可靠的数据传输服务，该服务简单、灵活，在现实生活中得到了广泛应用。本章从 UDP 的原理出发，阐明数据报套接字编程的适用场合，介绍数据报套接字编程的基本模型、函数使用细节等，举例说明数据报套接字编程的具体过程。

网络编程是一个与协议原理关系密切的实现过程，本章在基本数据报套接字编程的基础上进一步探讨 UDP 的不可靠性问题，给出一些程序优化的解决方案，如排除噪声数据、增加错误检测功能、判断未开放的服务以及避免流量溢出等。另外，本章最后一部分讨论并发性处理问题，分析循环无连接服务器和并发无连接服务器的特点，并给出程序实现的基本框架。

6.1 UDP：用户数据报协议的要点

6.1.1 使用 TCP 传输数据的缺点

相对于 UDP 来说，TCP 增加了可靠性、流量控制、拥塞控制等机制，能够保证数据传递的可靠性。那么，是不是在所有情况下使用 TCP 都是最合适的呢？

首先，使用 TCP 传输数据的代价比 UDP 要高许多。如果使用 TCP 实现一次请求 – 应答交换，由于 TCP 使用 3 次握手建立连接，并且在关闭连接时要进行 4 次交互，那么最小事务处理时间是 2 × RTT+SPT，其中 RTT 表示客户与服务器之间的往返时间，SPT 表示客户请求的服务器处理时间。相比之下，UDP 没有连接建立和释放过程，就单个 UDP 请求 – 应答交换而言，最小事务处理时间仅为 RTT+SPT，比 TCP 减少了一个 RTT。因此，传输代价是使用 TCP 时必须考虑的一个损失。

其次，连接的存在意味着连接维护的代价。服务器要为每一个已经建立连接的客户分配单独使用的资源，如用于数据接收和发送的 TCP 缓冲区、存储连接相关参数的 TCP 变量等，这对于有可能为同时来自数百个不同客户的请求提供服务的服务器来说，会极大增加该服务器的负担，甚至造成服务器资源的过耗。

最后，在每个连接的通信过程中，TCP 拥塞控制中的慢启动策略会起作用，使得每个 TCP 连接都起始于慢启动阶段。由此带来的结果是，数据通信的效率不会马上达到 TCP 的最大传输性能，从而增大了使用 TCP 进行网络通信的传输延迟。

由以上分析来看，尽管TCP提供了可靠的数据传输服务，简化了上层应用程序的设计复杂性，但同时也有一些性能和资源方面的损失。可见，TCP未必是所有网络应用程序在传输层协议方面的最佳选择。

6.1.2　UDP的传输特点

UDP是一个无连接的传输层协议，提供面向事务的简单、不可靠的信息传送服务。

UDP的传输特点表现在以下方面：

- 多对多通信。UDP在通信实体的数据量上具有更大的灵活性，多个发送方可以向一个接收方发送报文，一个发送方也可以向多个接收方发送数据。更重要的是，UDP能让应用使用底层网络的广播或组播设施交付报文。
- 不可靠服务。UDP提供的服务是不可靠交付的，即报文可能出现丢失、重复或失序，它没有重传功能，如果发生故障，也不会通知发送方。
- 缺乏流量控制。UDP不提供流量控制，当数据包到达的速度比接收系统或应用的处理速度快时，只是将数据包丢弃而不会发出警告或提示。
- 报文模式。UDP提供了面向报文的传输方式，在需要传输数据时，发送方准确指明要发送数据的字节数，UDP将这些数据放置在一个外发报文中；在接收方，UDP一次交付一个传入报文。因此，当有数据交付时，接收到的数据边界和发送方应用程序所指定的报文边界相同。

6.1.3　UDP的首部

UDP数据报文封装在IP数据包的数据部分进行传输，UDP数据在IP数据包中的结构如图6-1所示。

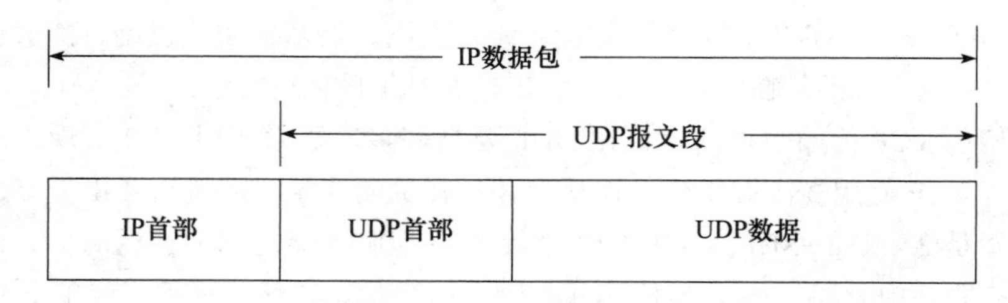

图6-1　UDP数据在IP数据包中的结构

图6-2显示了UDP首部的数据格式。

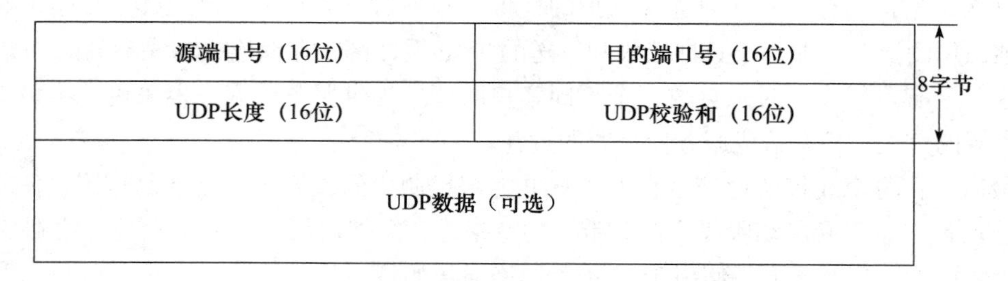

图6-2　UDP首部的数据格式

UDP 首部各字段的含义如下：

- 源端口号、目的端口号。每个 UDP 数据报文都包含源端口号和目的端口号，用于寻找发送端和接收端的应用进程。UDP 端口号与 TCP 端口号是相互独立的。
- UDP 长度。UDP 长度字段指 UDP 首部和 UDP 数据的字节总长度，该字段的最小值是 8，即数据部分为 0。
- UDP 校验和。UDP 校验和是一个端到端的校验和。它由发送端计算，由接收端验证，目的是发现 UDP 首部和数据在发送端到接收端之间发生的任何改动。校验和的覆盖范围包括 UDP 首部、UDP 伪首部和 UDP 数据。UDP 校验和是可选的，如果 UDP 校验和字段为 0，表示不进行校验和计算。

6.2 数据报套接字编程模型

数据报套接字依托数据报传输协议（在 TCP/IP 协议栈中对应 UDP），提供无连接的报文传输服务，该服务简单、高效，但不保证数据无差错、无重复、无乱序地传送。基于报文的特点，使用数据报套接字传输的数据形态是独立的数据报文。

6.2.1 数据报套接字编程的适用场合

数据报套接字基于不可靠的报文传输服务，这种服务的特点是无连接、不可靠。无连接的特点决定了数据报套接字的传输非常灵活，具有资源消耗小、处理速度快的优点。不可靠的特点则意味着在网络质量不佳的环境下，数据包丢失的现象会比较严重，因此，在设计、开发上层应用程序时需要考虑网络应用程序运行的环境以及数据在传输过程中的丢失、乱序、重复对应用程序的负面影响。总体来看，数据报套接字适用于以下场合：

1）音频、视频的实时传输应用。数据报套接字适用于音频、视频这类对实时性要求比较高的数据传输应用。传输内容通常被切分为独立的数据报，其类型多为编码后的媒体信息。在这种应用场景下，通常要求音视频实时传输，与 TCP 相比，UDP 减少了确认、同步等操作，大大节省了网络开销。UDP 能够提供高效率的传输服务，实现数据的实时传输，因此在网络音视频的传输应用中，应用 UDP 的实时性并增加控制功能是较为合理的解决方案。例如，RTP 和 RTCP 是两个在音视频传输中广泛使用的协议组合，RTP 通常基于 UDP 传输音视频数据，RTCP 通常基于 TCP 传输提供服务质量的监控与反馈、媒体间同步等功能。

2）广播或多播的传输应用。流式套接字只能用于 1 对 1 的数据传输，如果应用程序需要通过广播或多播传送数据，那么必须使用 UDP。这类应用包括多媒体系统的多播或广播业务、局域网聊天室或者以广播形式实现的局域网扫描器等。

3）简单高效需求大于可靠性需求的传输应用。尽管 UDP 不可靠，但其高效传输的特点使其在一些特殊的传输应用中受到欢迎。比如，聊天软件常常使用 UDP 传送文件，日志服务器通常设计为基于 UDP 来接收日志。这些应用不希望在每次传递短小的数据时产生昂贵的 TCP 连接的建立与维护代价，即使丢失一两个数据包，也不会对接收结果产生太大影响，在这种场景下，UDP 的简单高效特性非常适合。

6.2.2　数据报套接字的通信过程

使用数据报套接字传送数据类似于生活中的信件发送，与流式套接字的通信过程有所不同，数据报套接字不需要建立连接，而是直接根据目的地址构造数据包进行传送。

1. 基于数据报套接字的服务器进程的通信过程

在通信过程中，服务器进程作为服务提供方，被动接收客户的请求，使用 UDP 与客户交互，其基本通信过程如下：

1）Windows Sockets DLL 初始化，协商版本号。

2）创建套接字，指定使用 UDP（无连接的传输服务）进行通信。

3）指定本地地址和通信端口。

4）接收客户的数据请求。

5）向客户发送服务应答。

6）关闭套接字。

7）结束对 Windows Sockets DLL 的使用，释放资源。

2. 基于数据报套接字的客户进程的通信过程

在通信过程中，客户进程作为服务请求方，主动向服务器发送服务器请求，使用 UDP 与服务器交互，其基本通信过程如下：

1）Windows Sockets DLL 初始化，协商版本号。

2）创建套接字，指定使用 UDP（无连接的传输服务）进行通信。

3）指定服务器地址和通信端口。

4）向服务器发送数据请求。

5）接收服务器返回的服务应答。

6）关闭套接字。

7）结束对 Windows Sockets DLL 的使用，释放资源。

6.2.3　数据报套接字编程的交互模型

基于以上对数据报套接字通信过程的分析，我们给出通信双方在实际通信中的交互时序以及对应的函数。

通常情况下，首先服务器端启动，它随时等待客户的服务请求到来，而客户的服务请求则由客户根据需要随时发出。由于不需要连接，每一次数据传输的目的地址都可以在发送时改变，双方完成数据传输后，关闭套接字。由于服务器端的服务对象通常不只 1 个，因此在服务器的函数设置上考虑了多个客户同时连接服务器的情形。数据报套接字的编程模型如图 6-3 所示。

服务器程序要先于客户程序启动，每个步骤中调用的套接字函数如下：

1）调用 WSAStartup( ) 函数加载 Windows Sockets 动态库，然后调用 socket( ) 函数创建一个数据报套接字，返回套接字号 s。

2）调用 bind( ) 函数将套接字 s 绑定到一个本地的端点地址上。

3）调用 recvfrom( ) 函数接收来自客户的数据。

4）处理客户的服务请求。

socket：创建数据报套接字s

bind：套接字s与本地地址绑定

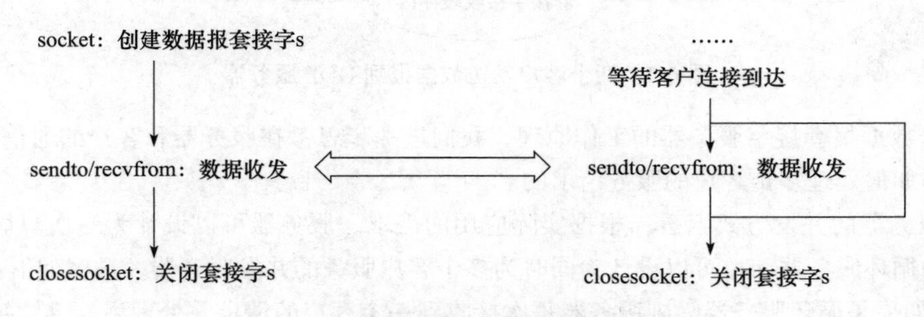

图 6-3 数据报套接字编程的交互模型

5）调用 sendto( ) 函数向客户发送数据。

6）结束客户当前请求的服务后，服务器程序继续等待客户进程的服务请求，回到步骤 3。

7）如果要退出服务器程序，则调用 closesocket( ) 函数关闭数据报套接字。

客户程序中每个步骤所使用的套接字函数如下：

1）调用 WSAStartup( ) 函数加载 Windows Sockets 动态库，然后调用 socket( ) 函数创建一个数据报套接字，返回套接字号 s。

2）调用 sendto( ) 函数向服务器发送数据，调用 recvfrom( ) 函数接收来自服务器的数据。

3）与服务器的通信结束后，客户进程调用 closesocket( ) 函数关闭套接字 s。

从图 6-3 所示的客户与服务器的交互通信过程来看，服务器和客户在通信过程中的角色是有差别的，对应的操作也不同，进一步思考以下问题：

1）在数据报套接字中使用了另外一对数据收发函数 sendto( ) 和 recvfrom( )，这两个函数与流式套接字中常用的 send( ) 和 recv( ) 函数有何区别？

2）在服务器和客户的通信过程中，无连接服务器是如何处理多个客户服务请求的呢？

6.2.4 数据报套接字服务器的工作原理

与基于流式套接字的服务器工作过程不同，在基于数据报套接字开发的无连接服务器中，并不存在客户与服务器的虚拟连接通道，当服务器的套接字准备好提供服务时，通常只有一个套接字用于接收所有到达的数据报并发回所有的响应。由于服务器的服务对象通常不只一个，因此这些客户的请求都会进入该服务器的套接字接收缓冲区中，等待服务器处理。假设有两个客户同时请求服务器的服务，图 6-4 展示了两个客户发送数据报到 UDP 服务器的情形。

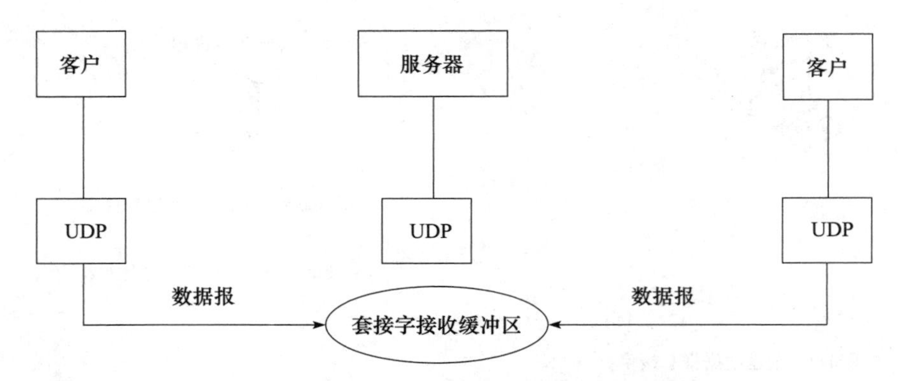

图6-4　两个客户发送数据报到UDP服务器

结合数据报套接字服务器的工作原理，我们进一步思考在服务器和客户的通信过程中，服务器是如何处理多个客户的服务请求的。

从服务器的并发方式上看，根据实际应用的需求，服务器可以设计为一次只服务于一个客户的循环服务器，也可以设计为同时为多个客户服务的并发服务器，具体如下：

1）如果是循环服务器，则服务器每次接收到一个客户的请求并处理后，继续接收进入套接字接收缓冲区的其他请求。这些请求可能是当前客户的后续请求，也可能是其他客户的请求。在整个过程中，循环执行与多个客户的通信，即6.2.3节中的步骤3～6。这是最常见的无连接服务器的形式，适用于要求对每个请求进行少量处理的服务器设计。

2）如果是并发服务器，则要求服务器与一个客户进行通信时，可以同时接收其他客户的服务请求，并且服务器要为每个客户创建一个单独的子进程或线程。由于缺少连接的标识，区分每个客户端的请求是设计无连接并发服务器时需要慎重考虑的重要环节。在服务器实现中，并发处理与多个客户的通信，即6.2.3节中的步骤3～6。

6.2.5　数据报套接字的使用模式

我们知道，UDP是一个无连接协议，也就是说，它仅仅传输独立的有目的地址的数据报。“连接”的概念似乎与数据报套接字无关，而实际上，在有些情况下，“连接”在数据报套接字中可以帮助网络应用程序在可靠性和效率方面进行优化。

1. 两种数据报套接字的使用模式

数据报套接字可以工作在两种不同的模式下。在不同的模式下，发送和接收数据调用的函数有所不同。

（1）非连接模式

在非连接模式下，应用程序在每次数据发送前指定目的IP和端口号，然后调用sendto( )函数或WSASendTo( )函数将数据发送出去，并在接收数据时调用recvfrom( )函数或WSARecvFrom( )函数，从函数的返回参数中读取接收数据报的来源地址。这种模式通常适用于服务器，服务器面向大量客户，接收不同客户的服务请求，并将数据应答发送到不同的客户地址。另外，这种模式也适用于广播地址或多播地址的发送。以广播方式发送数据为例，应用程序需要使用setsockopt( )函数来开启SO_BROADCAST选项，并将目的地址设置为INADDR_BROADCAST（相当于inet_addr（“255.255.255.255”））。

非连接模式是数据报套接字默认使用的数据发送和接收方式，这种模式的优点是数据发送的灵活性较好。

（2）连接模式

在连接模式下，应用程序首先调用 connect( ) 函数或 WSAConnect( ) 函数指明远端地址，即确定唯一的通信对方的地址。在之后发送和接收数据的过程中，不用每次重复指明远端地址就可以发送和接收报文。此时，send( ) 函数、WSASend( ) 函数、sendto( ) 函数和 WSASendTo( ) 函数可以通用，recv( ) 函数、WSARecv( ) 函数、recvfrom( ) 函数和 WSARecvFrom( ) 函数也可以通用。处于连接模式的数据报套接字的工作过程如图 6-5 所示，来自其他不匹配的 IP 地址或端口的数据报不会投递给这个已连接的套接字。如果没有匹配的其他套接字，UDP 将丢弃它们并生成相应的 ICMP 端口不可达错误。

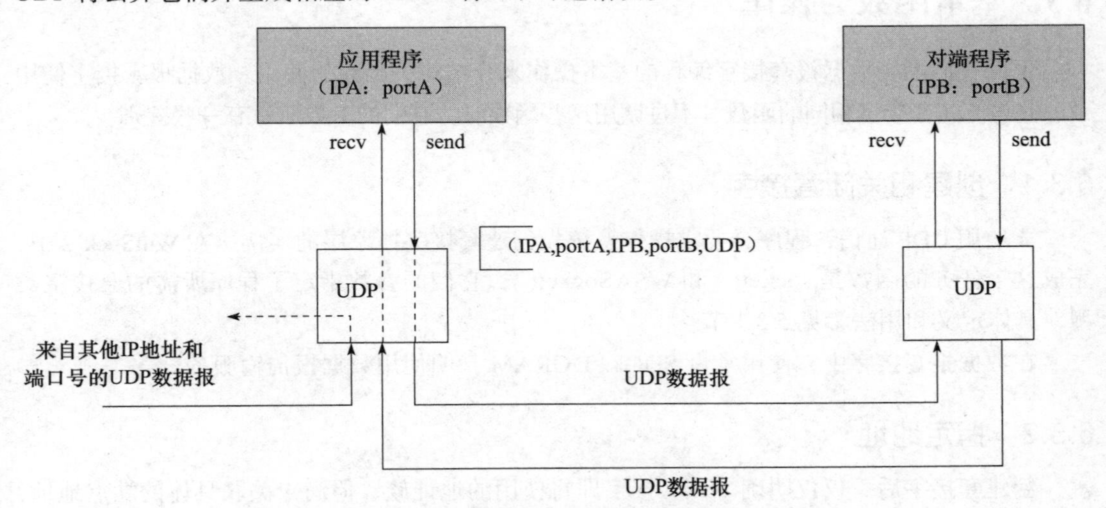

图 6-5 处于连接模式的数据报套接字的工作过程

一般来说，UDP 客户调用 connect( ) 的现象比较常见，但也有 UDP 服务器与单个客户长时间通信的应用程序，在这种情况下，客户和服务器都可调用 connect( )。连接模式对那些一次只与一个服务器进行交互的常规客户软件来说是很方便的，应用程序只需要指明一次服务器，而不用管有多少数据报要发送。在这种情况下，只复制一次含有目的 IP 地址和端口号的套接字地址，传输效率会更高。另外，连接模式保证应用程序接收到的数据是连接对等方发来的数据，不会受到其他应用程序发来的噪声数据的影响。

2.“连接”在套接字中的含义

对于 TCP 来说，调用 connect( ) 将导致双方进入 TCP 的三次握手的初始化连接阶段，客户会给服务器发送 SYN 段，接收服务器返回的确认和同步请求。在连接建立好后，双方会交换一些初始的状态信息，包括双方的 IP 地址和端口号。因此，对于流式套接字的 connect( ) 操作而言，connect( ) 函数完成以下功能：

1）在调用方为套接字关联远程主机的地址和端口号。

2）与远端主机建立连接。该函数的成功执行表明服务器正在提供服务且双方的路径可达。

从使用次数上来看，connect( ) 函数只能在流式套接字上调用一次。

对于 UDP 来说，由于双方没有共享状态要交换，因此调用 connect( ) 函数完全是本地操作，不会产生任何网络数据。对于数据报套接字的 connect( ) 操作而言，connect( ) 函数的功能是在调用方为套接字关联远程主机的地址和端口号。由于没有网络通信行为发生，因此该函数成功执行并不意味着对等方一定会回应后续的数据请求，可能服务器是关闭的，也可能网络根本就没有连通。一个数据报套接字可以多次调用 connect( ) 函数，目的可能是：指定新的 IP 地址和端口号或断开套接字。对于第一个目的，通过再次调用 connect( )，可以使数据报套接字更新所关联的远端端点地址；对于第二个目的，为了断开一个已连接的数据报套接字，在再次调用 connect( ) 函数时，可以把套接字地址结构的地址族成员设置为 AF_UNSPEC，此时，后续的 send( )/WSASend( )、recv( )/WSARecv( ) 函数都将返回错误。

6.3 基本函数与操作

下面我们围绕数据报套接字编程的基本操作来介绍相关函数的使用。数据报套接字使用了一些与流式套接字相同的函数，不过调用这些函数时，它们的参数赋值有一些差别。

6.3.1 创建和关闭套接字

要使用 UDP 通信，程序会要求操作系统先创建套接字抽象层的实例。在 WinSock 2 中，完成这个任务的函数是 socket( ) 和 WSASocket( )，它们的参数指定了程序所需的套接字类型，具体定义和用法参见 5.3.1 节。

在数据报套接字中，使用常量 SOCK_DGRAM 指明使用数据报传输服务。

6.3.2 指定地址

创建套接字后，仅仅明确了该套接字即将使用的地址族，但尚未关联具体的端点地址，使用套接字的应用程序需要明确它们将要用于通信的本地和远程端点地址才能进行确定的数据传递。

bind( ) 函数通过将本地名字赋予一个未命名的套接字来实现套接字与本地地址的关联，具体定义和用法参见 5.3.2 节。

6.3.3 数据传输

创建好数据报套接字后，可以直接进行数据传输，由于没有连接维护双方的地址信息，因此传统数据报套接字的发送和接收需要显式处理远端地址。

1. 发送数据

数据报套接字通常使用 sendto( ) 函数进行数据发送，该函数的定义如下：

```
int sendto(
  __in  SOCKET s,
  __in  const char *buf,
  __in  int len,
  __in  int flags,
  __in  const struct sockaddr *to,
  __in  int tolen
);
```

其中：

- s：数据报套接字的描述符。
- buf：指向存储要发送字节序列的应用程序缓冲区。
- len：发送缓冲区的字节长度。
- flags：提供了一种改变套接字调用默认行为的方式，把 flags 设置为 0 用于指定默认的行为。另外，数据传输还可以采用 MSG_DONTROUTE（不经过本地的路由机制）和 MSG_OOB（带外数据）两种方式进行。
- to：被声明为一个指向 sockaddr 结构的指针。对于 TCP/IP 应用程序，该指针通常先被转换为以 sockaddr_in 或 sockaddr_in6 结构保存的目的 IP 地址和端口号，然后在调用时进行指针的强制类型转换。
- tolen：指定地址结构的长度，通常为 sizeof(struct sockaddr_in) 或 sizeof(struct sockaddr_in6)。

如果函数调用成功，则返回发送数据的字节数，否则返回 SOCKET_ERROR。

2. 接收数据

数据报套接字通常使用 recvfrom( ) 函数进行数据接收，该函数的定义如下：

```
int recvfrom(
  __in              SOCKET s,
  __out             char *buf,
  __in              int len,
  __in              int flags,
  __out             struct sockaddr *from,
  __in_outopt_    int *fromlen
);
```

其中：

- s：数据报套接字的描述符。
- buf：指向要保存接收数据的应用程序缓冲区。
- len：接收缓冲区的字节长度。
- flags：提供了一种改变套接字调用默认行为的方式，把 flags 设置为 0 用于指定默认的行为。另外，数据传输还可以采用 MSG_DONTROUTE（不经过本地的路由机制）和 MSG_OOB（带外数据）两种方式进行。
- from：被声明为一个指向 sockaddr 结构的指针，当 recvfrom( ) 函数成功返回后，将本次接收到的数据报的来源地址写入 from 指针指向的结构中。
- fromlen：指明地址结构的长度。

如果函数调用成功，recvfrom( ) 函数的返回值指示了实际接收的字节总数，否则返回 SOCKET_ERROR。

6.4 编程示例

本节通过一个 Windows 控制台应用程序实现基于数据报套接字的回射功能。

6.4.1　基于数据报套接字的回射客户端编程操作

下面介绍客户程序的实现过程。

1. 创建客户端套接字

初始化 Windows Sockets DLL 后，为了进行网络操作，需要创建一个客户端套接字，用于标识网络操作，同时将其与特定的传输服务提供者关联起来，具体步骤与 5.4.1 节中的类似，不同之处在于，本示例的套接字类型为数据报套接字，使用 UDP 进行网络传输。声明如下：

```
struct addrinfo, hints;
ZeroMemory( &hints, sizeof(hints) );
hints.ai_family = AF_INET;
hints.ai_socktype = SOCK_DGRAM;
hints.ai_protocol = IPPROTO_UDP;
```

另一种常用的获取和配置地址的方法是使用 gethostbyname( ) 和 gethostbyaddr( )，详见 5.4.1 节的示例。此时，套接字的创建需要显式声明套接字类型和相关的协议类型：

```
SOCKET ConnectLessSocket= INVALID_SOCKET;
ConnectLessSocket= socket(AF_INET, SOCK_DGRAM, 0);
if (ConnectLessSocket== INVALID_SOCKET) {
    printf("Error at socket(): %ld\n", WSAGetLastError());
    WSACleanup();
    return 1;
}
```

以上代码表示显式指明 AF_INET，使用 IPv4 协议栈，创建数据报套接字 SOCK_DGRAM。此时，socket( ) 函数的第三个参数协议字段默认为 UDP。

2. 发送和接收数据

为了测试与服务器端的通信，客户端调用 sendto( ) 函数发送测试数据，并调用 recvfrom( ) 函数接收服务器的响应。代码如下：

```
int recvbuflen = DEFAULT_BUFLEN;
char *sendbuf = "this is a test";
char recvbuf[DEFAULT_BUFLEN];
int iResult;
//发送缓冲区中的测试数据
iResult = sendto( ConnectLessSocket, sendbuf, (int)strlen(sendbuf), 0,
result->ai_addr, (int)result->ai_addrlen);
if (iResult == SOCKET_ERROR) {
    printf("sendto failed with error: %d\n", WSAGetLastError());
    closesocket(ConnectLessSocket);
    WSACleanup();
    return 1;
}
freeaddrinfo(result);
printf("Bytes Sent: %ld\n", iResult);
//接收数据
iResult = recvfrom(ConnectLessSocket, recvbuf, recvbuflen, 0, NULL, NULL);
if ( iResult > 0 )
    printf("Bytes received: %d\n", iResult);
else if ( iResult == 0 )
    printf("Connection closed\n");
```

```
else
    printf("recv failed with error: %d\n", WSAGetLastError());
```

在本例中，客户端只发送了一串字符就结束了数据发送，UDP 是报文传输方式，因此，调用一次 recvfrom( ) 就可以完成服务器响应报文的接收。

3. 关闭套接字，释放资源

与 5.4.1 节中流式套接字的实现类似，当客户端接收完数据后，调用 closesocket( ) 关闭套接字。当客户端不再使用 Windows Sockets DLL 时，调用 WSACleanup( ) 函数释放相关资源。

客户端的完整代码如下：

```
 1  #define WIN32_LEAN_AND_MEAN
 2  #include <windows.h>
 3  #include <winsock2.h>
 4  #include <ws2tcpip.h>
 5  #include <stdlib.h>
 6  #include <stdio.h>
 7  //连接到 WinSock 2 对应的 lib 文件：Ws2_32.lib、Mswsock.lib 和 AdvApi32.lib
 8  #pragma comment (lib, "Ws2_32.lib")
 9  #pragma comment (lib, "Mswsock.lib")
10  #pragma comment (lib, "AdvApi32.lib")
11  //定义默认的缓冲区长度和端口号
12  #define DEFAULT_BUFLEN 512
13  #define DEFAULT_PORT "27015"
14
15  int __cdecl main(int argc, char **argv)
16  {
17      WSADATA wsaData;
18      SOCKET ConnectLessSocket = INVALID_SOCKET;
19      struct addrinfo *result = NULL,hints;
20      const char *sendbuf = "this is a test";
21      char recvbuf[DEFAULT_BUFLEN];
22      int iResult;
23      int recvbuflen = DEFAULT_BUFLEN;
24      //验证参数的合法性
25      if (argc != 2) {
26          printf("usage: %s server-name\n", argv[0]);
27          return 1;
28      }
29      //初始化套接字
30      iResult = WSAStartup(MAKEWORD(2,2), &wsaData);
31      if (iResult != 0) {
32          printf("WSAStartup failed with error: %d\n", iResult);
33          return 1;
34      }
35      ZeroMemory( &hints, sizeof(hints) );
36      hints.ai_family = AF_UNSPEC;
37      hints.ai_socktype = SOCK_DGRAM;
38      hints.ai_protocol = IPPROTO_UDP;
39      //解析服务器地址和端口号
40      iResult = getaddrinfo(argv[1], DEFAULT_PORT, &hints, &result);
41      if ( iResult != 0 ) {
42          printf("getaddrinfo failed with error: %d\n", iResult);
43          WSACleanup();
44          return 1;
```

```
45      }
46      //创建数据报套接字
47      ConnectLessSocket = socket(result->ai_family, result->ai_socktype,
          result->ai_protocol);
48      if (ConnectLessSocket == INVALID_SOCKET) {
49          printf("socket failed with error: %ld\n", WSAGetLastError());
50          WSACleanup();
51          return 1;
52      }
53      //发送缓冲区中的测试数据
54      iResult = sendto( ConnectLessSocket, sendbuf, (int)strlen(sendbuf), 0,
          result->ai_addr, (int)result->ai_addrlen);
55      if (iResult == SOCKET_ERROR) {
56          printf("sendto failed with error: %d\n", WSAGetLastError());
57          closesocket(ConnectLessSocket);
58          WSACleanup();
59          return 1;
60      }
61      freeaddrinfo(result);
62      printf("Bytes Sent: %ld\n", iResult);
63      //接收数据
64      iResult = recvfrom(ConnectLessSocket, recvbuf, recvbuflen, 0, NULL, NULL);
65      if ( iResult > 0 )
66          printf("Bytes received: %d\n", iResult);
67      else if ( iResult == 0 )
68          printf("Connection closed\n");
69      else
70          printf("recv failed with error: %d\n", WSAGetLastError());
71      //关闭套接字
72      closesocket(ConnectLessSocket);
73      //释放资源
74      WSACleanup();
75      return 0;
76  }
```

运行以上代码，客户端应用程序启动时，向服务器的 TCP 端口 27015 发送数据“this is a test”，接收服务器返回的应答，对发送和接收的字节数进行统计并显示。然后，客户端关闭套接字，退出程序。客户程序的运行界面如图 6-6 所示。

图 6-6　客户程序的运行界面

6.4.2　基于数据报套接字的回射服务器端编程操作

下面介绍服务器程序的实现过程。

1. 创建服务器套接字

初始化 Windows Sockets DLL 后，为了进行网络操作，需要创建一个服务器的套接字，用于标识网络操作，同时将其与特定的传输服务提供者关联起来，具体步骤与 5.4.2 节的介绍类似。不同之处在于，本示例的套接字类型为数据报套接字，使用 UDP 进行网络传输。声明如下：

```
struct addrinfo *result = NULL, *ptr = NULL, hints;
```

```
ZeroMemory(&hints, sizeof (hints));
hints.ai_family = AF_INET;
hints.ai_socktype = SOCK_DGRAM;
hints.ai_protocol = IPPROTO_UDP;
hints.ai_flags = AI_PASSIVE;
```

2. 为套接字绑定本地地址

与 5.4.2 节中的流式套接字的实现类似，通过 getaddrinfo( ) 函数获得的服务器地址结构 sockaddr 保存了服务器的地址族、IP 地址和端口号，调用 bind( ) 函数，将服务器套接字与服务器本地地址关联，并检查调用结果是否出错。

3. 发送和接收数据

为了测试与服务器端的通信，服务器端调用 recvfrom( ) 函数接收客户端发来的数据，对接收的字节数进行统计，并调用 sendto( ) 函数发回已收到的测试数据。代码如下：

```
#define DEFAULT_BUFLEN 512
char recvbuf[DEFAULT_BUFLEN];
int iResult, iSendResult;
int recvbuflen = DEFAULT_BUFLEN;
sockaddr_in clientaddr;
int clientlen = sizeof(sockaddr_in);
//接收数据，直到对等方关闭连接
printf("UDP server starting\n");
ZeroMemory(&clientaddr, sizeof(clientaddr));
iResult = recvfrom(ServerSocket, recvbuf, recvbuflen, 0,
    (SOCKADDR *)&clientaddr,&clientlen);
if (iResult > 0)
{
    //情况 1：成功接收到数据
    printf("Bytes received: %d\n", iResult);
    //将缓冲区的内容回送给客户端
    iSendResult = sendto( ServerSocket, recvbuf, iResult, 0,
       (SOCKADDR *)&clientaddr,clientlen );
    if (iSendResult == SOCKET_ERROR)
    {
        printf("sendto failed with error: %d\n", WSAGetLastError());
        closesocket(ServerSocket);
        WSACleanup();
        return 1;
    }
    printf("Bytes sent: %d\n", iSendResult);
}
else if (iResult == 0)
{
    //情况 2：连接关闭
    printf("Connection closing...\n");
}
else
{
    //情况 3：接收发生错误
    printf("recvfrom failed with error: %d\n", WSAGetLastError());
    closesocket(ServerSocket);
    WSACleanup();
    return 1;
}
```

4. 关闭套接字，释放资源

与5.4.2节中的流式套接字的实现类似，当服务器发送完数据时，继续接收其他客户端的请求，如果满足终止条件，则调用closesocket( )关闭套接字。当服务器不再使用Windows Sockets DLL时，调用WSACleanup( )函数释放相关资源。

服务器端的完整代码如下：

```
1  #undef UNICODE
2  #define WIN32_LEAN_AND_MEAN
3  #include <windows.h>
4  #include <winsock2.h>
5  #include <ws2tcpip.h>
6  #include <stdlib.h>
7  #include <stdio.h>
8  //连接到WinSock 2对应的lib文件：Ws2_32.lib
9  #pragma comment (lib, "Ws2_32.lib")
10 //定义默认的缓冲区长度和端口号
11 #define DEFAULT_BUFLEN 512
12 #define DEFAULT_PORT "27015"
13
14 int __cdecl main(void)
15 {
16     WSADATA wsaData;
17     int iResult;
18     SOCKET ServerSocket = INVALID_SOCKET;
19     struct addrinfo *result = NULL;
20     struct addrinfo hints;
21     int iSendResult;
22     char recvbuf[DEFAULT_BUFLEN];
23     int recvbuflen = DEFAULT_BUFLEN;
24     sockaddr_in clientaddr;
25     int clientlen = sizeof(sockaddr_in);
26
27     //初始化WinSock
28     iResult = WSAStartup(MAKEWORD(2,2), &wsaData);
29     if (iResult != 0)
30     {
31         printf("WSAStartup failed with error: %d\n", iResult);
32         return 1;
33     }
34
35     ZeroMemory(&hints, sizeof(hints));
36     //声明IPv4地址族、数据报套接字、UDP
37     hints.ai_family = AF_INET;
38     hints.ai_socktype = SOCK_DGRAM;
39     hints.ai_protocol = IPPROTO_UDP;
40     hints.ai_flags = AI_PASSIVE;
41     //解析服务器地址和端口号
42     iResult = getaddrinfo(NULL, DEFAULT_PORT, &hints, &result);
43     if ( iResult != 0 )
44     {
45         printf("getaddrinfo failed with error: %d\n", iResult);
46         WSACleanup();
47          return 1;
48     }
```

```
 49     //为无连接的服务器创建套接字
 50     ServerSocket = socket(result->ai_family, result->ai_socktype,
                               result->ai_protocol);
 51     if(ServerSocket == INVALID_SOCKET)
 52     {
 53         printf("socket failed with error: %ld\n", WSAGetLastError());
 54         freeaddrinfo(result);
 55         WSACleanup();
 56         return 1;
 57     }
 58
 59     //为套接字绑定地址和端口号
 60     iResult = bind( ServerSocket, result->ai_addr, (int)result->ai_addrlen);
 61     if (iResult == SOCKET_ERROR)
 62     {
 63         printf("bind failed with error: %d\n", WSAGetLastError());
 64         freeaddrinfo(result);
 65         closesocket(ServerSocket);
 66         WSACleanup();
 67         return 1;
 68     }
 69     freeaddrinfo(result);
 70
 71     printf("UDP server starting\n");
 72     ZeroMemory(&clientaddr, sizeof(clientaddr));
 73     iResult = recvfrom(ServerSocket, recvbuf, recvbuflen, 0,
                          (SOCKADDR *)&clientaddr,&clientlen);
 74     if (iResult > 0)
 75     {
 76         //情况 1: 成功接收到数据
 77         printf("Bytes received: %d\n", iResult);
 78         //将缓冲区的内容回送给客户端
 79         iSendResult = sendto( ServerSocket, recvbuf, iResult, 0,
                                  (SOCKADDR *)&clientaddr,clientlen );
 80         if (iSendResult == SOCKET_ERROR)
 81         {
 82             printf("send failed with error: %d\n", WSAGetLastError());
 83             closesocket(ServerSocket);
 84             WSACleanup();
 85             return 1;
 86         }
 87         printf("Bytes sent: %d\n", iSendResult);
 88     }
 89     else if (iResult == 0)
 90     {
 91         //情况 2: 连接关闭
 92         printf("Connection closing...\n");
 93     }
 94     else
 95     {
 96         //情况 3: 接收发生错误
 97         printf("recv failed with error: %d\n", WSAGetLastError());
 98         closesocket(ServerSocket);
 99         WSACleanup();
100         return 1;
101         }
```

```
102
103          //关闭套接字，释放资源
104          closesocket(ServerSocket);
105          WSACleanup();
106          return 0;
107      }
```

运行以上代码，服务器应用程序启动时，在 UDP 端口 27015 上接收客户端发来的数据，统计并打印字节数，将接收到的数据发送回客户端。服务器程序的运行界面如图 6-7 所示。

图 6-7　服务器程序的运行界面

6.5　提高无连接程序的可靠性

6.5.1　UDP 的不可靠性问题

在 6.4.1 节基于数据报套接字的回射客户端示例代码中，recvfrom( ) 函数指定的第 5 个和第 6 个参数是空指针，说明客户进程想当然地认为应答数据报是服务器发来的，那么思考一下，该函数接收到的报文一定是服务器的响应报文吗？

当然不一定。UDP 是无连接的协议，数据接收没有初始状态，即任何进程（本客户进程所在主机上的进程，或不同主机上的进程）都可以向该客户的 IP 地址和端口发送数据报，即使设置了这两个参数，其功能也只是记录数据报的源地址，并没有限定数据来源的作用。

该示例中，不关心数据来源，客户进程只要接收就认为是服务器的应答，因此对接收的数据缓冲区中的内容是存在疑问的。

这个问题提醒我们，UDP 是一个不可靠的协议，当应用程序使用它进行数据传输时，可能会带来很多隐患，在编写程序的过程中应该注意这个问题。

具体来说，UDP 的不可靠性问题主要体现在以下几个方面：

1）当客户发送请求报文后，等待服务器的应答。客户进程收到一个应答后，会将其存放到该套接字的接收缓冲区中。此时，如果刚好有其他进程给该客户的这个端点地址发送了一个数据报，则客户的套接字会误以为这个数据报是服务器的应答，也会将其存放到这个接收缓冲区中。这样，在客户的接收缓冲区中会出现噪声数据。客户应该如何分辨哪些是噪声数据，哪些是非噪声数据呢？

2）客户发送请求报文后，会等待服务器的应答。但是，由于 UDP 是不可靠的协议，数据在网络中传输时有可能会丢失。如果报文丢失，会对客户产生什么样的影响？客户该怎样处理呢？

3）由于通信前没有建立连接，客户在发送请求时并不知道服务器的状态。如果服务器还没有启动，当客户向服务器发送请求时，就无法收到服务器的应答。这种情况又会对客户产生什么样的影响？客户该怎样处理呢？

4）由于通信前双方的处理能力未知且没有流量控制机制，发送端发送数据时并不清楚接收端的接收能力，如果快速设备无限制地向慢速设备发送 UDP 数据报，就会由于接收方的接收缓冲区溢出而丢失大量数据，而且通信双方都不会知道出现了丢失数据的情况。

以上列举了使用 UDP 传输数据时其不可靠的特性给网络应用程序开发带来的诸多问题，我们尝试增加一些对数据报套接字传输功能的控制来优化无连接应用程序的运行可靠性。

6.5.2 排除噪声数据

UDP 是无连接协议，数据接收没有初始状态，即任何进程（本客户进程所在主机上的进程，或不同主机上的进程）都可以向该客户的 IP 地址和端口发送数据报，如果不关心数据的来源和内容就盲目接收，那么接收方无法分辨哪些是待接收的正确数据，哪些是噪声。

噪声主要有以下两种情形：

- 无关的数据源发送的无关数据，主要表现在数据来自的 IP 地址或端口号不是正确的发送方地址。
- 相关的数据源发送的无关数据，主要表现在数据来自的 IP 地址和端口号是正确的，但发送的数据有问题，比如长度不足、类型不对或内容有误等。

针对第一种情形，我们可以通过增加对数据源的判断来接收已知来源的数据。以 6.4.1 节的回射客户端为例，为了辨别服务器发回的是响应还是噪声，修改代码如下：

```
int recvbuflen = DEFAULT_BUFLEN;
char *sendbuf = "this is a test";
char recvbuf[DEFAULT_BUFLEN];
int iResult;
struct sockaddr_in serveraddr,reply_addr;
int addrlen = sizeof(sockaddr_in);
//发送缓冲区中的测试数据
iResult = sendto( ConnectLessSocket, sendbuf, (int)strlen(sendbuf), 0,
    &serveraddr, addrlen);
if (iResult == SOCKET_ERROR) {
    printf("sendto failed with error: %d\n", WSAGetLastError());
    closesocket(ConnectLessSocket);
    WSACleanup();
    return 1;
}
printf("Bytes Sent: %ld\n", iResult);
//接收数据
iResult = recvfrom(ConnectLessSocket, recvbuf, recvbuflen, 0, &reply_addr,
    &addrlen);
if ( iResult > 0 && memcmp(pservaddr,preply_addr,len)==0 )
    printf("Bytes received: %d\n", iResult);
else if ( iResult == 0 )
    printf("Connection closed\n");
else
    printf("recv failed with error: %d\n", WSAGetLastError());
```

这里我们假定客户可能会收到来自无关数据源的数据，因此在发送数据时用 serveraddr 传入服务器的地址，而在接收数据报时用 reply_addr 记录当前报文的地址。每当客户接收到数据报，就对来源地址和服务器地址进行比较，只有二者相等时才输出结果。

如果客户在一段时间内只和一个唯一的服务器通信，那么对无关来源的判断还可以通过数据报套接字的连接模式来实现。在套接字发送和接收数据前，先调用 connect( ) 函数来注册通信的对方地址，该函数能够保证此后接收到的数据是连接声明的数据源发来的，其他数据源发送的数据报都不会被协议栈提交给该套接字。示例代码如下：

```
int recvbuflen = DEFAULT_BUFLEN;
char *sendbuf = "this is a test";
char recvbuf[DEFAULT_BUFLEN];
int iResult;
struct    sockaddr_in serveraddr;
int addrlen = sizeof(sockaddr_in);
//调用 connect() 函数使套接字进入连接模式
iResult = connect(ConnectLessSocket, &serveraddr, addrlen);
if (iResult == SOCKET_ERROR) {
    printf("connect failed with error: %d\n", WSAGetLastError());
    closesocket(ConnectLessSocket);
    WSACleanup();
    return 1;
}
//发送缓冲区中的测试数据
iResult = sendto( ConnectLessSocket, sendbuf, (int)strlen(sendbuf), 0, NULL, 0);
if (iResult == SOCKET_ERROR) {
    printf("sendto failed with error: %d\n", WSAGetLastError());
    closesocket(ConnectLessSocket);
    WSACleanup();
    return 1;
}
printf("Bytes Sent: %ld\n", iResult);
//接收数据
iResult = recvfrom(ConnectLessSocket, recvbuf, recvbuflen, 0, NULL, NULL);
if ( iResult > 0 )
    printf("Bytes received: %d\n", iResult);
else if ( iResult == 0 )
    printf("Connection closed\n");
else
    printf("recv failed with error: %d\n", WSAGetLastError());
```

除了对无关来源的判断外，针对第二种情形，我们还需要对数据内容特征进行判断，包括：

1）增加对数据长度的判断，过小的报文可能是传输环节上的接收截断导致的，需要丢弃这类报文。

2）增加对数据类型的定义和判断。当通信双方会交换多种类型的通信报文时，程序设计者习惯于在数据的开始部分增加固定位置和长度的类型字段。这种类型字段有助于进行数据内容和格式的标识，方便接收方处理。在接收数据后，应针对不同的数据类型进行不同的处理。

3）增加对数据发送源的身份鉴别。为了保护资源的安全性，实际应用中的很多应用程序会增加对数据发送源的身份鉴别，比如合法的用户名口令、授权的 IP 地址等。

6.5.3　增加错误检测功能

由于 UDP 是不可靠的，数据在网络中传输时有可能丢失。如果报文丢失，而接收方尚在 recvfrom( ) 函数调用上阻塞、等待的话，应用程序就无法从该系统调用返回，只能处于盲目等待的状态。

为了避免出现这种情况，应用程序需要通过设置套接字选项 SO_RCVTIMEO 来增加对 recvfrom( ) 的超时判断。示例代码如下：

```
//创建套接字
sockfd = socket(AF_INET, SOCK_DGRAM, 0);
//服务器地址赋值
……
//设置接收超时
nTimeOver=1000;//超时时限为1000ms
setsockopt(sockfd, SOL_SOCKET, SO_RCVTIMEO, (char*)&nTimeOver,
    sizeof(nTimeOver));
while(fgets(sendline,MAXLINE,fp)!=NULL)
{
    //发送请求
    //接收应答
}
……
```

经过上述修改后，客户端就不会一直盲目地接收数据了。达到接收超时时限时，即使没有接收到应答，recvfrom( ) 函数也会返回。

数据报文丢失可能有两种情况：

- 请求报文丢失。
- 响应报文丢失。

简单的超时判断并不能看出应用程序接收超时的真正原因，而这两种报文丢失在不同应用中造成的影响完全不同。例如，在银行系统中有一类常见情况：客户 A 向银行的服务器 B 发送一个请求报文，希望将 1 万美元转到 A 的账户上。如果请求报文在到达服务器 B 之前丢失，不会给客户和银行造成任何损失。如果服务器 B 收到这个请求报文后处理了这个请求，将 1 万美元转到了 A 的账户上，但它向客户 A 发回的应答报文丢失了，就会带来严重的后果，客户 A 可以否认自己收到过 1 万美元，而服务器 B 已将 1 万美元转到 A 的账户上了。

为了加强应用程序的可靠性，我们需要考虑很多因素，参考 TCP 的设计。TCP 增加了确认、超时、重传、流量控制、拥塞避免和慢启动等一系列机制来确保数据能够可靠地提交。我们不可能在应用程序上再造 TCP，但可以参考 TCP 的一些方法来提高使用 UDP 传输的应用程序对错误的检查能力。

对于简单的请求 – 应答应用程序而言，在使用 UDP 时，为了保证可靠性，需要具有错误检测能力，主要涉及类似于 TCP 的两个重要特性：

- 序号：供客户端验证一个应答是否匹配相应的请求。
- 超时和重传：用于处理丢失的数据报。

大多数使用简单的请求 – 应答方式的 UDP 应用程序都具有这两个特性，这些应用包括 DNS 解析器、SNMP 代理、TFTP 文件传输和 RPC 等。这些应用不涉及海量数据传输，对于合理大小和频率的请求与应答，一般不用考虑流量控制、拥塞避免和慢启动这些特性。

接下来，我们参考 TCP 在设计时的一些考虑来探讨如何给 UDP 应用程序增加上述特性。

1. 增加序号

增加序号比较简单，客户为每个请求赋予一个唯一的序号，要求服务器必须在返回该客户的应答中回射这个序号，这样客户就可以验证某个给定的应答是否能匹配早先发出的请求。序号的取值一般使用一个足够大的序号区间，以避免序号区间过小导致短时间内出现重复的序号，进而导致应用程序把重复序号携带的不同报文误认为是重复报文。参考TCP的设计，我们通常使用4字节来保存报文的序号，并将序号存放在UDP数据的开始部分，作为应用协议首部的一部分，如图6-8所示。

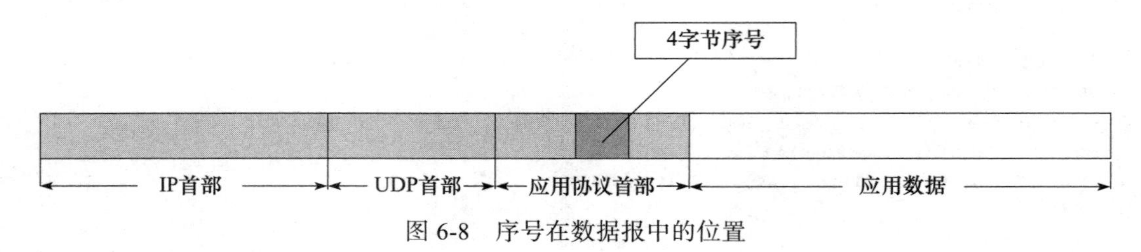

图6-8　序号在数据报中的位置

2. 处理超时和重传

处理超时和重传需要设置超时时间，并对尚未确认的数据进行重传。其中，最重要的是超时时间的取值，这个值依赖于对发送方与接收方往返时间（RTT）的正确测量。

传统方法是先发送一个请求并等待*N*秒。如果期间没有收到应答，就重新发送同一个请求并再等待*N*秒。如此发送一定次数后放弃发送。这是线性重传计时器的一个例子，一些TFTP客户程序仍使用这种方法。

这个方法的问题在于数据报在网络上的往返时间是不一定的，局域网的往返时间远小于1秒，而广域网上的往返时间却可能为几秒。影响往返时间的因素包括距离、网络速度和拥塞。另外，客户和服务器之间的RTT会因网络条件的变化而随着时间迅速变化。更好的策略是把实际测量到的RTT及其随时间的变化考虑在内，设置超时时间，实现超时重传。该领域已有一些研究工作，应用比较广泛的是Jacobson的方法。他认为，重传超时时间的计算除了要考虑对往返时间进行平滑处理外，还需要跟踪RTT的方差，在往返时间变化起伏很大时，基于均值和方差的计算效果更好。

在这里，估算的基础是RTT，每一次RTT都要正确测量。但是，当客户收到重传过的某个请求的某个应答时，它无法区分该应答对应哪一次请求，该问题被称为重传多义性问题，经典的解决方法有Karn算法。

另外，RFC 1323中介绍了TCP用于应对“长胖管道”（有较高带宽或有较长RTT或两者兼有的网络）的一种RTT的测量方法。该方法利用TCP的时间戳选项，每次发送一个请求时，把当前时间保存在该时间戳中；当收到一个应答时，从当前时间减去由服务器在其应答中回射的时间戳来算出RTT。每个请求携带一个将由服务器回射的时间戳，这样就可以算出所收到的每个应答的RTT。由于接收方能够判断重复请求，因此采用本方法不会有二义性，且客户和服务器之间不需要进行时钟同步。

总结来说，在增加了序号和超时重传机制后，使用数据报传递的数据形态和传输流程都发生了改变。

首先，应用程序间传递的数据不只是数据本身，还有与本次通信相关的控制信息：序号标识数据报的唯一性，时间戳用于测量往返时间以计算超时时间间隔。图6-9列出了一种UDP超时重传的简化的数据格式。为了避免短时间内不同报文的序号重复，我们可以为序号设计简单的递增方式，比如按报文次序递增或按时间间隔递增等。

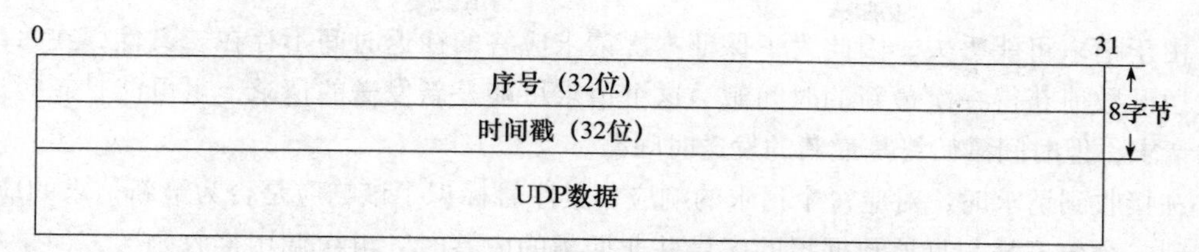

图 6-9 UDP 超时重传的简化的数据格式

其次，应用程序需要增加对 RTT 的测量以及超时判断功能，包括缓存已发送但尚未确认的数据报，区分重复应答和新应答。应用程序的超时重传处理流程如图 6-10 所示。

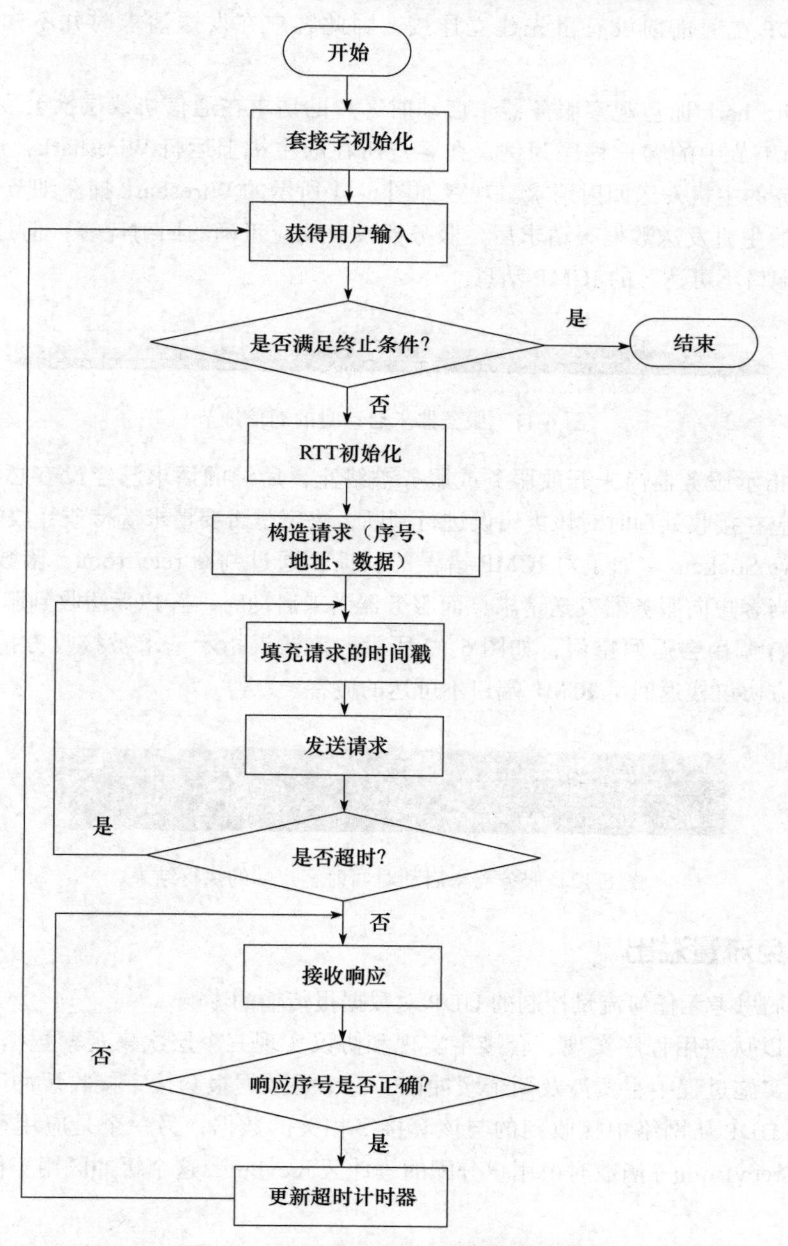

图 6-10 应用程序的超时重传处理流程

由于请求可能丢失，因此为了保证本次请求应答的往返时间不存在二义性，在每次调用发送函数前获得一次最新的时间戳。这个请求可能是新发送的请求，也可能是超时后重发的请求，但时间戳始终是最新的发送时间戳。

在接收到请求时，对应每个请求的响应，其序号标识了该响应是否为最新请求的应答；当收到一个数据报，且该数据报的序号并非期望的应答时，再次调用接收函数，但是不重传请求，也不重启运行中的重传计时器。

6.5.4 判断未开放的服务

由于 UDP 在通信前没有事先建立连接，因此客户在发送请求时并不知道服务器的状态。

利用 Wireshark 抓包观察服务器未启动时客户的请求在通信协议层次会发生什么样的情况。以 6.4.1 节中的客户程序为例，在客户所在的主机上运行 Wireshark，启动客户端，向未开放服务的主机发送回射请求。观察如图 6-11 所示的 Wireshark 捕获细节，可以看到，在客户所在的主机发送数据报请求后，服务器没有响应正确的回射应答，但是其协议栈返回了一个“端口不可达”的 ICMP 消息。

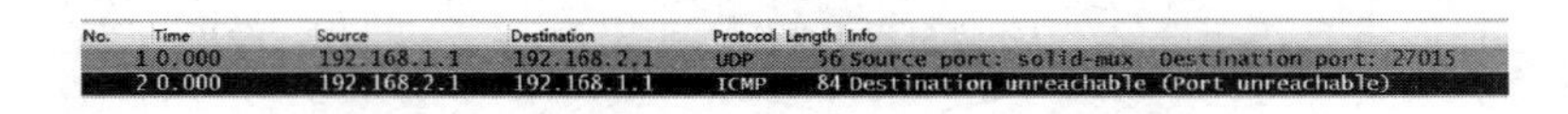

图 6-11　服务器未启动时的通信细节

该错误指示服务器尚未开放服务或服务被终止，后续的请求已经没有必要继续发送。程序设计者应在接收处理时对该类错误进行判断，决定是否要请求等待或释放资源等操作。

Windows Sockets 增加了对 ICMP 错误的反馈，通过判断 recvfrom( ) 函数的返回值可以观察到，当客户向服务器发送请求，而服务器尚未启动时，客户无法收到服务器的应答，其 recvfrom( ) 调用会返回错误，如图 6-12 所示。该错误指示请求被接收方拒绝，在 UDP 传输时，对方协议栈返回了 ICMP 端口不可达的应答。

图 6-12　服务器未启动时回射客户端的执行结果

6.5.5 避免流量溢出

本节我们思考无任何流量控制的 UDP 对数据报传输的影响。

我们可以从应用程序实现、套接字实现和协议实现三个层次来观察数据接收的过程。数据接收在实施过程中主要涉及两个缓冲区，一个是数据报套接字接收缓冲区，这个缓冲区中保存了 UDP 从网络中接收到的与该套接字相关的数据；另一个是应用程序接收缓冲区，即调用 recvfrom( ) 函数时由用户分配的缓冲区 recvbuf，这个缓冲区用于保存从数据报套接字接收缓冲区收到并提交给应用程序的网络数据。数据接收涉及两个层次的写操作：从网络上接收数据保存到数据报套接字接收缓冲区，以及从数据报套接字接收缓冲区复制数据到应用程序接收缓冲区中，如图 6-13 所示。

数据报套接字接收缓冲区的大小限制了 UDP 实现可向其提交的数据报数量。在 Windows 系统中，接收缓冲区的大小默认是 8KB，最大为 8MB（8192KB）。如果这个值过小，则出现数据溢出的可能性较大。

为了降低数据溢出给应用程序带来的不可靠性，一方面可以增大套接字接收缓冲区，使服务器能够接收更多数据报（对数据报套接字接收缓冲区大小的获取和设置与流式套接字类似，参考 5.7.2 节给出的示例代码），另一方面可以在通信前由发送方和接收方对数据传输速度进行协商，限制单位时间内传输的数据量，从而达到一种静态流量控制的效果。

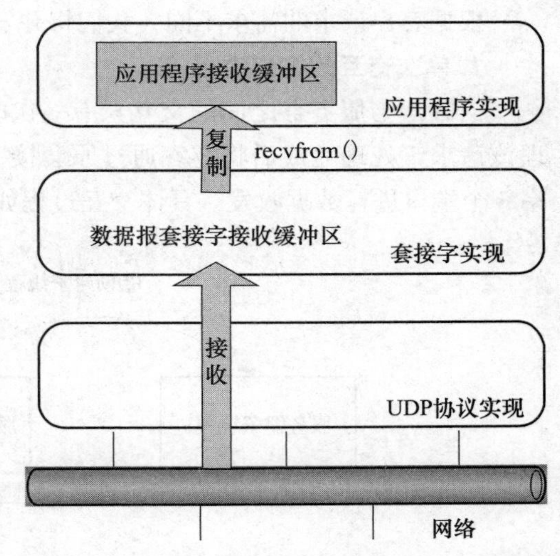

图 6-13　应用程序接收缓冲区与数据报套接字接收缓冲区

6.6　无连接服务器的并发性处理

无连接服务器对多个客户请求的处理可以采用循环和并发两种方式。

6.6.1　循环无连接服务器

大多数无连接服务器程序是循环迭代运行的：服务器等待一个客户请求，读入这个请求，处理这个请求，送回其应答，接着等待下一个客户请求。此类服务器对多个客户请求通过循环调用依次处理，一次只处理一个客户请求。循环无连接服务器的一些常见应用包括心跳服务器、时间服务器等。

对于简单的服务，服务器对每个请求的计算很少，使用循环的方式就能很好地为多个客户提供服务。这种服务器设计逻辑简单，资源管理代价小。

6.6.2　并发无连接服务器

在前面的内容中，我们讨论了引入并发服务器的几种情况，并发服务器通过使处理和 I/O 部分重叠而达到高性能，但这种服务器的开发和调试代价较高。

当客户请求的处理需要消耗很长时间时，我们期望无连接服务器程序具有某种形式的并发性。

对于面向连接的并发服务器而言，每个连接限制了独立的数据收发双方，并发处理往往设计为对不同客户的请求创建对应的子线程并分别处理。由于每个客户在TCP连接上都有唯一的连接套接字进行标识，因此服务器的并发处理很简单。然而，使用UDP时，由于不存在连接，无连接服务器的并发性并不像面向连接那么容易设计。

根据客户请求的需求不同，我们将并发的无连接服务器设计分为以下两类。

1. 单次交互的客户请求

当客户与服务器之间的交互只有一次时，服务器读入客户请求后，创建一个子线程处理该请求，处理完成后将应答通过原套接字发送给客户。在服务器运行期间，多个线程共享一个端口进行数据收发。具体交互过程如图6-14所示。

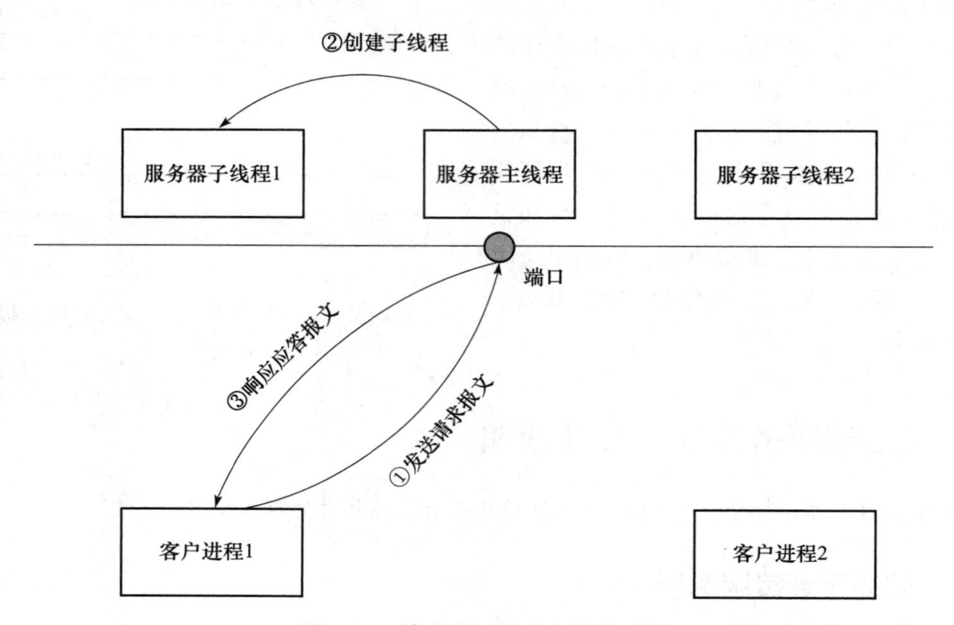

图6-14 单次交互的客户请求过程

2. 多次交互的客户请求

当客户需要与服务器多次交互数据报时，情况变得比较复杂。

客户只知道唯一的服务器知名端口号，此时并发服务器设计必须解决的一个问题是：所有客户都给服务器的知名端口发送请求，那么服务器如何区分这是来自该客户的同一请求的后续数据报，还是来自其他客户的新请求呢？

这个问题的典型解决方案是让服务器为每个客户创建一个新的套接字，在其上绑定一个临时端口，然后使用这个套接字处理该客户的所有后续数据交互。

这种解决方法带来另一个问题：客户如何获知服务器的后续响应？

为了解决这个问题，要求客户在看到服务器的第一个应答时就将其源端口号记录下来，并把这次请求的后续数据报发送到该端口上。

通过以上策略可以保证在并发的无连接服务器的运行过程中，服务器可以区分新客户和老客户的不同请求，并进行正确的并发服务和通信，具体交互过程如图6-15所示。

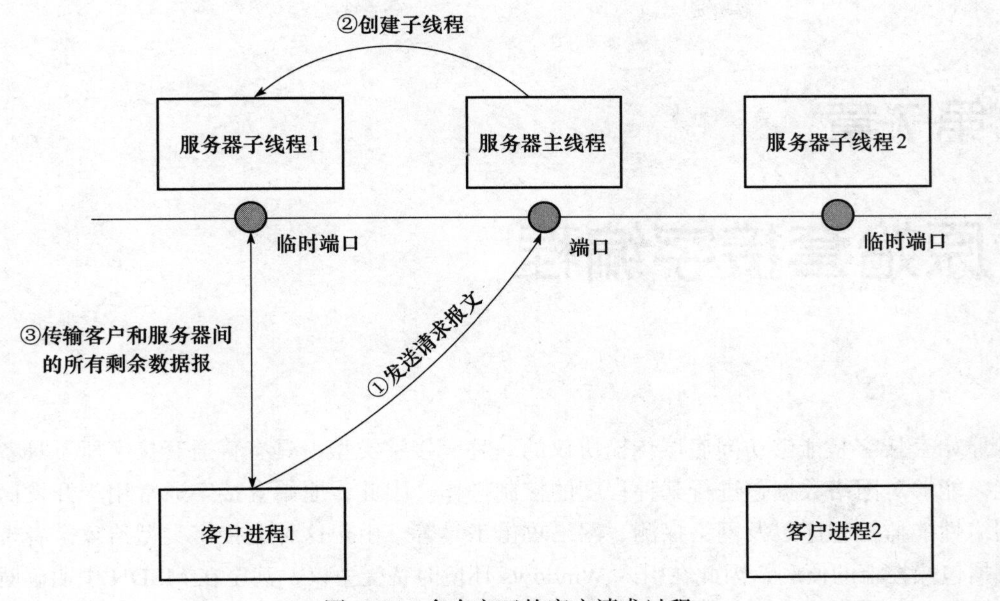

图 6-15 多次交互的客户请求过程

习题

1. 思考套接字接口层与 UDP 实现之间的关系，结合数据发送和接收分析数据的传递过程以及两个层次的具体工作。
2. 在基于数据报套接字的网络应用程序设计中，假设客户向服务器发送了两个数据报，一个报文长度为 800 字节，另一个报文长度为 1200 字节，设置服务器端的接收缓冲区为 1000 字节，进行三次接收操作。请思考，服务器在三次接收操作中分别会发生何种现象？实际接收到的字节长度为多少？
3. 总结使用 UDP 进行数据传输的应用程序应在哪些具体操作上考虑可靠性问题。

实验

1. 设计一个网络测试程序，客户端能够高速发送数据，服务器端接收数据并统计接收到的数据报文个数，测试当前系统和网络环境下服务器的丢包率。
2. 在上题的测试程序基础上，修改系统的接收缓冲区，测试系统接收缓冲区的大小与程序丢包率之间的关系，并分析原因。

第 7 章

原始套接字编程

原始套接字是能够访问底层传输协议的一种套接字类型，具有普通套接字所不具备的功能，能够对网络数据包进行某种程度的控制操作。因此，原始套接字通常用于开发简单的网络性能监控程序以及网络探测、网络攻击工具等。由于这种套接字类型给攻击者带来了数据包操控上的便利，因此在引入 Windows 环境时备受争议，甚至在 MSDN 中明确对该套接字的使用给出了警告。

本章主要讲述原始套接字的能力，原始套接字在创建、输入和输出过程中与流式套接字和数据报套接字的不同之处，以及如何使用原始套接字操作数据通信等。使用原始套接字编程操控协议更底层的数据，要求程序设计人员对 TCP/IP 有更加深入的理解。

7.1 原始套接字的功能

通过前面两章的学习，我们熟悉了流式套接字和数据报套接字这两种常用的网络编程方法。从用户的角度看，在 TCP/IP 协议栈中，流式套接字和数据报套接字分别对应于传输层的 TCP 和 UDP，几乎所有的应用程序数据传输都可以使用这两类套接字实现。

但是，当面对如下问题时，流式套接字和数据报套接字就无能为力：

- 怎样发送一个自定义的 IP 数据包？
- 怎样接收 ICMP 承载的差错报文？
- 怎样让主机捕获网络中其他主机间的报文？
- 怎样伪装本地的 IP 地址？
- 怎样模拟 TCP 或 UDP 的行为实现对协议的灵活操控？

Berkeley 套接字将流式套接字和数据报套接字定义为标准套接字，用于在主机之间通过 TCP 和 UDP 来传输数据。为了保证 Internet 的使用效率，除了传输数据之外，操作系统的协议栈还处理了大量非数据流量。如果程序员在创建应用时也需要对这些非数据流量进行控制，那么就需要另一种套接字，即原始套接字。这种套接字越过了 TCP/IP 协议栈的部分层次，为程序员提供了完全且直接的数据包级的 Internet 访问能力。标准套接字与原始套接字如图 7-1 所示。

从图中可以看出，使用普通流式套接字和数据报套接字的应用程序只能控制数据包的数据部分，也就是除了传输层首部和网络层首部以外的需要通过网络传输的数据部分。而传输层首部和网络层首部则由协议栈根据创建套接字时指定的参数负责填充。显然，对于这两部分信息，开发者是无法管理的。但是原始套接字则不同，通过它不但可以控制传输层的首部，还可以控制网络层的首部，这给程序员提供了很大的灵活性。同时，原始套接字为网络程序提供的这种灵活性也带来了一定的安全隐患。

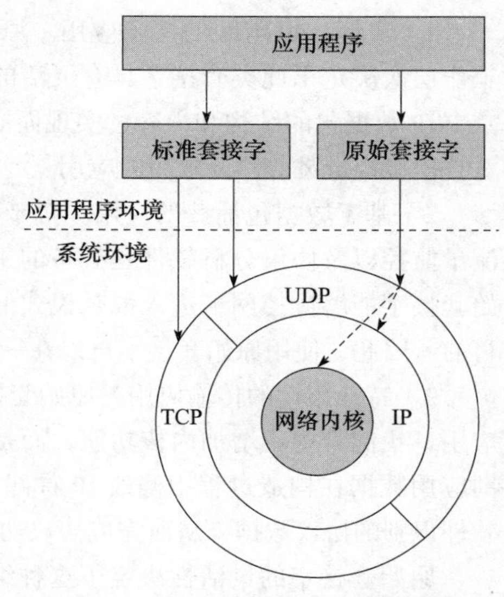

图 7-1 标准套接字与原始套接字

具体而言，原始套接字提供普通流式套接字和数据报套接字不具备的以下三种能力：

1）发送和接收 ICMPv4、IGMPv4 和 ICMPv6 等分组。原始套接字能够处理 IP 头中预定义的网络层的协议分组，如 ICMP、IGMP 等。举例来说，ping 程序使用原始套接字发送 ICMP 回射请求并接收 ICMP 回射应答。多播路由守护程序也使用原始套接字发送和接收 IGMPv4 分组。

这个能力还使得使用 ICMP 和 IGMP 构造的应用程序能够作为用户进程处理，而不必在内核中额外添加代码。

2）发送和接收内核不处理其协议字段的 IPv4 数据包。对于 8 位 IPv4 协议字段，大多数内核仅仅处理该字段值为 1（ICMP）、2（IGMP）、6（TCP）、17（UDP）的数据报，然而，为协议字段定义的其他值还有很多，在 IANA 的“Protocol Numbers”中有详细的定义。举例来说，OSPF 路由协议既不使用 TCP 也不使用 UDP，而是直接通过 IP 承载，协议类型为 89。如果想在一个没有安装 OSPF 路由协议的系统上处理 OSPF 数据报文，那么实现 OSPF 的程序必须使用原始套接字读写这些 IP 数据包，因为内核不知道如何处理协议字段为 89 的 IPv4 数据包，这个能力延续到了 IPv6。

3）控制 IPv4 首部。使用原始套接字不仅能够直接处理 IP 承载的协议分组，而且能够直接控制 IP 首部，通过设置 IP_HDRINCL 套接字选项可以改变套接字默认配置，允许编程人员自行构造 IPv4 首部字段。我们可以利用该选项构造特殊的 IP 首部以达到某些探测和访问的目的。

7.2 原始套接字编程模型

7.2.1 原始套接字编程的适用场合

尽管原始套接字的功能强大，可以构造 TCP 和 UDP 的协议报文完成数据传输，但是这种套接字类型也不能适用于所有的情况。

在网络层上，原始套接字使用不可靠的 IP 分组传输服务。与数据报套接字类似，这种服务的特点是无连接、不可靠。无连接的特点决定了原始套接字的传输非常灵活，具有资源消耗小、处理速度快的优点。而不可靠的特点意味着在网络质量不好的环境下，数据包丢失会比较严重，因此上层应用程序选择网络协议时需要考虑网络应用程序运行的环境，以及数据在传输过程中丢失、乱序、重复所带来的不可靠性问题。结合原始套接字的开发层次和能力，原始套接字适用于以下场合：

1）灵活、可定制的探测应用。原始套接字提供了直接访问硬件通信的相关能力，其工作层次决定了此类套接字具有灵活的数据构造能力，应用程序可以利用原始套接字操控TCP/IP数据包的结构和内容，实现面向特殊用途的探测和扫描。因此，原始套接字适用于对数据包构造灵活性要求高的应用。

2）基于数据包捕获的应用。对于从事协议分析或网络管理的人来说，各种入侵检测、流量监控以及协议分析软件是必备的工具，这些软件都具有数据包捕获和分析的功能。原始套接字能够操控网卡进入混杂模式的工作状态，从而达到捕获流经网卡的所有数据包的目的。因此，使用原始套接字可以在一定程度上满足数据包捕获和分析的应用需求。

3）特殊用途的传输应用。原始套接字能够处理内核不认识的协议数据，对于一些特殊应用，我们希望不增加内核功能，而是在用户层面支持某类特殊协议，原始套接字能够帮助应用数据在构造过程中修改IP首部协议字段值，并接收处理协议字段值无法被IP协议软件识别的协议数据，从而完成协议功能在用户层面的扩展。

原始套接字的灵活性决定了这种编程方法会受到某类技术人员的欢迎，但是由于涉及复杂的控制字段的构造和解释工作，使用这种套接字类型完成网络通信并不容易。程序设计者应对TCP/IP有深入的理解，同时具备丰富的网络程序设计经验。

7.2.2 原始套接字的通信过程

基于上述对原始套接字应用场合的分析可知，使用此类套接字编写的程序往往面向特定应用，侧重于网络数据的构造与发送或者捕获与分析。

使用原始套接字传送数据与使用数据报套接字的过程类似，不需要建立连接，而是在网络层上直接根据目的地址构造IP分组进行数据传送。以下从发送和接收两个角度来分析原始套接字的通信过程。

1. 基于原始套接字的数据发送过程

在通信过程中，数据发送方根据协议要求，将要发送的数据填充进发送缓冲区，同时给发送数据附加上必要的协议首部，全部完成后，将数据发送出去。其基本通信过程如下：

1）Windows Sockets DLL初始化，协商版本号。

2）创建套接字，指定使用原始套接字进行通信，根据需要设置IP控制选项。

3）指定目的地址和通信端口。

4）填充首部和数据。

5）发送数据。

6）关闭套接字。

7）结束对Windows Sockets DLL的使用，释放资源。

在发送数据前，应用程序需要进行Windows Sockets DLL初始化，并创建好原始套接字，为网络通信分配必要的资源。

发送数据需要填充目的地址并构造数据，在步骤2，根据应用的不同，原始套接字可以有两种选择：仅构造IP数据或构造IP首部和IP数据。此时，程序设计人员需要根据实际需要对套接字选项进行配置。

2. 基于原始套接字的数据接收过程

在通信过程中，数据接收方设定好接收条件后，从网络中接收到与预设条件匹配的网络数据。如果出现噪声，则对数据进行过滤。其基本通信过程如下：

1）Windows Sockets DLL 初始化，协商版本号。

2）创建套接字，指定使用原始套接字进行通信，并声明特定的协议类型。

3）根据需要设定接收选项。

4）接收数据。

5）过滤数据。

6）关闭套接字。

7）结束对 Windows Sockets DLL 的使用，释放资源。

在接收数据前，应用程序需要进行 Windows Sockets DLL 初始化，并创建好套接字，为网络通信分配必要的资源。

网络接口提交给原始套接字的数据并不一定是网卡接收到的所有数据，如果希望得到特定类型的数据包，在步骤 3，应用程序需要对套接字的接收进行控制，设定接收选项。

由于原始套接字的数据传输也是无连接的，网络接口提交给原始套接字的数据很可能存在噪声，因此在接收到数据后，需要对数据按一定条件进行过滤。

综上所述，在使用原始套接字进行数据传输的过程中，增加了诸多操作，如套接字选项的设置、传输协议首部的构造、网卡工作模式的设定以及接收数据的过滤与判断等。这要求程序设计人员充分理解原始套接字的创建、接收与发送过程的操作技巧和数据形态。

7.3 原始套接字的创建、输入与输出

上一节给出了原始套接字的编程模型。使用原始套接字通信的基本函数与数据报套接字类似，但是由于工作的层次更低，因此原始套接字在创建、输入和输出方面与数据报套接字有一些不同之处。本节具体介绍如何使用原始套接字。

7.3.1 创建原始套接字

要使用原始套接字，程序会要求操作系统先创建套接字抽象层的实例。在 WinSock 2 中，完成这个任务的函数是 socket( ) 和 WSASocket( )，它们的参数指定了程序所需的套接字类型，具体定义参见 5.3.1 节。

在原始套接字中，我们使用常量 SOCK_RAW 指明套接字类型。

由于原始套接字提供管理下层传输的能力，因此它们可能会被恶意利用，这是一个安全问题。只有具有管理员（administrator）权限的用户才能创建原始套接字，否则在后续函数调用时会失败，错误码为 WSAEACCES。这么做可以防止普通用户向网络发出恶意构造的 IP 数据包。

对于第 3 个参数（协议参数）而言，在使用流式套接字和数据报套接字时，我们通常用 0 代表默认协议，即系统为所选类型的套接字使用该套接字类型对应的默认协议，因为对于

AF_INET 地址族而言，系统为流式套接字默认使用 TCP，而对数据报套接字默认使用 UDP。通常来说，对于某一给定的地址族，系统针对特定的套接字类型只支持一种协议，如果对于某一给定地址族的特定套接字类型支持不止一种协议，那么需要在协议字段明确指明协议类型。

原始套接字能够操控的协议类型有很多，协议字段此时通常不为 0，而是通过一个协议类型的宏定义具体指明。协议参数要根据具体情况来设置，它依赖于原始套接字所要达到的目的以及系统的环境等因素。

Windows Sockets 在 winsock2.h 中预定义了大约 20 种协议类型，并定义了所能支持的协议类型最大数量 IPPROTO_MAX（256），当协议类型值超过 255 时，就不能成功创建原始套接字。常用的协议类型如表 7-1 所示。

表 7-1　常用的协议类型

协　议	值	含　义
IPPROTO_IP	0	IP
IPPROTO_ICMP	1	ICMP
IPPROTO_IGMP	2	IGMP
BTHPROTO_RFCOMM	3	蓝牙通信协议
IPPROTO_IPV4	4	IPv4
IPPROTO_TCP	6	TCP
IPPROTO_UDP	17	UDP
IPPROTO_ IPV6	41	IPv6
IPPROTO_ ICMPV6	58	ICMPv6
IPPROTO_ RAW	255	原始 IP 包

原始套接字不存在端口号的概念，但是可以显式地给该套接字关联本地和远端地址，涉及端点地址关联的函数主要有以下两种：

- 本地地址关联——bind( ) 函数。可以在原始套接字上调用 bind( ) 函数，但这种情况比较少见。其功能是指定从这个原始套接字发送的所有数据包的源 IP 地址（只在 IP_HDRINCL 套接字选项未开启的前提下有效）。由于原始套接字不存在端口号的概念，因此 bind( ) 函数仅仅设置本地 IP 地址。使用原始套接字比较常见的情况是不调用 bind( )，此时内核把源 IP 地址动态设置为外出接口的 IP 地址。
- 远端地址关联——connect( ) 函数或 WSAConnect( ) 函数。可以在原始套接字上调用 connect( ) 函数或 WSAConnect( ) 函数，不过这种情况比较少见。其功能是指定从这个原始套接字发送的所有数据包的目的 IP 地址，由于原始套接字不存在端口号的概念，因此 connect( ) 函数或 WSAConnect( ) 函数仅设置远端 IP 地址，这个函数同样起到了注册远端地址的作用，因此在后续的数据发送中可以不必指定目的地址。

7.3.2　使用原始套接字接收数据

通常，使用原始套接字接收数据可以调用 recvfrom( ) 或 WSARecvFrom( ) 函数实现。我们在处理这种套接字接收的数据时关心两个问题：接收数据的内容和接收数据的类型。

1. 接收数据的内容

从接收数据的内容来看，无论套接字如何设置发送选项，对于 IPv4，原始套接字接收到的数据都是包括 IP 首部在内的完整数据包；对于 IPv6，原始套接字接收到的都是去掉了 IPv6 首部和所有扩展首部的净载荷。

2. 接收数据的类型

从接收数据的类型来看，数据从协议栈提交到使用套接字的应用程序涉及两层数据的提交，如图 7-2 所示。

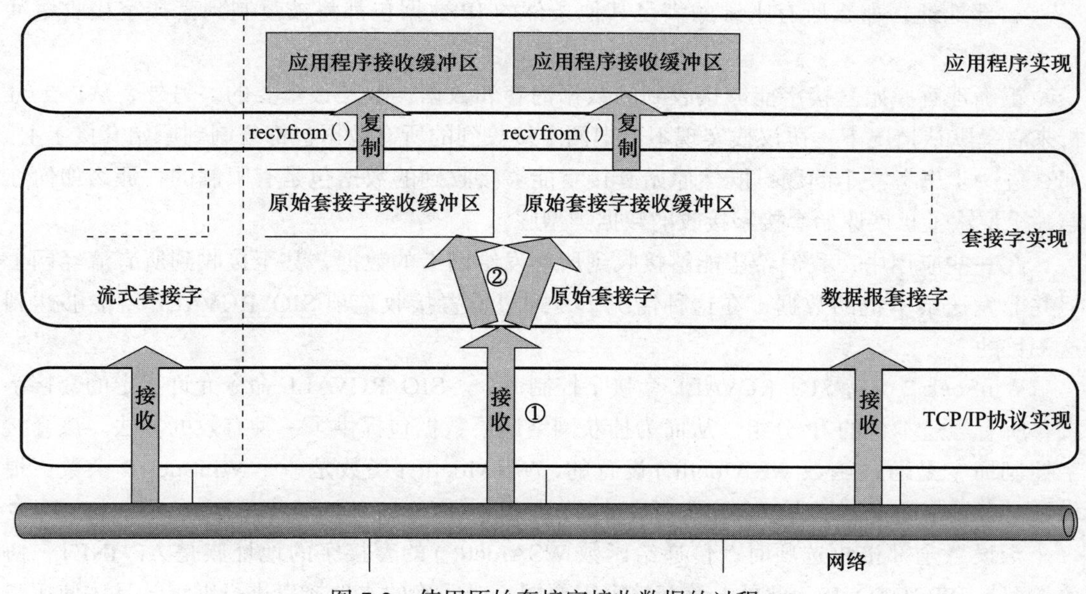

图 7-2 使用原始套接字接收数据的过程

（1）第一个层次

参考图 7-2 中步骤①，在接收到一个数据包之后，协议栈把满足以下条件的 IP 数据包传递到套接字实现的原始套接字部分：

- 非 UDP 分组或 TCP 分组。
- 部分 ICMP。
- 所有 IGMP 分组。
- 协议栈不认识其协议字段的所有 IP 数据包。
- 重组后的分片数据。

（2）第二个层次

参考图 7-2 中步骤②，当协议栈有一个需传递到原始套接字的 IP 数据包时，它将检查所有进程的所有打开的原始套接字，寻找满足接收条件的套接字。如果满足以下条件，每个匹配的套接字接收缓冲区都将接收到数据包的一份副本：

- 匹配的协议：对应于 socket( ) 函数或 WSASocket( )，如果在创建原始套接字时指定了非 0 的协议参数，那么接收到的数据包 IP 首部中的协议字段必须与指定的协议参数匹配。

- 匹配的目的地址：对应于 bind( ) 函数，如果通过 bind( ) 函数将原始套接字绑定到某个固定的本地 IP 地址，那么接收到的数据包的目的地址必须与绑定地址相符。如果没有将原始套接字绑定到本地的某个 IP 地址，那么不考虑数据包的目标 IP，将符合其他条件的所有 IP 数据包都复制到该套接字接收缓冲区中。
- 匹配的源地址：对应于 connect( ) 函数或 WSAConnect( ) 函数，如果通过调用 connect( ) 函数或 WSAConnect( ) 函数为原始套接字指定了外部地址，那么接收到的数据包的源 IP 地址必须与上述已连接的外部 IP 地址匹配。如果没有为该原始套接字指定外部地址，那么所有来源的满足其他条件的 IP 数据包都将被复制到套接字接收缓冲区中。

正确理解原始套接字能够接收到的数据内容和数据类型是很重要的。另外，从以上分析来看，默认情况下，协议栈实现不会把网卡接收到的所有数据包都复制到原始套接字上。那么进一步思考一个问题：既然原始套接字能够接收到的数据包是有限制的，那么如何在第一个层次上扩展原始套接字接收的数据类型呢？

在一些应用中，我们希望能够接收到所有发给网卡的数据，甚至接收到所有流经网卡但并非发送给本机的数据，在这种情况下，通过设置接收选项 SIO_RCVALL 就能够达到这一目的。

WinSock 2 支持 SIO_RCVALL 套接字控制命令。SIO_RCVALL 命令允许指定的套接字接收所有经过本机的 IP 分组，从而为捕获网络底层数据包提供了一种有效的方法。该套接字控制命令是通过函数 WSAIoctl( ) 设置的，WSAIoctl( ) 函数是一个 WinSock 2 函数，提供了对套接字的控制能力，其定义见 4.5.4 节。

当设置全部接收选项时，传递给函数 WSAIoctl( ) 的套接字的地址族是 AF_INET，协议类型是 IPPROTO_IP。此外，该套接字需要同一个明确的本地接口进行绑定。具体使用步骤为：

1）创建原始套接字，由于 IPv6 尚未实现 SIO_RCVALL，因此套接字地址族必须是 AF_INET，协议必须是 IPPROTO_IP。

2）将套接字绑定到指定的本地接口。

3）调用 WSAIoctl( ) 为套接字设置 SIO_RCVALL I/O 控制命令。

4）调用接收函数，捕获 IP 数据包。

该函数的使用示例代码如下：

```
#include <winsock2.h>
#include "wstcpip.h"
#pragma comment(lib, "ws2_32.lib")
void main(int argc, char **argv)
{
    SOCKADDR_IN sa;
    SOCKET sock;
    DWORD dwBufferLen[10] ;
    DWORD Optval= 1 ;
    DWORD dwBytesReturned = 0 ;
    //Windows Sockets DLL 初始化
    ……
```

```
    //创建套接字
    if (( sock = socket ( AF_INET,  SOCK_RAW, IPPROTO_IP)) ==SOCKET_ERROR)
    {
        //错误处理
        ……
    }
    //地址初始化
    ……
    if (bind(sock, (PSOCKADDR)&sa, sizeof(sa)) == SOCKET_ERROR)
    {
        //错误处理
        ……
    }
    if(WSAIoctl(sock, SIO_RCVALL , &Optval, sizeof(Optval),  &dwBufferLen,
        sizeof(dwBufferLen), &dwBytesReturned , NULL , NULL )== SOCKET_ERROR )
    {
        //错误处理
        ……
    }
    //接收数据
    ……
}
```

另外，使用原始套接字接收数据是在无连接的方式下进行的，原始套接字可能会接收到很多非预期的数据包。比如，设计一个 ping 程序来发送 ICMP ECHO 请求，并接收响应，在等待 ICMP 响应时，其他类型的 ICMP 消息也可能到达该套接字。此时，应用程序应具备一定的数据过滤能力，从数据来源、数据包协议类型等方面对接收到的数据进行判断，保留匹配的数据包。

7.3.3 使用原始套接字发送数据

在原始套接字上发送数据是以无连接的方式完成的，创建好原始套接字后，可以直接将构造好的数据发送出去。但是，由于原始套接字工作的层次比数据报套接字更低，因此它们在发送目标和发送内容方面有一些区别。

1. 发送数据的目标

从发送数据的目标来看，原始套接字不存在端口号的概念，对目的地址进行描述时，端口是被忽略的，但是仍然可以在连接模式和非连接模式两种方式下为该套接字关联远端地址。

（1）非连接模式

在非连接模式下，应用程序在每次数据发送前指定目的 IP，然后调用 sendto( ) 函数或 WSASendTo( ) 函数将数据发送出去，并在接收数据时，调用 recvfrom( ) 函数或 WSARecvFrom( ) 函数，从函数返回参数中读取接收的数据包的来源地址。这种模式也适用于广播地址或多播地址的发送，此时需要通过 setsockopt( ) 函数设置选项 SO_BROADCAST 以允许发送广播数据。

（2）连接模式

在连接模式下，应用程序首先调用 connect( ) 函数或 WSAConnect( ) 函数指明远端地址，即确定唯一的通信对方地址，这样在之后的数据发送和接收过程中，不用每次都指明远程地址就可以发送和接收报文。此时，send( ) 函数 /WSASend( ) 函数和 sendto( ) 函数 /WSASendTo( ) 函数可以通用，recv( ) 函数 /WSARecv( ) 函数和 recvfrom( ) 函数 /WSARecvFrom( ) 函数也可以通用。

2. 发送数据的内容

从发送数据的内容来看，原始套接字的发送内容涉及多种协议首部的构造。对于 IPv4 和 IPv6 数据的发送，IP 首部控制选项为协议首部的填充提供了两个层次的选择：如果是 IPv4，选项为 IP_HDRINCL，选项级别为 IPPROTO_IP；如果是 IPv6，选项为 IPV6_HDRINCL，选项级别为 IPPROTO_IPV6。以 IPv4 数据的发送为例，图 7-3 展示了选项开启和不开启时发送内容的覆盖范围。

图 7-3　选项开启和不开启时发送内容的覆盖范围

（1）IP 首部控制选项未开启

在原始套接字创建后，默认发送的数据是 IP 数据部分，不需要设置 IP 首部控制选项。此时，程序设计人员负责构造 IP 承载的协议首部和协议数据，IP 首部是由协议栈负责填充的。如果希望对 IP 首部部分字段的默认值进行更改，可以使用套接字提供的一些 IPPROTO_IP 层次上的选项（见 4.5.4 节），程序员可以通过设置套接字选项的方式进行修改，从而简化数据构造的复杂性。

（2）IP 首部控制选项开启

如果希望对 IP 首部进行个性化填充，则需要设置 IP 首部控制选项，此时包括 IP 首部在内的整个数据包都由用户完成构造，协议栈则极少参与数据包的形成过程。在这种情况下，用户不但可以构造知名协议（如 TCP、UDP 等）的完整数据包，还可以实现自定义的协议，并最终将其封装在 IP 数据包中，此外，用户还可以更改 IP 首部的部分内容，如生成分片数据包、修改源 IP 地址等。

尽管使用了 IP 首部控制选项，但协议栈并不是完全不干涉数据包的构造过程，比如，协议栈会自己计算 IP 首部的检验和；如果用户将源 IP 地址设置为 INADDR_ANY，则协议栈将把它设置为外出接口的主 IP 地址，等等。

7.4　编程示例

7.4.1　使用原始套接字实现 ping

ping 是很多操作系统用来检验主机是否连通网络，以及探测远程主机是否存活的实用工具之一，它通过向远程主机发送 ICMP 回送请求包并检查返回的远程主机响应包来实现探测功能。基于 ICMP ECHO 原理，结合原始套接字的编程方法，就可以实现具有 ping 功能的工具。

1. ICMP 简介

由于 IP 提供的是一种不可靠的无连接数据传递服务，因此它提高了资源的利用率，是一种尽力传输的服务。但是，IP 缺少差错控制和辅助机制，位于网络层的 ICMP 恰好弥补了 IP 的缺陷，它使用 IP 进行信息传递，在主机、路由器之间传递控制消息。控制消息包括网络是否通畅、主机是否可达、路由是否可用等网络状态信息。这些控制消息虽然并不传输用户数据，但是对于传递用户数据起着重要的作用。

ICMP 报文有两种类型：差错报文和查询报文。

差错报文一般由路由器或目的主机产生，向主机或路由器报告在传输 IP 数据包时可能遇到的一些问题。所有差错报文都包含数据部分，数据部分包括原始数据包的 IP 首部以及数据包中前 8 个字节的数据。这样做的理由是：原始数据包的首部可以提供原始的源端点地址和报文的协议类型，前 8 字节的数据提供了有关端口号以及 TCP 的序号信息，这些信息足以使差错报文与特定协议（协议字段）和进程（端口号）联系起来，帮助发送者获知差错报文产生的源数据包。不过，不同的协议实现可能在具体实施时会对差错报文携带的数据量有不同要求。

查询报文主要帮助用户从另一个主机或路由器获取特定的信息。源端发出查询报文后，目的端将使用 ICMP 规定的格式进行应答，查询和应答报文都封装在标准的 IP 数据包中。

ICMP 包含一个 8 字节的首部和一个可变长的数据部分。对于每种类型的报文而言，它们的首部格式可能不同，但前 4 字节都是相同的。ICMP 报文的封装及首部结构如图 7-4 所示。

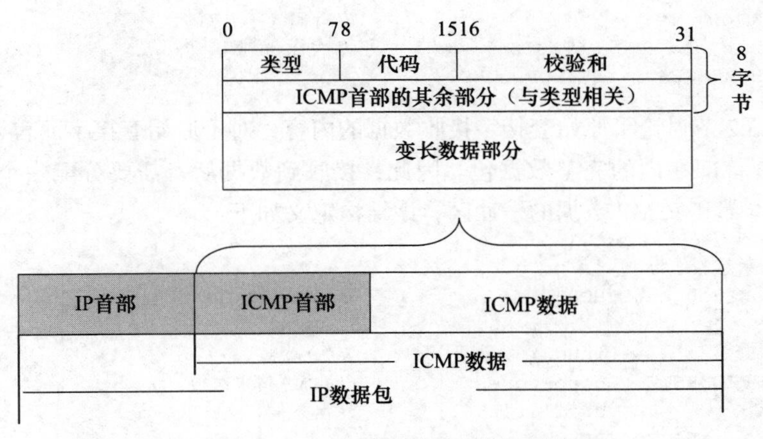

图 7-4　ICMP 报文的封装及首部结构

2. ping 程序实现

原始套接字提供了操控网络层协议的能力，能够帮助设计者构造、发送和接收 ICMP 的数据包。ping 程序使用 ICMP 的 ECHO 类型请求报文，对 ping 的实现主要涉及 ICMP ECHO 请求的发送和响应的接收。另外，在每次请求和响应过程中计算响应间隔时间，以帮助用户判断对方主机的状态和网络的状况。

（1）定义 ICMP 消息结构

为了方便对 ICMP ECHO 类型消息进行处理，首先以结构的方式定义 ICMP 的请求和应答所涉及的消息结构。

ICMP 首部的定义如下：

```
// ICMP 首部结构
typedef struct tagICMPHDR
    {
    u_char       Type;                    //类型
    u_char       Code;                    //代码
    u_short      Checksum;                //校验和
    u_short      ID;                      //标识
    u_short      Seq;                     //序号
}ICMPHDR, *PICMPHDR;
```

我们希望在每次 ICMP ECHO 请求和应答中获知从请求发送到接收到应答的间隔时间，在通信双方没有时钟同步的情况下，不能简单依靠对方通告的时间信息来判断。因此，在构造的 ICMP ECHO 请求数据包中，增加了 4 字节的时间戳字段，每次请求方在发送请求时获取当前系统时间，填入时间戳字段，并要求接收方将发送的数据原封不动地返回。在接收到本次应答后，再次获取当前系统时间，与接收到的数据包中携带的时间戳相减即得到往返时间间隔。

基于以上考虑，ICMP ECHO 请求的消息结构定义如下：

```
// ICMP 回射请求结构
typedef struct tagECHOREQUEST
{
    ICMPHDR   icmpHdr;                      //ICMP 首部
    DWORD dwTime;                           //时间戳
    char  cData[REQ_DATASIZE];              //ICMP 数据
    }ECHOREQUEST, *PECHOREQUEST;
```

我们在 7.3.2 节讨论了原始套接字接收数据的内容，对于原始套接字而言，它接收到的数据是包含 IP 首部在内的完整数据包。因此，接收到数据后，需要分配一个包含 IP 首部结构、ICMP 首部和 ICMP 数据的缓冲区，该结构定义如下：

```
// ICMP 回射应答结构
typedef struct tagECHOREPLY
{
    IPHDR          ipHdr;                 //IP 首部
    ECHOREQUEST    echoRequest;           //ICMP 请求结构
    char           cFiller[256];          //填充
}ECHOREPLY, *PECHOREPLY;
```

其中，IP 首部的结构定义如下：

```
// IP 首部结构
typedef struct tagIPHDR
{
    u_char    VIHL;                       //版本号和首部长度
    u_char    TOS;                        //服务类型
    short     TotLen;                     //总长度
    short     ID;                         //标识
    short     FlagOff;                    //分片标志和分片偏移
    u_char    TTL;                        //TTL
```

```
    u_char     Protocol;                  //协议
    u_short    Checksum;                  //校验和
    struct     in_addr iaSrc;             //源 IP 地址
    struct     in_addr iaDst;             //目的 IP 地址
}IPHDR, *PIPHDR;
```

（2）创建主程序框架——main( )

创建一个控制台程序，在主程序框架中检查输入参数的合法性，完成 Windows Sockets DLL 的初始化，调用 Ping( ) 函数实现 ping 的具体操作，最后对套接字资源进行释放。main( ) 函数的实现代码如下：

```
 1 void main(int argc, char **argv)
 2 {
 3     WSADATA wsaData;
 4     WORD wVersionRequested = MAKEWORD(1,1);
 5     int nRet;
 6     //检查输入合法性
 7     if (argc != 2)
 8     {
 9         fprintf(stderr,"\nUsage: ping hostname\n");
10         return;
11     }
12     //初始化套接字
13     nRet = WSAStartup(wVersionRequested, &wsaData);
14     if (nRet)
15     {
16         fprintf(stderr,"\nError initializing WinSock\n");
17         return;
18     }
19     //核对套接字版本
20     if (wsaData.wVersion != wVersionRequested)
21     {
22         fprintf(stderr,"\nWinSock version not supported\n");
23         return;
24     }
25     //调用 Ping() 函数完成具体功能
26     Ping(argv[1]);
27     //释放 WinSock
28     WSACleanup();
29 }
```

（3）搭建 ping 的功能框架——Ping( )

Ping( ) 函数实现了 ping 的主体功能。代码如下：

```
 1 void Ping(LPCSTR pstrHost)
 2 {
 3     //定义变量
 4     SOCKET          rawSocket;
 5     LPHOSTENT       lpHost;
 6     struct          sockaddr_in saDest;
 7     struct          sockaddr_in saSrc;
 8     DWORD          dwTimeSent;
 9     DWORD          dwElapsed;
10     u_char          cTTL;
```

```
11      int          nLoop;
12      int          nRet;
13      //创建原始套接字，指定协议类型为IPPROTO_ICMP
14      rawSocket = socket(AF_INET, SOCK_RAW, IPPROTO_ICMP);
15      if (rawSocket == SOCKET_ERROR)
16      {
17          ReportError("socket()");
18          return;
19      }
20      //根据用户指定的地址获取目标IP
21      lpHost = gethostbyname(pstrHost);
22      if (lpHost == NULL)
23      {
24          fprintf(stderr,"\nHost not found: %s\n", pstrHost);
25          return;
26      }
27      //填充套接字的目的端点地址
28      saDest.sin_addr.s_addr = *((u_long FAR *) (lpHost->h_addr));
29      saDest.sin_family = AF_INET;
30      saDest.sin_port = 0;
31
32      //在控制台输出当前的工作
33      printf("\nPinging %s [%s] with %d bytes of data:\n", pstrHost,
            inet_ntoa(saDest.sin_addr), REQ_DATASIZE);
34      //对目标地址连续ping 4次
35      for (nLoop = 0; nLoop < 4; nLoop++)
36      {
37          //发送ICMP请求
38          SendEchoRequest(rawSocket, &saDest);
39          //等待响应到达
40          nRet = WaitForEchoReply(rawSocket);
41          if (nRet == SOCKET_ERROR)
42          {
43              ReportError("select()");
44              break;
45          }
46          if (!nRet)
47          {
48              printf("\nTimeOut");
49              break;
50          }
51          //接收响应
52          dwTimeSent = RecvEchoReply(rawSocket, &saSrc, &cTTL);
53          //计算响应间隔时间
54          dwElapsed = GetTickCount() - dwTimeSent;
55          //输出结果
56        printf("\nReply from: %s: bytes=%d time=%ldms TTL=%d",inet_ntoa
              (saSrc.sin_addr), REQ_DATASIZE, dwElapsed, cTTL);
57      }
58      printf("\n");
59      //关闭套接字
60      nRet = closesocket(rawSocket);
61      if (nRet == SOCKET_ERROR)
62          ReportError("closesocket()");
63  }
```

第 13 ～ 19 行代码创建了具有 IPPROTO_ICMP 协议类型的原始套接字，准备处理 ICMP 的消息。

第 20 ～ 33 行代码对用户输入的目标主机名进行转换，得到结构化的目的地址信息。

第 34 ～ 57 行代码完成 ping 的主要功能，循环调用函数 SendEchoRequest( ) 完成 ICMP ECHO 请求的构造和发送，调用函数 WaitForEchoReply( ) 等待响应到达，调用函数 RecvEchoReply( ) 接收响应，之后计算和输出每一次请求的往返时间。

3. 构造并发送 ICMP ECHO 请求数据包——SendEchoRequest( )

SendEchoRequest( ) 函数填充 ICMP ECHO 请求报文结构，并调用 sendto( ) 函数完成单次 ICMP ECHO 请求的发送，代码如下：

```
1  int SendEchoRequest(SOCKET s,LPSOCKADDR_IN lpstToAddr)
2  {
3      static ECHOREQUEST echoReq;
4      static nId = 1;
5      static nSeq = 1;
6      int nRet;
7      //填充 ICMP ECHO 请求
8      echoReq.icmpHdr.Type = ICMP_ECHOREQ;
9      echoReq.icmpHdr.Code = 0;
10     echoReq.icmpHdr.Checksum = 0;
11     echoReq.icmpHdr.ID = nId++;
12     echoReq.icmpHdr.Seq = nSeq++;
13     //填充 ICMP ECHO 数据
14     for (nRet = 0; nRet < REQ_DATASIZE; nRet++)
15         echoReq.cData[nRet] = ' '+nRet;
16     //获得当前的时钟并填充
17     echoReq.dwTime = GetTickCount();
18     //计算校验和
19     echoReq.icmpHdr.Checksum = in_cksum((u_short *)&echoReq, sizeof(ECHOREQUEST));
20     //Send the echo request
21     nRet = sendto(s,                        //套接字
                     (LPSTR)&echoReq,          //缓冲区
                     sizeof(ECHOREQUEST),      //缓冲区长度
                     0,                        //发送标志
                     (LPSOCKADDR)lpstToAddr,   //目的地址
                     sizeof(SOCKADDR_IN));     //地址长度
22     if (nRet == SOCKET_ERROR)
23         ReportError("sendto()");
24     return (nRet);
25 }
```

（1）等待 ICMP ECHO 应答——WaitForEchoReply( )

WaitForEchoReply( ) 函数采用 select 模型来等待 ICMP ECHO 应答，代码如下：

```
1  int WaitForEchoReply(SOCKET s)
2  {
3      struct timeval Timeout;
4      fd_set readfds;
5      //设置读等待套接字数组
6      readfds.fd_count = 1;
7      readfds.fd_array[0] = s;
```

```
 8       Timeout.tv_sec = 5;
 9       Timeout.tv_usec = 0;
10       //等待套接字上的网络事件
11       return(select(1, &readfds, NULL, NULL, &Timeout));
12  }
```

（2）接收 ICMP ECHO 应答——RecvEchoReply( )

RecvEchoReply( ) 函数接收 ICMP ECHO 应答，提取出其携带的时间戳并返回，代码如下：

```
 1  DWORD RecvEchoReply(SOCKET s, LPSOCKADDR_IN lpsaFrom, u_char *pTTL)
 2  {
 3      ECHOREPLY echoReply;
 4      int nRet;
 5      int nAddrLen = sizeof(struct sockaddr_in);
 6      //接收回射应答
 7      nRet = recvfrom(s,                          //套接字
                        (LPSTR)&echoReply,          //接收缓冲区
                        sizeof(ECHOREPLY),          //缓冲区长度
                        0,                          //接收标志
                        (LPSOCKADDR)lpsaFrom,       //数据来源地址
                        &nAddrLen);                 //来源地址长度
 8      //判断接收返回至
 9      if (nRet == SOCKET_ERROR)
10          ReportError("recvfrom()");
11      //返回发送时间和 IP 头中的 TTL
12      *pTTL = echoReply.ipHdr.TTL;
13      return(echoReply.echoRequest.dwTime);
14  }
```

执行上述程序，运行结果如图 7-5 所示。其中，“myping 192.168.2.1”命令对应本示例程序，“ping 192.168.2.1”命令对应系统自带的 ping 程序的输出结果。

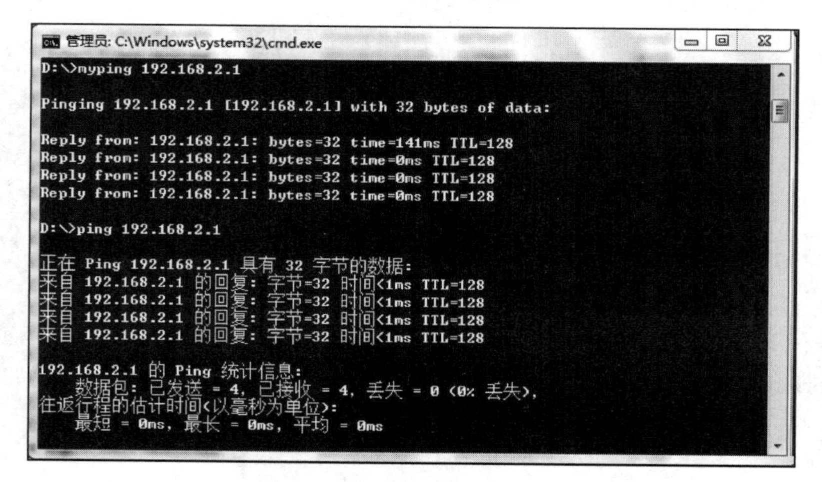

图 7-5　ping 程序的运行结果

7.4.2　使用原始套接字实现数据包捕获

网络嗅探器在网络安全方面具有重要作用，使用网络嗅探器可以对网络上传输的数据

包进行捕获和分析，以供协议分析和网络安全防御之用。

我们在 7.3.2 节讨论了使用原始套接字在数据接收时能够接收到的数据内容和类型。从接收数据的类型来看，数据从协议栈提交到使用套接字的应用程序涉及交付原始套接字和交付应用程序两个层次的数据提交，并不是所有经过网卡的数据都会被原始套接字接收到。另外，我们还探讨了 I/O 控制函数 WSAIoctl( ) 对 SIO_RCVALL 套接字控制命令的支持。设置 SIO_RCVALL 命令后，允许指定的套接字接收所有流经所绑定网卡的 IP 数据包，这为捕获网络底层数据包提供了一种有效的方法。

1. 数据包捕获原理

通常，套接字程序只能响应与自己的 MAC 地址匹配的或是以广播形式发出的数据帧，对于其他形式的数据帧，网络接口采取的动作是直接丢弃。为了使网卡能够接收所有经过它的数据帧，需要将网卡设置为混杂模式。

使用 SIO_RCVALL 命令可以在原始套接字上设置网卡以混杂模式工作，在此基础上，从网卡上接收数据并对数据进行解析。

2. 数据包捕获实现

基于原始套接字编程，下面是一个具有简单数据包捕获功能的例子：

```
 1 #include “winsock2.h”
 2 #include "mstcpip.h"
 3 #include "stdio.h"
 4 #pragma comment(lib,"ws2_32.lib")
 5 //定义默认的缓冲区长度和端口号
 6 #define DEFAULT_BUFLEN 65535
 7 #define DEFAULT_NAMELEN 512
 8
 9 int _tmain(int argc, _TCHAR* argv[])
10 {
11     WSADATA wsaData;
12     SOCKET SnifferSocket = INVALID_SOCKET;
13     char recvbuf[DEFAULT_BUFLEN];
14     int iResult;
15     int recvbuflen = DEFAULT_BUFLEN;
16     struct hostent *local;
17     char HostName[DEFAULT_NAMELEN];
18     struct in_addr addr;
19     struct sockaddr_in LocalAddr, RemoteAddr;
20     int addrlen = sizeof(struct sockaddr_in);
21     int in=0,i=0;
22     DWORD dwBufferLen[10];
23     DWORD Optval= 1 ;
24     DWORD dwBytesReturned = 0 ;
25     //初始化套接字
26     iResult = WSAStartup(MAKEWORD(2,2), &wsaData);
27     if (iResult != 0) {
28         printf("WSAStartup failed with error: %d\n", iResult);
29         return 1;
30     }
31     //创建原始套接字
32     printf( "\n创建原始套接字 ...");
33     SnifferSocket = socket ( AF_INET, SOCK_RAW, IPPROTO_IP);
```

```
34      if (SnifferSocket == INVALID_SOCKET) {
35          printf("socket failed with error: %ld\n", WSAGetLastError());
36          WSACleanup();
37          return 1;
38      }
39      //获取本机名称
40      memset( HostName, 0, DEFAULT_NAMELEN);
41      iResult = gethostname( HostName, sizeof(HostName));
42      if ( iResult ==SOCKET_ERROR) {
43        printf("gethostname failed with error: %ld\n", WSAGetLastError());
44        WSACleanup();
45        return 1;
46      }
47      //获取本机可用 IP
48      local = gethostbyname( HostName);
49      printf ("\n本机可用的 IP 地址为: \n");
50      if( local ==NULL)
51      {
52          printf("gethostbyname failed with error: %ld\n", WSAGetLastError());
53          WSACleanup();
54          return 1;
55      }
56      while (local->h_addr_list[i] != 0) {
57          addr.s_addr = *(u_long *) local->h_addr_list[i++];
58          printf("\tIP Address #%d: %s\n", i, inet_ntoa(addr));
59      }
60         printf ("\n请选择捕获数据待使用的接口号: ");
61      scanf_s( "%d", &in);
62          memset( &LocalAddr, 0, sizeof(LocalAddr));
63        memcpy( &LocalAddr.sin_addr.S_un.S_addr, local->h_addr_list[in-1],
              sizeof(LocalAddr.sin_addr.S_un.S_addr));
64      LocalAddr.sin_family = AF_INET;
65      LocalAddr.sin_port=0;
66      //绑定本地地址
67        iResult = bind( SnifferSocket, (struct sockaddr *) &LocalAddr,
              sizeof(LocalAddr));
68      if( iResult == SOCKET_ERROR){
69          printf("bind failed with error: %ld\n", WSAGetLastError());
70          closesocket(SnifferSocket);
71          WSACleanup();
72          return 1;
73      }
74      printf(" \n成功绑定套接字和#%d号接口地址", in);
75      //设置套接字接收命令
76        iResult = WSAIoctl(SnifferSocket, SIO_RCVALL , &Optval, sizeof(Optval),
              &dwBufferLen, sizeof(dwBufferLen), &dwBytesReturned , NULL , NULL );
77      if ( iResult == SOCKET_ERROR ){
78          printf("WSAIoctl failed with error: %ld\n", WSAGetLastError());
79          closesocket(SnifferSocket);
80          WSACleanup();
81      }
82      //开始接收数据
83      printf(" \n开始接收数据");
84      do
85      {
```

```
86          //接收数据
87          iResult = recvfrom( SnifferSocket, recvbuf, DEFAULT_BUFLEN, 0 ,
                (struct sockaddr *)&RemoteAddr,&addrlen);
88          if (iResult > 0)
                printf ("\n接收到来自%s的数据包，长度为%d.",
89                  inet_ntoa(RemoteAddr.sin_addr),iResult );
90          else
91              printf("recvfrom failed with error: %ld\n", WSAGetLastError());
92      } while(iResult > 0);
93      return 0;
94  }
```

第 31 ～ 38 行代码完成原始套接字的创建，套接字地址族为 AF_INET，协议是 IPPROTO_IP，套接字类型为 SOCK_RAW。

主机可能是多网卡的，但数据包的捕获需要明确指定一个本地的网络接口地址，因此程序增加了本机 IP 地址获取与选择的功能，第 39 ～ 46 行代码完成获得主机名称的工作，第 47 ～ 65 行代码根据获得的主机名得到该主机的多个网卡地址，打印到界面中让用户选择。

当用户选择了某个网卡时，第 66 ～ 74 行代码对用户指定的 IP 地址与创建好的原始套接字进行绑定，由于此时工作在网络层，没有端口的概念，因此绑定地址的端口号设为 0。

在绑定主机 IP 地址后，第 75 ～ 81 行代码调用 WSAIoctl( ) 函数为套接字设置 SIO_RCVALL 控制命令，将网卡设置为混杂模式。

在所有的前期工作准备完毕后，第 82 ～ 94 行代码调用接收函数 recvfrom( ) 接收数据包，在该示例中没有对数据包的内容进行解析，只是简单输出了数据包的长度和来源地址。

该程序的运行截图如图 7-6 所示。

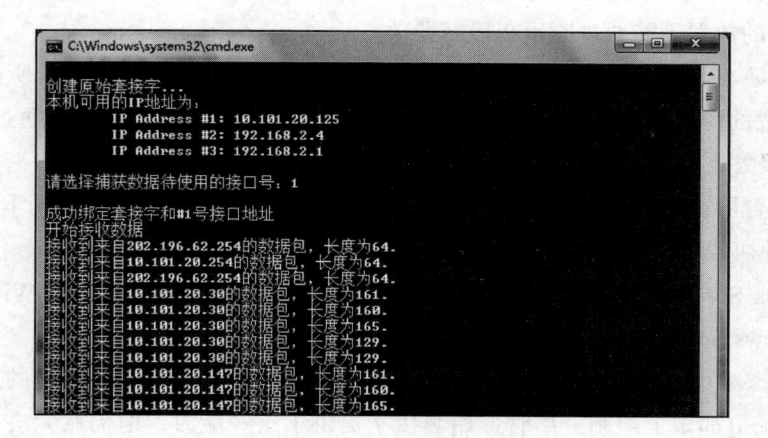

图 7-6　数据包捕获程序的运行截图

本程序实现了数据包捕获程序的框架，捕获后分析和统计协议数据的功能比较简单。根据实际分析需求，对捕获数据的分析工作可以进一步扩展，比如给出当前已接收数据包的源 / 目的 IP 地址和端口号、分类统计一段时间内的协议流量、针对特殊字段的内容进行网络数据捕获等。

7.5　Windows 对原始套接字的限制

原始套接字提供了普通套接字所不具备的功能，能够对网络数据包进行某种程度的控制操作，成为开发简单网络性能监控程序、网络探测、网络攻击等的有效工具。由于这种灵活性给攻击者带来了数据包操控上的便利，因此在 Windows 环境下，是否支持原始套接字一直是一个备受争议的问题，不同版本的 Windows 对原始套接字的限制也是有所区别的。

在 Windows 环境中，WinSock 是 IP 的服务提供者，目前只有 WinSock 2 支持原始套接字。它提供了两种基本的原始套接字类型：

1）使用熟知协议类型的原始套接字。位于 IP 首部协议类型域的类型值是熟知协议，可由 WinSock 服务提供者识别，例如 ICMP（协议类型为 1）、ICMPv6（协议类型为 58）等。

2）使用任何协议类型的原始套接字。不考虑 WinSock 服务提供者是否对它提供直接支持，例如流控制传输协议（ Stream Control Transmission Protocol，SCTP）。

由于原始套接字提供了直接操纵底层传输服务的能力，因此对网络安全构成了威胁，Windows 限制只有管理员组的成员可以在 Windows 2000 以及更高的版本中创建原始套接字。在 Windows NT 4.0 上，任何人都可以创建原始套接字，但非管理员不能对该套接字执行任何操作，而 Windows Me/98 则对原始套接字的使用没有任何限制。

随着 Windows 版本的提高，对原始套接字的限制更加严格，在 Windows 7、Windows Vista、Windows XP SP2 和 Windows XP SP3 中，通过原始套接字发送数据的能力受到了诸多限制，这些限制主要包括：

1）TCP 的数据不能通过原始套接字发送。

2）如果源 IP 地址不正确，UDP 的数据就不能通过原始套接字发送。所谓不正确是指为数据包设置的源地址不属于本机有效的 IP 地址，这样限制了恶意代码通过伪造源 IP 地址进行拒绝服务攻击的能力，同时限制了发送 IP 欺骗数据包的能力。

3）当设置协议类型为 IPPROTO_TCP 时，不允许将原始套接字绑定到本地地址（当协议类型为其他协议时，绑定是允许的）。

Windows Server 对原始套接字的支持较好，上述限制不适用于 Windows Server 2003、Windows Server 2008 以及 Windows SP2 以前的操作系统。

从 Windows 对原始套接字的限制情况来看，一些原始套接字本来具有的功能在常用的 Windows 系统中都做了限制。尽管原始套接字提供了这些能力，但仍然无法充分发挥其灵活性。在现实应用中，如果原始套接字无法满足需求，程序员就要将编程层次再下降一层，比如使用 Npcap 编程直接操控数据帧来实现更加灵活的数据构造和捕获。

习题

1. 原始套接字在处理数据发送和接收方面与流式套接字和数据报套接字有哪些不同？
2. 某程序员在 Windows 7 环境下，使用原始套接字构造 TCP 的 SYN 请求以实现半开端口扫描，但在网络中并没有看到 SYN 请求的发送，请分析原因并给出解决思路。

实验

1. 使用原始套接字编程实现 UDP 回射客户端的主要功能。该客户端具备 IP 原始数据包的构造、发送和接收功能。其实现过程是：从控制台获取用户输入，将用户输入的字符串作为 UDP 的数据填充回射请求，发送给回射服务器，接收服务器发回的响应，并将响应打印到命令行中。
2. 设计一个路径探测器，使其实现类似于 traceroute 的功能，获取从探测源到目的主机的路由器路径和延迟。

第8章

网络通信中的I/O操作

前面几章介绍了套接字编程的基础技术，可以实现简单的客户与服务器的通信。但是，在实际应用中，面对多个客户的请求，服务器要考虑效率与公平性，这对服务器的性能提出了更高的要求。为了灵活、高效地处理网络通信，服务器和客户的设计者需要根据现实需求，选择合适的套接字I/O模型。

要在Windows平台上构建高效、实用的客户/服务器程序，选择合适的套接字I/O模型是非常重要的环节。除了基本的阻塞I/O模型外，Windows平台还提供了其他6种套接字I/O模型，即非阻塞I/O模型、I/O复用模型、WSAAsyncSelect模型、WSAEventSelect模型、重叠I/O模型和完成端口模型。本章以流式套接字的回射服务器在以上模型中的实现为主线，阐述这些模型的使用方法、技术细节及优缺点。

8.1 I/O设备与I/O操作

8.1.1 I/O设备

在计算机中，有许多用于处理输入与输出操作的设备，通常可以分成以下三类：

1）I/O类设备：又称为慢速外设，这类设备主要与用户打交道，数据交换速度较慢，通常是以字节为单位进行数据交换。这类设备主要有显示器、键盘、打印机、扫描仪、传感器、控制杆、键盘、鼠标等。

2）存储类设备：这类设备主要用于存储程序和数据，数据交换速度较快，通常以许多字节组成的块为单位进行数据交换。这类设备主要有磁盘设备、磁带设备、光盘等。

3）网络通信类设备：这类设备的数据交换速度通常高于慢速外设，但低于存储类设备，主要有各种网络接口、调制解调器等。网络通信类设备在使用和管理上与I/O类设备和存储类设备有很大的不同。

各类I/O设备之间有很大的差别，甚至每一类设备之间也有相当大的差异，主要差别包括：

- 数据传输速率：不同设备的数据传输速率可能相差几个数量级。
- 应用程序：设备用于做什么，对软件、操作系统策略以及应用程序都有影响。例如，用于文件操作的磁盘需要文件管理软件的支持，在虚拟存储方案中，磁盘作为页面调度的后备存储器，取决于虚存硬件和软件的使用。此外，应用程序对磁盘调度算法有一定的影响。另一个例子是，终端可以被普通用户使用，也可以被系统管理员使用，这两种使用情况隐含着不同的特权级别，在操作系统中可能有不同的优先级。

- 控制的复杂度：打印机仅需要一个比较简单的控制接口，而磁盘的控制接口则复杂得多，这些差别对操作系统的影响可以用控制该设备的I/O模块的复杂度来描述。
- 传送单位：数据可以采用字节流或者字符流的形式传送（如终端I/O），也可以采用多个字节组成的数据块的形式传送（如磁盘I/O）。
- 数据表示：不同的设备使用不同的数据编码方案，包括字符代码和奇偶约定的差异等。
- 错误条件：错误的本质、报告错误的方式、错误的后果以及可以得到的响应范围随设备的不同而不同。

这些差异的存在使得无论从操作系统的角度，还是从用户进程的角度，都很难实现统一的、一致的输入/输出方法。

8.1.2　网络通信中的I/O等待

使用网络设备进行数据的发送与接收也面临着与传统I/O操作类似的环节，网络操作经常会面临I/O事件的等待，这些等待事件大致分为以下几类：

- 等待输入操作：等待网络中有数据可被接收。
- 等待输出操作：等待套接字实现中有足够的缓冲区保存待发送的数据。
- 等待连接请求：等待有新的客户建立连接或对等方断开连接。
- 等待连接响应：等待服务器对连接的响应。
- 等待异常：等待网络连接异常或有带外数据可被接收。

以等待输入操作事件为例，Windows Sockets提供了4个函数进行数据接收，包括recv( )、recvfrom( )、WSARecv( )和WSARecvFrom( )，那么在这些接收函数进行I/O事件等待时，究竟哪些因素制约了函数的返回时间呢？

在前面的章节中，我们探讨过数据接收涉及的基本操作，从应用程序实现、套接字实现和协议实现三个层次来观察数据接收的过程。数据接收在实施过程中主要涉及两个缓冲区：套接字接收缓冲区和应用程序接收缓冲区，数据接收也涉及两个层次的写操作，如图8-1所示。那么，一次数据接收主要有两类等待：

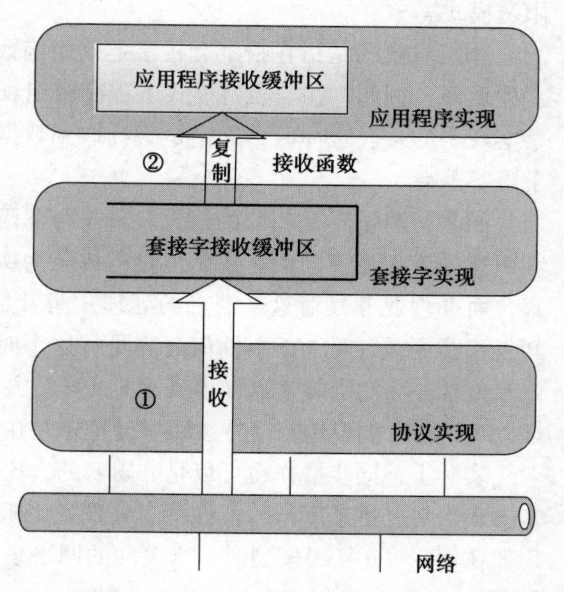

图8-1　数据接收过程中涉及的两个层次的写操作

第一类：等待数据到达网络，当分组到达时，它被复制到套接字接收缓冲区。

第二类：等待将数据从套接字接收

缓冲区复制到应用程序缓冲区。

实质上，第一类代表等待网络I/O条件的满足，第二类代表等待具体处理I/O。不同的网络I/O模型的差别主要集中在对第一类等待的处理上，包括以阻塞方式持续等待，直到条件满足为止、以轮询方式查看I/O条件是否满足，以及以被动反馈的方式来获取I/O条件满足的具体通知等。

8.1.3　套接字的I/O模式

在使用套接字技术开发网络应用程序时，需要根据实际需求来选择套接字的I/O模式和I/O模型。

首先来解释**同步**和**异步**的概念。这两个概念与消息的通知机制有关。对于消息处理者而言，在同步的情况下，由处理消息者自己去等待消息是否被触发；在异步的情况下，由触发机制来通知处理消息者，然后进行消息的处理。

举例来看，当我们去银行办理业务时，可能选择直接排队等候，也可能选择取一个号码条由柜台叫号后办理业务。前者（排队等候）相当于同步等待消息，而后者（等待别人通知）相当于异步等待消息。在异步消息处理中，等待消息者（等待办理业务的人）往往注册一个回调机制，在所等待的事件被触发时由触发机制（柜台）通过某种机制（号码条）找到等待该事件的人。

这里要注意：同步和异步仅仅是关于如何通知所关注的消息的机制，而不是处理消息的机制。

从消息的处理机制来看，套接字编程分为**阻塞**和**非阻塞**两种I/O模式。

阻塞模式是指在指定套接字上调用函数执行操作时，如果操作没有完成，函数不会立即返回。例如，服务器程序在阻塞模式下调用accept( )函数时会阻塞，直到接收到一个来自客户的连接请求后才会从阻塞等待中返回。在之前的例子中，套接字的工作模式默认为阻塞模式。

非阻塞模式是指在指定套接字上调用函数执行操作时，无论操作是否完成，函数都会立即返回。例如，在非阻塞模式下程序调用recv( )函数接收数据时，程序会直接读取套接字实现中的接收缓冲区，无论是否读取到数据，函数都会立即返回，而不会一直在此函数上阻塞等待。

同步与阻塞不是相同的概念，异步与非阻塞也并不相同，这里要注意理解消息的通知和消息的处理是不同的。还是以银行排队为例，如何获知办理业务的时机是消息的通知方式，而办理业务是对这个消息的处理，两者是有区别的。在真实的I/O操作中，消息的通知仅仅指所关注的I/O事件何时满足，这个时候我们可以选择持续等待事件满足（同步方式）或通过触发机制来通知事件满足（异步方式）；而如何处理这个I/O事件是对消息的处理，在这里我们要选择是持续阻塞处理还是在发生阻塞的情况下跳出阻塞等待。

实际上，同步操作也可以是非阻塞的，比如以轮询的方式处理网络I/O事件，消息的通知方式仍然是主动等待，但在消息处理发生阻塞时并不等待；异步操作也是可以被阻塞的，比如在使用I/O复用模型时，当关注的网络事件没有发生时，程序会在调用select( )函数处阻塞。

同步和异步、阻塞与非阻塞的处理方式是网络通信中I/O处理的常用方式，它们有各自的适用场合，应根据实际需求来选择网络应用程序使用的I/O模式。

在实际开发过程中，网络应用程序可能会用一个套接字处理少量的I/O事件，完成单一的功能；也可能会用多个套接字处理多种I/O事件并发，完成复杂的功能，此时I/O模型能够为应用程序的处理提供指导。Windows平台提供了7种套接字的I/O模型，即阻塞I/O模型、非阻塞I/O模型、I/O复用模型、WSAAsyncSelect模型、WSAEventSelect模型、重叠I/O模型和完成端口模型。

8.2 阻塞I/O模型

在默认情况下，新建的套接字都是阻塞模式的。在阻塞模型中，应用程序会持续等待网络事件的发生，直到网络I/O条件满足为止。

8.2.1 阻塞I/O模型的编程框架

1. 阻塞I/O模型的编程框架解析

创建套接字后，在阻塞I/O模型下，发生网络I/O时，应用程序的执行过程是：执行系统调用，应用程序将控制权交给内核，一直等待到网络事件满足，操作被处理完成后，控制权返还给应用程序。以面向连接的数据接收为例，在阻塞I/O模型下，套接字的编程框架如图8-2所示。

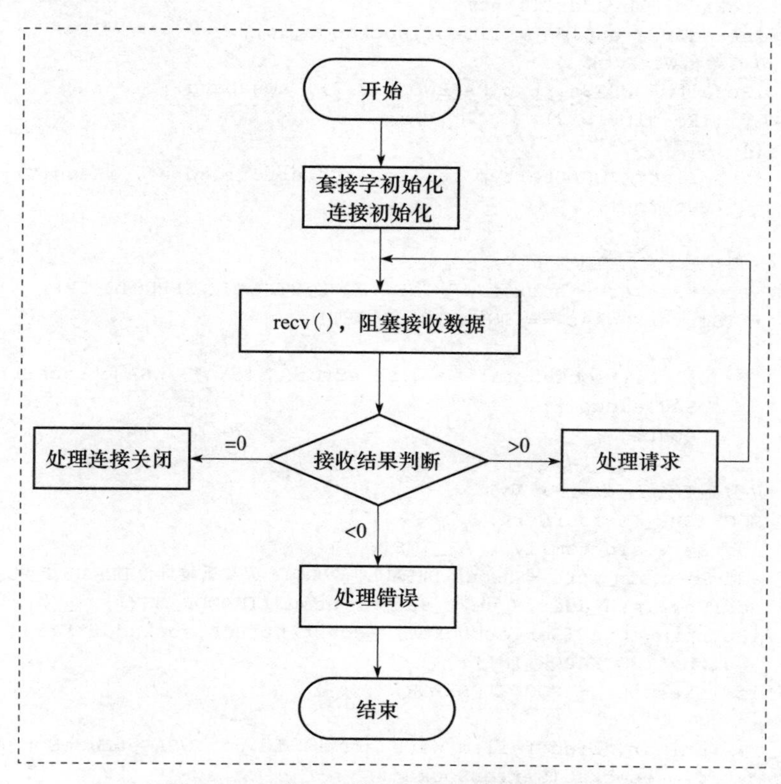

图8-2 阻塞I/O模型下套接字的编程框架

2. 基于阻塞 I/O 模型的套接字通信服务器示例

下面的示例实现了基于阻塞 I/O 模型的面向连接通信服务器，该服务器的主要功能是接收客户使用 TCP 发来的数据，打印接收到的数据的字节数。为了简化服务器的处理功能，把注意力放在 I/O 处理的差别上，我们把服务器设计为循环服务器，每次处理单个客户的请求，当一个客户断开连接后再处理下一个客户的请求。

代码如下：

```
 1 #include <windows.h>
 2 #include <winsock2.h>
 3 #include <ws2tcpip.h>
 4 #include <stdlib.h>
 5 #include <stdio.h>
 6 //连接到 WinSock 2 对应的 lib 文件：ws2_32.lib
 7 #pragma comment (lib, "Ws2_32.lib")
 8 //定义默认的缓冲区长度和端口号
 9 #define DEFAULT_BUFLEN 512
10 #define DEFAULT_PORT 27015
11 int _tmain(int argc, char* argv[])
12 {
13     WSADATA wsaData;
14     int iResult;
15     SOCKET ServerSocket = INVALID_SOCKET;
16     SOCKET AcceptSocket = INVALID_SOCKET;
17     char recvbuf[DEFAULT_BUFLEN];
18     int recvbuflen = DEFAULT_BUFLEN;
19     sockaddr_in addrClient;
20     int addrClientlen = sizeof(sockaddr_in);
21     //初始化 WinSock
22     iResult = WSAStartup(MAKEWORD(2,2), &wsaData);
23     if (iResult != 0)
24     {
25         printf("WSAStartup failed with error: %d\n", iResult);
26         return 1;
27     }
28     //创建用于监听的套接字
29     ServerSocket = socket(AF_INET,SOCK_STREAM, IPPROTO_IP);
30     if(ServerSocket == INVALID_SOCKET)
31     {
32         printf("socket failed with error: %ld\n", WSAGetLastError());
33         WSACleanup();
34         return 1;
35     }
36     //为套接字绑定地址和端口号
37     SOCKADDR_IN addrServ;
38     addrServ.sin_family = AF_INET;
39     addrServ.sin_port = htons(DEFAULT_PORT); //监听端口为 DEFAULT_PORT
40     addrServ.sin_addr.S_un.S_addr = htonl(INADDR_ANY);
41     iResult = bind(ServerSocket, (const struct sockaddr*)&addrServ,
         sizeof(SOCKADDR_IN));
42     if (iResult == SOCKET_ERROR)
43     {
44         printf("bind failed with error: %d\n", WSAGetLastError());
45         closesocket(ServerSocket);
46         WSACleanup();
```

```
47            return 1;
48        }
49        //监听套接字
50        iResult = listen(ServerSocket, SOMAXCONN);
51        if(iResult == SOCKET_ERROR)
52        {
53            printf("listen failed !\n");
54            closesocket(ServerSocket);
55            WSACleanup();
56            return -1;
57        }
58        printf("TCP server starting\n");
59        int err;
60        //循环等待客户请求建立连接，并处理连接请求
61        while(true)
62        {
63         AcceptSocket = accept(ServerSocket, (sockaddr FAR*)&addrClient,
              &addrClientlen);
64            if( AcceptSocket == INVALID_SOCKET)
65            {
66                printf("accept failed !\n");
67                closesocket(ServerSocket);
68                WSACleanup();
69                return 1;
70            }
71            //循环接收数据
72            while( TRUE)
73            {
74                memset(recvbuf,0,recvbuflen);
75                iResult = recv(AcceptSocket, recvbuf, recvbuflen, 0);
76                if (iResult > 0)
77                {
78                    //情况1：成功接收到数据
79                    printf("\nBytes received: %d\n", iResult);
80                    //处理数据请求
81                    //……
82                    //继续接收
83                    continue;
84                }
85                else if (iResult == 0)
86                {
87                    //情况2：连接关闭
88                    printf("Current Connection closing,
                          waiting for the next connection...\n");
89                    closesocket(AcceptSocket);
90                    break;
91                }
92                else
93                {
94                    //情况3：接收发生错误
95                    printf("recv failed with error: %d\n",WSAGetLastError() );
96                    closesocket(AcceptSocket);
97                    closesocket(ServerSocket);
98                    WSACleanup();
99                    return 1;
100               }
```

```
101                 }
102             }
103             //关闭套接字，释放资源
104             closesocket(ServerSocket);
105             closesocket(AcceptSocket);
106             WSACleanup();
107             return 0;
108         }
```

8.2.2 阻塞I/O模型的评价

阻塞I/O模型是网络通信中进行I/O操作的一种常用模型，这种模型的优点是使用简单。但是，当需要处理多个套接字连接时，串行处理多套接字的I/O操作会导致处理时间延长、程序执行效率降低等问题。在这种情况下，如何及时处理多个I/O请求是关键。

针对这一问题，有两个解决思路。

思路一：使用多线程并发处理多个I/O请求。

在这种思路下，我们将对多个I/O请求的串行等待改为多线程等待，即一种I/O操作使用一个线程，但是这样的实现方案会增加线程的启动和终止以及维护线程运行和同步等操作，进而增大了程序的复杂性和系统开销。

思路二：异步、非阻塞处理多个I/O请求。

在这种情况下，仍然用单线程实现网络操作，但是在I/O处理上应用一些机制来及时捕获I/O条件满足的时机，用单线程模拟多线程的执行效果，此时的关键问题是确定网络事件何时发生。

下面的各小节会讨论以非阻塞、异步的方式处理网络I/O操作的一系列模型。

8.3 非阻塞I/O模型

与阻塞I/O模型不同，在非阻塞模型中，应用程序不会持续等待网络事件的发生，而是以轮询的方式不断地询问网络状态，直到网络I/O条件满足为止。

8.3.1 非阻塞I/O模型的相关函数

在Windows Socket中，可以调用ioctlsocket( )函数将套接字设置为非阻塞模式，该函数的定义如下：

```
int ioctlsocket(
  __in      SOCKET s,
  __in      long cmd,
  __in_out u_long *argp
);
```

其中：

- s：套接字句柄。
- cmd：在套接字s上执行的命令。它的可选值有FIONBIO、FIONREAD、SIOCATMARK。
  - FIONBIO：参数argp指向一个无符号长整型数值。将argp设置为非0值，表示启用套接字的非阻塞模式；将argp设置为0，表示禁用套接字的非阻塞模式。

- FIONREAD：返回一次调用接收函数可以读取的数据量，即决定可以从套接字 s 中读取的网络输入缓冲区中挂起的数据数量，参数 argp 指向一个无符号长整型数值，用于保存调用 ioctlsocket( ) 函数的结果。
- SIOCATMARK：用于决定所有带外数据是否都已经被读取。

● argp：指针变量，指明 cmd 命令的参数。

在 ioctlsocket( ) 函数中使用 FIONBIO，并将 argp 参数设置为非 0 值，可以将已创建的套接字设置为非阻塞模式。

8.3.2 非阻塞 I/O 模型的编程框架

1. 非阻塞 I/O 模型的编程框架解析

创建套接字后，在非阻塞 I/O 模型下，发生网络 I/O 时，应用程序的执行过程是：执行系统调用，如果当前 I/O 条件不满足，应用程序立刻返回。在大多数情况下，调用失败的出错代码是 WSAEWOULDBLOCK，这意味着请求的操作在调用期间没有完成。然后，应用程序等待一段时间，再次执行该系统调用，直到它返回成功为止。以面向连接的数据接收为例，在非阻塞 I/O 模型下，套接字的编程框架如图 8-3 所示。

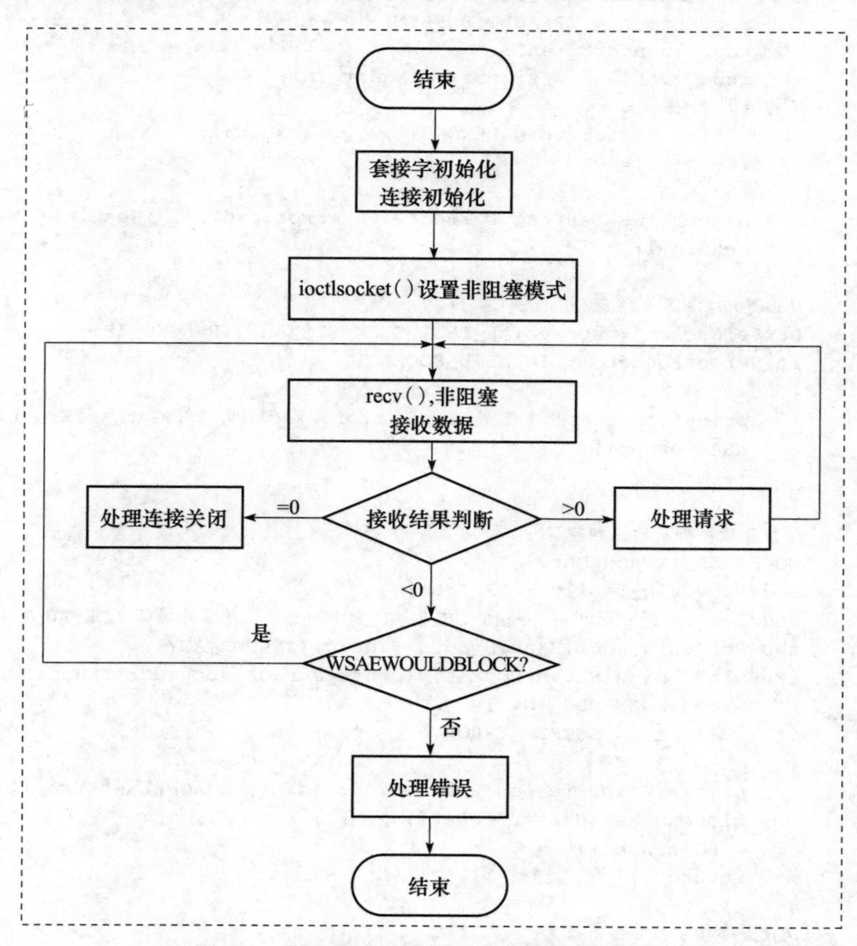

图 8-3 非阻塞 I/O 模型下套接字的编程框架

2. 基于非阻塞 I/O 模型的套接字通信服务器示例

下面的示例实现了基于非阻塞 I/O 模型的套接字通信服务器。该服务器的主要功能是接收客户使用 TCP 发来的数据，打印接收到的数据的字节数。

```
 1 #include <windows.h>
 2 #include <winsock2.h>
 3 #include <ws2tcpip.h>
 4 #include <stdlib.h>
 5 #include <stdio.h>
 6 //连接到 WinSock 2 对应的 lib 文件: Ws2_32.lib
 7 #pragma comment (lib, "Ws2_32.lib")
 8 //定义默认的缓冲区长度和端口号
 9 #define DEFAULT_BUFLEN 512
10 #define DEFAULT_PORT 27015
11 int _tmain(int argc, char* argv[])
12 {
13     WSADATA wsaData;
14     int iResult;
15     SOCKET ServerSocket = INVALID_SOCKET;
16     SOCKET AcceptSocket = INVALID_SOCKET;
17     char recvbuf[DEFAULT_BUFLEN];
18     int recvbuflen = DEFAULT_BUFLEN;
19     sockaddr_in addrClient;
20     int addrClientlen = sizeof(sockaddr_in);
21     //初始化 WinSock
22     iResult = WSAStartup(MAKEWORD(2,2), &wsaData);
23     if (iResult != 0)
24     {
25         printf("WSAStartup failed with error: %d\n", iResult);
26         return 1;
27     }
28     //创建用于监听的套接字
29     ServerSocket = socket(AF_INET,SOCK_STREAM, IPPROTO_IP);
30     if(ServerSocket == INVALID_SOCKET)
31     {
32         printf("socket failed with error: %ld\n", WSAGetLastError());
33         WSACleanup();
34         return 1;
35     }
36     //为套接字绑定地址和端口号
37     SOCKADDR_IN addrServ;
38     addrServ.sin_family = AF_INET;
39     addrServ.sin_port = htons(DEFAULT_PORT);     //监听端口为 DEFAULT_PORT
40     addrServ.sin_addr.S_un.S_addr = htonl(INADDR_ANY);
41     iResult = bind(ServerSocket, (const struct sockaddr*)&addrServ,
          sizeof(SOCKADDR_IN));
42     if (iResult == SOCKET_ERROR)
43     {
44         printf("bind failed with error: %d\n", WSAGetLastError());
45         closesocket(ServerSocket);
46         WSACleanup();
47         return 1;
48     }
49     //设置套接字为非阻塞模式
```

```
50      int iMode =1 ;
51      iResult = ioctlsocket (ServerSocket, FIONBIO, (u_long *) &iMode );
52      if (iResult == SOCKET_ERROR)
53      {
54          printf("ioctlsocket failed with error: %ld\n", WSAGetLastError());
55          closesocket(ServerSocket);
56          WSACleanup();
57          return 1;
58      }
59      //监听套接字
60      iResult = listen(ServerSocket, SOMAXCONN);
61      if(iResult == SOCKET_ERROR)
62      {
63          printf("listen failed !\n");
64          closesocket(ServerSocket);
65          WSACleanup();
66          return -1;
67      }
68      printf("TCP server starting\n");
69      int err;
70      //循环等待客户请求建立连接，并处理连接请求
71      while(true)
72      {
73       AcceptSocket = accept(ServerSocket, (sockaddr FAR*)&addrClient,
           &addrClientlen);
74          if( AcceptSocket == INVALID_SOCKET)
75          {
76              err = WSAGetLastError();
77              if(err == WSAEWOULDBLOCK)  //无法立即完成非阻塞套接字上的操作
78              {
79                  Sleep(1000);
80                  continue;
81              }
82              else
83              {
84                  printf("accept failed !\n");
85                  closesocket(ServerSocket);
86                  WSACleanup();
87                  return 1;
88              }
89          }
90          //循环接收数据
91          while( TRUE)
92          {
93              memset(recvbuf,0,recvbuflen);
94              iResult = recv(AcceptSocket, recvbuf, recvbuflen, 0);
95              if (iResult > 0)
96              {
97                  //情况1：成功接收到数据
98                  printf("\nBytes received: %d\n", iResult);
99                  //处理数据请求
100                         //……
101                         //跳出轮询接收
102                         continue;
103                 }
```

```
104                 else if (iResult == 0)
105                 {
106                     // 情况 2: 连接关闭
107                     printf("Current Connection closing,
                             waiting for the next connection...\n");
108                     closesocket(AcceptSocket);
109                     break;
110                 }
111                 else
112                 {
113                     // 情况 3: 接收发生错误
114                     err =WSAGetLastError();
115                     if (err = WSAEWOULDBLOCK)
116                     {
117                         // 无法立即完成非阻塞套接字上的操作
118                         Sleep(1000);
119                         printf("\n 当前 I/O 不满足, 等待毫秒轮询 " );
120                         continue;
121                     }
122                     else
123                     {
124                         printf("recv failed with error: %d\n",err );
125                         closesocket(AcceptSocket);
126                         closesocket(ServerSocket);
127                         WSACleanup();
128                         return 1;
129                     }
130                 }
131             }
132         }
133         // 关闭套接字, 释放资源
134         closesocket(ServerSocket);
135         closesocket(AcceptSocket);
136         WSACleanup();
137         return 0;
138     }
```

本示例主要涉及两个常见的 I/O 操作：accept( ) 和 recv( )。由于客户的连接请求和数据的到达时间是不确定的，在阻塞模型中，这两个函数在等待 I/O 条件满足的过程中是阻塞等待的；而在非阻塞模型中，两个函数的处理方式则不同。

第 49 ～ 58 行代码将套接字类型设置为非阻塞模式，调用 accept( ) 函数等待客户连接请求和调用 recv( ) 函数接收数据时，由于套接字是非阻塞的，因此即使没有 I/O 条件满足，程序也会返回。如果函数的返回值等于 SOCKET_ERROR，并不意味着真的出现了错误，需要调用 WSAGetLastError( ) 函数获取错误码，如果错误码为 WSAEWOULDBLOCK，则表示无法立即完成非阻塞套接字上的操作，即网络中尚无连接请求或数据到达。此时，需要考虑再次尝试进行 accept( ) 或 recv( ) 操作，在示例代码调用 Sleep( ) 函数休息 1000ms，然后执行 continue 语句返回至循环语句的开始部分，重新调用函数进行 I/O 尝试。

在第 74 ～ 81 行代码和第 113 ～ 121 行代码都采用了这种方式对 accept( ) 函数和 recv( ) 函数的错误码进行判断和处理。

由此，通过简单的轮询方式实现了对多个套接字 I/O 条件的判断和处理。

8.3.3 非阻塞 I/O 模型的评价

非阻塞 I/O 模型使用简单的方法来避免套接字在某个 I/O 操作上阻塞等待，应用进程不再通过睡眠等待，而是可以在等待 I/O 条件满足的这段时间内做其他事情。在函数轮询的间隙可以对其他套接字的 I/O 操作进行类似的尝试，对于多个套接字的网络 I/O 而言，非阻塞的方法可以避免串行等待 I/O 带来的效率低下问题。

但是，由于应用程序需不断尝试接口函数的调用，直到成功完成指定的操作，因此对 CPU 时间是较大的浪费。另外，如果设置了较长的延迟时间，那么最后一次成功的 I/O 操作对于 I/O 事件发生而言有滞后时间，因此这种方法并不适合对实时性要求比较高的应用。

8.4 I/O 复用模型

I/O 复用模型也称为选择模型或 select 模型，它可以使 Windows Sockets 应用程序同时对多个套接字进行管理。

8.4.1 I/O 复用模型的相关函数

调用 select( ) 函数可以获取一组指定套接字的状态，这样可以保证及时捕获到最先满足条件的 I/O 事件，进而对 select( ) 函数中的多个不同套接字上的不同网络事件进行及时处理。

select( ) 函数可以决定一组套接字的状态，通常用于操作处于就绪状态的套接字。在 select( ) 函数中，使用 fd_set 结构来管理多个套接字，该结构的定义如下：

```
typedef struct fd_set {
  u_int    fd_count;
  SOCKET   fd_array[FD_SETSIZE];
} fd_set;
```

其中，参数 fd_count 表示集合中包含的套接字数量，参数 fd_array 表示集合中包含的套接字数组。FD_SETSIZE 的默认值为 64，可以在 winsock2.h 中更改值的大小。

select( ) 函数的原型定义如下：

```
int select(
  __in       int nfds,
  __in_out   fd_set *readfds,
  __in_out   fd_set *writefds,
  __in_out   fd_set *exceptfds,
  __in       const struct timeval *timeout
);
```

其中：

- nfds：为了与 Berkeley 套接字兼容而保留的，在执行函数时会被忽略。
- readfds：指向一个套接字集合，用来检查其可读性。
- writefds：指向一个套接字集合，用来检查其可写性。
- exceptfds：指向一个套接字集合，用来检查错误。
- timeout：指定此函数等待的最长时间。如果是阻塞模式的操作，则将此参数设置为 NULL，表明最长时间为无限大。

函数调用成功，返回发生网络事件的所有套接字数量的总和，如果超过了时间限制，返回0，失败则返回SOCKET_ERROR。

select( )函数的三个参数readfds、writefds和exceptfds中，至少要有一个不能为NULL，而且任何非NULL的套接字句柄集合中至少要包含一个句柄，否则select( )函数将没有可以等待的套接字。

readfds中含有待检查可读性的套接字，在满足以下条件时，select( )函数返回：

- 当套接字处于监听状态时，有连接请求到来。
- 当套接字不处于监听状态时，套接字输入缓冲区有数据可读。
- 连接已经关闭、重置或终止。

writefds中含有待检查可写性的套接字，在满足以下条件时，select( )函数返回：

- 已经调用非阻塞的connect( )函数，并且连接成功。
- 有数据可以发送。

exceptfds中含有待检查带外数据以及异常错误条件的套接字，在满足以下条件时，select( )函数返回：

- 已经调用非阻塞的connect( )函数，但连接失败。
- 有带外数据可以读取。

为了对fd_set集合进行操作，winsock2.h中定义了4个宏来实现对套接字描述符集合的各种操作。对于内部表示，fd_set结构中的套接字句柄并不像Berkeley UNIX中那样表示为位标识，它们的数据表示是不透明的，因此，使用以下几个宏可以在不同的套接字环境中提高其可移植性：

- FD_CLR(s,*set)：从集合set中删除套接字s。
- FD_ISSET(s,*set)：若套接字s为集合中的一员，返回值非0，否则为0。
- FD_SET(s,*set)：将套接字s添加到集合set中。
- FD_ZERO(*set)：将set集合初始化为空集NULL。

使用select( )函数的基本过程如下：

1）调用FD_ZERO( )初始化套接字集合。

2）调用FD_SET( )将感兴趣的套接字添加到fd_set集合中。

3）调用select( )函数，此后程序处于等待状态，等待集合中套接字上的I/O活动。每个I/O活动都会设置相应集合中的套接字句柄，当需要返回时，它将返回集合中设置的套接字句柄总数，并更新相关集合：删除不存在的等待I/O操作的套接字句柄，留下需要处理的套接字。

4）调用FD_ISSET( )检查特定的套接字是否还在集合中，如果仍在集合中，则可以对其进行与集合对应的I/O处理。

8.4.2　I/O复用模型的编程框架

1. I/O复用模型的编程框架解析

创建套接字后，在I/O复用模型下，当发生网络I/O时，应用程序的执行过程是：向select( )函数注册等待I/O操作的套接字，循环执行select( )系统调用，阻塞等待，直到网络事件发生或超时返回后，对返回的结果进行判断，针对不同的等待套接字进行对应的网络处理。

以面向连接的数据接收为例，在I/O复用模型下，套接字的编程框架如图8-4所示。

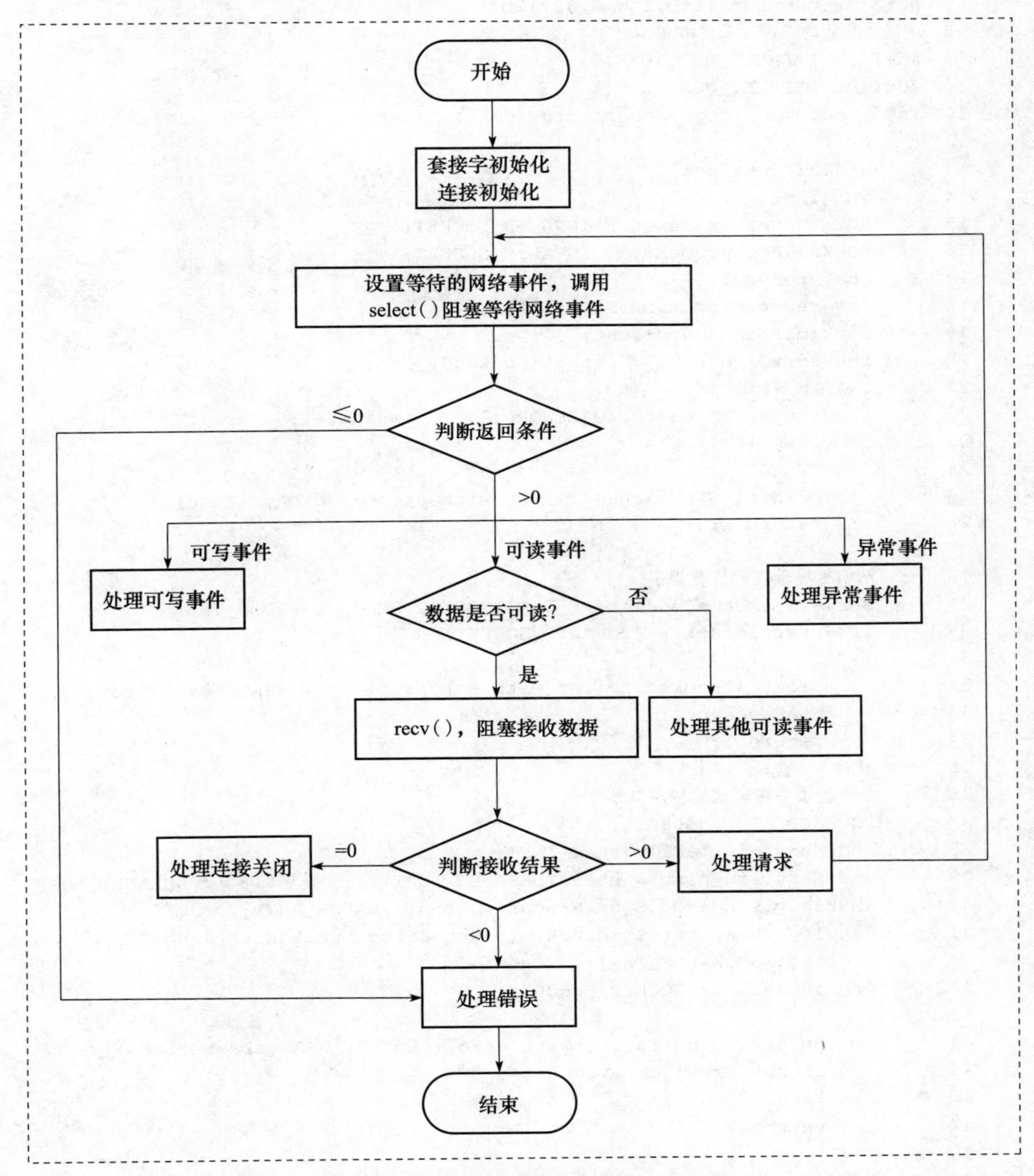

图8-4　I/O复用模型下的套接字编程框架

2. 基于I/O复用模型的套接字通信服务器示例

下面的示例实现了基于I/O复用模型的套接字通信服务器。该服务器的主要功能是接收客户使用TCP发来的数据，打印接收到的数据的字节数。

```
1 #include <windows.h>
2 #include <winsock2.h>
```

```
 3  #include <ws2tcpip.h>
 4  #include <stdlib.h>
 5  #include <stdio.h>
 6  //连接到WinSock 2对应的lib文件: Ws2_32.lib
 7  #pragma comment (lib, "Ws2_32.lib")
 8  //定义默认的缓冲区长度和端口号
 9  #define DEFAULT_BUFLEN 512
10  #define DEFAULT_PORT 27015
11  int _tmain(int argc, char* argv[])
12  {
13      WSADATA wsaData;
14      int iResult;
15      SOCKET ServerSocket = INVALID_SOCKET;
16      SOCKET AcceptSocket = INVALID_SOCKET;
17      char recvbuf[DEFAULT_BUFLEN];
18      int recvbuflen = DEFAULT_BUFLEN;
19      sockaddr_in addrClient;
20      int addrClientlen = sizeof(sockaddr_in);
21      //初始化WinSock
22      iResult = WSAStartup(MAKEWORD(2,2), &wsaData);
23      if (iResult != 0)
24      {
25          printf("WSAStartup failed with error: %d\n", iResult);
26          return 1;
27      }
28      //创建用于监听的套接字
29      ServerSocket = socket(AF_INET,SOCK_STREAM, IPPROTO_IP);
30      if(ServerSocket == INVALID_SOCKET)
31      {
32          printf("socket failed with error: %ld\n", WSAGetLastError());
33          WSACleanup();
34          return 1;
35      }
36      //为套接字绑定地址和端口号
37      SOCKADDR_IN addrServ;
38      addrServ.sin_family = AF_INET;
39      addrServ.sin_port = htons(DEFAULT_PORT);     //监听端口为DEFAULT_PORT
40      addrServ.sin_addr.S_un.S_addr = htonl(INADDR_ANY);
41     iResult = bind(ServerSocket, (const struct sockaddr*)&addrServ,
          sizeof(SOCKADDR_IN));
42      if (iResult == SOCKET_ERROR)
43      {
44          printf("bind failed with error: %d\n", WSAGetLastError());
45          closesocket(ServerSocket);
46          WSACleanup();
47          return 1;
48      }
49      //监听套接字
50      iResult = listen(ServerSocket, SOMAXCONN);
51      if(iResult == SOCKET_ERROR)
52      {
53          printf("listen failed !\n");
54          closesocket(ServerSocket);
55          WSACleanup();
56          return -1;
57      }
```

```
58      printf("TCP server starting\n");
59      fd_set fdRead,fdSocket;
60      FD_ZERO( &fdSocket );
61      FD_SET( ServerSocket, &fdSocket);
62      while( TRUE)
63      {
64          //通过 select（等待数据到达事件）
65          //如果有事件发生，移除 fdRead 集合中没有未决 I/O 操作的套接字句柄，然后返回
66          fdRead = fdSocket;
67          iResult = select( 0, &fdRead, NULL, NULL, NULL);
68          if (iResult >0)
69          {
70              //有网络事件发生
71              //确定哪些套接字有未决的 I/O，并进一步处理这些 I/O
72              for (int i=0; i<(int)fdSocket.fd_count; i++)
73              {
74                  if (FD_ISSET( fdSocket.fd_array[i] ,&fdRead))
75                  {
76                      if( fdSocket.fd_array[i] == ServerSocket)
77                      {
78                          if( fdSocket.fd_count < FD_SETSIZE)
79                          {
80                              //同时复用的套接字数量不能大于 FD_SETSIZE
81                              //有新的连接请求
82                              AcceptSocket = accept(ServerSocket,
                                    (sockaddr FAR*)&addrClient, &addrClientlen);
83                              if( AcceptSocket == INVALID_SOCKET)
84                              {
85                                  printf("accept failed !\n");
86                                  closesocket(ServerSocket);
87                                  WSACleanup();
88                                  return 1;
89                              }
90                              //增加新的连接套接字进行复用等待
91                              FD_SET( AcceptSocket, &fdSocket);
92                              printf(" 接收到新的连接: %s\n",
                                    inet_ntoa( addrClient.sin_addr));
93                          }
94                          else
95                          {
96                              printf(" 连接个数超限 !\n");
97                              continue;
98                          }
99                      }
100                     else
101                     {
102                         //有数据到达
103                         memset(recvbuf,0,recvbuflen);
104                         iResult = recv(fdSocket.fd_array[i], recvbuf, recvbuflen,0);
                            if (iResult > 0)
105                         {
106                             //情况 1: 成功接收到数据
107                             printf("\nBytes received: %d\n", iResult);
108                             //处理数据请求
109                             //
110                         }
```

```
111                         else if (iResult == 0)
112                         {
113                             //情况 2：连接关闭
114                             printf("Current Connection closing...\n");
115                             closesocket(fdSocket.fd_array[i]);
116                             FD_CLR(fdSocket.fd_array[i], &fdSocket);
117                         }
118                         else
119                         {
120                             //情况 3：接收失败
121                             printf("recv failed with error: %d\n",
                                   WSAGetLastError() );
122                             closesocket(fdSocket.fd_array[i]);
123                             FD_CLR(fdSocket.fd_array[i], &fdSocket);
124                         }
125                     }
126                 }
127                 //如果还有其他类型的等待的套接字，需要依次判断
128                 //……
129             }
130         }
131         else
132         {
133             printf("select failed with error: %d\n",WSAGetLastError() );
134             break;
135         }
136     }
137     //关闭套接字，释放资源
138     closesocket(ServerSocket);
139     WSACleanup();
140     return 0;
141 }
```

在 I/O 复用模型下，套接字以阻塞模式运行，但是仍然可以用单个线程达到多线程并发执行的效果。以上代码使用 select( ) 函数对一个监听套接字和多个连接套接字上等待的网络事件同时进行监控，并在任何满足 I/O 条件的套接字返回时，根据套接字的类型进行分别处理。

如果是监听套接字等待的网络连接事件，则第 76 ～ 99 行代码接受连接请求，判断当前的连接个数是否超过 select( ) 函数能够监管的最大值 FD_SETSIZE。如果没有超限，则将新返回的连接套接字增加到 fdRead 集合中，在下一次 select( ) 调用时，新连接上的套接字的网络事件也被 select( ) 函数监管。

如果是连接套接字上等待的网络数据到达事件，则第 100 ～ 126 行代码在当前满足网络 I/O 条件的套接字上接收网络数据，打印接收到的数据长度，并判断接收返回值。

8.4.3　I/O 复用模型的评价

从表面上看，与阻塞 I/O 模型相比，I/O 复用模型似乎没有明显的优势，甚至稍显劣势，因为在使用了系统调用 select( ) 后，要求两次系统调用而不是一次。但是，使用 I/O 复用模型的好处在于 select( ) 函数可以等待多个套接字准备好，即使程序在单个线程中仍然能够及时处理多个套接字的 I/O 事件，达到多线程操作类似的效果，从而避免了阻塞模式

下的线程膨胀问题。

尽管 select( ) 函数可以管理多个套接字，但其数量仍然是有限的，套接字集合中默认包含 64 个元素，最多可以管理的套接字数量为 1024 个。另外，用集合的方式管理套接字比较烦琐，而且每次使用套接字进行网络操作前都需要调用 select( ) 函数判断套接字的状态，这也给 CPU 带来了额外的系统调用开销。

另外，select( ) 函数还有其他方面的应用。在工业控制以及实时性要求较高的环境下，高精度的定时器对提高工作效率有很重要的意义，除了用于捕获网络中多个 I/O 事件之外，select( ) 函数的超时处理能力还可以应用于对精度要求比较高的定时应用中。

我们知道，在 MFC 中有一个设置定时器函数 SetTimer( )，可以用它设置一个时间周期，然后就可以在 OnTimer( ) 的消息响应函数中定时完成周期性的用户指定的任务。但是，这个定时器有一个不足之处，就是它的精度只能达到毫秒级。select( ) 函数可以帮助设计者提高定时器的设置精度，通过设置超时时间参数可以将其改造成一个精度达到百万分之一秒（微秒级）的定时器，远远优于 SetTimer( )。下面的代码实现了这个微秒级的定时器：

```
#include <winsock2.h>
#include <stdio.h>
void main(int arg, char *args[])
{
   WSADATA wsadata;
   //初始化 WinSock 2
   WSAStartup(MAKEWORD(2,2), &wsadata);
   while (1)
   {
        SOCKET sock;
        sock = socket(AF_INET, SOCK_STREAM, IPPROTO_TCP);
        //设置定时周期。第一个元素指示秒，第二个元素指示微秒。该定时周期为 1 微秒
        struct timeval tv = {0, 1};
        fd_set fd = {1, sock};
        select(sock, &fd, &fd, &fd, &tv);
        printf("1 微秒到 !\n");
   }
}
```

8.5 基于消息的 WSAAsyncSelect 模型

WSAAsyncSelect 模型也称为异步选择模型，是为了适应 Windows 的消息驱动环境而设置的。引入 Berkeley 套接字后，该模型在 Windows Sockets 1.1 版本中增加，以 Windows 系统中常用的消息机制来反馈网络 I/O 事件，达到了收发数据的异步通知效果。这种模型在许多性能要求不高的网络应用程序中广泛应用，MFC 中的 CSocket 类也使用了它。

8.5.1 Windows 的消息机制与使用

Windows 操作系统最大的特点就是使用图形化的操作界面，该界面是建立在消息处理机制基础上的。Windows 程序本质上是借助消息来推动的，程序不断等待任何可能的输入，然后做判断，根据不同的消息调用消息处理函数进行适当的处理。这种输入就是操作系统捕捉到后以消息形式（一种数据结构）进入程序之中的。

1. 消息的基本概念

对于一个 Win32 程序来说，消息系统十分重要，它是一个程序运行的动力源泉。一个消息是系统定义的一个 32 位的值，它唯一地定义了一个事件，当事件发生时，向 Windows 发出一个通知，告诉应用程序某个事情发生了。例如，单击鼠标、改变窗口尺寸、按下键盘上的一个键都会使 Windows 发送一个消息给应用程序。

Windows 操作系统中包括以下几种消息：

1）标准 Windows 消息。这种消息以 WM_ 开头。

2）通知消息。通知消息是针对标准 Windows 控件的消息。这些控件包括：按钮（Button）、组合框（ComboBox）、编辑框（TextBox）、列表框（ListBox）、ListView 控件、Treeview 控件、工具条（Toolbar）、菜单（Menu）等。每种消息以不同的字符串开头。

3）自定义消息。编程人员还可以自定义消息，这种消息一般在 WM_USER 基础标识之上增加一个不会冲突的消息标识。

消息本身是作为一个记录传递给应用程序的，这个记录中包含了消息的类型以及其他信息。消息的记录类型被定义为 MSG，MSG 含有来自 Windows 应用程序消息队列的消息信息，它在 Windows 中的声明如下：

```
typedef struct tagMsg
{
     HWND     hwnd;
     UINT     message;
     WPARAM   wParam;
     LPARAM   lParam;
     DWORD    time;
     POINT    pt;
}MSG;
```

其中：

- hwnd：接收该消息的窗口句柄。
- message：消息的常量标识符。
- wParam：32 位消息的特定附加信息，确切含义依赖于消息值。
- lParam：32 位消息的特定附加信息，确切含义同样依赖于消息值。也就是说，随着消息值的不同，wParam 和 lParam 表示的信息会有所不同。例如，对于输入字符消息，即当成员变量 message 的值是 WM_CHAR 时，wParam 参数存放的是 ASCII 或 Unicode 字符代码，lParam 参数存放按键的其他信息，包括重复计数、环境代码、键的先前状态等；而对鼠标消息而言，wParam 参数中包含了发生该消息时，Shift、Ctrl 等按键的状态信息，lParam 参数一般存放的是鼠标的位置信息。对于某个具体消息，wParam 和 lParam 的含义可以查阅 MSDN 中关于该消息的说明文档。
- time：消息创建时的时间。
- pt：消息创建时的鼠标 / 光标在屏幕坐标系中的位置。

消息可以由系统或者应用程序产生，消息产生后，系统会根据消息做出响应。

Windows 的消息系统由 3 个部分组成：

1）消息队列。Windows 能够为所有应用程序维护一个消息队列。应用程序必须从消息队列中获取消息，然后分派给某个窗口。

2）消息循环。通过这个循环机制，应用程序从消息队列中检索消息，再把它分派给适当的窗口，然后继续从消息队列中检索下一条消息，再分派给适当的窗口，依次类推。

3）窗口过程。每个窗口都有一个窗口过程来接收传递给窗口的消息，它的任务就是获取消息并响应它。窗口过程是一个回调函数，处理了一个消息后，它通常要给 Windows 返回一个值（注意，回调函数是程序中的一种函数，它由 Windows 或外部模块调用）。

2. SDK 下的消息机制实现

为了支持消息的实现，需要窗口来提供消息队列以接收特定的消息，需要窗口过程来响应特定的消息，需要消息循环来检索消息。

一个消息从产生到被一个窗口响应涉及 5 个步骤：

1）系统中发生了某个事件。

2）Windows 把这个事件翻译为消息，然后把它放到消息队列中。

3）应用程序从消息队列中接收到这个消息，把它存放在 TMsg 记录中。

4）应用程序把消息传递给一个适当的窗口过程。

5）窗口过程响应这个消息并进行处理。

步骤 3 和步骤 4 构成了应用程序的消息循环。消息循环往往是 Windows 应用程序的核心，因为消息循环使一个应用程序能够响应外部的事件。消息循环的任务就是从消息队列中检索消息，然后把消息传递给适当的窗口。

在 Win32 SDK 中提供了与消息实现相关的一系列方法，具体而言，主要有以下几种函数。

（1）注册窗口函数：RegisterClass( ) 和 RegisterClassEx( )

函数 RegisterClass( ) 和 RegisterClassEx( ) 用于注册窗口类，该窗口类会在随后调用 CreateWindow( ) 函数或在 CreateWindowEx( ) 函数中使用。两个函数的原型定义如下：

```
ATOM RegisterClass(
    CONST WNDCLASS *lpWndClass
);

ATOM RegisterClassEx(
    CONST WNDCLASSEX *Ipwcx
);
```

其中，参数 lpWndClass 或 Ipwcx 指向一个 WNDCLASS 结构的指针。在将它传递给函数之前，必须在该结构中填充适当的类属性。

如果函数成功，返回值是唯一标识已注册类的一个原子；如果函数失败，返回值为 0。若想获得更多错误信息，可以调用 GetLastError( ) 函数获得错误号。

（2）创建窗口函数：CreateWindow( ) 和 CreateWindowEx( )

函数 CreateWindow( ) 和 CreateWindowEx( ) 负责创建窗口，窗口可以是重叠式窗口、弹出式窗口或子窗口。两个函数的原型定义如下：

```
HWND CreateWindow(
    LPCTSTR  lpClassName,
    LPCTSTR  lpWindowName,
```

```
    DWORD     dwStyle,
    int       x,
    int       y,
    int       nWidth,
    int       nHeight,
    HWND      hWndParent,
    HMENU     hMenu,
    HINSTANCE hInstance,
    LPVOID    lpParam
);

HWND CreateWindowEx(
    DWORD     dwExStyle,
    LPCTSTR lpClassName,
    LPCTSTR lpWindowName,
    DWORD     dwStyle,
    int       x,
    int       y,
    int       nWidth,
    int       nHeight,
    HWND      hWndParent,
    HMENU     hMenu,
    HINSTANCE hInstance,
    LPVOID    lpParam
);
```

这两个函数除了创建窗口，还可以指定窗口类、窗口标题、窗口风格以及窗口的初始位置及大小（可选的）。两个函数也指示窗口的父窗口或所属窗口（如果存在的话）及窗口的菜单。若要使用除 CreateWindow( ) 函数支持的风格以外的扩展风格，则使用 CreateWindowEx( ) 函数代替 CreateWindow( ) 函数。其中：

- lpClassName：指向注册窗口类名的指针，由之前调用的 RegisterClass( ) 函数或 RegisterClassEx( ) 函数创建。
- lpWindowName：是一个以 NULL 结束的字符串指针，该字符串中存放的是窗口标题。如果窗口有标题条，则窗口名称显示在标题条中。当使用 CreateWindow( ) 函数创建控件时，可使用 lpWindowName 来指定控制文本。
- dwStyle：指定创建窗口的风格。该参数可以设置为下列窗口风格的组合：
  - WS_BORDER：创建一个单边框的窗口。
  - WS_CAPTION：创建一个有标题条的窗口（包括 WS_BODER 风格）。
  - WS_CHILD：创建一个子窗口，这个风格不能与 WS_POPUP 风格同时使用。
  - WS_CHLDWINDOW：与 WS_CHILD 样式相同。
  - WS_CLIPCHILDREN：在创建父窗口时使用该样式，当在父窗口中执行绘制操作时，并不绘制子窗口占用的区域。
  - WS_CLIPSIBLINGS：当两个窗口相互重叠时，设置该样式的子窗口重绘时不能绘制被重叠的部分。
  - WS_DISABLED：创建一个初始状态为禁止的子窗口，一个禁止状态的窗口不能接收来自用户的输入信息。

- WS_DLGFRAME：创建一个带对话框边框风格的窗口，这种风格的窗口不能带标题条。
- WS_GROUP：指定一组控件的第一个控件。
- WS_HSCROLL：创建一个有水平滚动条的窗口。
- WS_ICONIC：创建一个初始状态为最小化状态的窗口，与WS_MINIMIZE风格相同。
- WS_MAXIMIZE：创建一个初始状态为最大化状态的窗口。
- WS_MAXIMIZEBOX：创建一个带有最大化按钮的窗口，该风格不能与WS_EX_CONTEXTHELP风格同时出现，同时必须指定WS_SYSMENU风格。
- WS_OVERLAPPED：创建一个层叠的窗口，一个层叠的窗口有一个标题条和一个边框，与WS_TILED风格相同。
- WS_OVERLAPPEDWINDOW：创建一个具有WS_OVERLAPPED、WS_CAPTION、WS_SYSMENU、WS_THICKFRAME、WS_MINIMIZEBOX、WS_MAXIMIZEBOX风格的层叠窗口，与WS_TILEDWINDOW风格相同。
- WS_POPUP：创建一个弹出式窗口。
- WS_POPUPWINDOW：创建一个具有WS_BORDER、WS_POPUP、WS_SYSMENU风格的窗口，WS_CAPTION和WS_POPUPWINDOW必须同时设定才能使窗口控制菜单可见。
- WS_SIZEBOX：创建一个可调边框的窗口，与WS_THICKFRAME风格相同。
- WS_SYSMENU：创建一个在标题条上带有窗口菜单的窗口，必须同时设定WS_CAPTION风格。
- WS_TABSTOP：创建一个控件，这个控件在用户按下Tab键时可以获得键盘焦点。
- WS_THICKFRAME：创建一个具有可调边框的窗口，与WS_SIZEBOX风格相同。
- WS_TILED：创建一个层叠的窗口，与WS_OVERLAPPED风格相同。
- WS_TILEDWINDOW：创建一个具有WS_OVERLAPPED、WS_CAPTION、WS_SYSMENU、WS_THICKFRAME、WS_MINIMIZEBOX和WS_MAXIMIZEBOX风格的层叠窗口，与WS_OVERLAPPEDWINDOW风格相同。
- WS_VISIBLE：创建一个初始状态为可见的窗口。
- WS_VSCROLL：创建一个有垂直滚动条的窗口。

- X：指定窗口的初始水平位置。
- Y：指定窗口的初始垂直位置。
- nWidth：指定窗口的宽度。
- nHeight：指定窗口的高度。
- hWndParent：指向被创建窗口的父窗口或所有者窗口的句柄。
- hMenu：菜单句柄，或依据窗口风格指明一个子窗口标识。
- hInstance：与窗口关联的模块实例的句柄。
- lpParam：指向一个值的指针，该值给窗口传递WM_CREATE消息。

CreateWindowEx( )函数与CreateWindow( )函数相比，增加了窗口的扩展样式，用dwExStyle参数来指明。

如果函数成功，返回值为新窗口的句柄；如果函数失败，返回值为NULL。若想获得更多错误信息，可以调用GetLastError( )函数获得错误号。

（3）接收消息函数：GetMessage( )、PeekMessage( )和WaitMessage( )

GetMessage( )函数从调用线程的消息队列里取得一个消息并将其存入一个MSG结构缓冲区中。该函数的原型定义如下：

```
BOOL GetMessage(
    LPMSG   lpMsg,
    HWND    hWnd,
    UINT    wMsgFilterMin,
    UINT    wMsgFilterMax
);
```

此函数可取得与指定窗口联系的消息和由PostThreadMesssge( )投递的线程消息。此函数接收一定范围的消息值。GetMessage( )不接收属于其他线程或应用程序的消息。获取消息成功后，线程将从消息队列中删除该消息。函数会一直等待，直到有消息到来才有返回值。

其中：

- lpMsg：指向MSG结构的指针，该结构从线程的消息队列里接收消息信息。
- hWnd：取得消息的窗口句柄。当其值为NULL时，GetMessage( )为任何属于调用线程的窗口检索消息，线程消息通过PostThreadMessage( )投递给调用线程。
- wMsgFilterMin：指定被检索的最小消息值的整数。
- wMsgFilterMax：指定被检索的最大消息值的整数。

如果函数取得WM_QUIT之外的其他消息，返回非0值。如果函数取得WM_QUIT消息，返回值是0。如果出现了错误，返回值是-1。若想获得更多错误信息，可以调用GetLastError( )函数获得错误号。

除了GetMessage( )函数外，PeekMessage( )函数和WaitMessage( )函数也可以用于消息的接收。

PeekMessage( )函数用于查看应用程序的消息队列，该函数的原型定义如下：

```
BOOL PeekMessage(
    LPMSG   lpMsg,
    HWND    hWnd,
    UINT    wMsgFilterMin,
    UINT    wMsgFilterMax,
    UINT    wRemoveMsg
);
```

如果消息队列中有消息，就将其放入lpMsg所指的结构中，与GetMessage( )不同的是，PeekMessage( )函数不会等到有消息放入队列时才返回。同样，如果hWnd为NULL，则PeekMessage( )获取属于调用该函数应用程序的任一窗口的消息，如果hWnd=-1，那么函数只返回把hWnd参数为NULL的PostAppMessage( )函数送去的消息。如果wMsgFilterMin和wMsgFilterMax都是0，则PeekMessage( )就返回所有可得到的消息。函数获取之后将删除消息队列中的除WM_PAINT消息之外的其他消息，而WM_PAINT则在其处理之后才被删除。

其中：

- lpMsg：指向MSG结构的指针，该结构从线程的消息队列里接收消息信息。
- hWnd：其消息被检查的窗口句柄。
- wMsgFilterMin：指定被检索的最小消息值的整数。
- wMsgFilterMax：指定被检索的最大消息值的整数。
- wRemoveMsg：确定消息如何被处理。此参数可取下列值之一：
  - PM_NOREMOVE：PeekMessage( )处理后，消息不从队列里删除。
  - PM_REMOVE：PeekMessage( )处理后，消息从队列里删除。
  - PM_NOYIELD：可将该参数与PM_NOREMOVE或PM_REMOVE组合使用，此标志使系统不释放等待调用程序空闲的线程。
  - PM_QS_POSTMESSAGE：对于Windows NT 5.0和Windows 98，只处理所有被投递的消息，包括计时器和热键。
  - PM_QS_SENDMESSAGE：对于Windows NT 5.0和Windows 98，只处理所有发送消息。

如果可得到消息，函数PeekMessage( )返回非0值；如果没有得到消息，返回值是0。

当一个应用程序无事可做时，WaitMessage( )函数将控制权交给另外的应用程序，同时将该应用程序挂起，直到一个新的消息被放入应用程序的队列之中才返回。该函数的原型定义如下：

```
BOOL  WaitMessage(VOID);
```

如果函数调用成功，返回非0值；如果函数调用失败，返回值是0。若想获得更多错误信息，可以调用GetLastError( )函数获得错误号。

（4）转换消息函数：TranslateMessage( )

TranslateMessage( )函数将虚拟键消息转换为字符消息。字符消息被投递到调用线程的消息队列里，在下一次线程调用函数GetMessage( )或PeekMessage( )时被读出。该函数的原型定义如下：

```
BOOL TranslateMessage(
    const MSG   *lpMsg
);
```

其中，lpMsg指向含有消息的MSG结构的指针，该结构里含有用函数GetMessage( )或PeekMessage( )从调用线程的消息队列里取得的消息信息。

如果消息被转换（即字符消息被投递到调用线程的消息队列里），返回非0值。如果消息是WM_KEYDOWN、WM_KEYUP、WM_SYSKEYDOWN或WM_SYSKEYUP，返回非0值，不考虑转换。如果消息没被转换（即字符消息没被投递到调用线程的消息队列里），返回值是0。

（5）分发消息函数：DispatchMessage( )

DispatchMessage( )函数分发一个消息给窗口程序。该函数的原型定义如下：

```
LRESULT DispatchMessage(
   const MSG   *lpmsg
);
```

其中，lpmsg 指向含有消息的 MSG 结构的指针。

返回值是窗口程序返回的值。尽管返回值的含义依赖于被调度的消息，但返回值通常被忽略。

在一个典型的 Win32 程序的主体中，通常使用 while 语句实现消息循环。程序通过 GetMessage( ) 函数从与某个线程对应的消息队列里取出消息，放到类型为 MSG 的消息变量 msg 中；然后，TranslateMessage( ) 函数把消息转化为字符消息，并存放到相应的消息队列里；最后，DispatchMessage( ) 函数把消息分发到相关的窗口过程去处理。窗口过程根据消息的类型对不同的消息进行处理。在 SDK 编程的过程中，用户需要在窗口过程中分析消息的类型及其参数的含义。

3. MFC 下的消息机制实现

MFC 类库是一套 Windows 下 C++ 编程的常用类库。MFC 的框架结构合理地封装了 Win32 API 函数，并设计了一套方便的消息映射机制。在 MFC 的框架结构下，“消息映射”是通过巧妙的宏定义形成一张消息映射表格来进行的。一旦消息发生，框架就可以根据消息映射表格来进行消息映射和命令传递。

在 MFC 下建立消息映射和消息处理的步骤如下：

1）定义消息。Microsoft 推荐用户自定义消息值必须大于等于 WM_USER+100，因为很多新控件也要使用 WM_USER 消息，示例如下：

```
#define WM_MYMESSAGE (WM_USER + 100)
```

2）实现消息处理函数。该函数使用 WPARAM 和 LPARAM 参数，并返回 LRESULT。

```
LRESULT CMainFrame::OnMyMessage(WPARAM wParam, LPARAM lParam)
{
      // TODO：处理用户自定义消息
      return 0;
}
```

3）在类的头文件的 AFX_MSG 块中说明消息处理函数：

```
// {{AFX_MSG(CMainFrame)
afx_msg LRESULT OnMyMessage(WPARAM wParam, LPARAM lParam);
// }}AFX_MSG
DECLARE_MESSAGE_MAP()
```

4）在用户类的消息块中，使用 ON_MESSAGE 宏指令将消息映射到消息处理函数中。

```
ON_MESSAGE( WM_MYMESSAGE, OnMyMessage )
```

8.5.2 WSAAsyncSelect 模型的相关函数

WSAAsyncSelect 模型的核心是 WSAAsyncSelect( ) 函数，它自动将套接字设置为非阻塞模式，使 Windows 应用程序能够接收网络事件消息。该函数的定义如下：

```
int WSAAsyncSelect(
 __in  SOCKET s,
 __in  HWND hWnd,
 __in  unsigned int wMsg,
```

```
    __in  long lEvent
);
```

其中：

- s：关心某网络事件的套接字。
- hWnd：网络事件发生时用于接收消息的窗口句柄。
- wMsg：网络事件发生时接收到的消息。
- lEvent：套接字感兴趣的网络事件。

调用 WSAAsyncSelect( ) 函数后，当检测到 lEvent 参数指定的网络事件发生时，Windows Sockets 实现会向 hWnd 指定的窗体发送消息 wMsg。如果函数成功，返回 0，否则返回 SOCKET_ERROR。

Windows Sockets 中定义的网络事件如表 8-1 所示。

表 8-1　Windows Sockets 中定义的网络事件

事　件	说　明	事件触发时调用的函数
FD_READ	设置接收读就绪通知事件	recv( ), recvfrom( ), WSARecv( ), WSARecvFrom( )
FD_WRITE	设置接收写就绪通知事件	send( ), sendto( ), WSASend( ), WSASendTo( )
FD_OOB	设置接收带外数据到达通知事件	recv( ), recvfrom( ), WSARecv( ), WSARecvFrom( )
FD_ACCEPT	设置接收接入连接通知事件	accept( ), WSAAccept( )
FD_CONNECT	设置接收完成连接通知事件	无
FD_CLOSE	设置接收 Socket 关闭通知事件	无
FD_QOS	设置接收 Socket 服务质量（QoS）发生变化的通知事件	使用 SIO_GET_QOS 命令的 WSAIoctl( ) 函数
FD_GROUP_QOS	设置接收 Socket 组服务质量（QoS）发生变化的通知事件	保留
FD_ROUTING_INTERFACE_CHANGE	设置接收指定目标地址路由接口发生变化的通知事件	使用 SIO_ROUTING_INTERFACE_CHANGE 命令的 WSAIoctl( ) 函数
FD_ADDRESS_LIST_CHANGE	设置接收 Socket 协议栈本地地址列表发生变化的通知事件	使用 SIO_ADDRESS_LIST_CHANGE 命令的 WSAIoctl( ) 函数

如果关心多个网络事件，则可以对以上的事件执行按位或操作，例如，应用程序希望接收到读就绪和连接关闭的通知事件，那么应对 WSAAsyncSelect( ) 函数的 lEvent 参数同时使用 FD_READ 和 FD_CLOSE 事件，代码示例如下：

```
iResult = WSAAsyncSelect(s, hWnd, wMsg, FD_READ|FD_CLOSE);
```

这里要注意对同一个套接字的多次 WSAAsyncSelect( ) 调用之间的影响。当我们对同一个套接字执行一次 WSAAsyncSelect( ) 时，会取消之前对该套接字的 WSAAsyncSelect( ) 或 WSAEventSelect( ) 调用所声明的网络事件。例如，下面的代码两次调用 WSAAsyncSelect( ) 函数，先后为套接字 s 的不同事件指定了不同的消息：

```
iResult = WSAAsyncSelect(s, hWnd, wMsg1, FD_READ);
iResult = WSAAsyncSelect(s, hWnd, wMsg2, FD_WRITE);
```

其结果是，第二次调用 WSAAsyncSelect( ) 函数会取消第一次调用对 FD_READ 事件的注册，也就是说，只有当 FD_WRITE 事件发生时，套接字 s 才会收到 wMsg2 指定的消息，wMsg1 消息不会再发出。

如果要取消指定套接字上的所有通知事件，可以在调用 WSAAsyncSelect( ) 函数时将事件参数 lEvent 设置为 0，例如：

```
iResult = WSAAsyncSelect(s, hWnd, 0, 0);
```

8.5.3 WSAAsyncSelect 模型的编程框架

1. WSAAsyncSelect 模型的编程框架解析

WSAAsyncSelect 模型为套接字关心的网络事件绑定用户自定义的消息，当网络事件发生时，相应的消息被发送给关心该事件的套接字所在的窗口，从而使应用程序可以对该事件做出相应的处理。

以面向连接的数据接收为例，在 WSAAsyncSelect 模型下，套接字的编程框架如图 8-5 所示。

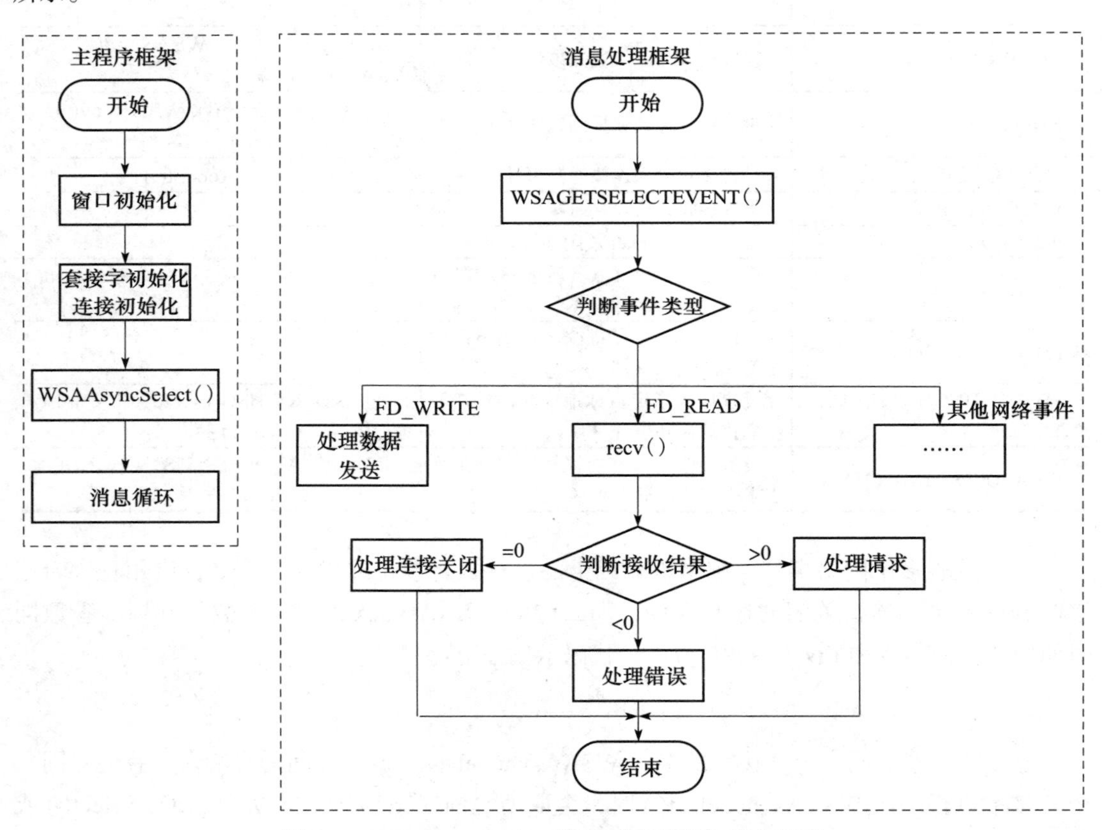

图 8-5 WSAAsyncSelect 模型下套接字的接收处理

在消息驱动下，原来顺序执行的程序改为由两个相对独立的执行部分构成：

1）主程序框架。这个部分主要完成套接字的创建和初始化的工作，根据程序工作环境的不同，主程序框架中的功能可能会有一些差别。如果是基于 SDK 的应用程序，为了对消息队列进行创建和维护，需要创建维护消息资源的窗口并对消息进行循环转换和分发；如果是基于MFC的应用程序，MFC已对消息映射机制进行了合理的封装，主程序框架部分不需要手工维护消息队列。

2）消息处理框架。在发生网络事件后，消息产生，该消息被主程序框架捕获到，消息处理框架部分被执行，主要完成消息类型的判断和网络事件的具体处理。在基于SDK的应用程序中，这部分功能是在窗口过程中完成的，窗口过程只有一个；而在基于MFC的应用程序中，这部分功能是在独立的消息处理函数中完成的，且消息处理函数可能会存在多个。

整体来看，基于WSAAsyncSelect模型的网络应用程序的基本流程如下：

1）定义套接字网络事件对应的用户消息。

2）如果不存在窗口，则创建窗口和窗口例程支持函数。

3）调用WSAAsyncSelect( )函数为套接字设置网络事件、用户消息和消息接收窗口之间的关系。

4）增加消息循环的具体功能，或者添加消息与消息处理函数的映射关系。

5）添加消息处理框架的具体功能，判断是哪个套接字上发生了网络事件。使用WSAGETSELECTEVENT宏了解所发生的网络事件，从而进行相应的处理。

图8-5说明了WSAAsyncSelect模型下套接字的接收处理。

依赖于不同的消息实现机制，应用程序在WSAAsyncSelect模型下的处理过程有较大的差别，我们分SDK环境和MFC环境两种情况举例说明套接字的创建及接收的基本过程。

下面的示例实现了基于WSAAsyncSelect模型的面向连接通信服务器，该服务器的主要功能是接收客户使用TCP发来的数据，打印接收到的数据的字节数。

2. 在SDK下实现基于WSAAsyncSelect模型的套接字通信服务器

（1）创建接收事件的窗口

由于命令行程序本身没有窗口，也没有接收消息的消息队列，因此这些工作需要程序员手工创建，CreateWorkerWindow( )函数实现了窗口的创建。

该函数的具体实现代码如下：

```
 1 HWND CreateWorkerWindow(void)
 2 {
 3     WNDCLASS wndclass;                      // 定义 RegisterClass() 函数注册的
                                               // 窗口类属性
 4     CHAR *ClassName = "SelectWindow";       // 窗口类名
 5     HWND hWnd;                              // 新建的窗口句柄
 6     wndclass.style = CS_HREDRAW | CS_VREDRAW; // 窗口类型
 7     wndclass.lpfnWndProc = (WNDPROC)WndProc; // 指定窗口例程
 8     wndclass.cbClsExtra = 0;                // 指定窗口类结构后面额外分配的字节数
 9     wndclass.cbWndExtra = 0;                // 指定窗口实例后面额外分配的字节数
10     wndclass.hInstance = NULL;              // 包含窗口类对应的窗口例程的实例句柄
11     wndclass.hIcon = LoadIcon(NULL, IDI_ERROR); // 类图标句柄
12     wndclass.hCursor = LoadCursor(NULL, IDC_ARROW);
                                               // 光标句柄
13     wndclass.hbrBackground =(HBRUSH) GetStockObject(WHITE_BRUSH);
                                               // 刷子句柄（白色）
14     wndclass.lpszMenuName = NULL;           // 窗口中无菜单
```

```
15      wndclass.lpszClassName = ClassName;     //窗口类名为"SelectWindow"
16      //注册窗口类
17      if (RegisterClass(&wndclass) == 0)
18      {
19          printf("RegisterClass() failed with error %d\n", GetLastError());
20          return NULL;
21      }
22      //创建接收消息的窗口
23      if ((hWnd = CreateWindow(ClassName,     //窗口类名
24                               "",             //窗口实例的标题名
25                               WS_OVERLAPPEDWINDOW,
                                                 //窗口的风格
26                               CW_USEDEFAULT,CW_USEDEFAULT,
                                                 //窗口左上角坐标为默认值
27                               CW_USEDEFAULT,CW_USEDEFAULT,
                                                 //窗口的高和宽为默认值
28                               NULL,           //此窗口无父窗口
29                               NULL,           //此窗口无主菜单
30                               NULL,           //应用程序的当前句柄
31                               ULL)) == NULL) //不使用该项
32      {
33          printf("CreateWindow() failed with error %d\n", GetLastError());
34          return NULL;
35      }
36      return hWnd;
37  }
```

输入参数：无。

输出参数：窗口句柄。

- 非 NULL：表示成功。
- NULL：表示失败。

程序创建窗口时，可以创建预先定义的窗口类或自定义的窗口类。创建自定义的窗口类时，在使用该窗口类前必须注册该窗口类。使用 RegisterClass( ) 函数注册窗口类。

第 5 ～ 21 行代码创建了一个窗口结构 WNDCLASS，该结构包含了 RegisterClass( ) 函数注册的类属性，并调用 RegisterClass( ) 函数对窗口结构进行注册。

第 22 ～ 35 行代码调用 CreateWindow( ) 函数创建接收消息的窗口。

（2）定义窗口例程

窗口例程用于实现消息处理框架的功能，取出消息，判断消息类型，进行相应的网络处理。

该函数的实现代码如下：

```
1  LRESULT CALLBACK WndProc(HWND hwnd, UINT uMsg, WPARAM wParam, LPARAM lParam)
2  {
3      sockaddr_in addrClient;
4      int addrClientlen =sizeof( sockaddr_in);
5      char recvbuf[DEFAULT_BUFLEN];
6      int recvbuflen = DEFAULT_BUFLEN;
7      SOCKET s,AcceptSocket;
8      int iResult;
9      if( uMsg == WM_SOCKET)
10     {
```

```
11          s = wParam;     //取有事件发生的套接字句柄
12          if ( WSAGETSELECTERROR (lParam))
13              printf("套接字错误，错误号为:%d\n", WSAGETSELECTERROR (lParam));
14          else
15          {
16              switch ( WSAGETSELECTEVENT (lParam))
17              {
18              //判断消息类型
19              case FD_ACCEPT:
20                  //检测到有新的连接进入
21                  AcceptSocket = accept(s, (sockaddr FAR*)&addrClient,
                        &addrClientlen);
22                  if( AcceptSocket == INVALID_SOCKET)
23                  {
24                      printf("accept failed !\n");
25                      closesocket(s);
26                  }
27                  printf("接收到新的连接: %s\n", inet_ntoa( addrClient.sin_addr));
28                  //增加新的连接套接字进行等待
29                  WSAAsyncSelect( AcceptSocket, hwnd, WM_SOCKET,
                        FD_READ|FD_WRITE|FD_CLOSE);
30                  break;
31              case FD_READ:
32                  //有数据到达
33                  memset(recvbuf,0,recvbuflen);
34                  iResult = recv(s, recvbuf, recvbuflen, 0);
35                  if (iResult >= 0)
36                  {
37                      //情况1: 成功接收到数据
38                      printf("\nBytes received: %d\n", iResult);
39                      //处理数据请求
40                      //……
41                  }
42                  else
43                  {
44                      //情况2: 接收失败
45                      printf("recv failed with error:%d\n",WSAGetLastError() );
46                      closesocket(s);
47                  }
48                  break;
49              case FD_WRITE:
50                  {}
51                  break;
52              case FD_CLOSE:
53                  //情况3: 连接关闭
54                  printf("Current Connection closing...\n");
55                  closesocket(s);
56                  break;
57              default:
58              break;
59              }
60          }
61      }
62      //如果不是用户自定义消息，则调用默认的窗口例程
63      return DefWindowProc(hwnd, uMsg, wParam, lParam);
64  }
```

输入参数：

- HWND hwnd：窗口句柄。
- UINT uMsg：消息。
- WPARAM wParam：消息传入参数，此处传入的是套接字。
- LPARAM lParam：消息传入参数，此处传入的是事件类型。

输出参数：

- TRUE：表示成功。
- FALSE：表示失败。

窗口例程是一个回调函数，网络事件到达后，窗口例程被执行。

第 12、13 行代码首先检查 lParam 参数的高位，以判断是否在套接字上发生了网络错误，宏 WSAGETSELECTERROR 返回高字节包含的错误信息。

第 16 ～ 59 行代码使用宏 WSAGETSELECTEVENT 读取 lParam 参数的低位，以确定发生的网络事件。本示例对 FD_ACCEPT、FD_READ、FD_CLOSE 三种常见的网络事件都进行了判断和处理。如果发生 FD_ACCEPT 事件，则调用 accept( ) 函数返回新的连接套接字，并通过 WSAAsyncSelect( ) 函数注册该套接字上关心的网络事件；如果发生 FD_READ 事件，则在发生事件的套接字上接收数据；如果发生 FD_CLOSE 事件，则关闭相应的套接字；如果套接字还对其他网络事件感兴趣，则在 switch-case 语句中相应增加对其他事件的判断和处理。

（3）完成程序主框架

程序主框架实现了流式套接字服务器的主体功能，创建接收消息的窗口，初始化套接字，注册套接字感兴趣的网络事件和消息的对应关系，并不断地循环读取消息和分发消息。

该函数的实现代码如下：

```
 1 #include <winsock2.h>
 2 #include <ws2tcpip.h>
 3 #include <windows.h>
 4 #include <stdio.h>
 5 #include <conio.h>
 6 #include "miscsvcs.h"
 7 #pragma   comment(lib,"ws2_32.lib")
 8 #define DEFAULT_BUFLEN 512                  //默认缓冲区长度
 9 #define DEFAULT_PORT 27015                  //默认服务器端口号
10 #define WM_SOCKET WM_USER+101               //定义套接字网络事件对应的用户消息
11 int _tmain(int argc, char* argv[])
12 {
13     HWND hWnd;
14     MSG Msg;
15     //创建窗口
16     if ((hWnd = CreateWorkerWindow()) == NULL)
17     {
18         printf("窗口创建失败！%d\n",GetLastError());
19         return 0;
20     }
21     WSADATA wsaData;
22     int iResult;
```

```
23      SOCKET ServerSocket = INVALID_SOCKET;
24      //初始化 WinSock
25      iResult = WSAStartup(MAKEWORD(2,2), &wsaData);
26      if (iResult != 0)
27      {
28          printf("WSAStartup failed with error: %d\n", iResult);
29          return 1;
30      }
31      //创建用于监听的套接字
32      ServerSocket = socket(AF_INET,SOCK_STREAM, IPPROTO_IP);
33      if(ServerSocket == INVALID_SOCKET)
34      {
35          printf("socket failed with error: %ld\n", WSAGetLastError());
36          WSACleanup();
37          return 1;
38      }
39      //为套接字绑定地址和端口号
40      SOCKADDR_IN addrServ;
41      addrServ.sin_family = AF_INET;
42      addrServ.sin_port = htons(DEFAULT_PORT); //监听端口为 DEFAULT_PORT
43      addrServ.sin_addr.S_un.S_addr = htonl(INADDR_ANY);
44      iResult = bind(ServerSocket, (const struct sockaddr*)&addrServ,
            sizeof(SOCKADDR_IN));
45      if (iResult == SOCKET_ERROR)
46      {
47          printf("bind failed with error: %d\n", WSAGetLastError());
48          closesocket(ServerSocket);
49          WSACleanup();
50          return 1;
51      }
52      //监听套接字
53      iResult = listen(ServerSocket, SOMAXCONN);
54      if(iResult == SOCKET_ERROR)
55      {
56          printf("listen failed !\n");
57          closesocket(ServerSocket);
58          WSACleanup();
59          return -1;
60      }
61      printf("TCP server starting\n");
62      //定义使用 Windows 窗口接收 FD_READ 事件消息
63      WSAAsyncSelect( ServerSocket, hWnd, WM_SOCKET, FD_ACCEPT);
64      while( GetMessage( &Msg, NULL, 0, 0)) //消息循环
65      {
66          TranslateMessage( &Msg );   //转换某些键盘消息（将虚拟键消息转换为
                                        //字符消息）
67          DispatchMessage ( &Msg );   //将消息发送给窗口过程（函数）
68      }
69      return 0;                       //程序终止时将信息返回系统
70  }
```

本程序是一个命令行程序，为了使用 WSAAsyncSelect 模型，需要用户手工创建窗口并维护消息队列。

第 10 行代码定义了套接字网络事件对应的用户消息 WM_SOCKET。

第 16 ～ 20 行代码调用第一步声明的 CreateWorkerWindow( ) 函数，用于注册窗口并创建窗口。

第 21 ～ 61 行代码进行基于流式套接字的服务器程序初始化。

第 63 行代码调用 WSAAsyncSelect( ) 函数向窗口 hWnd 注册套接字 ServerSocket 感兴趣的网络事件，并与用户自定义的消息 WM_SOCKET 关联起来。

第 64 ～ 68 行代码维护了一个消息循环，不断地通过 GetMessage( ) 函数取出消息，对消息进行转换后将消息发送给窗口例程。

3. 在 MFC 下实现基于 WSAAsyncSelect 模型的套接字通信服务器

本程序是一个基于 MFC 的网络应用程序，MFC 封装了 Win32 API 函数，并设计了一套方便的消息映射机制来处理消息，因此在程序中不需要自己维护消息队列，但是要在特定的位置对消息定义和消息映射进行合理的声明。

为了在 MFC 环境下使用 WSAAsyncSelect 模型，创建应用程序时应选择 "MFC 应用程序"，如图 8-6 所示。之后按向导说明对应用程序进行配置。

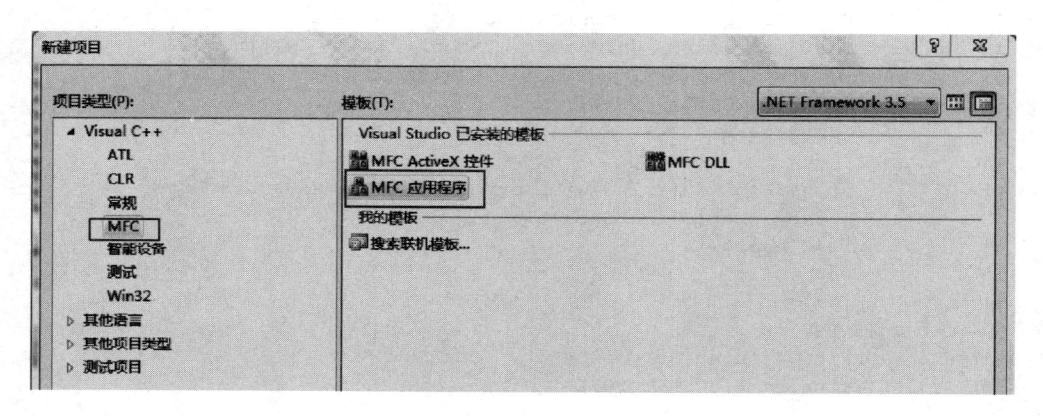

图 8-6　选择 "MFC 应用程序"

在本示例中，我们选择了基于对话框的应用程序，并设计了一个简单的界面来显示接收到的字节长度。与该对话框对应的类文件包括对话框类的头文件 EchoTCPPServerDemo-MFCDlg.h 和代码文件 EchoTCPPServerDemo-MFCDlg.cpp。

（1）定义消息

在头文件中包含网络应用程序执行所必需的头文件，并声明本程序中使用的消息 WM_SOCKET：

```
#include <winsock2.h>
#include <ws2tcpip.h>
#include <windows.h>
#include <stdio.h>
#include <conio.h>
#pragma  comment(lib,"ws2_32.lib")
#define  DEFAULT_BUFLEN 512              //默认缓冲区长度
#define  DEFAULT_PORT   27015            //默认服务器端口号
#define  WM_SOCKET WM_USER+101           //定义套接字网络事件对应的用户消息
```

（2）声明和实现消息处理函数

在类的头文件AFX_MSG块中说明消息处理函数OnSocket( )，并在源文件中实现该函数。该函数使用WPARAM和LPARAM参数，并返回LRESULT。

头文件中的定义如下：

```
class CEchoTCPPServerDemoMFCDlg : public CDialog
{
//……
public:
    afx_msg LRESULT OnSocket(WPARAM wParam,LPARAM lParam);
//……
}
```

源文件中的定义如下：

```
1  LRESULT CEchoTCPServerDemoMFCDlg::OnSocket(WPARAM wParam,LPARAM lParam)
2  {
3      int iResult;
4      sockaddr_in addrClient;
5      char recvbuf[DEFAULT_BUFLEN];
6      int recvbuflen = DEFAULT_BUFLEN;
7      int addrClientlen =sizeof( sockaddr_in);
8      SOCKET s,AcceptSocket;
9      CString str;
10     s = static_cast<SOCKET>(wParam);        //取有事件发生的套接字句柄
11     if ( WSAGETSELECTERROR (lParam))
12         list.InsertString(0,"套接字错误。");
13     else
14     {
15         switch ( WSAGETSELECTEVENT (lParam))
16         {
17         //判断消息类型
18         case FD_ACCEPT:
19             //检测到有新的连接进入
20             AcceptSocket = accept(s, (sockaddr FAR*)&addrClient,
                   &addrClientlen);
21             if( AcceptSocket == INVALID_SOCKET)
22             {
23                 list.InsertString(0,"accept failed !");
24                 closesocket(s);
25             }
26             str.Format("接收到新的连接：%s\n", inet_ntoa( addrClient.sin_addr));
27             list.InsertString(0,str);
28             //增加新的连接套接字进行等待
29             iResult = WSAAsyncSelect( AcceptSocket, m_hWnd, WM_SOCKET,
                   FD_READ|FD_WRITE|FD_CLOSE);
30             if (iResult == SOCKET_ERROR)
31                 list.InsertString(0,"WSAAsyncSelect 设定失败！");
32             break;
33         case FD_READ:
34             //有数据到达
35             memset(recvbuf,0,recvbuflen);
36             iResult = recv(s, recvbuf, recvbuflen, 0);
37             if (iResult >= 0)
```

```
38              {
39                  // 情况 1：成功接收到数据
40                  str.Format("Bytes received: %d",iResult);
41                  list.InsertString(0,str);
42                  // 处理数据请求
43                  // ……
44              }
45              else
46              {
47                  // 情况 2：接收失败
48                  str.Format("recv failed with error: %d\n",WSAGetLastError() );
49                  list.InsertString(0,str);
50                  closesocket(s);
51              }
52              break;
53          case FD_WRITE:
54              {}
55              break;
56          case FD_CLOSE:
57              // 情况 3：连接关闭
58              list.InsertString(0,"Current Connection closing...\n");
59              closesocket(s);
60              break;
61          default:
62              break;
63          }
64      }
65      return TRUE;
66  }
```

输入参数：

- WPARAM wParam：消息传入参数，此处传入的是套接字句柄。
- LPARAM lParam：消息传入参数，此处传入的是事件类型。

输出参数：

- TRUE：表示成功。
- FALSE：表示失败。

每一个消息对应一个消息处理函数，消息处理函数中对消息的获取和检查处理过程是类似的。网络事件到达后，产生消息，消息处理函数被执行。

第 10 行代码首先获得参数 wParam 传入的套接字句柄。

第 11、12 行代码检查 lParam 参数的高位，以判断是否在套接字上发生了网络错误，宏 WSAGETSELECTERROR 返回高字节包含的错误信息。

如果没有产生网络错误，第 14 ～ 63 行代码使用宏 WSAGETSELECTEVENT 读取 lParam 参数的低字节确定发生的网络事件。本示例对常用的 FD_READ、FD_ACCEPT、FD_CLOSE 事件进行了处理。如果发生 FD_ACCEPT 事件，则调用 accept( ) 函数返回新的连接套接字，并通过 WSAAsyncSelect( ) 函数注册该套接字上关心的网络事件；如果发生 FD_READ 事件，则在发生事件的套接字上接收数据；如果发生 FD_CLOSE 事件，则关闭相应的套接字；如果套接字还对其他网络事件感兴趣，则在 switch-case 语句中相应增加对其他事件的判断和处理。

（3）实现消息映射

在源文件的用户类的消息块中，使用ON_MESSAGE宏指令将消息映射到消息处理函数中：

```
BEGIN_MESSAGE_MAP(CEchoTCPServerDemoMFCDlg, CDialog)
    //……
    ON_MESSAGE(WM_SOCKET,&OnSocket)
END_MESSAGE_MAP()
```

（4）实现服务器的初始化功能

"启动"按钮完成了面向连接服务器的初始化功能，单击该按钮也是一种消息，在其对应的控件通知处理函数OnBnClickedOk( )中完成套接字的初始化、创建以及网络事件的注册等功能，代码如下：

```
1  void CEchoTCPServerDemoMFCDlg::OnBnClickedOk()
2  {
3      WSADATA wsaData;
4      int iResult;
5      SOCKET ServerSocket = INVALID_SOCKET;
6      //初始化WinSock
7      iResult = WSAStartup(MAKEWORD(2,2), &wsaData);
8      if (iResult != 0)
9      {
10         list.InsertString(0,"WSAStartup函数出错。");
11         return;
12     }
13     //创建用于监听的套接字
14     ServerSocket = socket(AF_INET,SOCK_STREAM, IPPROTO_IP);
15     if(ServerSocket == INVALID_SOCKET)
16     {
17         list.InsertString(0,"socket函数出错。");
18         WSACleanup();
19         return;
20     }
21     //为套接字绑定地址和端口号
22     SOCKADDR_IN addrServ;
23     addrServ.sin_family = AF_INET;
24     addrServ.sin_port = htons(DEFAULT_PORT);   //监听端口为DEFAULT_PORT
25     addrServ.sin_addr.S_un.S_addr = htonl(INADDR_ANY);
26     iResult = bind(ServerSocket, (const struct sockaddr*)&addrServ,
   sizeof(SOCKADDR_IN));
27     if (iResult == SOCKET_ERROR)
28     {
29         list.InsertString(0,"bind函数出错。");
30         closesocket(ServerSocket);
31         WSACleanup();
32         return;
33     }
34     //监听套接字
35     iResult = listen(ServerSocket, SOMAXCONN);
36     if(iResult == SOCKET_ERROR)
37     {
38         list.InsertString(0,"listen函数出错。");
```

```
39          closesocket(ServerSocket);
40          WSACleanup();
41          return;
42      }
43      list.InsertString(0,"服务器启动……");
44      //产生相应的传递给窗口的消息 WM_SOCKET ，这是自定义消息
45      iResult = WSAAsyncSelect(ServerSocket,m_hWnd,WM_SOCKET,FD_ACCEPT);
46      if (iResult == SOCKET_ERROR)
47      {
48          list.InsertString(0,"WSAAsyncSelect 设定失败！");
49          return;
50      }
51      return;
52  }
```

本函数完成了对服务器端套接字的初始化、创建和网络事件的关联。

第6～42行代码进行基于流式套接字的服务器程序初始化。

第45～50行代码调用WSAAsyncSelect( )函数向窗口hWnd注册了套接字ServerSocket感兴趣的网络事件FD_ACCEPT，并与用户自定义的消息WM_SOCKET关联起来。

8.5.4 WSAAsyncSelect模型的评价

WSAAsyncSelect模型的优点是在系统开销不大的情况下可以同时处理多个客户的网络I/O。但是，消息的运行需要有消息队列，消息队列通常依附于窗口实现，有些应用程序可能并不需要窗口，为了支持消息机制，就必须创建一个窗口来接收消息，这对于一些特殊的应用场合并不适合。另外，在一个窗口中处理大量消息也可能成为性能的瓶颈。

8.6 基于事件的WSAEventSelect模型

基于事件的WSAEventSelect模型是用另外一种Windows机制实现的异步I/O模型。这种模型与基于WSAAsyncSelect的异步I/O模型的主要区别是网络事件发生时系统通知应用程序的方式不同。WSAEventSelect模型允许在多个套接字上接收以事件为基础的网络事件的通知。应用程序在创建套接字后，调用WSAEventSelect( )函数将事件对象与网络事件集合相关联，当网络事件发生时，应用程序以事件的形式接收网络事件通知。

8.6.1 Windows的事件机制与使用

Windows采用事件驱动方式，即程序的流程不是由事件的顺序来控制，而是由事件的发生来控制，所有事件是无序的。在Windows环境下，事件被理解为可以通过代码响应或处理的操作。事件可由用户操作（如单击鼠标或按某个键）、程序代码或系统生成。

当事件发生时，事件驱动的应用程序执行代码以响应该事件。

事件对象属于内核对象，它包含主要三个内容：

- 使用计数。
- 工作模式，包括自动重置（auto reset）或人工重置（manual reset）两种模式，可用布尔值表示。

- 工作状态，包括授信（signaled）或未授信（nonsignaled）两种状态，可以用布尔值表示。

在使用WSAEventSelect模型之前，需要创建一个事件对象，Windows还提供了一些机制对网络事件对象进行管理。

1. 创建事件对象

通过WSACreateEvent( )函数可以创建事件对象，该函数的原型定义如下：

```
WSAEVENT WSACreateEvent(void);
```

该函数没有输入参数，如果执行成功，则函数返回事件对象的句柄，否则返回WSA_INVALID_EVENT。

调用WSACreateEvent( )函数创建的事件对象处于人工重置模式和未授信状态。

2. 重置事件对象

当网络事件发生时，与套接字相关联的事件对象从未授信状态转换为已授信状态。调用WSAResetEvent( )函数可以将事件对象从已授信状态修改为未授信状态，该函数的原型定义如下：

```
BOOL WSAResetEvent(
  __in  WSAEVENT hEvent
);
```

其中，参数hEvent为事件对象的句柄。如果函数执行成功，则返回TRUE，否则返回FALSE。

3. 设置事件对象为已授信状态

调用WSASetEvent( )函数可以将给定的事件对象设置为已授信状态，该函数的原型定义如下：

```
BOOL WSASetEvent(
  __in  WSAEVENT hEvent
);
```

其中，参数hEvent为事件对象的句柄。如果函数执行成功，则返回TRUE，否则返回FALSE。

4. 关闭事件对象

在处理完网络事件后，需要调用WSACloseEvent( )函数关闭事件对象句柄，释放事件对象占用的资源，该函数的原型定义如下：

```
BOOL WSACloseEvent(
  __in  WSAEVENT hEvent
);
```

其中，参数hEvent为事件对象的句柄。如果函数执行成功，则返回TRUE，否则返回FALSE。

8.6.2 WSAEventSelect模型的相关函数

1. 网络事件注册函数：WSAEventSelect( )

基于WSAEventSelect的异步I/O模型的核心是WSAEventSelect( )函数，它可以为套接字注册感兴趣的网络事件，并将指定的事件对象关联到指定的网络事件集合。WSAEventSelect( )函数的原型定义如下：

```
int WSAEventSelect(
  __in  SOCKET s,
  __in  WSAEVENT hEventObject,
  __in  long lNetworkEvents
);
```

其中：

- s：套接字。
- hEventObject：与网络事件集合相关联的事件对象句柄。
- lNetworkEvents：感兴趣的网络事件集合。

如果函数执行成功，则返回0，否则返回SOCKET_ERROR，具体错误可以通过WSA-GetLastError( )函数获取。

Windows Sockets中定义的网络事件如表8-1所示。

WSAEventSelect( )函数对网络事件的注册方法与WSAAsnycSelect( )函数类似，如果对多个网络事件都关心，则可以对多个事件执行按位或操作，例如，应用程序希望接收到读就绪和连接关闭的通知事件，则对WSAEventSelect( )函数的lNetworkEvents参数同时使用FD_READ和FD_CLOSE事件，代码示例如下：

```
iResult = WSAEventSelect (s, hEventObject, FD_READ|FD_CLOSE);
```

如果要取消指定套接字上的所有通知事件，则可以在调用WSAEventSelect( )函数时将事件参数lEvent设置为0，例如：

```
iResult = WSAEventSelect (s, hEventObject, 0);
```

WSAEventSelect( )函数会将套接字设置为非阻塞状态，如果需要将套接字设置回默认的阻塞状态，则必须按上述方法清除与套接字相关联的注册事件，然后调用iotlsocket( )函数或者WSAIoctl( )函数将套接字设置为阻塞模式。

2. 事件等待函数：WSAWaitForMultipleEvents( )

WSAWaitForMultipleEvents( )函数在等待网络事件发生的过程中处于阻塞等待状态，在调用WSAEventSelect( )函数注册网络事件后，应用程序调用该函数等待网络事件发生，直到指定的网络事件发生或阻塞时间超过指定的超时时间才返回。

WSAWaitForMultipleEvents( )函数的原型定义如下：

```
DWORD WSAWaitForMultipleEvents(
  __in  DWORD cEvents,
  __in  const WSAEVENT* lphEvents,
  __in  BOOL  fWaitAll,
  __in  DWORD dwTimeout,
  __in  BOOL  fAlertable
);
```

其中：

- cEvents：指定在参数lphEvents指向的数组中包含的事件对象句柄的数量。

- lphEvents：指向事件对象句柄数组的指针。
- fWaitAll：指定等待的类型，如果该参数为TRUE，则数组lphEvents中包含的所有事件对象都变成已授信状态时，函数才返回；如果该参数为FALSE，则只要有一个事件对象变成了已授信状态，函数就返回。
- dwTimeout：指定超时时间，如果该参数为0，则函数检查事件对象的状态后立即返回；如果该参数为WSA_INFINITE，则该函数会无限期等待，直到满足参数fWaitAll指定的条件为止。
- fAlertable：指定完成例程在系统队列中排队等待执行时函数是否返回，如果该参数为TRUE，则说明该函数返回时完成例程已经被执行；如果该参数为FALSE，则说明该函数返回时完成例程还没有被执行。该参数主要应用于重叠I/O模型。

对于该函数的返回错误，WSA_WAIT_TIMEOUT是常见的返回值，接下来可以选择继续调用该函数等待或失败退出；如果出现了错误，则返回WSA_WAIT_FAILED，需要检查cEvents和lphEvents两个参数是否有效；如果事件数组中有某一个事件被授信了，函数会返回这个事件的索引值，但是要用这个索引值减去预定义值WSA_WAIT_EVENT_0才能得到这个事件在事件数组中的位置。

3. 枚举网络事件函数：WSAEnumNetworkEvents( )

WSAEnumNetworkEvents( )函数获取给定套接字上发生的网络事件。可以使用该函数来发现自上次调用该函数后指定套接字上发生的网络事件。WSAEnumNetworkEvents( )函数的原型定义如下：

```
int WSAEnumNetworkEvents(
  __in  SOCKET s,
  __in  WSAEVENT hEventObject,
  __out LPWSANETWORKEVENTS lpNetworkEvents
);
```

其中：

- s：标识套接字的描述字。
- hEventObject：（可选）句柄，用于标识需要复位的相应事件对象，如果指定了此参数，本函数会重置这个事件对象的状态。
- lpNetworkEvents：一个WSANETWORKEVENTS结构的数组，每一个元素记录了一个网络事件和相应的错误代码。

WSANETWORKEVENTS结构的定义如下：

```
typedef struct _WSANETWORKEVENTS {
  long  lNetworkEvents;
  int   iErrorCode[FD_MAX_EVENTS];
} WSANETWORKEVENTS,  *LPWSANETWORKEVENTS;
```

其中，lNetworkEvents指定已经发生的网络事件，iErrorCode参数是一个数组，存储与lNetworkEvents相关的出错代码，数组的每个成员对应一个网络事件的出错代码。

如果操作成功则返回0，否则返回SOCKET_ERROR错误。应用程序可通过WSAGet-LastError( )来获取相应的错误代码。

8.6.3 WSAEventSelect 模型的编程框架

1. WSAEventSelect 模型的编程框架解析

WSAEventSelect 模型为套接字注册感兴趣的网络事件，并将指定的事件对象关联到指定的网络事件集合，然后应用程序等待网络事件发生。当网络事件发生时，应用程序可以及时发现处于已授信状态的事件对象，并对该事件做出相应的处理。

以面向连接的数据接收为例，在 WSAEventSelect 模型下，套接字的编程框架如图 8-7 所示。

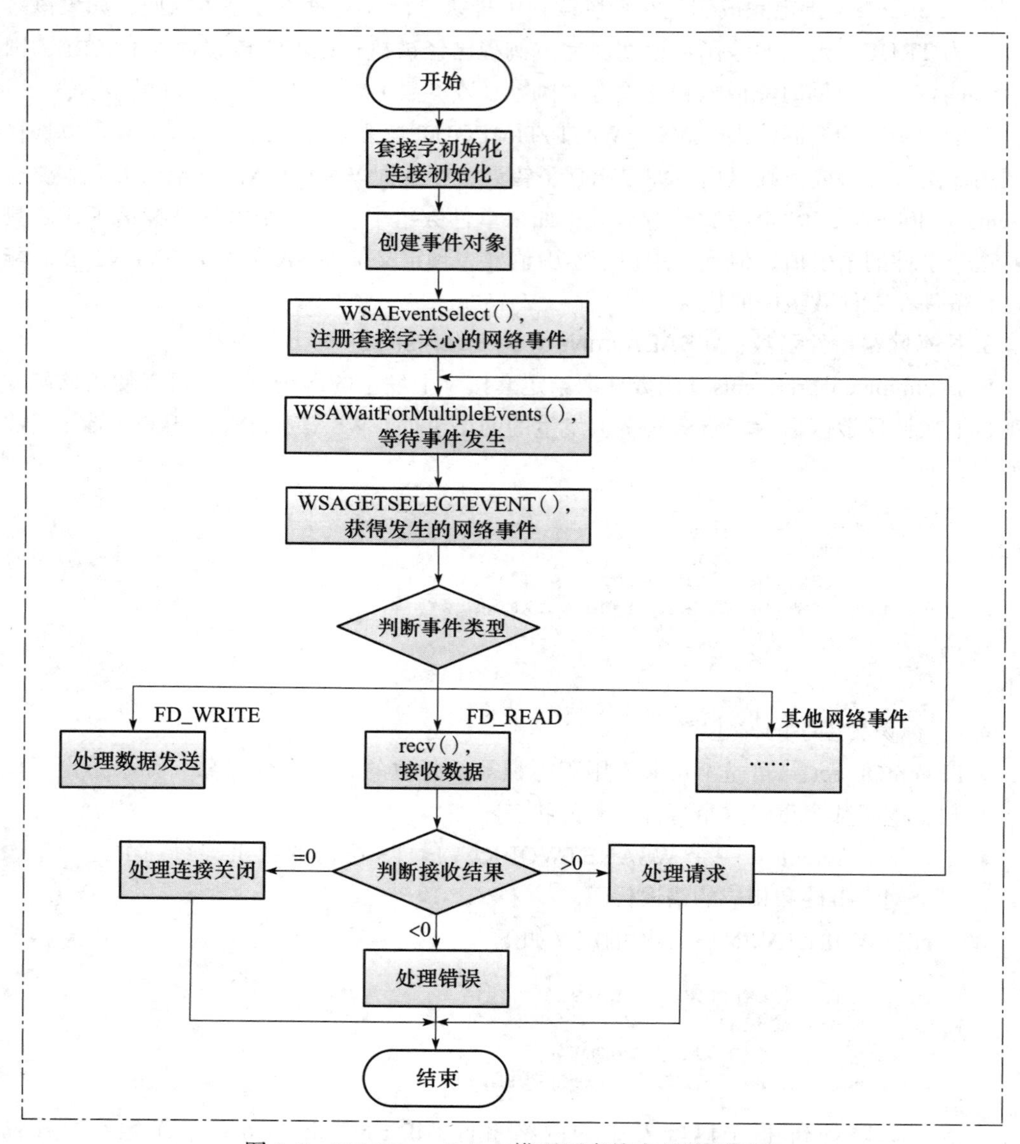

图 8-7　WSAEventSelect 模型下套接字的编程框架

整体来看，基于 WSAEventSelect 模型的网络应用程序的基本流程如下：

1）初始化 Windows Sockets 环境，并创建用于网络通信的套接字。

2）创建事件对象。

3）将新建的事件对象与等待网络事件的套接字相关联，并注册该套接字关心的网络事件集合。

4）调用 WSAWaitForMultipleEvents( ) 等待所有事件对象上发生的注册的网络事件。

5）如果有事件发生，使用 WSAGETSELECTEVENT 宏了解所发生的网络事件，并进行相应的处理。

2. 基于 WSAEventSelect 模型的套接字通信服务器示例

下面的示例实现了基于 WSAEventSelect 模型的面向连接通信服务器。该服务器的主要功能是接收客户使用 TCP 发来的数据，打印接收到的数据的字节数。

```
 1  #include <winsock2.h>
 2  #include <ws2tcpip.h>
 3  #include <windows.h>
 4  #include <stdio.h>
 5  #include <conio.h>
 6  #pragma  comment(lib,"ws2_32.lib")
 7  //定义默认的缓冲区长度和端口号
 8  #define DEFAULT_BUFLEN 512
 9  #define DEFAULT_PORT 27015
10
11  int _tmain(int argc, char* argv[])
12  {
13      WSADATA wsaData;
14      int iResult;
15      SOCKET ServerSocket = INVALID_SOCKET;
16      //初始化 WinSock
17      iResult = WSAStartup(MAKEWORD(2,2), &wsaData);
18      if (iResult != 0)
19      {
20          printf("WSAStartup failed with error: %d\n", iResult);
21          return 1;
22      }
23      //创建用于监听的套接字
24      ServerSocket = socket(AF_INET,SOCK_STREAM, IPPROTO_IP);
25      if(ServerSocket == INVALID_SOCKET)
26      {
27          printf("socket failed with error: %ld\n", WSAGetLastError());
28          WSACleanup();
29          return 1;
30      }
31      //为套接字绑定地址和端口号
32      SOCKADDR_IN addrServ;
33      addrServ.sin_family = AF_INET;
34      addrServ.sin_port = htons(DEFAULT_PORT);     //监听端口为 DEFAULT_PORT
35      addrServ.sin_addr.S_un.S_addr = htonl(INADDR_ANY);
36      iResult = bind(ServerSocket, (const struct sockaddr*)&addrServ,
            sizeof(SOCKADDR_IN));
37      if (iResult == SOCKET_ERROR)
38      {
39          printf("bind failed with error: %d\n", WSAGetLastError());
40          closesocket(ServerSocket);
41          WSACleanup();
```

```
42          return 1;
43      }
44      //监听套接字
45      iResult = listen(ServerSocket, SOMAXCONN);
46      if(iResult == SOCKET_ERROR)
47      {
48          printf("listen failed !\n");
49          closesocket(ServerSocket);
50          WSACleanup();
51          return -1;
52      }
53      printf("TCP server starting\n");
54      //创建事件对象，并关联到套接字 ServerSocket 上，注册 FD_ACCEPT 事件
55      WSAEVENT Event = WSACreateEvent();
56      int iIndex = 0,i;
57      int iEventTotal = 0;
58      //事件句柄和套接字句柄表
59      WSAEVENT eventArray[WSA_MAXIMUM_WAIT_EVENTS];
60      SOCKET sockArray[WSA_MAXIMUM_WAIT_EVENTS];
61      WSAEventSelect(ServerSocket, Event, FD_ACCEPT);
62      //将新建的事件 Event 保存到 eventArray 数组中
63      eventArray[iEventTotal] = Event;
64      //将套接字 ServerSocket 保存到 sockArray 数组中
65      sockArray[iEventTotal] = ServerSocket;
66      iEventTotal++;
67      //处理网络事件
68      sockaddr_in addrClient;
69      int addrClientlen =sizeof( sockaddr_in);
70      char recvbuf[DEFAULT_BUFLEN];
71      int recvbuflen = DEFAULT_BUFLEN;
72      while(TRUE)
73      {
74          //在所有事件对象上等待，只要有一个事件对象变为已授信状态，则函数返回
75          iIndex = WSAWaitForMultipleEvents(iEventTotal, eventArray, FALSE,
                WSA_INFINITE, FALSE);
76          //对每个事件调用 WSAWaitForMultipleEvents() 函数，以便确定它的状态
77          //发生的事件对象的索引，一般是句柄数组中排在最前面的那一个
78          //然后用循环依次处理后面的事件对象
79          iIndex = iIndex - WSA_WAIT_EVENT_0;
80          for(i=iIndex; i<iEventTotal; i++)
81          {
82              iResult = WSAWaitForMultipleEvents(1, &eventArray[i], TRUE,
                    1000, FALSE);
83              if(iResult == WSA_WAIT_FAILED || iResult == WSA_WAIT_TIMEOUT)
84              {
85                  continue;
86              }
87              else
88              {
89                  //获取到来的通知消息，WSAEnumNetworkEvents 函数会自动重置授信事件
90                  WSANETWORKEVENTS newevent;
91                  WSAEnumNetworkEvents(sockArray[i], eventArray[i],
                        &newevent);
92                  if(newevent.lNetworkEvents & FD_ACCEPT) //处理 FD_ACCEPT 通知消息
93                  {
94                      if(newevent.iErrorCode[FD_ACCEPT_BIT] == 0)
```

```
95              {
96                  //如果处理FD_ACCEPT消息时没有错误
97                  if(iEventTotal > WSA_MAXIMUM_WAIT_EVENTS)
98                  {
99                          //连接太多，暂时不处理
100                         printf(" Too many connections! \n");
101                         continue;
102                 }
103                 //接收连接请求，得到与客户通信的套接字
                    //AcceptSocket
104                 SOCKET AcceptSocket = accept(sockArray[i],
                       (sockaddr FAR*)&addrClient, &addrClientlen);
105                 char addrBuff[17]
                       printf(" 接收到新的连接: %s\n", inet_ntoa(AF_INET,
                       (const void*) & (addrClient.sin_addr), addrBuff, 17);
106                 //为新套接字创建事件对象
107                       WSAEVENT newEvent1 = WSACreateEvent();
108                       //将新建的事件对象newEvent1关联到套接字AcceptSocket上
109                       //注册FD_READ|FD_CLOSE|FD_WRITE网络事件
110                       WSAEventSelect(AcceptSocket, newEvent1,
                              FD_READ|FD_CLOSE|FD_WRITE);
111                       //将新建的事件newEvent1保存到eventArray数组中
112                       eventArray[iEventTotal] = newEvent1;
113                       //将新建的套接字sNew保存到sockArray数组中
114                       sockArray[iEventTotal] = AcceptSocket;
115                 iEventTotal++;
116
117             }
118             if(newevent.lNetworkEvents & FD_READ)
                                                    //处理FD_READ通知消息
119             {
120                 if(newevent.iErrorCode[FD_READ_BIT] == 0)
121                 {
122                       //如果处理FD_READ消息时没有错误
123                       //有数据到达
124                       memset(recvbuf,0,recvbuflen);
125                       iResult = recv( sockArray[i], recvbuf, recvbuflen, 0);
126                       if (iResult > 0)
127                       {
128                           //情况1: 成功接收到数据
129                           printf("\nBytes received: %d\n", iResult);
130                           //处理数据请求
131                           //……
132                       }
133                       else
134                       {
135                           //情况2: 接收失败
136                           printf("recv failed with error: %d\n",
                                      WSAGetLastError() );
137                           closesocket(sockArray[i]);
138                       }
139                 }
140             }
141             if(newevent.lNetworkEvents & FD_CLOSE)
                   //处理FD_CLOSE通知消息
142             {
```

```
143                             //进行套接字关闭
144                             printf("Current Connection closing...\n");
145                             closesocket(sockArray[i]);
146                         }
147                         if(newevent.lNetworkEvents & FD_WRITE)
                                                   //处理 FD_WRITE 通知消息
148                         {
149                             //进行数据发送
150                         }
151                     }
152                 }
153             }
154             return 0;
155         }
```

本程序是一个命令行程序，为了使用 WSAEventSelect 模型，需要有事件对象支持。

第 13 ～ 53 行代码进行基于流式套接字的服务器程序初始化。

第 54 ～ 66 行代码创建事件对象，调用 WSAEventSelect( ) 函数并关联到套接字 ServerSocket 上，注册 FD_ACCEPT 事件。

第 67 ～ 153 行代码循环处理网络事件，调用 WSAWaitForMultipleEvents( ) 函数在所有事件对象上等待事件发生，获得发生的事件对象的索引，对事件类型进行判断，并对常用的 FD_READ、FD_ACCEPT、FD_CLOSE 事件进行处理。如果发生 FD_ACCEPT 事件，则调用 accept( ) 函数返回新的连接套接字，并通过 WSAEventSelect( ) 函数注册该套接字上关心的网络事件；如果发生 FD_READ 事件，则在发生事件的套接字上接收数据；如果发生 FD_CLOSE 事件，则关闭相应的套接字；如果套接字还对其他网络事件感兴趣，则增加对相应事件的判断和处理。

8.6.4　WSAEventSelect 模型的评价

WSAEventSelect 模型不依赖于消息，所以可以在没有窗口的环境下方便地实现对网络通信的异步操作。该模型的缺点是等待的事件对象总数是有限制的（每次只能等待 64 个事件），在有些应用中可能会受限。

8.7　重叠 I/O 模型

重叠 I/O 是 Win32 文件操作的一项技术，其基本设计思想是允许应用程序使用重叠数据结构一次投递一个或者多个异步 I/O 请求。

8.7.1　重叠 I/O 的概念

在传统文件操作中，当对文件进行读写时，线程会阻塞在读写操作上，直到读写完指定的数据后才返回。这样，在读写大文件的时候，很多时间都浪费在等待上面，如果读写操作是对管道读写数据，那么有可能阻塞得更久，导致程序性能下降。

为了解决这个问题，我们首先想到可以用多个线程处理多个 I/O，但这种方式显然不如从系统层面实现的效果好。Windows 引进了重叠 I/O 的概念，它能够同时使用多个线程处理多个 I/O，而且系统内部对 I/O 的处理在性能上有很大的优化。

重叠I/O是Windows环境下实现异步I/O常用的方式。Windows为几乎全部类型的文件操作（如磁盘文件、命名管道和套接字等）都提供了这种方法。

以Win32重叠I/O机制为基础，自WinSock 2发布以来，重叠I/O已集成到新的WinSock函数中。这样，重叠I/O模型便能适用于安装了WinSock 2的所有Windows平台，可以一次投递一个或多个WinSock I/O请求。针对那些提交的请求，在它们完成之后，应用程序可为它们提供服务（对I/O的数据进行处理）。

重叠模型的核心是一个重叠数据结构WSAOVERLAPPED，该结构与OVERLAPPED结构兼容，其定义如下：

```
typedef struct _WSAOVERLAPPED {
  ULONG_PTR Internal;
  ULONG_PTR InternalHigh;
  union {
    struct {
      DWORD Offset;
      DWORD OffsetHigh;
    };
    PVOID Pointer;
  };
  HANDLE hEvent;
} WSAOVERLAPPED,  *LPWSAOVERLAPPED;
```

其中：

- Internal：由重叠I/O实现的实体内部使用的字段。在使用Socket的情况下，该字段被底层操作系统使用。
- InternalHigh：由重叠I/O实现的实体内部使用的字段。在使用Socket的情况下，该字段被底层操作系统使用。
- Offset：在使用套接字的情况下，该参数被忽略。
- OffsetHigh：在使用套接字的情况下，该参数被忽略。
- Pointer：在使用套接字的情况下，该参数被忽略。
- hEvent：允许应用程序为这个操作关联一个事件对象句柄。重叠I/O的事件通知方法需要将Windows事件对象关联到WSAOVERLAPPED结构。

在重叠I/O模式下，对套接字的读写调用会立即返回，这时候程序可以去做其他工作，系统会自动完成具体的I/O操作。另外，应用程序也可以同时发出多个读写调用。当系统完成I/O操作时，会将WSAOVERLAPPED中的hEvents置为授信状态，可以通过调用WSAWaitForMultipleEvents( )函数来查询这个I/O操作是否完成，在得到通知信号后，就可以调用WSAGetOverlappedResult( )函数来查询I/O操作的结果，并进行相关处理。由此可以看出，WSAOVERLAPPED结构在一个重叠I/O请求的初始化及其后续的完成之间，提供了一种沟通或通信机制。

8.7.2 重叠I/O模型的相关函数

1. 套接字创建函数：WSASocket( )

若想以重叠方式使用套接字，必须使用重叠方式（标志为WSA_FLAG_OVERLAPPED）

打开套接字。WSASocket( ) 函数用于创建绑定到指定的传输服务提供程序的套接字，该函数的原型定义如下：

```
SOCKET WSASocket(
  __in  int af,
  __in  int type,
  __in  int protocol,
  __in  LPWSAPROTOCOL_INFO lpProtocolInfo,
  __in  GROUP g,
  __in  DWORD dwFlags
);
```

其中：

- af：指定地址族。
- type：指定套接字的类型。
- protocol：指定套接字使用的协议。
- lpProtocolInfo，指向 WSAPROTOCOL_INFO 结构，指定新建套接字的特性。
- g：预留字段。
- dwFlags：指定套接字属性的标志，在重叠 I/O 模型中，dwFlags 参数需要被置为 WSA_FLAG_OVERLAPPED，这样就可以创建一个重叠套接字，在后续的操作中执行重叠 I/O 操作，同时初始化和处理多个操作。

如果函数执行成功，则返回新建套接字的句柄，否则返回 INVALID_SOCKET。可以通过 WSAGetLastError( ) 函数获得错误号，以了解具体错误信息。

2. 数据发送函数：WSASend() 和 WSASendTo( )

在 WinSock 环境下，WSASend( ) 函数和 WSASendTo( ) 函数提供了在重叠套接字上进行数据发送的能力，并在以下两个方面有所增强：

1）完成重叠发送操作。

2）一次发送多个缓冲区中的数据，完成集中写入操作。

函数 WSASend( ) 覆盖标准的 send( ) 函数，该函数的定义如下：

```
int WSASend(
  __in   SOCKET s,
  __in   LPWSABUF lpBuffers,
  __in   DWORD dwBufferCount,
  __out  LPDWORD lpNumberOfBytesSent,
  __in   DWORD dwFlags,
  __in   LPWSAOVERLAPPED lpOverlapped,
  __in   LPWSAOVERLAPPED_COMPLETION_ROUTINE lpCompletionRoutine
);
```

其中：

- s：标识一个已连接套接字的描述符。
- lpBuffers：一个指向 WSABUF 结构数组的指针，每个 WSABUF 结构包含缓冲区的指针和缓冲区的大小。
- dwBufferCount：记录 lpBuffers 数组中 WSABUF 结构的数目。
- lpNumberOfBytesSent：一个返回值，如果发送操作立即完成，则为一个指向所发送数据字节数的指针。

- dwFlags：标志位，与 send( ) 调用的 flag 字段类似。
- lpOverlapped：指向 WSAOVERLAPPED 结构的指针，该参数对于非重叠套接字无效。
- lpCompletionRoutine：指向完成例程，是一个指向发送操作完成后调用的完成例程的指针，该参数对于非重叠套接字无效。

如果重叠操作立即完成，则 WSASend( ) 函数返回 0，并且参数 lpNumberOfBytesSent 被更新为发送数据的字节数；如果重叠操作被成功初始化，并且将在稍后完成，则 WSASend( ) 函数返回 SOCKET_ERROR，错误代码为 WSA_IO_PENDING。

当重叠操作完成后，可以通过下面两种方式获取传输数据的数量：

1）如果指定了完成例程，则通过完成例程的 cbTransferred 参数获取。

2）通过 WSAGetOverlappedResult( ) 函数的 lpcbTransfer 参数获取。

另外，WSASendTo( ) 函数提供了在非连接模式下使用重叠 I/O 进行数据发送的能力，该函数覆盖标准的 sendto( ) 函数，其原型定义如下：

```
int WSASendTo(
  __in    SOCKET s,
  __in    LPWSABUF lpBuffers,
  __in    DWORD dwBufferCount,
  __out   LPDWORD lpNumberOfBytesSent,
  __in    DWORD dwFlags,
  __in    const struct sockaddr* lpTo,
  __in    int iToLen,
  __in    LPWSAOVERLAPPED lpOverlapped,
  __in    LPWSAOVERLAPPED_COMPLETION_ROUTINE lpCompletionRoutine
);
```

该函数与 WSASend( ) 函数的主要差别类似于 sendto( ) 和 send( ) 的差别，但增加了对目标地址的输入参数，其中：

- lpTo：指向以 sockaddr 结构存储的目的地址的指针。
- iToLen：指向目的地址长度的指针。

3. 数据接收函数：WSARecv( ) 和 WSARecvFrom( )

在 WinSock 环境下，WSARecv( ) 函数和 WSARecvFrom( ) 函数提供了在重叠套接字上进行数据接收的能力，并在以下两个方面有所增强：

1）用于重叠 Socket，完成重叠接收的操作。

2）一次将数据接收到多个缓冲区中，完成集中读出操作。

函数 WSARecv( ) 覆盖标准的 recv( ) 函数，该函数的定义如下：

```
int WSARecv(
  __in       SOCKET s,
  ___inout   LPWSABUF lpBuffers,
  __in       DWORD dwBufferCount,
  __out      LPDWORD lpNumberOfBytesRecvd,
  ___inout   LPDWORD lpFlags,
  __in       LPWSAOVERLAPPED lpOverlapped,
  __in       LPWSAOVERLAPPED_COMPLETION_ROUTINE lpCompletionRoutine
);
```

其中：

- s：标识一个已连接套接字的描述符。
- lpBuffers：一个指向 WSABUF 结构数组的指针，每个 WSABUF 结构包含缓冲区的指针和缓冲区的大小。
- dwBufferCount：记录 lpBuffers 数组中 WSABUF 结构的数目。
- lpNumberOfBytesRecvd：一个返回值，如果 I/O 操作立即完成，则该参数指定接收数据的字节数。
- lpFlags：标志位，与 recv( ) 调用的 flag 字段类似。
- lpOverlapped：指向 WSAOVERLAPPED 结构的指针，该参数对于非重叠套接字无效。
- lpCompletionRoutine：指向完成例程，是一个指向接收操作完成后调用的完成例程的指针，该参数对于非重叠套接字无效。

如果重叠操作立即完成，则 WSARecv( ) 函数返回 0，并且参数 lpNumberOfBytesRecvd 被更新为接收数据的字节数；如果重叠操作被成功初始化，并且将在稍后完成，则 WSARecv( ) 函数返回 SOCKET_ERROR，错误代码为 WSA_IO_PENDING。

另外，WSARecvFrom( ) 函数提供了在非连接模式下使用重叠 I/O 进行数据接收的能力，该函数覆盖标准的 recvfrom( ) 函数，其原型定义如下：

```
int WSARecvFrom(
  __in       SOCKET s,
  ___inout   LPWSABUF lpBuffers,
  __in       DWORD dwBufferCount,
  __out      LPDWORD lpNumberOfBytesRecvd,
  ___inout   LPDWORD lpFlags,
  __out      struct sockaddr* lpFrom,
  ___inout   LPINT lpFromlen,
  __in        LPWSAOVERLAPPED lpOverlapped,
  __in       LPWSAOVERLAPPED_COMPLETION_ROUTINE lpCompletionRoutine
);
```

该函数与 WSARecv( ) 函数的主要差别类似于 recvfrom( ) 和 recv( ) 的差别，只是增加了对来源地址的输入参数，其中：

- lpFrom：一个返回值，指向以 sockaddr 结构存储的来源地址的指针。
- lpFromLen：指向来源地址长度的指针。

4. 重叠操作结果获取函数：GetOverlappedResult( )

当异步 I/O 请求挂起后，要知道 I/O 操作是否完成。一个重叠 I/O 请求最终完成后，应用程序要负责取回重叠 I/O 操作的结果。对于读操作，直到 I/O 完成，输入缓冲区才有效。对于写操作，要知道写是否成功。为了获得指定文件、命名管道或通信设备上重叠操作的结果，最直接的方法是调用 WSAGetOverlappedResult( )，其函数原型如下：

```
BOOL WSAAPI WSAGetOverlappedResult(
  __in    SOCKET s,
  __in    LPWSAOVERLAPPED lpOverlapped,
  __out   LPDWORD lpcbTransfer,
  __in    BOOL fWait,
```

```
    __out  LPDWORD lpdwFlags
);
```

其中：

- s：标识进行重叠操作的描述符。
- hFile：指向文件、命名管道或通信设备的句柄。
- lpOverlapped：指向重叠操作开始时指定的 WSAOVERLAPPED 结构。
- lpcbTransfer：本次重叠操作实际接收（或发送）的字节数。
- fWait：指定函数是否等待挂起的重叠操作结束。若为 TRUE，则函数在操作完成后才返回；若为 FALSE 且函数挂起，则函数返回 FALSE，WSAGetLastError( ) 函数返回 WSA_IO_INCOMPLETE。
- lpdwFlags：指向 DWORD 的指针，该变量存放完成状态的附加标志位。如果重叠操作为 WSARecv( ) 或 WSARecvFrom( )，则本参数包含 lpFlags 参数所需的结果。

如果函数成功，则返回值为 TRUE。这意味着重叠操作已经完成，lpcbTransfer 所指向的值已经被刷新。应用程序可调用 WSAGetLastError( ) 来获取重叠操作的错误信息。

如果函数失败，则返回值为 FALSE。这意味着要么重叠操作未完成，要么由于一个或多个参数的错误导致无法决定完成状态。失败时，lpcbTransfer 指向的值不会被刷新。应用程序可用 WSAGetLastError( ) 来获取失败的原因。

8.7.3 重叠 I/O 模型的编程框架

1. 重叠 I/O 模型的编程框架解析

Windows Sockets 可以使用事件通知和完成例程两种方式来管理重叠 I/O 操作。

（1）使用事件通知方式进行重叠 I/O 的编程框架

对于大多数程序，反复检查 I/O 是否完成并非最佳方案。事件通知是一种较好的方式，此时需要使用 WSAOVERLAPPED 结构中的 hEvent 字段，使应用程序将一个事件对象句柄（通过 WSACreateEvent( ) 函数创建）同一个套接字关联起来。

当 I/O 完成时，系统更改 WSAOVERLAPPED 结构对应的事件对象的授信状态，使其从“未授信”变成“已授信”。由于之前已将事件对象分配给了 WSAOVERLAPPED 结构，因此只需简单地调用 WSAWaitForMultipleEvents( ) 函数，从而判断出一个（或一些）重叠 I/O 在什么时候完成。通过 WSAWaitForMultipleEvents( ) 函数返回的索引可以知道这个重叠 I/O 完成事件是在哪个 Socket 上发生的。

以面向连接的数据接收为例，在使用事件通知方式的重叠 I/O 模型下，套接字的编程框架如图 8-8 所示。

整体来看，使用事件通知方式进行重叠 I/O 的网络应用程序的基本流程如下：

1）套接字初始化，设置为重叠 I/O 模式。

2）创建套接字网络事件对应的用户事件对象。

3）初始化重叠结构，为套接字关联事件对象。

4）异步接收数据，无论能否接收到数据，都会直接返回。

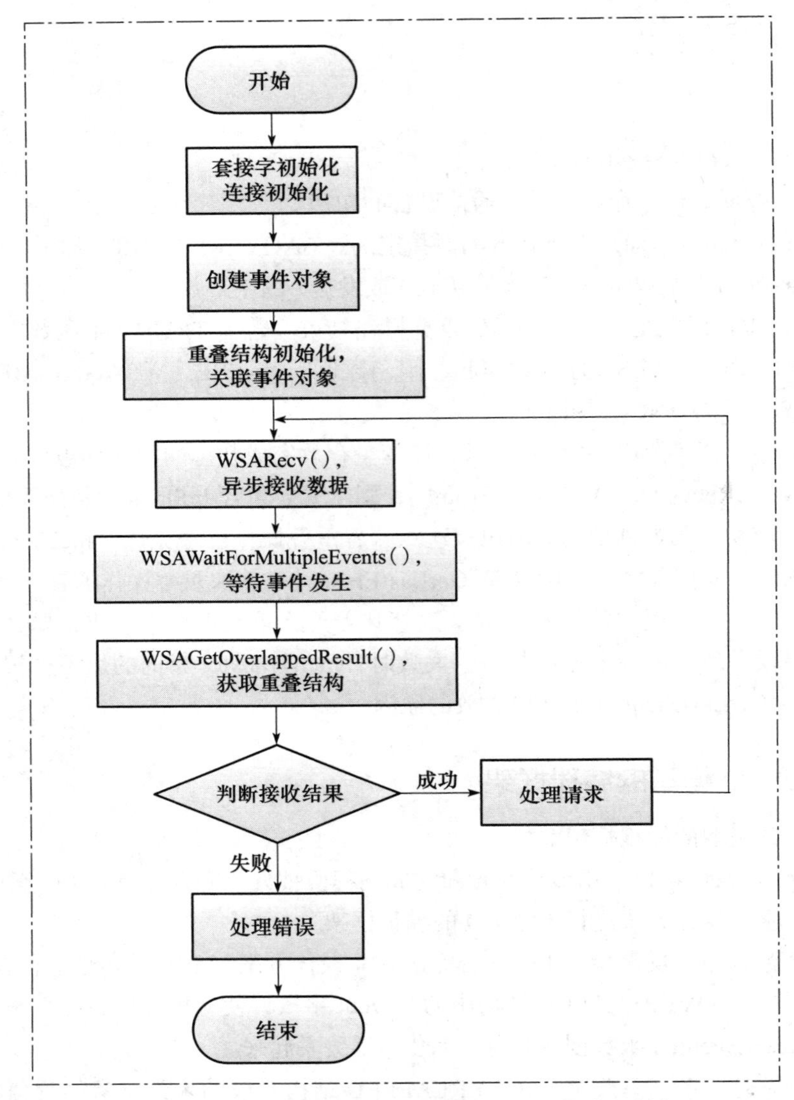

图 8-8　使用事件通知方式进行重叠 I/O 的编程框架

5）调用 WSAWaitForMultipleEvents( ) 函数在所有事件对象上等待，只要有一个事件对象变为已授信状态，则函数返回。

6）调用 WSAGetOverlappedResult( ) 函数获取套接字上的重叠操作的状态，并保存到重叠结构中。

7）根据重置事件的状态进行处理。

8）重置已授信的事件对象、重叠结构、标志位和缓冲区。

9）回到步骤 4。

（2）使用完成例程方式进行重叠 I/O 的编程框架

对于网络重叠 I/O 操作，等待 I/O 操作结束的另一种方法是使用完成例程，WSARecv( )、WSARecvFrom( )、WSASend( )、WSASendTo( ) 中的最后一个参数 lpCompletionROUTINE 是一个可选的指针，它指向一个完成例程。若指定此参数（自定义函数地址），则 hEvent 参数将会被忽略，上下文信息将传送给完成例程函数，然后调用 WSAGetOverlappedResult( ) 函数查询重叠操作的结果。

完成例程的函数原型如下：

```
void CALLBACK CompletionROUTINE(
  IN  DWORD dwError,
  IN  DWORD cbTransferred,
  IN  LPWSAOVERLAPPED lpOverlapped,
  IN  DWORD dwFlags
);
```

其中：

- dwError：指定 lpOverlapped 参数中表示的重叠操作的完成状态。
- cbTransferred：指定传送的字节数。
- lpOverlapped：指定重叠操作的结构。
- dwFlags：指定操作结束时的标志，通常可以设置为 0。

以面向连接的数据接收为例，在使用完成例程方式的重叠 I/O 模型下，套接字的编程框架如图 8-9 所示。

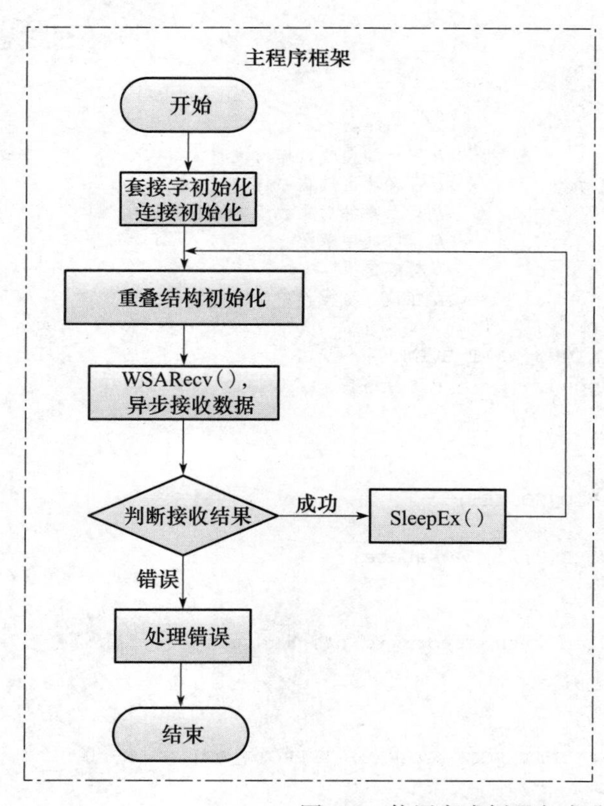

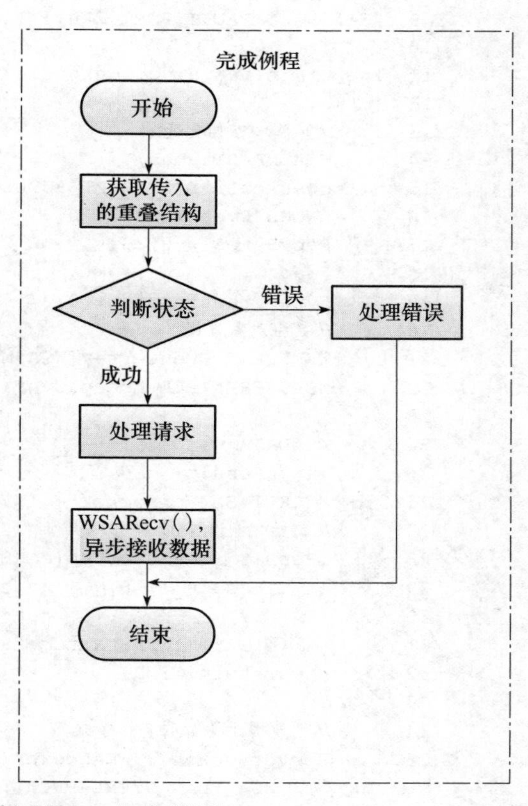

图 8-9　使用完成例程方式进行重叠 I/O 的编程框架

整体来看，使用完成例程方式进行重叠 I/O 的网络应用程序的基本流程如下：

1）套接字初始化，设置为重叠 I/O 模式。

2）初始化重叠结构。

3）异步传输数据，将重叠结构作为输入参数，并指定一个完成例程对应于数据传输后的处理。

4）调用 WSAWaitForMultipleEvents( ) 函数或 SleepEx( ) 函数将自己的线程置为一种可警告等待状态，等待一个重叠 I/O 请求完成。重叠 I/O 请求完成后，完成例程会自动执行，在完成例程内，可随一个完成例程一起投递另一个重叠 I/O 操作。

5）回到步骤 3。

2. 使用事件通知方式进行重叠 I/O 的套接字通信服务器示例

下面的示例实现了使用事件通知方式进行重叠 I/O 的面向连接套接字通信服务器。该服务器的主要功能是接收客户使用 TCP 发来的数据，打印接收到的数据的字节数。

```
 1  #include <winsock2.h>
 2  #include <ws2tcpip.h>
 3  #include <windows.h>
 4  #include <stdio.h>
 5  #include <conio.h>
 6  #pragma  comment(lib,"ws2_32.lib")
 7  //定义默认的缓冲区长度和端口号
 8  #define DEFAULT_BUFLEN 512
 9  #define DEFAULT_PORT 27015
10
11  int_tmain(int argc, char* argv[])
12  {
13      //声明和初始化变量
14      WSABUF DataBuf;                          //发送和接收数据的缓冲区结构
15      char buffer[DEFAULT_BUFLEN];             //在缓冲区结构 DataBuf 中
16      DWORD EventTotal = 0,                    //记录事件对象数组中的数据
17      RecvBytes = 0,                           //接收的字节数
18      Flags = 0,                               //标志位
19      BytesTransferred = 0;                    //在读、写操作中实际传输的字节数
20      //数组对象数组
21      WSAEVENT EventArray[WSA_MAXIMUM_WAIT_EVENTS];
22      WSAOVERLAPPED AcceptOverlapped;          //重叠结构
23
24      WSADATA wsaData;
25      int iResult;
26      SOCKET ServerSocket = INVALID_SOCKET;
27      //初始化 WinSock
28      iResult = WSAStartup(MAKEWORD(2,2), &wsaData);
29      if (iResult != 0)
30      {
31          printf("WSAStartup failed with error: %d\n", iResult);
32          return 1;
33      }
34      //创建用于监听的套接字
35      ServerSocket = WSASocket(AF_INET,SOCK_STREAM, IPPROTO_IP, NULL, 0,
            WSA_FLAG_OVERLAPPED);
36      if(ServerSocket == INVALID_SOCKET)
37      {
38          printf("WSASocket failed with error: %ld\n", WSAGetLastError());
39          WSACleanup();
40          return 1;
41      }
```

```
42      //为套接字绑定地址和端口号
43      SOCKADDR_IN addrServ;
44      addrServ.sin_family = AF_INET;
45      addrServ.sin_port = htons(DEFAULT_PORT); //监听端口为DEFAULT_PORT
46      addrServ.sin_addr.S_un.S_addr = htonl(INADDR_ANY);
47      iResult = bind(ServerSocket, (const struct sockaddr*)&addrServ,
            sizeof(SOCKADDR_IN));
48      if (iResult == SOCKET_ERROR)
49      {
50          printf("bind failed with error: %d\n", WSAGetLastError());
51          closesocket(ServerSocket);
52          WSACleanup();
53          return 1;
54      }
55      //监听套接字
56      iResult = listen(ServerSocket, SOMAXCONN);
57      if(iResult == SOCKET_ERROR)
58      {
59          printf("listen failed !\n");
60          closesocket(ServerSocket);
61          WSACleanup();
62          return -1;
63      }
64      printf("TCP server starting\n");
65      //创建事件对象，建立重叠结构
66      EventArray[EventTotal] = WSACreateEvent();
67      ZeroMemory(buffer, DEFAULT_BUFLEN);
68      ZeroMemory(&AcceptOverlapped, sizeof(WSAOVERLAPPED)); //初始化重叠结构
69      AcceptOverlapped.hEvent = EventArray[EventTotal];//设置重叠结构中的hEvent字段
70      DataBuf.len = DEFAULT_BUFLEN;                        //设置缓冲区
71      DataBuf.buf = buffer;
72      EventTotal++;
73      sockaddr_in addrClient;
74      int addrClientlen =sizeof( sockaddr_in);
75      SOCKET AcceptSocket;
76      //循环处理客户的连接请求
77      while(true)
78      {
79          AcceptSocket = accept(ServerSocket, (sockaddr FAR*)&addrClient,
                &addrClientlen);
80          if( AcceptSocket == INVALID_SOCKET)
81          {
82              printf("accept failed !\n");
83              closesocket(ServerSocket);
84              WSACleanup();
85              return 1;
86          }
87          char addrBuff[17];
88          printf("接收到新的连接:%s\n", inet_ntoa( AF_INET, (const void*)&
                (addrClient.sin_addr), addrBuff, 17));
89          //处理在套接字上接收到的数据
90          while (true)
91          {
92              DWORD Index;                          //保存处于授信状态的事件对象句柄
93              //调用WSARecv()函数在ServerSocket套接字上以重叠I/O方式接收数据
```

```
 94              iResult = WSARecv(AcceptSocket, &DataBuf, 1, &RecvBytes, &Flags,
                     &AcceptOverlapped, NULL);
 95              if (iResult == SOCKET_ERROR)
 96              {
 97                  if (WSAGetLastError() != WSA_IO_PENDING)
 98                  printf("Error occured at WSARecv():%d\n",WSAGetLastError());
 99              }
100              //等待完成的重叠 I/O 调用
101              Index = WSAWaitForMultipleEvents(EventTotal, EventArray, FALSE,
                    WSA_INFINITE, FALSE);
102              //决定重叠事件的状态
103              WSAGetOverlappedResult(AcceptSocket, &AcceptOverlapped,
                     &BytesTransferred, FALSE, &Flags);
104              //如果连接已经关闭，则关闭 AcceptSocket 套接字
105              if (BytesTransferred == 0)
106              {
107                  printf("Closing Socket %d\n", AcceptSocket);
108                  closesocket(AcceptSocket);
109                  break;
110              }
111              //成功接收到数据
112              printf("Bytes received: %d\n", BytesTransferred);
113              //处理数据请求
114              //……
115              //重置已授信的事件对象
116              WSAResetEvent(EventArray[Index - WSA_WAIT_EVENT_0]);
117              //重置 Flags 变量和重叠结构
118              Flags = 0;
119              ZeroMemory(&AcceptOverlapped, sizeof(WSAOVERLAPPED));
120              ZeroMemory(buffer, DEFAULT_BUFLEN);
121              AcceptOverlapped.hEvent = EventArray[Index - WSA_WAIT_EVENT_0];
122              //重置缓冲区
123              DataBuf.len = DEFAULT_BUFLEN;
124              DataBuf.buf = buffer;
125          }
126        }
127        return 0;
128    }
```

本函数完成了使用事件通知方式进行重叠 I/O 的面向连接服务器的基本过程。

第 13 ～ 64 行代码进行基于流式套接字的服务器程序初始化，首先初始化 Windows Sockets 环境，然后创建流式套接字，将其绑定到本地地址的 27015 端口上。

第 65 ～ 69 行代码调用 WSACreateEvent( ) 函数创建事件对象，将其保存在 EventArray 数组中，然后对缓冲区和重叠结构等变量进行初始化。

第 77 ～ 125 行代码以串行方式接受每个客户的连接请求，并以非阻塞方式进行数据接收，调用函数 WSARecv( ) 在 AcceptSocket 上以重叠 I/O 方式进行数据接收，使用 WSAWaitForMultipleEvents( ) 函数等待完成的重叠 I/O 调用，通过 WSAGetOverlappedResult( ) 函数获得重叠事件的状态，并对数据接收的状态进行判断和处理。

3. 使用完成例程方式进行重叠 I/O 的套接字通信服务器示例

下面的示例实现了使用完成例程方式进行重叠 I/O 的面向连接套接字通信服务器。该服务器的主要功能是接收客户使用 TCP 发来的数据，打印接收到的数据的字节数。

首先，定义保存I/O操作数据的结构，该结构将用于传递主程序与完成例程之间的I/O操作数据，代码如下：

```
typedef struct
{
WSAOVERLAPPED overlap;                    //重叠结构
WSABUF Buffer;                            //缓冲区对象
char szMessage[DEFAULT_BUFLEN] ;          //缓冲区字符数组
DWORD NumberOfBytesRecvd;                 //接收字节数
DWORD Flags;                              //标志位
SOCKET sClient;                           //套接字
} PER_IO_OPERATION_DATA, * LPPER_IO_OPERATION_DATA;
```

然后，定义完成例程。

完成例程函数处理每个连接上的数据，在数据到达服务器时被调用，用于处理接收到的数据（本示例中将接收到的字节数打印出来）并判断接收状态，代码如下：

```
 1  void CALLBACK CompletionROUTINE( DWORD dwError,           //重叠操作的完成状态
                                      DWORD cbTransferred,     //发送的字节数
                                      LPWSAOVERLAPPED lpOverlapped,
                                                               //重叠操作的结构
                                      DWORD dwFlags)           //标志位
 2  {
 3      //保存I/O操作的数据
 4      LPPER_IO_OPERATION_DATA lpPerIOData =(LPPER_IO_OPERATION_DATA)lpOverlapped;
 5      //如果发生错误或者没有数据传输，则关闭套接字，释放资源
 6      if (dwError != 0 || cbTransferred == 0)
 7      {
 8          closesocket( lpPerIOData->sClient) ;
 9          HeapFree(GetProcessHeap(),0,lpPerIOData);
10      }
11      else
12      {
13          //成功接收到数据
14          printf("Bytes received: %d\n", cbTransferred);
15          //处理数据请求
16          //……
17          lpPerIOData->szMessage[cbTransferred] = '\0';
                                                     //标识接收数据的结束
18          //执行另一个异步操作，接收数据
19          memset (&lpPerIOData->overlap, 0, sizeof(WSAOVERLAPPED));
20          lpPerIOData->Buffer.len = DEFAULT_BUFLEN;
21          lpPerIOData->Buffer.buf = lpPerIOData->szMessage;
22          //接收数据
23          WSARecv( lpPerIOData->sClient,                   //接收数据的套接字
                     &lpPerIOData->Buffer,                   //接收数据的缓冲区
                     1,                                      //缓冲区对象的数量
                     &lpPerIOData->NumberOfBytesRecvd,
                                                             //接收数据的字节数
                     &lpPerIOData->Flags,                    //标志位
                     &lpPerIOData->overlap,                  //重叠结构
                     CompletionROUTINE) ;                    //完成例程函数
```

```
24        }
25  }
```

在第 6 ～ 10 行代码中，当客户关闭连接时，服务器端也需要关闭连接，调用 closesocket( ) 函数关闭重叠结构传入的连接套接字 lpPerIOData->sClient，并释放重叠结构 lpPerIOData。

第 23 行代码重新调用一次 WSARecv( ) 函数，投递另一个重叠 I/O 操作。

基于完成例程方式进行重叠 I/O 的面向连接服务器的主函数示例如下：

```
 1  #include <winsock2.h>
 2  #include <ws2tcpip.h>
 3  #include <windows.h>
 4  #include <stdio.h>
 5  #include <conio.h>
 6  #pragma  comment(lib,"ws2_32.lib")
 7  //定义默认的缓冲区长度和端口号
 8  #define DEFAULT_BUFLEN 512
 9  #define DEFAULT_PORT  27015
10  int _tmain(int argc, char* argv[])
11  {
12      //声明和初始化变量
13      DWORD  RecvBytes = 0,                          //接收的字节数
14             Flags = 0,                              //标志位
15             BytesTransferred = 0;                   //在读、写操作中实际传输的字节数
16      //数组对象数组
17      WSADATA wsaData;
18      int iResult;
19      SOCKET ServerSocket = INVALID_SOCKET;
20      SOCKET AcceptSocket = INVALID_SOCKET;
21      //初始化 WinSock
22      iResult = WSAStartup(MAKEWORD(2,2), &wsaData);
23      if (iResult != 0)
24      {
25          printf("WSAStartup failed with error: %d\n", iResult);
26          return 1;
27      }
28      //创建用于监听的套接字
29      ServerSocket = WSASocket(AF_INET, SOCK_STREAM, IPPROTO_IP, NULL, 0,
            WSA_FLAG_OVERLAPPED);
30      if(ServerSocket == INVALID_SOCKET)
31      {
32          printf("WSASocket failed with error: %ld\n", WSAGetLastError());
33          WSACleanup();
34          return 1;
35      }
36      //为套接字绑定地址和端口号
37      SOCKADDR_IN addrServ;
38      sockaddr_in addrClient;
39      int addrClientlen =sizeof( sockaddr_in);
40      addrServ.sin_family = AF_INET;
41      addrServ.sin_port = htons(DEFAULT_PORT);     //监听端口为 DEFAULT_PORT
42      addrServ.sin_addr.S_un.S_addr = htonl(INADDR_ANY);
43      iResult = bind(ServerSocket, (const struct sockaddr*)&addrServ,
            sizeof(SOCKADDR_IN));
44      if (iResult == SOCKET_ERROR)
```

```
45      {
46          printf("bind failed with error\n");
47          closesocket(ServerSocket);
48          WSACleanup();
49          return 1;
50      }
51      //监听套接字
52      iResult = listen(ServerSocket, SOMAXCONN);
53      if(iResult == SOCKET_ERROR)
54      {
55          printf("listen failed !\n");
56          closesocket(ServerSocket);
57          WSACleanup();
58          return -1;
59      }
60      printf("TCP server starting\n");
61      //循环处理客户的连接请求
62      while(true)
63      {
64          AcceptSocket = accept(ServerSocket, (sockaddr FAR*)&addrClient,
                &addrClientlen);
65          if( AcceptSocket == INVALID_SOCKET)
66          {
67              printf("accept failed !\n");
68              closesocket(ServerSocket);
69              WSACleanup();
70              return 1;
71          }
72          printf("\n接收到新的连接:%s\n", inet_ntoa( addrClient.sin_addr));
73           //处理在套接字上接收到的数据
74          LPPER_IO_OPERATION_DATA lpPerIOData = NULL;       //保存I/O操作的数据
75          //为新的连接执行一个异步操作
76          //为LPPER_IO_OPERATION_DATA结构分配堆空间
77          lpPerIOData = (LPPER_IO_OPERATION_DATA) HeapAlloc( GetProcessHeap( ),
      HEAP_ZERO_MEMORY, sizeof (PER_IO_OPERATION_DATA)) ;
78          //初始化结构lpPerIOData
79          lpPerIOData->Buffer.len = DEFAULT_BUFLEN;
80          lpPerIOData->Buffer.buf = lpPerIOData->szMessage;
81          lpPerIOData->sClient = AcceptSocket;
82          ZeroMemory(lpPerIOData->Buffer.buf, DEFAULT_BUFLEN);
83          ZeroMemory(&(lpPerIOData->overlap), sizeof(WSAOVERLAPPED));
84          //接收数据
85          iResult = WSARecv( lpPerIOData->sClient,  //接收数据的套接字
                               &lpPerIOData->Buffer,   //接收数据的缓冲区
                               1,                      //缓冲区对象的数量
                               &lpPerIOData->NumberOfBytesRecvd,
                                                       //接收数据的字节数
                               &lpPerIOData->Flags,    //标志位
                               &lpPerIOData->overlap,  //重叠结构
                               CompletionROUTINE) ;    //完成例程函数
86          if (iResult == SOCKET_ERROR)
87          {
88              if (WSAGetLastError() != WSA_IO_PENDING)
89                  printf("Error occured at WSARecv():%s\n",WSAGetLastError());
90          }
```

```
91          SleepEx(1000, TRUE);
92      }
93  }
```

本函数完成了使用完成例程方式进行重叠 I/O 的面向连接服务器的基本过程。

第 17 ～ 60 行代码进行基于流式套接字的服务器程序初始化，首先初始化 Windows Sockets 环境，然后创建流式套接字，将其绑定到本地地址的 27015 端口上。

第 61 ～ 92 行代码以串行方式处理每个客户的连接请求。对于每一个连接，第 64 ～ 72 行代码调用 accept( ) 函数接受客户连接，第 73 ～ 83 行代码对缓冲区和重叠结构等变量进行初始化，第 84 ～ 90 行代码以非阻塞方式调用函数 WSARecv( )，通过重叠 I/O 方式进行数据接收，当数据到达时，程序将调用 CompletionROUTINE( ) 函数处理接收到的数据。

8.7.4 重叠 I/O 模型的评价

与前面介绍过的阻塞、非阻塞、I/O 复用、WSAAsyncSelect 以及 WSAEventSelect 等模型相比，WinSock 的重叠 I/O 模型能使应用程序达到更佳的系统性能。和其他 5 种模型不同的是，使用重叠模型的应用程序在收到 I/O 完成的通知后，可直接读取缓冲区中的数据。也就是说，如果应用程序投递了一个 10KB 大小的缓冲区来接收数据，且数据已经到达套接字，则该数据将直接被复制到投递的缓冲区。而在前 5 种模型中，当数据到达并复制到某个套接字接收缓冲区中时，系统会通知应用程序可以读入的字节数，当应用程序调用接收函数之后，数据才从某个套接字缓冲区复制到应用程序缓冲区。由此看来，重叠 I/O 的效率优势就在于减少了一次从 I/O 缓冲区到应用程序缓冲区的复制操作。

8.8 完成端口模型

完成端口（Completion Port）是 Windows 下伸缩性最好的 I/O 模型，它也是最复杂的内核对象。完成端口内部提供了线程池的管理，可以避免反复创建线程的开销，同时可以根据 CPU 的个数灵活地决定线程个数，减少线程调度的次数，从而提高程序的并行处理能力。

由于其稳定、高效的并发通信能力，完成端口在面向实际应用的许多网络通信中广泛应用，例如大型多人在线游戏、大型即时通信系统、网吧管理系统以及企业管理系统等具有大量并发用户请求的场合都使用完成端口。

8.8.1 完成端口的相关概念

Windows 操作系统的设计目的是提供一个安全、健壮的系统，能够运行各种各样的应用程序，为成千上万的用户服务。在 Windows Sockets 编程中，服务器程序的并发处理能力是非常重要的设计因素。根据并发管理方式的不同，通常将服务器程序划分为循环服务器和并发服务器两种类型，在 2.3.4 节我们探讨过两种服务器的优势和区别。

1. 并发服务器的设计思路

循环服务器使用单个线程来处理客户请求，在同一时刻只能处理一个客户请求，一般适合小规模、简单的客户请求。

并发服务器使用线程等待客户请求，并使用独立的工作线程完成客户的请求处理或通信工作。由于每个客户拥有专门的通信服务线程，因此能够及时、公平地获得服务器的服务响应。

设计并发服务器的一种思路是：对于新来的客户请求，创建新的工作线程进行专门的请求处理。但是，当客户数量巨大时，这种思路存在一些不足，主要表现在以下三点：

1）服务器能够创建的线程数量是有限的。每个线程在操作系统中都会消耗一定的资源，如果线程数量巨大，则可能无法为新建的线程分配足够的系统资源。

2）操作系统对线程的管理和调度会占用CPU资源，进而降低系统的响应速度。

3）频繁地创建线程和结束线程涉及反复的资源分配与释放，会浪费大量的系统资源。

由此来看，在客户数量巨大的情况下，一个新客户对应一个新线程的并发管理方式并不合适。

设计并发服务器的另一种思路是采用线程池对工作线程进行管理，它的原理是：并行的线程数量必须有一个上限，也就是说，客户请求数量并不是决定服务器工作线程数量的主要因素。

2. 线程池

线程池是一种多线程的处理形式，在处理过程中将任务添加到队列，创建线程后会自动启动这些任务。线程池线程都是后台线程。每个线程都使用默认的堆栈大小，以默认的优先级运行。如果某个线程在托管代码中空闲（如正在等待某个事件），则线程池将插入另一个工作线程来使所有处理器保持工作。如果所有线程池线程都始终处于工作状态，但任务队列中包含挂起的工作，则线程池将在一段时间后创建另一个工作线程来执行挂起的工作，而线程的数目永远不会超过最大值。超过最大值的线程可以排队，但它们要等到其他线程完成后才启动。

线程池的使用既限制了工作线程的数量，又避免了反复创建线程的开销，减少了线程调度的开销，从而提高了服务器程序的性能。

3. 完成端口模型

完成端口模型使用线程池对线程进行管理，预先创建和维护线程，并规定了并行线程的数量。在处理多个并发异步I/O请求时，使用完成端口模型比在I/O请求时创建线程更快、更有效。

可以把完成端口看成系统维护的一个队列，操作系统把重叠I/O操作完成的事件通知放到该队列里。当某项I/O操作完成时，系统会向服务器完成端口发送一个I/O完成数据包，此操作在系统内部完成。应用程序在收到I/O完成数据包后，完成端口队列中的一个线程被唤醒，为客户提供服务。服务完成后，该线程会继续在完成端口上等待后续I/O请求事件的通知。

由于是暴露“操作完成”的事件通知，因此命名为“完成端口”。一个套接字被创建后，可以在任何时刻和一个完成端口联系起来。

4. 工作线程与完成端口

一般来说，在I/O请求投递给完成端口对象后，一个应用程序需要创建多个工作线程来处理完成端口上的通知事件。那么需要创建多少个线程为完成端口提供服务呢？

实际上，工作线程的数量依赖于程序的总体设计情况。在理想情况下，应该对应一个CPU创建一个线程。因为在理想的完成端口模型中，每个线程都可以从系统获得一个原子性的时间片，轮番运行并检查完成端口，线程的切换是额外的开销。在实际开发的时候，还要考虑这些线程是否因为涉及其他阻塞操作的情况（比如Sleep()或WaitForSingleObject()）而导致程序进入暂停、锁定或挂起状态，这时应允许另一个线程获得运行时间。因此，可以多创建几个线程，以便在发生阻塞的时候充分发挥系统的潜力。

5. 单句柄数据和单I/O操作数据

单句柄数据（Per-handle Data）对应着与某个套接字关联的数据，用来把客户数据和对应的完成通知关联起来，这样每次我们处理完成通知的时候，就能知道它是哪个客户的消息，并且可以根据客户的信息做出相应的反应。可以为单句柄数据定义一个数据结构来保存其关联的信息，其中包含套接字句柄以及与该套接字有关的信息。

单I/O操作数据（Per-I/O Operation Data）则不同，它记录了每次I/O通知的信息，允许我们在一个句柄上同时管理多个I/O操作（读、写、多个读、多个写等）。单I/O操作数据可以是追加到一个OVERLAPPED结构末尾，其长度可以是任意字节数。假如一个函数要求用到OVERLAPPED结构，可以为单I/O操作数据定义一个数据结构来保存具体的操作类型和数据，并将OVERLAPPED结构作为新结构的第一个元素使用。

8.8.2　完成端口模型的相关函数

1. 完成端口对象创建函数：CreateIoCompletionPort( )

在设计基于完成端口模型的套接字应用程序时，首先需要调用CreateIoCompletionPort( )创建完成端口对象，将一个I/O完成端口关联到任意多个句柄（这里是套接字）上，从而管理多个I/O请求。

该函数用于两个不同的目的：

- 创建一个完成端口对象。
- 将一个句柄同完成端口关联到一起。

CreateIoCompletionPort( )函数的原型定义如下：

```
HANDLE WINAPI CreateIoCompletionPort(
  __in  HANDLE FileHandle,
  __in  HANDLE ExistingCompletionPort,
  __in  ULONG_PTR CompletionKey,
  __in  DWORD NumberOfConcurrentThreads
);
```

其中：

- FileHandle：重叠I/O操作关联的文件句柄（此处是套接字）。如果FileHandle被指定为INVALID_HANDLE_VALUE，则CreateIoCompletionPort( )函数创建一个与文件句柄无关的I/O完成端口。此时ExistingCompletionPort参数必须为NULL，且CompletionKey参数被忽略。
- ExistingCompletionPort：已经存在的完成端口句柄。如果指定一个已存在的完成端口句柄，则函数将其关联到FileHandle参数指定的文件句柄上，如果设置为NULL，则函数创建一个与 FileHandle 参数指定的文件句柄相关联的新的 I/O 完成端口。

- CompletionKey：包含在每个 I/O 完成数据包中用于指定文件句柄的单句柄数据，它与 FileHandle 文件句柄关联在一起，应用程序可以在此存储任意类型的信息，通常是一个指针。
- NumberOfConcurrentThreads：指定 I/O 完成端口上操作系统允许的并发处理 I/O 完成数据包的最大线程数量。如果 ExistingCompletionPort 参数为 0，表示允许等同于处理器个数的线程访问该消息队列。该参数需要根据应用程序的总体设计情况来指定。

面对不同的应用目的，参数的使用是有所区别的。如果用于创建一个完成端口，则唯一需要的参数是 NumberOfConcurrentThreads，前面三个参数都会被忽略。如果在完成端口上拥有足够多的工作线程来为 I/O 请求提供服务，则需要将套接字句柄与完成端口关联到一起，这要求在一个现有的完成端口上调用 CreateIoCompletionPort( ) 函数，同时为前三个参数提供套接字的信息，其中 FileHandle 参数指定一个与完成端口关联的套接字句柄。

如果函数执行成功，则返回与指定文件句柄（此处是套接字）关联的 I/O 完成端口句柄，如果失败则返回 NULL。可以调用 GetLastError( ) 函数获取错误信息。

2. 等待重叠 I/O 操作结果函数：GetQueuedCompletionStatus( )

将套接字与完成端口关联后，当该套接字上执行的异步 I/O 操作完成后，应用程序就可以接收到操作完成的通知。

在完成端口模型中，发起重叠 I/O 操作的方法与重叠 I/O 模型相似，但等待重叠 I/O 操作结果的方法并不相同，完成端口模型通过调用 GetQueuedCompletionStatus( ) 函数等待重叠 I/O 操作的完成结果，该函数的原型定义如下：

```
BOOL WINAPI GetQueuedCompletionStatus(
  __in    HANDLE CompletionPort,
  __out   LPDWORD lpNumberOfBytes,
  __out   PULONG_PTR lpCompletionKey,
  __out   LPOVERLAPPED* lpOverlapped,
  __in    DWORD dwMilliseconds
);
```

其中：

- CompletionPort：完成端口对象句柄。
- lpNumberOfBytes：获取已经完成的 I/O 操作中传输的字节数。
- lpCompletionKey：获取与已经完成的 I/O 操作的文件句柄相关联的单句柄数据，在一个套接字首次与完成端口关联的时候，那些数据便与一个特定的套接字句柄对应起来了，这些数据是运行 CreateIoCompletionPort( ) 函数时通过 CompletionKey 参数传递的。
- lpOverlapped：在完成的 I/O 操作开始时指定的重叠结构地址，它后面跟随着单 I/O 操作数据。
- dwMilliseconds：函数在完成端口上等待的时间。如果在等待时间内没有 I/O 操作完成通知包到达完成端口，则函数返回 FALSE，lpOverlapped 的值为 NULL。如果该参数为 INFINITE，则函数不会出现调用超时的情况。如果该参数为 0，则函数立即返回。

I/O 服务线程调用 GetQueuedCompletionStatus( ) 函数取得有事件发生的套接字信息，通过 lpNumberOfBytes 获得传输的字节数量，通过 lpCompletionKey 得到与套接字关联的单句柄数据，通过 lpOverlapped 参数得到投递 I/O 请求时使用的重叠对象地址，进一步得到单 I/O 操作数据。

如果函数从完成端口上得到一个成功的 I/O 操作完成通知包，则函数返回非 0 值。函数将获取到的重叠操作信息保存在参数 lpNumberOfBytes、lpCompletionKey 和 lpOverlapped 中。

如果函数从完成端口上获取到一个失败的 I/O 操作完成通知包，则函数返回 0。

如果函数调用超时，则返回 0。具体错误可以通过 GetLastError( ) 函数获得。

8.8.3　完成端口模型的编程框架

1. 完成端口模型的编程框架解析

完成端口模型依赖于 Windows 环境下的线程池机制进行异步 I/O 处理。创建套接字后，在完成端口模型下，当发生网络 I/O 时，应用程序的执行过程是：操作系统把重叠 I/O 操作完成的事件通知放到队列里，当某项 I/O 操作完成时，系统会向服务器完成端口发送一个 I/O 完成数据包，应用程序在收到 I/O 完成数据包后，完成端口队列中的一个线程被唤醒，为客户提供服务。

以面向连接的数据接收为例，在完成端口模型下，套接字的编程框架如图 8-10 所示。

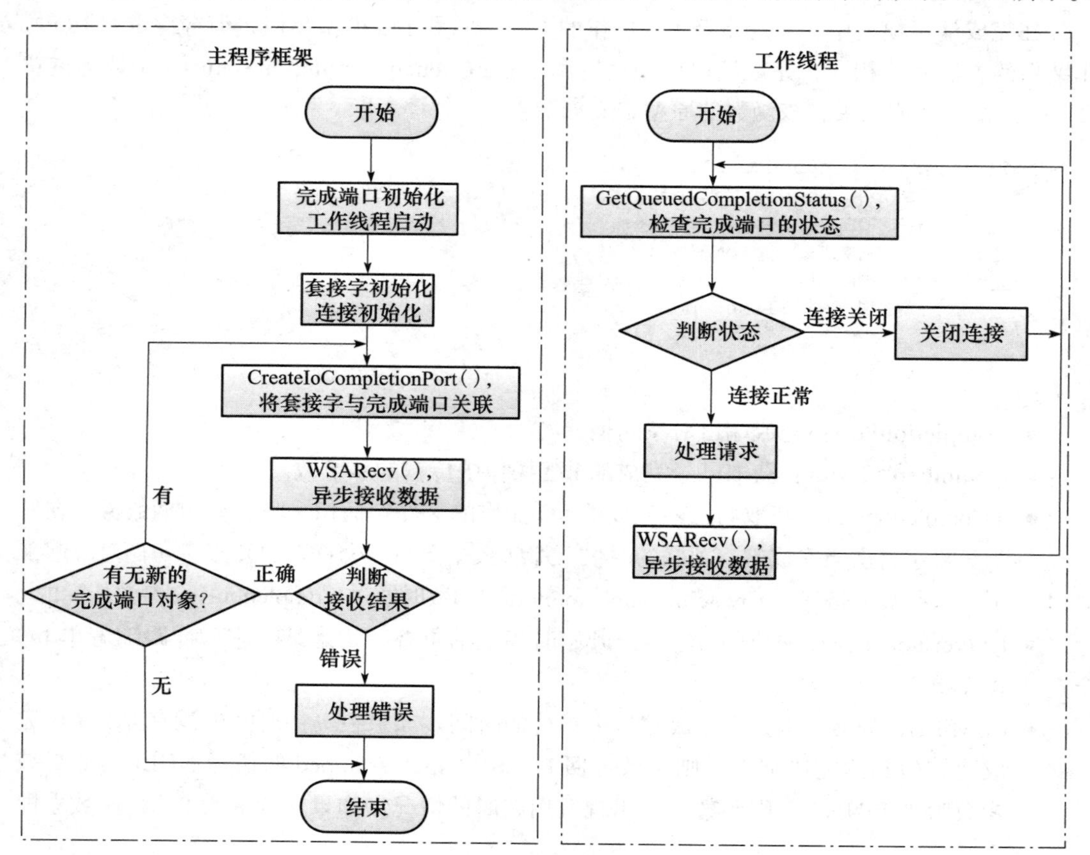

图 8-10　完成端口模型下套接字的编程框架

整体来看，基于完成端口模型的网络应用程序的基本流程如下。

在主程序中：

1）判断系统中安装了多少个处理器，创建 n 个工作线程，n 一般为当前计算机中处理器的个数。工作线程的主要功能是检测完成端口的状态，如果有来自客户的数据，则接收数据，处理请求。

2）初始化 Windows Sockets 环境，初始化套接字。

3）创建完成端口对象，将待处理网络请求的套接字与完成端口对象关联。

4）异步接收数据，无论能否接收到数据，都会直接返回。

在工作线程中：

1）调用 GetQueuedCompletionStatus( ) 函数检查完成端口的状态。

2）根据 GetQueuedCompletionStatus( ) 返回的数据和状态进行请求处理。

2. 基于完成端口模型的套接字通信服务器示例

下面的示例实现了基于完成端口模型的套接字通信服务器。该服务器的主要功能是并发接收客户使用 TCP 发来的数据，打印接收到的数据的字节数。

（1）定义结构

1）PER_IO_DATA 结构。PER_IO_DATA 结构用于保存单 I/O 操作的相关数据，包含重叠结构、缓冲区对象、缓冲区数组、接收的字节数等，定义如下：

```
typedef struct
{
   OVERLAPPED Overlapped;                              //重叠结构
   WSABUF DataBuf;                                     //缓冲区对象
   CHAR Buffer[DEFAULT_BUFLEN];                        //缓冲区数组
   DWORD BytesRECV;                                    //接收的字节数
} PER_IO_DATA, * LPPER_IO_DATA;
```

2）PER_HANDLE_DATA 结构。PER_HANDLE_DATA 结构用于保存单句柄数据，此处为与客户进行通信的套接字，定义如下：

```
typedef struct
{
   SOCKET Socket;
} PER_HANDLE_DATA, * LPPER_HANDLE_DATA;
```

（2）实现工作线程 ServerWorkerThread( )

以系统中的 CPU 数量为参考，多个工作线程可并行地在多个套接字上进行数据处理。

工作线程函数 ServerWorkerThread( ) 的实现代码如下：

```
1  DWORD WINAPI ServerWorkerThread(LPVOID CompletionPortID)
2  {
3      HANDLE CompletionPort = (HANDLE) CompletionPortID;    //完成端口句柄
4      DWORD BytesTransferred;                               //数据传输的字节数
5      LPPER_HANDLE_DATA PerHandleData;                      //套接字句柄结构
6      LPPER_IO_DATA PerIoData;                              //I/O 操作结构
7      DWORD RecvBytes;                                      //接收的数量
8      DWORD Flags;                                          //WSARecv() 函数中的
                                                             //标志位
```

```
 9     while(TRUE)
10     {
11         //检查完成端口的状态
12         if (GetQueuedCompletionStatus(CompletionPort, &BytesTransferred,
              (LPDWORD)&PerHandleData, (LPOVERLAPPED *) &PerIoData, INFINITE) == 0)
13         {
14             printf("GetQueuedCompletionStatus failed!\n");
15             return 0;
16         }
17         //数据传送完之后退出
18         if (BytesTransferred == 0)
19         {
20             printf("Closing socket %d\n", PerHandleData->Socket);
21             //关闭套接字
22             if (closesocket(PerHandleData->Socket) == SOCKET_ERROR)
23             {
24                 printf("closesocket failed with error %d\n", WSAGetLastError());
25                 return 0;
26             }
27             //释放结构资源
28             GlobalFree(PerHandleData);
29             GlobalFree(PerIoData);
30             continue;
31         }
32         //如果还没有记录接收的数据数量，则将收到的字节数保存在PerIoData->BytesRECV中
33         if (PerIoData->BytesRECV == 0)
34         {
35             PerIoData->BytesRECV = BytesTransferred;
36         }
37         //成功接收到数据
38         printf("\nBytes received: %d\n", BytesTransferred);
39         //处理数据请求
40         //……
41         PerIoData->BytesRECV = 0;
42         Flags = 0;
43         ZeroMemory(&(PerIoData->Overlapped), sizeof(OVERLAPPED));
44         PerIoData->DataBuf.len = DEFAULT_BUFLEN;
45         PerIoData->DataBuf.buf = PerIoData->Buffer;
46         iResult = WSARecv(PerHandleData->Socket, &(PerIoData->DataBuf), 1,
              &RecvBytes, &Flags, &(PerIoData->Overlapped), NULL);
47         if ( iResult == SOCKET_ERROR)
48       {
49             if (WSAGetLastError() != ERROR_IO_PENDING)
50             {
51                 printf("WSARecv() failed with error %d\n", WSAGetLastError());
52                 return 0;
53             }
54         }
55     }
56 }
```

输入参数：LPVOID CompletionPortID，指向完成端口对象。

输出参数：

- 0：成功。

- -1：失败。

在每个工作线程中，调用 GetQueuedCompletionStatus( ) 函数检查完成端口的状态，参数 BytesTransferred 用于接收传输数据的字节数。如果 GetQueuedCompletionStatus( ) 函数返回，但参数 BytesTransferred 为 0，则说明客户程序已经退出。第 17 ~ 31 行代码关闭与客户进行通信的套接字，释放占用的资源。

PER_IO_DATA 结构对象 PerIoData 用于保存 I/O 操作中的数据。如果 BytesRECV 字段值非 0，则打印接收到的字节数，之后第 44 ~ 54 行代码再次调用 WSARecv( ) 函数，投递另一个重叠 I/O 操作。

（3）实现主函数

```
1  int_tmain(int argc, char* argv[])
2  {
3      SOCKADDR_IN InternetAddr;                   // 服务器地址
4      SOCKET ServerSocket = INVALID_SOCKET;  // 监听套接字
5      SOCKET AcceptSocket = INVALID_SOCKET;  // 与客户进行通信的套接字
6      HANDLE CompletionPort;                      // 完成端口句柄
7      SYSTEM_INFO SystemInfo;                     // 系统信息（这里主要用于获取 CPU 数量）
8      LPPER_HANDLE_DATA PerHandleData;            // 套接字句柄结构
9      LPPER_IO_DATA PerIoData;                    // I/O 操作结构
10     DWORD RecvBytes;                            // 接收到的字节数
11     DWORD Flags;                                // WSARecv() 函数中指定的标志位
12     DWORD ThreadID;                             // 工作线程编号
13     WSADATA wsaData;                            // Windows Sockets 初始化信息
14     DWORD Ret;                                  // 函数返回值
15     // 创建新的完成端口
16     if ((CompletionPort = CreateIoCompletionPort(INVALID_HANDLE_VALUE, NULL,
           0, 0)) == NULL)
17     {
18         printf( "CreateIoCompletionPort failed! \n");
19         return -1;
20     }
21     // 获取系统信息
22     GetSystemInfo(&SystemInfo);
23     // 根据 CPU 数量启动线程
24     for(int i = 0; i<SystemInfo.dwNumberOfProcessors * 2; i++)
25     {
26         HANDLE ThreadHandle;
27         // 创建线程，运行 ServerWorkerThread() 函数
28         if ((ThreadHandle = CreateThread(NULL, 0, ServerWorkerThread,
               CompletionPort, 0, &ThreadID)) == NULL)
29         {
30             printf("CreateThread() failed with error %d\n", GetLastError());
31             return -1;
32         }
33         CloseHandle(ThreadHandle);
34     }
35     // 初始化 Windows Sockets 环境
36     if ((Ret = WSAStartup(0x0202, &wsaData)) != 0)
37     {
38         printf("WSAStartup failed with error %d\n", Ret);
39         return -1;
40     }
```

```
41      //创建监听套接字
42      ServerSocket = WSASocket(AF_INET, SOCK_STREAM, 0, NULL, 0,
           WSA_FLAG_OVERLAPPED);
43      if (ServerSocket== INVALID_SOCKET)
44      {
45          printf("WSASocket() failed with error %d\n", WSAGetLastError());
46          return -1;
47      }
48      //绑定到本地地址的端口
49      InternetAddr.sin_family = AF_INET;
50      InternetAddr.sin_addr.s_addr = htonl(INADDR_ANY);
51      InternetAddr.sin_port = htons(DEFAULT_PORT);
52      iResult = bind(ServerSocket, (PSOCKADDR) &InternetAddr,
            sizeof(InternetAddr));
53      if (iResult == SOCKET_ERROR)
54      {
55          printf("bind() failed with error %d\n", WSAGetLastError());
56          return -1;
57      }
58      //开始监听
59      if (listen(ServerSocket, 5) == SOCKET_ERROR)
60      {
61          printf("listen() failed with error %d\n", WSAGetLastError());
62          return -1;
63      }
64      printf("TCP server starting\n");
65      //监听端口打开，开始在这里循环，一旦连接到套接字,WSAAccept 就创建一个套接字
66      //这个套接字和完成端口关联
67      sockaddr_in addrClient;
68      int addrClientlen =sizeof( sockaddr_in);
69      while(TRUE)
70      {
71          //等待客户连接
72          AcceptSocket = WSAAccept(ServerSocket, (sockaddr *)&addrClient,
                &addrClientlen, NULL, 0);
73          if( AcceptSocket == SOCKET_ERROR)
74        {
75              printf("WSAAccept() failed with error %d\n", WSAGetLastError());
76              return -1;
77          }
78          //分配并设置套接字句柄结构
79          PerHandleData = (LPPER_HANDLE_DATA) GlobalAlloc(GPTR,
                sizeof(PER_HANDLE_DATA);
80          if (PerHandleData == NULL)
81          {
82               printf("GlobalAlloc() failed with error %d\n", GetLastError());
83               return -1;
84          }
85          PerHandleData->Socket = AcceptSocket;
86          //将与客户进行通信的套接字 Accept 与完成端口 CompletionPort 关联
87          if (CreateIoCompletionPort((HANDLE) AcceptSocket,
                CompletionPort, (DWORD) PerHandleData, 0) == NULL)
88          {
89              printf("CreateIoCompletionPort failed!\n");
90              return -1;
```

```
 91         }
 92         //为I/O操作结构分配内存空间
 93         PerIoData = (LPPER_IO_DATA) GlobalAlloc(GPTR,sizeof(PER_IO_DATA));
 94         if (PerIoData == NULL)
 95         {
 96             printf("GlobalAlloc() failed with error %d\n", GetLastError());
 97             return -1;
 98         }
 99         //初始化I/O操作结构
100         ZeroMemory(&(PerIoData->Overlapped), sizeof(OVERLAPPED));
101         PerIoData->BytesRECV = 0;
102         PerIoData->DataBuf.len = DEFAULT_BUFLEN;
103         PerIoData->DataBuf.buf = PerIoData->Buffer;
104         Flags = 0;
105         //接收数据，放到PerIoData中，通过工作线程函数取出
106         iResult = WSARecv(AcceptSocket, &(PerIoData->DataBuf), 1,
                &RecvBytes, &Flags, &(PerIoData->Overlapped), NULL);
107         if (iResult == SOCKET_ERROR)
108         {
109           if (WSAGetLastError() != ERROR_IO_PENDING)
110           {
111               printf("WSARecv() failed! \n");
112               return -1;
113           }
114         }
115     }
116     return 0;
117 }
```

本函数借助线程池机制实现了基于流式套接字的并发服务器。

第15～34行代码创建完成端口对象CompletionPort，并参考当前计算机中CPU的数量创建工作线程，将新建的完成端口对象作为线程创建的参数。

第35～64行代码进行基于流式套接字的服务器程序初始化，首先初始化Windows Sockets环境，然后创建流式套接字，将其绑定到本地地址的27015端口上。

第65～115行代码在while循环上处理来自客户的连接请求，接受连接，并将得到的与客户通信的套接字保存到LPPER_HANDLE_DATA结构对象PerHandleData中，调用CreateIoCompletionPort( )函数将AcceptSocket与前面的完成端口CompletionPort相关联，在AcceptSocket上调用WSARecv( )函数，异步接收套接字上来自客户的数据，此时WSARecv( )函数是异步调用的。另外，在工作线程中会检测完成端口对象的状态，并接收来自客户的数据。

8.8.4 完成端口模型的评价

完成端口模型是应用程序使用线程池处理异步I/O请求的一种机制，在Windows服务平台上比较成熟，是伸缩性最好，也是迄今为止最为复杂的一种I/O模型。当应用程序需要管理上千个套接字时，利用完成端口模型往往可以达到最佳的系统性能。

实际上，完成端口是Windows I/O的一种结构，它可以接收多种对象的句柄，除了对套接字对象进行管理之外，还可以应用于文件对象等。

习题

1. 简述阻塞与非阻塞、同步与异步的区别。
2. 简述 WSAAsyncSelect 模型和 WSAEventSelect 模型的主要区别和其使用中的优缺点。
3. 假设某 Web 服务器使用 TCP 通信，在同一时间会有上万个客户同时在线访问，试选择一种网络 I/O 通信的模型，使其能够充分发挥服务器所在系统的性能，并阐明原因。
4. 假设某时间服务器使用 UDP 通信，同一时间仅有少量客户请求，每次请求的主要过程是建立连接后获取时间，之后断开连接。试选择一种适合的网络 I/O 通信模型，并阐明原因。

实验

1. 请使用 I/O 复用模型设计一个支持多协议的回射服务器。要求综合流式套接字和数据报套接字编程，基于 I/O 复用模型管理多个套接字上的网络事件，实现支持 TCP 和 UDP 的回射服务器。服务器能够接收使用不同协议的客户的回射请求，将接收到的信息发送回客户。
2. 请使用 WSAAsyncSelect 模型设计一个简单的局域网聊天工具。要求使用数据报套接字，基于 WSAAsyncSelect 模型异步管理套接字上的网络事件，使用 UDP 实现局域网内两台主机的文字聊天功能。
3. 请设计一个并发的 HTTP 代理服务器。要求使用流式套接字编程，基于完成端口模型管理多个套接字上的网络事件，实现并发的 HTTP 代理服务器，能够同时接收多个用户通过浏览器提交的 Web 网页访问请求，并将其合理解析后发送给服务器，获取服务器返回的页面应答，发送回请求的客户。

第9章

Npcap 编程

在前面一章中，我们重点介绍了 Windows Sockets 编程的方法。Windows Sockets 是 Windows 平台上成熟的编程框架，能够满足大多数网络应用程序的设计需求。它还提供了一系列与 Windows 系统特有的消息、事件等机制相结合的高效的 I/O 处理模式。

但是，当面临更加深入的网络数据分析和更加灵活的数据构造需求时，比如统计局域网中的流量分布、识别特定应用的数据流以及构造满足某特殊含义的探测报文等，由于协议栈对底层协议细节的封装，Windows Sockets 编程限制了应用程序对网络数据的操控能力。另外，出于安全性的考虑，Windows 不同版本的操作系统针对灵活的原始套接字编程做了很多限制。

Npcap 编程为 Windows 环境下灵活控制数据接收和发送提供了便利的开发条件。本章介绍 Npcap 编程的原理和方法，首先讨论 Npcap 的功能、体系结构和数据捕获原理，然后从 wpcap.dll 和 Packet.dll 两个层面分别介绍基于 Npcap 编程的具体方法。

9.1 Npcap 概述

Npcap 是用于 Windows 操作系统的一套体系结构，由软件库和网络驱动程序组成，主要用于网络数据包的构造、捕获和分析。

1. Npcap 的产生

大多数网络应用程序通过广泛使用的操作系统组件来访问网络，比如 Windows Sockets。由于操作系统已经妥善处理了底层的实现细节（比如协议处理、封装数据包等），并且提供了一个与读写文件类似的接口，因此，使用 Windows Sockets 编程简单易学，在主流网络应用程序的开发中得到了广泛应用。

但有些时候，这种简单的方式并不能满足任务需求，因为有些应用程序需要直接访问网络中的数据包。也就是说，应用程序希望直接读写没有被操作系统中的网络协议处理过的数据包。

目前，大多数网络应用程序是基于 Windows Sockets 设计和开发的。由于在网络应用程序中通常需要对网络通信的细节（如连接双方地址 / 端口、服务类型、传输控制等）进行检查、处理或控制，大部分的操作（如数据包截获、数据包头分析、数据包重写、终止连接等）几乎在每个网络应用程序中都要实现，因此，为了简化网络应用程序的编写过程，提高网络应用程序的性能和健壮性，使代码易于重用和移植，最好的方法就是将常用的操作（如监听套接字的打开 / 关闭、数据包截获、数据包构造 / 发送 / 接收等）封装起来，以 API 库的方式提供给开发人员使用。

在众多的 API 库中，对于类 UNIX 系统平台上的网络工具开发而言，目前常用的 C 语言 API 库有 libnet、libpcap、libnids 和 libicmp 等。它们分别从不同层次和角度提供了不同的功能函数库。

其中，libpcap 是由 Berkeley 大学的 Van Jacobson、Craig Leres 和 Steven McCanne 用 C 语言编写的，是一个专门用来捕获网络数据的跨平台编程 API。libpcap 支持 Linux、Solaris 和 BSD 系统平台。它工作在高层并隐藏了操作系统的细节，是一个独立于系统的用户层包捕获接口，为低层网络监测提供了一个可移植的框架和网络数据捕获函数库。libpcap 的开发一直非常活跃，版本不断更新，其官方网址为：www.tcpdump.org。libpcap 在网络安全领域得到了广泛应用，已经成为网络数据包捕获的标准接口。很多著名的网络安全系统都是基于 libpcap 开发的，如数据包捕获和分析工具 tcpdump、网络入侵检测系统 snort 以及网络协议分析工具 Ethereal 等。

对于 Windows 系统平台上的网络工具开发而言，目前使用的 API 库主要有 WinPcap 和 Npcap。

其中，WinPcap 是 Windows Packet Capture 的缩写，是 Linux 系统平台下的 libpcap 为移植到 Windows 平台下实现数据包捕获而设计的开发框架。在设计 WinPcap 时，参照了 libpcap，使用方法也与 libpcap 相似，基于 libpcap 的程序可以很容易地移植到 Windows 平台下。

WinPcap 是由加州大学和 Lawrence Berkeley 实验室联合开发的，其发展历程如下：

- 1999 年 3 月，WinPcap 1.0 发布，该版本提供了用户级 BPF 过滤。
- 1999 年 8 月，WinPcap 2.0 发布，该版本将 BPF 过滤增加到内核中并增加了内核缓存。
- 2003 年 1 月，WinPcap 3.0 发布，该版本增加了 NPF 设备驱动的一些新特性及优化方案，在 wpcap.dll 中增加了一些函数。
- 2006 年 5 月，WinPcap 4.0 alpha 1 发布，该版本修改了 Windows NT 环境下的若干模块，以提高基于 WinPcap 开发的应用程序在网卡禁用或修复过程中的可靠性。
- 2006 年 6 月，Ethereal 的创造者 Gerald Combs 加入 WinPcap 团队，Wireshark 诞生。
- 2006 年 8 月，AirPcap 诞生，它可以在 Windows 平台中捕获 WLAN 环境下的无线数据报文。

令人遗憾的是，2018 年 9 月 15 日，WinPcap 官网发布了不再更新的公告，虽然仍然可以下载 WinPcap (v4.1.3)，但该项目已经很多年没有升级了，而且也没有更新技术的路线图或未来的计划。虽然社区仍然提供支持，但相关的技术监督、对问题的响应和 bug 报告已不再可用。

Npcap 项目是采用 Microsoft Light-Weight Filter (NDIS 6 LWF) 技术和 Windows Filtering

Platform (NDIS 6 WFP) 技术对 WinPcap 工具包进行的改进。Npcap 项目在 2013 年由 Nmap 网络扫描器项目创始人 Gordon Lyon 和北京大学罗杨博士发起，后来成为由 Google 公司的 Summer of Code 计划赞助的一个开源项目，并遵循 MIT 协议。Npcap 在 WinPcap 4.1.3 源代码基础上开发，支持 x86、x64 和 ARM64 架构，在 Windows Vista 以上版本的系统中，采用 NDIS 6 技术的 Npcap 能够获得比原有的 WinPcap（NDIS 5）更好的抓包性能，并且稳定性更好。

Npcap 的最新版本是 1.70，能够支持 x86、x64 和 ARM64 三种环境，官方网址为 https://npcap.com/，可以在其主页上下载 Npcap 安装程序、源代码和开发文档。

2. Npcap 的功能

Npcap 的目标是提供较为底层的访问供 Windows 应用程序使用，它提供以下功能：

- 捕获原始数据包，包括运行该捕获程序的计算机所接收和发出的数据包，以及因在共享介质上进行通信而转发到本计算机的数据包。
- 在将数据包提交到应用程序之前，根据用户指定的规则过滤数据包。
- 将原始数据包发送到网络。
- 收集指定接口上有关网络流量的统计信息。

上述功能是在一组设备驱动程序实现的，这些设备驱动程序安装在 Windows 内核的网络部分中。此外，还包括几个 DLL，这些 DLL 提供访问驱动中具体功能的接口。该编程接口功能非常强大，开发者能够很方便地基于该接口开发所需的网络程序。

3. 基于 Npcap 的典型应用

Npcap 编程接口可被多种类型的网络工具用于分析、故障排除、安全和监控，其应用非常广泛，特别适用于以下应用方向：

- 网络与协议分析器。
- 网络监视器。
- 网络流量记录器。
- 网络流量发生器。
- 用户级网桥及路由。
- 网络入侵检测系统。
- 网络扫描器。
- 安全工具。

Npcap 独立于主机协议（如 TCP/IP）接收和发送数据包，这意味着它不能阻止、过滤或操纵同一台机器上的其他程序产生的流量，它只是嗅探网络上传输的数据包。因此，它不能为流量整形、QoS 调度和个人防火墙等应用程序提供支持。

9.2 Npcap 的结构

9.2.1 Npcap 的体系结构

Npcap 的体系结构包含三个层次，如图 9-1 所示。

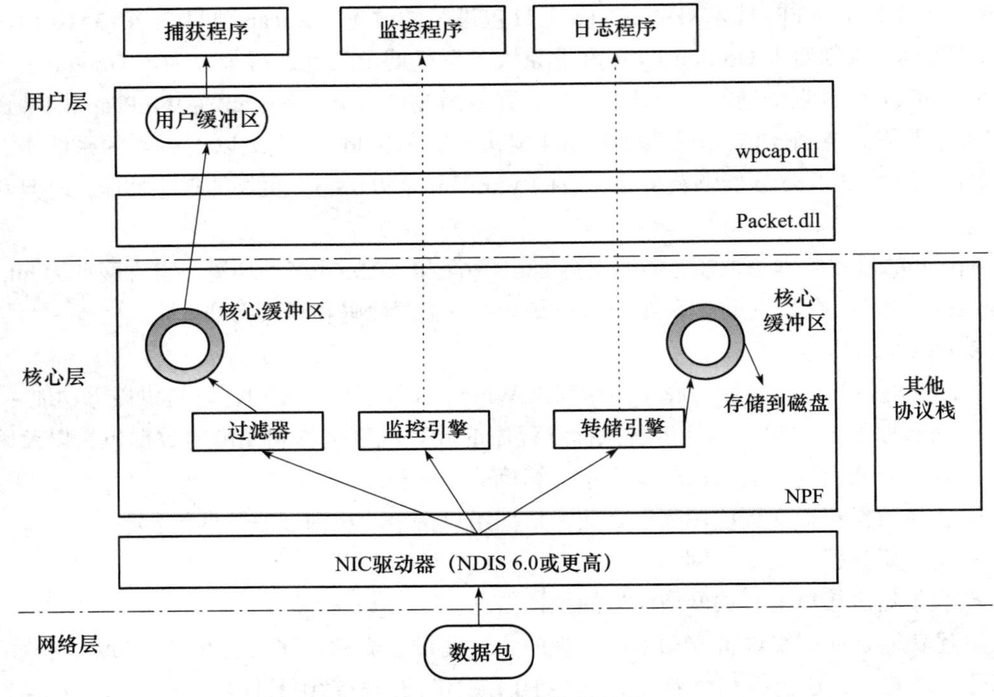

图 9-1 Npcap 的体系结构

- 网络层：主要涉及网络中传输的数据包。
- 核心层：包含 NPF 模块和 NIC 驱动器。NPF（Netgroup Packet Filter，网络组包过滤器）是 Npcap 的核心部分，用于处理网络上传输的数据包（如包的捕获和注入），以及更高级的功能（如可编程的过滤系统和监控引擎）；NIC（Network Interface Card，网络适配器）驱动器直接管理网络接口卡，NIC 驱动器接口可以直接从硬件控制处理中断、重设 NIC、暂停 NIC 等。另外，NDIS（Network Driver Interface Specification，网络驱动程序接口规范）是定义网络适配器和协议驱动程序（TCP/IP 实现）之间的通信的标准。
- 用户层：包含用户代码以及以动态链接库（Dynamic Linkable Library，DLL）形式提供的接口 Packet.dll 和 wpcap.dll。动态链接库文件通常是一个具有独立功能的程序模块，可以进行单独编译和测试。在运行时，只有在可执行程序需要调用这些 DLL 模块的情况下，系统才会将它们装载到内存空间中。这种方式不仅减少了可执行文件的大小和对内存空间的需求，而且使这些 DLL 模块可以同时被多个应用程序使用。

9.2.2 网络驱动程序接口规范

Win32 网络结构是基于 NDIS 的，Npcap 至少需要在 NDIS 6.0 上运行，NDIS 是 Windows 内核中最低层的网络部分。

NDIS 是微软和 3COM 合作开发的网络驱动接口规范，是基于 x86 平台的操作系统（主要是 DOS 和 Windows）开发网卡驱动程序和网络协议驱动程序必须遵守的设计框架。微软在以 NT 为内核的操作系统中实现了这个规范管理库，使程序开发者能够方便地添加自己对网络的过滤拦截程序。

NDIS 定义了操作系统网络传输模块的一个抽象环境。在这个环境中，各层驱动程序实体之间没有直接的通信机制，它们之间的交互全部由 NDIS（通过操作系统中的 NDISLib 或 NDISWrapper）提供统一的例程和调用来实现。

NDIS 位于网卡和协议层之间，通过一套基元指令为上层的协议驱动提供服务，同时屏蔽了下层各种网卡在技术上的差别。NDIS 向上支持多种网络协议，比如 TCP/IP、IPX/SPX、NetBEUI、AppleTalk 等，向下支持不同厂家生产的网卡。NDIS 担当了转换器的角色，支持协议驱动程序不需要考虑网卡或 Win32 操作系统的细节就可以直接在网络中发送和接收数据。

NDIS 在数据链路层的媒体控制层执行其功能。网卡硬件实现过程与媒体访问控制设备驱动程序紧密相关，这样，利用通用编程接口，可以访问同一媒体（如以太网）的所有网络接口卡。NDIS 还具有关于网络驱动程序硬件的功能库，主要用于媒体控制驱动和更高级的协议驱动（如 TCP/IP）。利用功能库的各种功能支持，媒体控制和协议驱动的开发过程变得相对简单，同时在某种程度上掩盖了平台的依赖特性。此外，通过 NDIS，也可以帮助网络驱动程序维护状态信息和参数。

NDIS 支持四种类型的网络驱动程序，下面详细介绍。

1. 网络接口卡和网卡驱动程序

网卡（NIC）通过 NDIS 提供的调用访问和管理网卡上的 DMA、I/O、IRQ、内存资源，从而接收来自网卡的数据包并传递给上层驱动程序，并把上层要发送的数据包发送给网卡。

网卡驱动程序管理实际的网络硬件，它是在协议驱动程序和不同网卡之间架起一道桥梁，支持高层驱动程序通过它来发送和接收包，复位和停止 NIC，查询和设置 NIC 的特性。NIC 驱动程序通过 NDIS 从上层驱动程序接收数据包，根据实际网卡的不同特点和要求，将数据送入网卡的发送缓冲区；或者将网卡接收缓冲区中接收到的数据通过 NDIS 传送到相应的协议驱动程序。

网卡驱动程序包括小端口驱动程序（miniport NIC driver）和全网卡驱动程序（full NIC driver）

- 小端口驱动程序：仅实现管理网卡必须的硬件操作，包括发送和接收数据。通用操作（如同步等）都集成到 NDIS 中，不直接调用操作系统例程，与操作系统的接口是通过 NDIS 完成的。
- 全网卡驱动程序：驱动程序自行维护上层驱动程序和它的绑定关系，不仅实现硬件操作，而且实现同步、排队等操作。

2. 中间层驱动程序

中间层驱动程序位于网卡驱动程序和高层驱动程序（如协议驱动程序）之间，主要用于进行协议转换，在有遗留传输驱动程序且想把它连接到对传输驱动程序未知的某种新介质时非常有用。在这种情况下，中间驱动程序执行各种必要的传输驱动程序和 NIC 小端口之间的数据格式转换，管理新的介质，比如中间驱动程序把 LAN 协议转换为 ATM 协议，或将 LAN 的 IEEE 802.3 数据格式转换为 WAN 的 PPP 数据格式。

一个中间层驱动程序可以叠加在另一个中间层驱动程序之上。

3. 筛选器驱动程序

NDIS 6.0 引入了 NDIS 筛选器驱动程序。筛选器驱动程序可以像中间驱动程序一样监控和修改协议驱动程序与微型端口驱动程序之间的流量，但使用更加简单。筛选器驱动程序的处理开销比中间驱动程序少。

4. 传输驱动程序或协议驱动程序

协议驱动程序执行具体的网络协议，如 Novell 网的 IPX/SPX、Internet 的 TCP/IP 等。协议驱动程序为应用层客户程序提供服务，接收来自网卡或中间驱动程序的信息。

9.2.3 网络组包过滤模块

1. NPF 的位置

网络组包过滤模块（NPF）的功能是捕获和过滤数据包，还可以发送、存储数据包以及对网络进行统计分析。这个底层的包捕获驱动程序 NPF 实际上是一个协议驱动程序，通过对 NDIS 中函数的调用为 Windows 环境提供类似于 UNIX 系统下 BPF（Berkelcy Packet Filter）的捕获和发送原始数据包的能力。图 9-2 展示了 NPF 在 NDIS 协议栈中的位置。

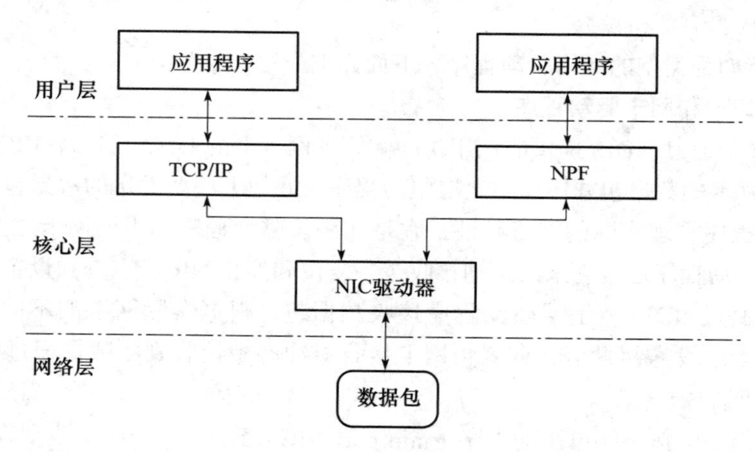

图 9-2 NPF 在 NDIS 协议栈中的位置

NPF 与操作系统的交互通常是异步的，即 NPF 为所有应用程序的 I/O 操作提供回调函数，如打开、关闭、读、写和 I/O 控制等，供操作系统在需要 NPF 功能时调用。

NPF 与 NDIS 的操作也是异步的。比如，当有一个新的数据包到达时，将产生一个事件通过回调函数通知 NPF，而且 NPF 与 NDIS 和 NIC 驱动的交互通常是由非阻塞函数调用的，即当 NPF 调用 NDIS 功能时，该调用立刻返回，处理结束后，NDIS 调用某个 NPF 回调函数以通知操作完成。

2. NPF 的结构

图 9-1 显示了 Npcap 的体系结构，描述了 NPF 驱动器的细节，捕获数据包是 NPF 中的重要操作。在数据捕获的过程中，驱动程序使用网络接口嗅探数据包，并将这些数据包完整无缺地投递给用户级应用程序。

数据捕获过程依赖于两个主要组件：数据包过滤器和核心缓冲区。

（1）数据包过滤器

如果网络流量特别大，那么对流量不加过滤就直接把所有数据包都传送到用户层应用程序，就会给应用程序带来很大的负载，导致应用程序的工作效率大大降低。由于使用NPF的应用程序会拒绝大多数进入网卡的数据包，因此设计一个高效的报文过滤器对于提高系统性能非常重要。数据包过滤器决定是否能够接收进入的数据包并把数据包复制给监听程序。数据包过滤器是一个有布尔输出的函数。如果函数值是true，则将数据包复制到应用程序；如果函数值是false，则数据包将被丢弃。NPF数据包过滤器更复杂一些，因为它不仅决定数据包是否应该被保存，还要决定保存的字节数。

（2）核心缓冲区

核心缓冲区用来保存数据包，避免出现丢包的情况。NPF使用一个循环缓冲区来保存数据包并且避免丢失。缓冲区以队列插入的方式来保存数据包，这样可以提高数据的存储效率。

循环缓冲区存储的数据包的首部信息包含数据包的时间戳、大小等信息。数据包之间增加了填充字节以便对齐，进而提高应用程序的访问速度。一次复制操作可以将一组数据包从NPF缓存复制到应用程序缓存，这种操作使读的次数最小化，提高了系统性能。当有新的数据包到达而缓冲区已满，则数据包会被丢弃。用户内核缓存在运行时都可以调整大小，Packet.dll和wpcap.dll分别提供了相关的操作。

用户缓存的大小决定了在一次系统调用中从内核空间复制到用户空间的数据的最大长度。单次系统调用可以复制的最小数据长度也很重要。一方面，如果该值较大，内核会在复制前等待若干数据包到达，这样做保证了较少数量的系统调用，降低处理器使用率，这有利于嗅探类的应用程序运行。另一方面，如果该值较小，内核会在应用程序准备好接收数据时马上复制数据，这对于需要内核更好响应的实时应用程序（如APR重定向或网桥等）来说是非常有利的。由此看来，NPF的行为可以配置，用户可以在最佳性能和最佳响应两者间选择合适的复制时机。

wpcap.dll接口和Packet.dll接口包含了一组系统调用，可以用来调整读操作的间隔时间、内核缓存大小和复制数据的最小长度等。默认情况下，读操作的超时时间为1s，最小的数据复制长度为16KB。

3. NPF的功能

NPF能够执行许多操作，包括数据包捕获、网络监控、数据转储、数据包发送等。

（1）数据包捕获

NPF最重要的功能是数据包捕获（Packet Capture）。在捕捉过程中，驱动器通过网络接口嗅探数据包，根据用户设定的过滤规则执行过滤，并把符合过滤规则的数据包存入核心缓冲区。在应用程序执行接收处理时，数据包被传送给用户层的应用程序。

（2）数据包发送

NPF支持直接将原始数据报文发送到网络中，即支持数据包发送（Packet Injection）。数据在发送前不会进行任何协议的封装，因此应用程序在发送数据前需要构造若干协议首部信息。另外，应用程序通常不需要构造FCS，因为该内容会由网卡计算，并自动附加到发送数据的尾部。

一次写的系统调用可以对应多次数据包发送，用户可以通过 I/O 控制调用设置单个数据包的发送次数，从而在测试过程中产生高速的网络流量。

（3）网络监控

Npcap 提供了一个内核级可编程的网络监控（Network Monitoring）模块，能够计算简单的网络流量统计数据。利用该功能，不需要将数据包复制到应用程序即可收集统计数据，应用程序只需接收并显示从监控引擎获得的结果。这样可以极大减少在内存和 CPU 时钟方面的捕获开销。

监控引擎由分类器和计数器组成。使用 NPF 的过滤引擎对数据包进行分类，该引擎来源于 BSD 包过滤器（BPF），它提供了一种可配置的方式来选择流量的子集。通过过滤器的数据进入计数器，计数器保存一些变量，如过滤器接受的数据包数量和字节数，并用传入数据包的数据更新这些变量。这些变量定期传递给用户级应用程序，其周期可由用户配置。在整个监控过程中不会使用内核和用户缓冲区。

（4）数据转储

数据转储（Dump to disk）功能允许用户直接在内核模式下将网络数据保存到磁盘上，而不需要把数据包复制到用户层应用程序，再由应用程序将数据保存到磁盘上。NPF 的数据转储方式与传统数据存储方式的区别如图 9-3 所示。

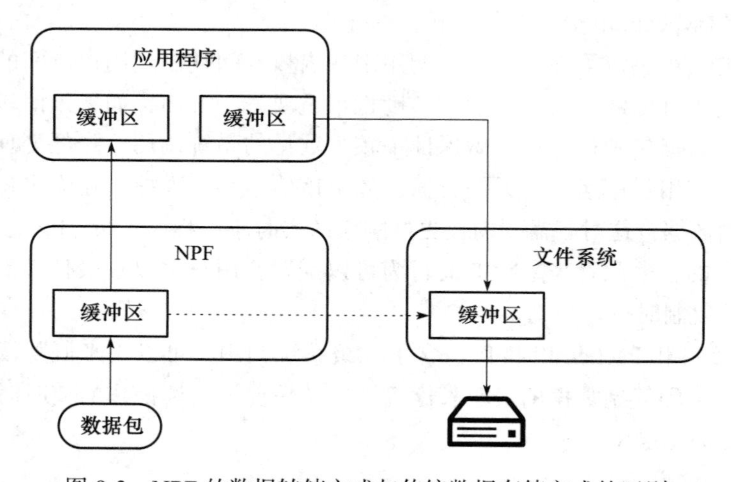

图 9-3　NPF 的数据转储方式与传统数据存储方式的区别

在传统的数据存储方式中，数据包复制路径如图 9-3 中的实线箭头所示，每个数据包都被复制若干次，最终被复制到磁盘。通常，整个复制过程涉及 4 个缓冲区，①数据包被捕获并保存到 NPF 的核心缓冲区中，②应用程序调用接收函数将数据传送到捕获数据的应用程序缓冲区中，③应用程序写文件，数据包被传送到应用程序用于写文件的标准输入 / 输出缓冲区中，④最后被传送到文件系统缓冲区中，并写入磁盘。

在 NPF 中，当处于内核级的 NPF 流量记录功能被启用时，驱动器可以直接访问文件系统，这时复制路径变为图 9-3 中虚线箭头所示的部分，只需要两个缓冲区和简单的复制就可以直接把数据包写入文件系统的缓冲区中。这样，数据只被复制了一次，系统调用的次数减少，系统性能相应提高。

9.2.4 Packet.dll

Packet.dll 提供了一个较低层的编程接口，也是对 BPF 驱动程序进行访问的 API，同时它有一套符合 libpcap 接口的函数库。Packet.dll 主要提供以下功能：

- 安装、启动和停止 NPF 设备驱动程序。
- 从 NPF 驱动程序接收数据包。
- 通过 NPF 驱动程序发送数据包。
- 获取可用的网络适配器列表。
- 获取适配器的不同信息，比如设备描述、地址列表和掩码。
- 查询并设置一个低层的适配器参数。

Packet.dll 直接映射了内核的调用，以系统独立的方式访问 Npcap 的底层功能。该函数库维护了所有依赖于系统的细节（比如管理设备、协助操作系统管理适配器、在注册表中查找信息等），并且输出一个可以在所有 Windows 操作系统中通用的 API。这样，基于 Packet.dll 开发的应用程序或库不需要重新编译就可以在所有 Windows 操作系统中运行。

然而，不是所有的 Packet.dll 的 API 都是完全可移植的。有些高级特性就存在这样的情况，比如，内核模式下的堆处理理只能运行在 WinNTx 版本的 Npcap 下，Win9x 版本的 Packet.dll 就不能提供这样的功能。

这个库的另一个重要特性就是维护了 NPF 驱动程序。当程序试图访问适配器时，Packet.dll 在后台安装和启动了驱动程序，这些过程对编程人员来说是透明的，进而避免了用户通过控制面板来手动安装驱动程序。

Packet.dll 的源代码是开放的，并且有完整的文档。

9.2.5 wpcap.dll

wpcap.dll 比 Packet.dll 的层次更高、更抽象，其调用是不依赖于操作系统的。wpcap.dll 是基于 libpcap 设计的，其函数的调用和 libpcap 几乎一样，函数名称和参数的定义也一样。但它包含了一些高层的函数，比如过滤器生成器、用户定义的缓冲区和高层特性（数据统计和构造数据包等）。

wpcap.dll 提供了更加友好、功能更加强大的函数调用，是应用程序使用 Npcap 的常规方式和推荐方式。wpcap.dll 输出了一组函数，用来捕获和分析网络流量。这些函数的主要功能包括：

- 打开捕获句柄进行读取。
- 实时捕获时选择链路层头部类型。
- 读取数据包和向网络上发送数据。
- 有效保存数据包到磁盘和读取磁盘中的原始数据包。
- 使用高级语言创建数据包过滤器，并把它们应用于数据捕获。

由此看来，Npcap 使用者可以使用两类 API：一类是直接映射到内核调用的原始函数，包含在 Packet.dll 的调用中；另一类是 wpcap.dll 提供的高层函数，一般 wpcap.dll 能自动调用 Packet.dll。往往当程序调用一个 wpcap.dll 时，会被译成几个 Packet.dll 系统调用。

9.3　Npcap 编程环境的配置

9.3.1　下载 Npcap

Npcap 是一个可以免费下载、安装和使用的项目。Npcap 支持 x86、x64 和 ARM64 三种环境，其官网地址是 https://npcap.com/，可以在其上下载 Npcap 的驱动程序、源代码和开发文档。

在进行 Npcap 程序设计时，我们通常需要从 Npcap 的官网上获取四个文件包：

1）npcap-1.70.exe：Npcap1.70 的安装程序，程序安装成功后，会为使用 Npcap 技术的应用程序提供运行环境，其下载地址为 https://npcap.com/dist/npcap-1.70.exe。下一节会详细介绍 Npcap1.70 的安装过程。

2）npcap-sdk-1.13.zip：SDK 是软件开发工具包，其下载地址为 https://npcap.com/dist/npcap-sdk-1.13.zip。其中，包含了开发 Npcap 应用程序时需要引用的头文件（.h 文件）和库文件（.lib 文件），主要有以下几个子目录：

- docs 目录：用于保存详细的用户使用手册。
- Examples-pcap 目录：采用 libpcap 库接口的示例程序。
- Examples-remote 目录：采用 wpcap 库接口的示例程序。
- Include 目录：保存在 Npcap 库上开发程序所需的头文件。
- Lib 目录：保存在 Npcap 库上开发程序所需的库文件。

npcap-sdk-1.13.zip 不需要安装，但需要在开发环境中引入配置，9.3.3 节会介绍在 Visual Studio 中使用 Visual C++ 语言对 Npcap 进行配置的过程。

3）npcap-1.70-DebugSymbols.zip：Npcap 的调试符号包，其中包含调试的符号集，下载地址为 https://npcap.com/dist/npcap-1.70-DebugSymbols.zip。

4）npcap-1.70.zip：Npcap 开发的源代码，下载地址为 https://npcap.com/dist/npcap-1.70.zip。

9.3.2　安装 Npcap

双击 npcap-1.70.exe，打开 Npcap 安装向导，如图 9-4 所示。

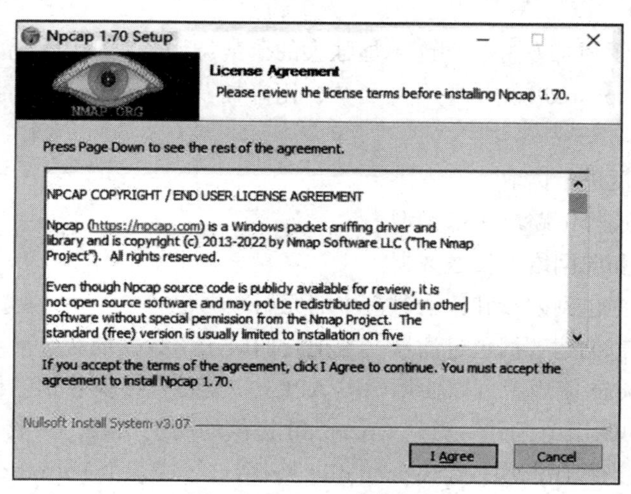

图 9-4　Npcap 安装向导

单击“I Agree”按钮，进入安装选项窗口，如图 9-5 所示。

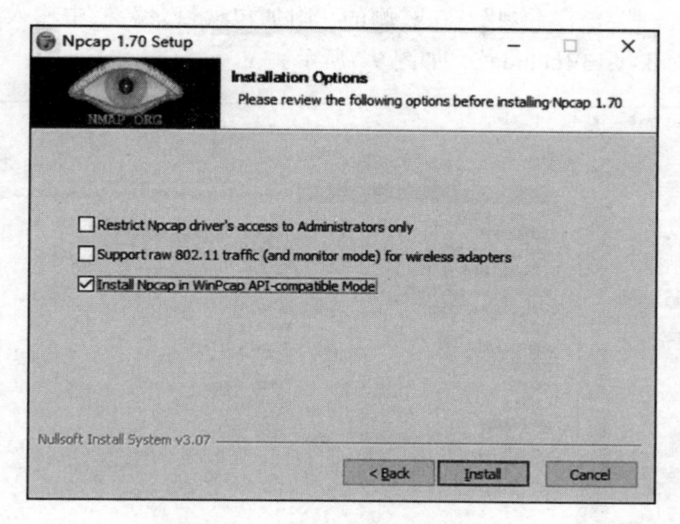

图 9-5　Npcap 安装选项窗口

如果在当前计算机上仅允许管理员用户调用 Npcap，则选择“Restrict Npcap driver's access to Administrators only”复选框，一般不勾选；如果在当前计算机上开启无线 802.11 报文的支持（含监控模式），则选择“Support raw 802.11 traffic (and monitor mode) for wireless adapters”，然后单击“Install”按钮，开始安装 Npcap。

安装完成后，在控制面板的“程序和功能”界面中可以找到 Npcap 1.70 和它的产品信息，如图 9-6 所示。

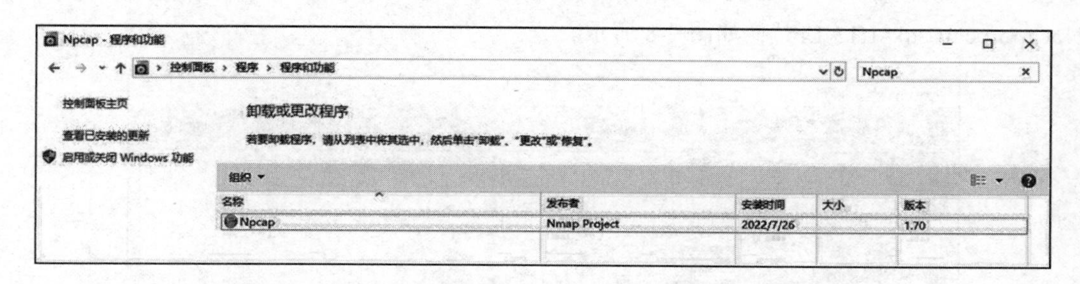

图 9-6　Npcap 安装完成后的“程序和功能”界面

9.3.3　在 Visual Studio 环境下引入 Npcap

在开发 Npcap 应用程序之前，应先安装 Npcap 驱动程序，然后创建一个 MFC 应用程序项目，之后配置 Npcap 开发环境。

为了让应用程序能够使用 Npcap 的具体功能，在 Visual Studio 开发环境中，需要完成以下配置：

1）解压 Npcap 的软件开发工具包 npcap-sdk-1.13.zip。将 npcap-sdk-1.13.zip 文件解压缩到一个文件目录，文件目录可以是应用程序的解决方案目录，也可以是其他目录。此处的解压目录选择“D:\Npcap”。

2）附加 Npcap 的 Include 目录。打开项目属性对话框，在左侧的项目列表中选择“配置属性”—“C/C++”—“常规”，在右侧的“附加包含目录”栏中输入或选择文件路径“D:\Npcap\npcap-sdk-1.13\Include”，如图 9-7所示。

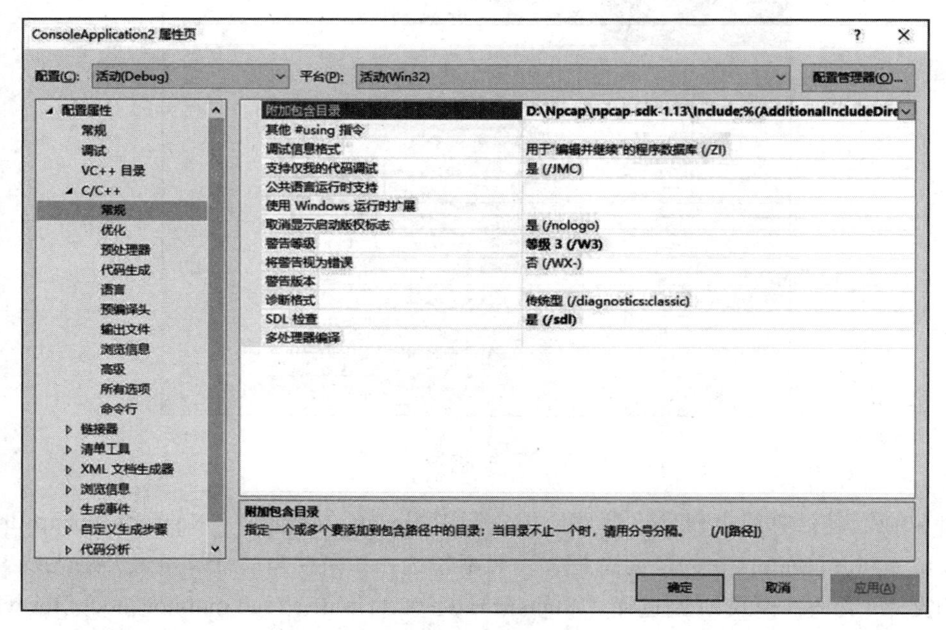

图 9-7　附加 Npcap 的 Include 目录

3）附加 Npcap 的 Lib 目录。打开项目属性对话框，在左侧的项目列表中选择“配置属性”—“链接器”—“常规”，在右侧的“附加库目录”栏中输入或选择文件路径“D:\Npcap\npcap-sdk-1.13\Lib”，如图 9-8 所示。

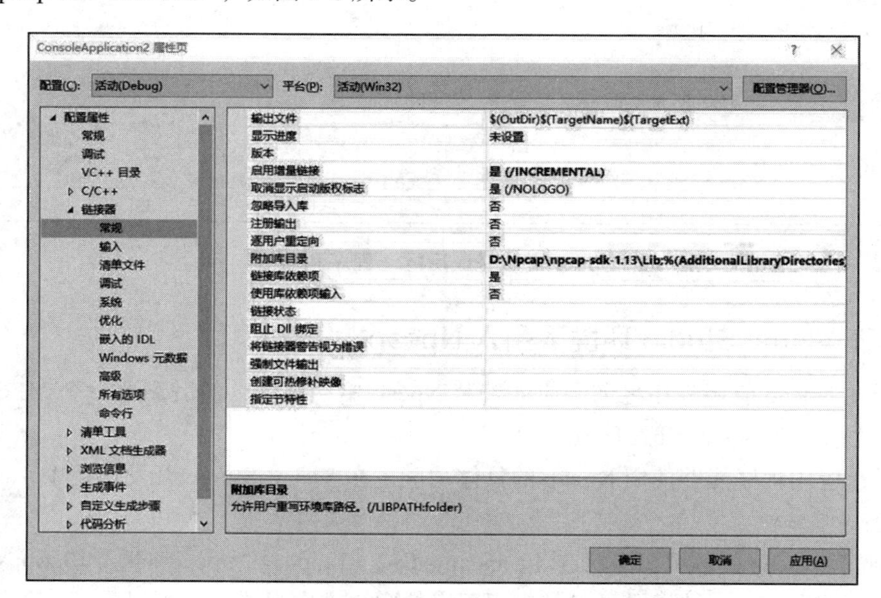

图 9-8　附加 Npcap 的 Lib 目录

4）引入常用的库文件。打开项目属性对话框，在左侧的项目列表中选择“配置属性”—“链接器”—“输入”，在右侧的“附加依赖项”栏中输入“Packet.lib;wpcap.lib;ws2_32.lib”，如图 9-9 所示。

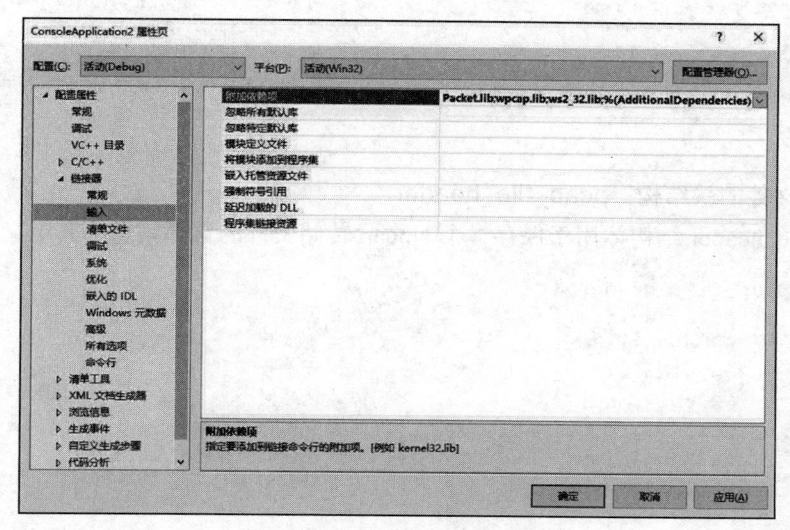

图 9-9　引入常用的库文件

5）添加对头文件的声明。在开始编写基于 Npcap 的网络应用程序之前，需要在源文件中增加对相关头文件的包含说明。这些头文件中声明了 Npcap 的接口函数和相关数据结构，使得编译器能够成功编译。

在使用 wpcap.dll 进行编程时，需要包含的头文件是 pcap.h，示例如下：

```
#include "pcap.h"
```

在使用 Packet.dll 进行编程时，需要包含的头文件是 Packet32.h，示例如下：

```
#include "Packet32.h"
```

9.4　wpcap.dll 的常用数据结构和函数

9.4.1　wpcap.dll 的常用数据结构

1. 接口地址结构：pcap_addr

pcap_addr 结构体用于描述主机的地址信息，其定义如下：

```
struct pcap_addr {
    struct pcap_addr *next;         //指向链表的下一个元素，NULL 表示最后一个元素
    struct sockaddr *addr;          //指向 sockaddr 类型的结构
    struct sockaddr *netmask;       //指向 addr 相应的网络掩码
    struct sockaddr *broadaddr;     //addr 相应的广播地址
    struct sockaddr *dstaddr;       //与 addr 对应的目标地址，如非点到点，则为 NULL
};
```

2. 网络设备信息结构：pcap_if

pcap_if 结构体用于保存获取到的网络设备信息，它等同于 pcap_if_t 结构体。pcap_if

结构体的定义如下：

```
typedef struct pcap_if pcap_if_t;
struct pcap_if {
    struct pcap_if *next;              // 指向链表的下一个元素，NULL 表示最后一个元素
    char *name;                        // 网络设备名称
    char *description;                 // 网络设备的描述信息
    struct pcap_addr *addresses;       // 接口上定义的地址列表中的第一个元素
    bpf_u_int32 flags;                 // pcap_if_ 接口标识
};
```

3. 转储文件的头结构：pcap_file_header

pcap_file_header 结构体用于保存一个 Npcap 转储文件的首部信息，其定义如下：

```
struct pcap_file_header {
    bpf_u_int32 magic;                 // 标识位
   u_short version_major;              // 主版本号
   u_short version_minor;              // 次版本号
    bpf_int32 thiszone;                // 本地时间
    bpf_u_int32 sigfigs;               // 时间戳
    bpf_u_int32 snaplen;               // 所捕获的数据包的最大长度
    bpf_u_int32 linktype;              // 数据链路类型
};
```

4. 转储文件的数据包头结构：pcap_pkthdr

pcap_pkthdr 结构体用于保存一个原始数据包的首部结构，其定义如下：

```
struct pcap_pkthdr {
    struct timeval ts;                 // 收到数据包的时间戳
    bpf_u_int32 caplen;                // 实际捕获的数据包长度，以字节为单位
    bpf_u_int32 len;                   // 捕获的数据包的真实长度，以字节为单位
};
```

5. 统计数据结构：pcap_stat

pcap_stat 结构体用于保存数据监测的统计信息，其定义如下：

```
struct pcap_stat {
    u_int ps_recv;                     // 网上已传送的数据包数
    u_int ps_drop;                     // 删除的数据包数
    u_int ps_ifdrop;                   // 接口拒绝的包数，暂不支持
    #ifdef WIN32
    u_int bs_capt;                     // Win32 专用，捕获的包数
    u_int ps_sent;                     // 网络上服务器发送的数据包数
    u_int ps_netdrop;                  // 网络上丢失的数据包数
    #endif /* WIN32 */
};
```

6. 用户认证信息结构：pcap_rmtauth

pcap_rmtauth 结构体用于保存远程主机上的用户认证信息，其定义如下：

```
struct pcap_rmtauth
{
    int type;                          // 身份认证的类型
    char *username;                    // 远程主机上用户认证时使用的用户名
    char *password;                    // 远程主机上用户认证时使用的密码
};
```

9.4.2 wpcap.dll 的常用函数

wpcap.dll 输出了一组函数，可用来捕获和分析网络流量。这些常用函数的主要功能如表 9-1 所示。

表 9-1 wpcap.dll 常用函数的功能

函数名称	功 能
pcap_init( )	初始化 pcap
pcap_create( )	返回一个用于实时捕获的 pcap_t
pcap_findalldevs_ex( )	返回本机所有的网络接口设备
Pcat_lookupdev( )	获取可以打开并进行实时采集的设备列表
pcap_open( )	打开一个捕获接口设备，获得用于捕获网络数据包的描述字
pcap_close( )	关闭 pcap_t
pcap_list_datalinks( )	获取设备的链路层头部类型列表
pcap_set_datalink( )	配置设备的链路层头部类型
pcap_dispatch( )	从打开的 pcap_t 中读取一个缓冲区的数据包以进行实时捕获，或者从打开的 pcap_t 中读取一组完整的数据包以保存文件
pcap_loop( )	从 pcap_t 读取数据包，直到发生中断或错误
pcap_compile( )	将过滤器表达式编译为伪机器语言代码程序
pcap_freecode( )	释放一个过滤程序
pcap_setfilter( )	为 pcap_t 设置过滤器
pcap_setdirection( )	指定是捕获入方向的数据包，还是捕获出方向的数据包，或者两者都捕获
pcap_stats( )	得到捕获数据
pcap_dump_open( )	给定路径名，打开一个保存数据包的文件，用于写入
pcap_dump( )	向 pcap_dumper_t 写入报文
pcap_sendpacket( )	传输数据包
pcap_statustostr( )	获取错误或警告状态码的字符串
pcap_lib_version( )	获取库版本

9.4.3 wpcap.dll 的工作流程

使用 wpcap.dll 提供的一些函数可以设置和捕获网络设备上传输的数据，具体来说，包括以下四个基本工作流程。

1. 捕获数据包

捕获数据包的程序工作流程如下：

1）调用 LoadNpcapDlls( ) 函数加载 Npcap 及其函数。

2）调用 pcap_findalldevs_ex( ) 函数获得本地主机上的网络设备。该函数返回 0 表示获取成功，返回 –1 表示获取失败，并把设备列表赋值给 pcap_if_t 结构体。

3）选定待捕获数据包的网络设备，调用 pcap_open( ) 函数打开这个网络设备。该函数根据捕获需求设置网卡的工作模式，并返回一个包捕获描述符 pcap_t。

4）跳转到选定的调用 pcap_compile( ) 函数编译过滤规则，并使用 pcap_setfilter( ) 来设置过滤器规则（本步骤可选）。

5）调用 pcap_loop( ) 或 pcap_dispatch( ) 函数捕获网络上的所有数据包。

6）调用 pcap_close( ) 函数关闭库。

2. 发送数据包

发送数据包的程序工作流程如下：

1）调用 LoadNpcapDlls( ) 函数加载 Npcap 及其函数。

2）选择待发送数据包的网络设备，调用 pcap_open( ) 函数打开这个网络设备，并返回一个包捕获描述符 pcap_t。

3）构造一个原始数据包（该原始数据包为链路帧，这个数据包不经任何处理就会被发送）。

4）调用 pcap_sendpacket( ) 函数发送数据包。

5）调用 pcap_close( ) 函数关闭库。

3. 统计网络流量

统计网络流量的程序工作流程如下：

1）调用 LoadNpcapDlls( ) 函数加载 Npcap 及其函数。

2）选择待输出的网络设备，调用 pcap_open( ) 函数打开这个网络设备，并返回一个包捕获描述符 pcap_t。

3）调用 pcap_compile( ) 函数来编译过滤规则，并使用 pcap_setfilter( ) 来设置过滤器规则。

4）调用 pcap_setmode( ) 函数将设备设置为统计模式。

5）调用 pcap_loop( ) 统计网络上符合过滤规则的数据包，并在回调函数中进行统计计算。

6）调用 pcap_close( ) 函数关闭库。

4. 转储网络流量

转储网络流量的程序工作流程如下：

1）调用 LoadNpcapDlls( ) 函数加载 Npcap 及其函数。

2）调用 pcap_findalldevs_ex( ) 函数获得本地主机上的网络设备。该函数返回 0 表示获取成功，返回 -1 表示获取失败，并把设备列表赋值给 pcap_if_t 结构体。

3）选定待转储数据包的网络设备，调用 pcap_open( ) 函数打开这个网络设备，该函数根据捕获需求设置网卡的工作模式，并返回一个包捕获描述符 pcap_t。

4）调用 pcap_dump_open( ) 函数打开转储文件。

5）调用 pcap_loop( ) 函数捕获网络上的所有数据包，并在回调函数中调用 pcap_dump( ) 函数进行原始数据的转储操作。

6）调用 pcap_close( ) 函数关闭网络设备，释放资源。

9.5 wpcap.dll 编程示例——捕获分析 UDP 数据

在基于 Npcap 的网络编程中，数据捕获与分析是最主要的应用。下面的示例实现了对网络中 UDP 数据的捕获与分析。

1. 获取设备列表

在开始捕获数据包之前，通常需要获取与网络适配器绑定的设备列表。wpcap.dll 提供了 pcap_findalldevs_ex( ) 函数来实现这个功能，该函数的定义如下：

```
int pcap_findalldevs_ex(
   char * source,
   struct pcap_rmtauth * auth,
   pcap_if_t ** alldevs,
   char * errbuf
);
```

其中：

- source：指定源的位置，pcap_findalldevs_ex( ) 函数会在指定的源上寻找网络适配器。源可以是本地计算机、远程计算机或 pcap 文件。如果源是本地计算机，则该参数使用“rpcap://”的格式；如果源是远程计算机，则该参数使用“rpcap://host:port”的格式；如果源是 pcap 文件，则该参数使用“file://c:/myfolder/”的格式。
- auth：指向 pcap_rmtauth 结构体的指针，其中保存到远程主机的 RPCAP 连接所需要的认证信息。
- alldevs：指向 pcap_if_t 结构体的指针。在调用函数时，函数将为其分配内存空间。在后续程序中，当不再使用该参数时，需要调用 pcap_freealldevs( ) 函数释放资源；当函数返回时，该指针指向获取到的网络设备链表中的第一个元素。
- errbuf：指向一个用户分配的缓冲区，其大小为 PCAP_ERRBUF_SIZE，该缓冲区中包含调用函数时可能产生的错误信息。

如果函数执行成功，则返回 0，否则返回 -1。函数调用出现错误时，可以从 errbuf 缓冲区获取到错误的具体情况。

pcap_findalldevs_ex( ) 函数返回一个指向 pcap_if 结构的链表，每个 pcap_if 结构都包含一个适配器的详细信息。下列代码获取适配器列表，并在屏幕上显示出来，如果没有找到适配器，将打印错误信息。

```
pcap_if_t *alldevs;                          //获取的设备列表
pcap_if_t *d;                                //指向用户选择的设备指针
int i=0;
char errbuf[PCAP_ERRBUF_SIZE];               //存储错误信息的缓冲区
if (pcap_findalldevs_ex(PCAP_SRC_IF_STRING, NULL, &alldevs, errbuf) == -1)
{
    fprintf(stderr,"Error in pcap_findalldevs_ex: %s\n", errbuf);
    return -1;
}
//打印列表
for(d= alldevs; d != NULL; d= d->next)
{
    printf("%d. %s", ++i, d->name);
    if (d->description)
        printf(" (%s)\n", d->description);
    else
        printf(" (没有有效的描述信息)\n");
}
if (i == 0)
{
    printf("\n未发现网络接口，请确认Npcap已正确安装.\n");
    return -1;
}
```

程序先调用 pcap_findalldevs_ex( ) 函数获取本地计算机上所有的网络设备列表，然后依次打印每个网络设备的名字和描述信息，最后调用 pcap_freealldevs( ) 函数释放网络设备列表。

2. 打开适配器

获得网络适配器绑定的设备列表后，可以要求用户选择设备用于捕获数据包。捕获之前，需要打开网络适配器，得到数据捕获的示例。

这部分工作是由函数 pcap_open( ) 完成的，该函数的定义如下：

```
pcap_t* pcap_open (
  const char *    source,
  int snaplen,
  int flags,
  int read_timeout,
  struct pcap_rmtauth *auth,
  char *errbuf
);
```

其中：

- source：指定要打开的源设备名称。调用 pcap_findalldevs_ex( ) 函数返回的适配器可以直接使用 pcap_open( ) 打开。
- snaplen：指定捕获的数据包长度。对于过滤器收到的每个数据包，只有前面的 snaplen 字节会被存储到缓冲区，并且被传送到用户应用程序，这样可以减少应用程序间复制数据的量，提高捕获数据的效率。
- flags：保存捕获数据包所需要的标识。比如，设置为混杂模式可以让 Npcap 捕获所有经过网卡的数据包。
- read_timeout：读取超时时间，单位为毫秒。在捕获一个数据包后，读操作不必立刻返回，而是等待一段时间以捕获更多的数据包。在统计模式下，read_timeout 还可以用来定义统计的时间间隔。将 read_timeout 设置为 0 意味着没有超时，那么在任意数据包到达之前，读操作将不会返回。如果设置为 -1，则无论有没有数据包到达，读操作都会立即返回。
- auth：访问远程机器需要的身份验证信息。
- errbuf：指向一个用户分配的缓冲区，其大小为 PCAP_ERRBUF_SIZE，该缓冲区中包含调用函数时可能产生的错误信息。

如果函数执行成功，则返回一个指向 pcap_t 结构体（这个结构体对用户透明，它通过 wpcap.dll 提供函数维护它的内容）的指针，表示一个打开的 Npcap 会话；如果调用出错，则返回 NULL。函数调用出现错误时，可以从 errbuf 缓冲区中获取错误的具体情况。

下列代码调用 pcap_open( ) 函数打开用户指定的适配器，如果发生错误，将打印错误信息。

```
pcap_if_t *d;                          // 指向用户选择的设备指针
pcap_t *adhandle;                      // 用于捕获数据的 Npcap 会话
char errbuf[PCAP_ERRBUF_SIZE];         // 存储错误信息的缓冲区
// 打开设备
```

```
adhandle= pcap_open(d->name,          //设备名
                    65536,            //保证能捕获到不同数据链路层上的每个数据包的全部内容
                    PCAP_OPENFLAG_PROMISCUOUS ,   //混杂模式
                    1000,             //读取超时时间
                    NULL,             //在远程计算机上进行身份验证
                    errbuf            //错误缓冲区
                    );
if ( adhandle == NULL)
{
    fprintf(stderr,"\n 无法打开网络适配器 . NPcap 不支持 %s \n", d->name);
    //释放设备列表
    pcap_freealldevs(d);
    return -1;
}
```

在获取并打印本机的网络设备列表后，本段代码调用函数 pcap_open( ) 打开了选中的网络设备，以便在该设备上捕获数据。

3. 设置过滤规则

NPF 模块中的数据包过滤引擎是 Npcap 中最强大的特性之一，它提供了有效的方法来获取网络中满足某特征的数据包，这也是 Npcap 捕获机制的一个组成部分。

实现过滤规则编译的函数是 pcap_compile( )，该函数将一个高层的布尔过滤表达式编译成一个能够被过滤引擎所解释的底层字节码，函数定义如下：

```
int pcap_compile  (
pcap_t *p,
struct bpf_program *fp,
char *str,
int optimize,
bpf_u_int32 netmask
);
```

其中：

- p：指定一个打开的 Npcap 会话，并在该会话中采集数据包，该捕获句柄一般在 pcap_open ( ) 函数打开与网络适配器绑定的设备时返回。
- fp：指向 bpf_program 结构体的指针，在调用 pcap_complie( ) 函数时被赋值，可以为 pcap_setfilter 传递过滤信息。
- str：指定过滤字符串。
- optimize：用于控制结果代码的优化。
- netmask：指定本地网络的子网掩码。

如果函数执行成功，则返回 0；如果调用出错，则返回 -1。

实现过滤规则加载的函数是 pcap_setfilter( )，该函数将一个过滤器与内核捕获会话关联。当 pcap_setfilter( ) 函数被调用时，这个过滤器将被应用到来自网络的所有数据包，并且所有符合过滤规则的数据包将会保留下来。pcap_setfilter( ) 函数的定义如下：

```
int pcap_setfilter (
  pcap_t *p,
  struct bpf_program *fp
  );
```

其中：

- p：指定一个打开的 Npcap 会话，并在该会话中采集数据包，该捕获句柄一般是在 pcap_open( ) 函数打开与网络适配器绑定的设备时返回的。
- fp：指向 bpf_program 结构体的指针，在调用 pcap_complie( ) 函数时被赋值，可以为 pcap_setfilter( ) 传递过滤信息。

如果函数执行成功，则返回 0；如果调用出错，则返回 -1。

使用 Npcap 过滤规则能够灵活定制对指定协议、地址和端口号的过滤，其语法规则如下：

1）表达式支持逻辑操作符。可以使用关键字 and、or、not 对子表达式进行组合，同时支持使用小括号。

2）基于协议的过滤语法。在对协议过滤时使用协议限定符 ip、arp、rarp、tcp、udp 等进行过滤。

3）基于 MAC 地址的过滤语法。在对 MAC 地址过滤时，使用限定符 ether（代表以太网地址）。当仅作为源地址时，使用“ ether src mac_addr”；当仅作为目的地址时，使用“ether dst mac_addr”；如果既作为源地址又作为目的地址，则使用“ether host mac_addr”。另外，mac_addr 应该遵从 00:E0:4C:E0:38:88 的格式。

4）基于 IP 地址的过滤语法。在对 IP 地址过滤时，使用限定符 host（代表主机地址）。当仅作为源地址时，使用“ src host ip_addr”；当仅作为目的地址时，使用“ dst host ip_addr”；如果既作为源地址又作为目的地址，则使用“host ip_addr”。

5）基于端口的过滤语法。在对端口过滤时，使用限定符 port（代表端口号）。当仅作为源端口时，使用“ src port port_number”；当仅作为目的端口时，使用“ dst port port_number”；如果既作为源端口又作为目的端口，则使用“port port_number ”。

下面给出了几种常见的过滤语法：

1）仅接收 80 端口的数据包：

```
port 80;
```

2）只捕获 ARP 或 ICMP 数据包：

```
arp or (ip and icmp);
```

3）捕获主机 192.168.1.23 与 192.168.1.28 之间传递的所有 UDP 数据包：

```
(ip and udp) and (host 192.168.1.23 or host 192.168.1.28)
```

以下代码在打开设备获得捕获句柄的基础上实现了过滤规则的配置：

```
pcap_if_t *d;                                  //指向用户选择的设备指针
u_int netmask;                                 //保存子网掩码
pcap_t *adhandle;                              //用于捕获数据的 Npcap 会话
char errbuf[PCAP_ERRBUF_SIZE];                 //存储错误信息的缓冲区
char packet_filter[] = "ip and udp";           //保存字符形式描述的过滤规则
struct bpf_program fcode;                      //保存编译后的过滤规则
pcap_if_t *alldevs;                            //获取到的设备列表
if(d->addresses != NULL)
```

```
    //获得接口第一个地址的掩码
netmask=((struct sockaddr_in *)(d->addresses->netmask))->sin_addr.S_un.S_addr;
else
    //如果接口没有地址，那么我们假设一个C类的掩码
    netmask=0xffffff;
//编译过滤器
if (pcap_compile(adhandle, &fcode, packet_filter, 1, netmask) <0 )
{
    fprintf(stderr,"\n无法编译过滤规则，请检查语法的正确性.\n");
    //释放设备列表
    pcap_freealldevs(alldevs);
    return -1;
}
//设置过滤器
if (pcap_setfilter(adhandle, &fcode)<0)
{
    fprintf(stderr,"\n设置过滤器错误.\n");
    //释放设备列表
    pcap_freealldevs(alldevs);
    return -1;
}
```

4. 捕获数据包

当适配器被打开，数据捕获工作开始，可以使用回调和循环两种方式进行数据捕获。

（1）使用回调方式进行数据捕获

Npcap 提供了两个函数用于借助回调函数来实现数据捕获，这两个函数分别是 pcap_loop( ) 和 pcap_dispatch( )。

pcap_loop( ) 函数用于采集一组数据包，该函数定义如下：

```
int pcap_loop (
  pcap_t *p,
  int cnt,
  pcap_handler callback,
  u_char *user
);
```

其中：

- p：指定一个打开的 Npcap 会话，并在该会话中采集数据包。该捕获句柄一般在 pcap_open( ) 函数打开与网络适配器绑定的设备时返回。
- cnt：指定函数返回前所处理数据包的最大值。
- callback：采集数据包后调用的处理函数。
- user：传递给回调函数 callback 的参数。

如果成功采集到 cnt 个数据包，则函数返回 0；如果出现错误，则返回 -1；如果用户在未处理任何数据包之前调用 pcap_breakloop( ) 函数，则 pcap_loop( ) 函数被终止，并返回 -2。

函数 pcap_dispatch( ) 用于采集一组数据包，该函数定义如下：

```
int pcap_dispatch(
  pcap_t * p,
  int cnt,
  pcap_handler callback,
```

```
  u_char * user
);
```

其中：

- p：指定一个打开的 Npcap 会话，并在该会话中采集数据包，该捕获句柄一般在 pcap_open( ) 函数打开与网络适配器绑定的设备时返回。
- cnt：指定函数返回前所处理数据包的最大值。
- callback：采集数据包后调用的处理函数。
- user：传递给回调函数 callback 的参数。

如果成功，则返回读取到的字节数；读取到 EOF 时，返回 0；如果出错，则返回 –1，此时可调用 pcap_perror( ) 或 pcap_geterr( ) 函数获取错误消息。如果用户在未处理任何数据包之前调用 pcap_breakloop( ) 函数，则 pcap_dispatch( ) 函数被终止，并返回 –2。

pcap_dispatch( ) 和 pcap_loop( ) 这两个函数相似，区别在于函数返回的条件不同。pcap_dispatch( ) 函数是在达到超时时间时就返回（不能保证一定有数据到达），而 pcap_loop( ) 函数是在有 cnt 数据包被捕获时才返回，所以 pcap_loop( ) 函数会在一小段时间内阻塞网络的应用。

以 pcap_loop( ) 为例，使用回调函数的方式进行数据捕获，代码示例如下：

```
    //packet_handler 函数原型
    void packet_handler(u_char *param, const struct pcap_pkthdr *header, const u_
char *pkt_data);
    pcap_if_t *alldevs;     //获取到的设备列表
    pcap_t *adhandle;       //用于捕获数据的 Npcap 会话
    //开始捕获
    pcap_loop(adhandle, 0, packet_handler, NULL);
```

首先声明 packet_handler( ) 回调函数原型，数据捕获的代码在该函数中编写，在打开网络适配器并设定过滤规则后，调用 pcap_loop( ) 函数进行数据捕获，如果有数据到达，则执行回调函数 packet_handler( )。

（2）使用循环方式进行数据捕获

基于回调的原理来进行数据捕获是一种精妙的方法，在某些场合中，它是一种很好的选择。不过，处理回调会增加程序的复杂度，特别是在多线程的 C++ 程序中未必实用。

数据捕获的另一种方式是通过直接调用 pcap_next_ex( ) 函数来获得一个数据包，这样通过循环调用的方式也可以实现数据捕获。

pcap_next_ex( ) 函数的定义如下：

```
int pcap_next_ex (
  pcap_t * p,
  struct pcap_pkthdr ** pkt_header,
  const u_char ** pkt_data
)
```

其中：

- p：指定一个打开的 Npcap 会话，并在该会话中采集数据包，该捕获句柄一般在 pcap_open( ) 函数打开与网络适配器绑定的设备时返回。

- pkt_header：指向 pcap_pkthdr 结构体的指针，表示接收到的数据包头。
- pkt_data：指向接收到的数据包内容的指针。

如果成功，则返回 1；如果达到 pcap_open( ) 函数设定的超时时间，则返回 0；如果出现错误，则返回 -1；如果读取到 EOF，则返回 -2。

使用循环方式进行数据捕获的代码示例如下：

```
pcap_t *adhandle;                     // 用于捕获数据的 Npcap 会话
struct pcap_pkthdr *header;           // 指向原始数据包首部的指针
const u_char *pkt_data;               // 指向原始数据包的指针
int res;
// 获取数据包
while((res = pcap_next_ex( adhandle, &header, &pkt_data)) >= 0)
{
    if(res == 0)
    // 超时时间到
        continue;
    /* ****************************************************************/
/*                                分析数据                              */
/* ****************************************************************/
}
if(res == -1)
{
    printf(" 读取数据包错误 : %s\n", pcap_geterr(adhandle));
    return -1;
}
```

5. 分析数据包

对于捕获到的数据，我们看到的是独立的原始数据帧，包括帧头和帧数据。另外，Npcap 还为每个帧附加了一个原始数据包的首部，用于描述帧的到达时间和长度信息。数据分析工作是以原始数据包和数据包头结构为基础进行的。

在前面基于回调函数捕获数据的基础上，下面通过示例说明对 UDP 的解析、源地址和目的地址的提取与显示处理。

首先，定义 IP 地址结构、IPv4 首部结构和 UDP 首部结构，以便在数据分析过程中读取不同首部的地址信息。

```
// 4 字节的 IP 地址
typedef struct ip_address{
    u_char byte1;
    u_char byte2;
    u_char byte3;
    u_char byte4;
}ip_address;
// IPv4 首部
typedef struct ip_header{
    u_char  ver_ihl;        // 版本 （4 比特 ） + 首部长度 （4 比特 ）
    u_char  tos;            // 服务类型 (Type of service)
    u_short tlen;           // 总长 (Total length)
    u_short identification; // 标识 (Identification)
    u_short flags_fo;       // 标志位 (Flags，3 比特 ） + 段偏移量 (Fragment offset，13 比特 ）
    u_char  ttl;            // 存活时间 (Time to live)
    u_char  proto;          // 协议 (Protocol)
```

```
    u_short crc;              //首部校验和(Header checksum)
    ip_address  saddr;        //源地址(Source address)
    ip_address  daddr;        //目的地址(Destination address)
    u_int   op_pad;           //选项与填充(Option + Padding)
}ip_header;
/ UDP 首部
typedef struct udp_header{
    u_short sport;            //源端口(Source port)
    u_short dport;            //目的端口(Destination port)
    u_short len;              //UDP数据包长度(Datagram length)
    u_short crc;              //校验和(Checksum)
}udp_header;
```

然后，在回调函数packet_handler( )中处理对数据包的解析和打印工作。在这里，packet_handler( )的输入参数主要有三个：

- param：在pacp_loop( )函数中指定的参数user。
- header：指向pcap_pkthdr结构体的指针，表示接收到的数据包头。
- pkt_data：指向接收到数据包内容的指针。

回调函数的代码示例如下：

```
//回调函数
void packet_handler(u_char *param, //在pacp_loop( )函数中指定的参数user
                    const struct pcap_pkthdr *header, //指向pcap_pkthdr结构体的指针
                    const u_char *pkt_data //指向接收到数据包内容的指针
                    )
{
    struct tm *ltime;
    char timestr[16];
    ip_header *ih;
    udp_header *uh;
    u_int ip_len;
    u_short sport,dport;
    time_t local_tv_sec;
    //将时间戳转换成可识别的格式
    localtime_s(&ltime, &local_tv_sec);;
    ltime=localtime(&local_tv_sec);
    strftime( timestr, sizeof timestr, "%H:%M:%S", & ltime);
    //打印数据包的时间戳和长度
    printf("%s.%.6d len:%d ", timestr, header->ts.tv_usec, header->len);
    //获得IP数据包首部的位置
    ih = (ip_header *) (pkt_data + 14);
    //获得UDP首部的位置
    ip_len = (ih->ver_ihl & 0xf) * 4;
    uh = (udp_header *) ((u_char*)ih + ip_len);
    //将网络字节序列转换成主机字节序列
    sport = ntohs( uh->sport );
    dport = ntohs( uh->dport );
    //打印IP地址和UDP端口
    printf("%d.%d.%d.%d.%d -> %d.%d.%d.%d.%d\n",
        ih->saddr.byte1,
        ih->saddr.byte2,
        ih->saddr.byte3,
        ih->saddr.byte4,
```

```
        sport,
        ih->daddr.byte1,
        ih->daddr.byte2,
        ih->daddr.byte3,
        ih->daddr.byte4,
        dport);
}
```

回调函数 packet_handler( ) 从 header 指针指向的 pcap_pkthdr 结构中获得捕获数据包的时间戳，根据参数 pkt_data 获得原始数据包的缓冲区位置，将指针定位到 IP 首部和 UDP 首部，提取出源和目的 IP 地址、端口号，将这些信息打印出来。

通过以上五个步骤，使用 wpcap.dll 完成了网络数据捕获与分析的基本过程。UDP 流量捕获程序的完整代码如下：

```
 1 #include <pcap.h>
 2 BOOL LoadNpcapDlls()
 3 {
 4      _TCHAR npcap_dir[512];
 5     UINT len;
 6     len = GetSystemDirectory(npcap_dir, 480);
 7     if (!len) {
 8             fprintf(stderr, "获取系统目录错误 : %x", GetLastError());
 9             return FALSE;
10     }
11     _tcscat_s(npcap_dir, 512, _T("\\Npcap"));
12     if (SetDllDirectory(npcap_dir) == 0) {
13             fprintf(stderr, "设置 DLL 加载目录错误 : %x", GetLastError());
14             return FALSE;
15     }
16     return TRUE;
17 }
18 //对回调函数 packet_handler 的声明
19 void packet_handler(u_char *param, const struct pcap_pkthdr *header,
      const u_char *pkt_data);
20 //主函数
21 int main(int argc, _TCHAR* argv[])
22 {
23     pcap_if_t *alldevs;
24     pcap_if_t *d;
25     int inum;
26     int i=0;
27     pcap_t *adhandle;
28     char errbuf[PCAP_ERRBUF_SIZE];
29     u_int netmask;
30     char packet_filter[] = "ip and udp";
31     struct bpf_program fcode;
32     /* 加载 Npcap 及其功能 . */
33     if (!LoadNpcapDlls())
34     {
35         fprintf(stderr, "不能加载 Npcap\n");
36         exit(1);
37     }
38     /* *****************************************************************/
39     /*                  获取本地机器设备列表代码                        */
```

```
40      if(pcap_findalldevs_ex(PCAP_SRC_IF_STRING,NULL,&alldevs, errbuf) == -1)
41      {
42          fprintf(stderr,"pcap_findalldevs_ex 函数调用错误 : %s\n", errbuf);
43          return 1;
44      }
45      /* 打印设备列表 */
46      for(d=alldevs; d; d=d->next)
47      {
48          printf("%d. %s", ++i, d->name);
49          if (d->description)
50              printf(" (%s)\n", d->description);
51          else
52              printf(" (没有可用的描述符)\n");
53      }
54      if(i==0)
55      {
56          printf("\n 无法找到网络接口！请确认 Npcap 已正确安装 .\n");
57          return -1;
58      }
/* **************************************************************************/
/*                          打开指定的网络适配器代码                                 */
59      printf(" 请输入待捕获数据的网卡编号 (1-%d):",i);
60      scanf("%d", &inum);
61      // 检查用户输入的网卡编号是否合法
62      if(inum < 1 || inum > i)
63      {
64          printf("\nAdapter number out of range.\n");
65          /* 释放设备列表 */
66          pcap_freealldevs(alldevs);
67          return -1;
68      }
69      // 跳转到用户选择的网卡
70      for(d=alldevs, i=0; i< inum-1 ;d=d->next, i++);
71      // 打开网卡
72      adhandle= pcap_open(d->name,              // 设备名
73                          65536,                // 保证捕获到每个数据包的全部内容
74                          PCAP_OPENFLAG_PROMISCUOUS,      // 混杂模式
75                          1000,                 // 读取超时时间
76                          NULL,                 // 在远程计算机上进行身份验证
77                          errbuf                // 错误缓冲区
78                          );
79      if ( adhandle == NULL)
80      {
81          fprintf(stderr,"\n 无法打开网络适配器 . Npcap 不支持 %s \n", d->name);
82          // 释放设备列表
83          pcap_freealldevs(alldevs);
84          return -1;
85      }
86      // 检查链接层，本程序只支持以太网
87      if(pcap_datalink(adhandle) != DLT_EN10MB)
88      {
89          fprintf(stderr,"\n 本程序仅在以太网环境下可用 .\n");
90          // 释放设备列表
91          pcap_freealldevs(alldevs);
92          return -1;
93      }
```

```
/* ***************************************************************************/
/*                          设置过滤规则代码                                    */
94      if(d->addresses != NULL)
95          //获得第一个接口地址的网络掩码
96          netmask=((struct sockaddr_in *)(d->addresses->netmask))->
                sin_addr.S_un.S_addr;
97      else
98          //如果接口没有地址，那么我们假设一个C类的掩码
99          netmask=0xffffff;
100     //编译过滤器
101     if (pcap_compile(adhandle, &fcode, packet_filter, 1, netmask)<0 )
102     {
103         fprintf(stderr,"\n无法编译过滤规则，请检查语法的正确性.\n");
104         //释放设备列表
105         pcap_freealldevs(alldevs);
106         return -1;
107     }
108     //设置过滤器
109     if (pcap_setfilter(adhandle, &fcode)<0)
110     {
111         fprintf(stderr,"\n设置过滤器错误.\n");
112         //释放设备列表
113         pcap_freealldevs(alldevs);
114         return -1;
115     }
116     printf("\nlistening on %s...\n", d->description);
117     //不需要其他设备列表信息，释放资源
118     pcap_freealldevs(alldevs);
/* ***************************************************************************/
/*                          捕获数据包                                          */
119     pcap_loop(adhandle, 0, packet_handler, NULL);
120     return 0;
121 }
122 //每当有数据包进入，则以下回调函数被Npcap调用
123 void packet_handler(u_char *param, //在pcap_loop()函数中指定的参数user
                    const struct pcap_pkthdr *header, //指向pcap_pkthdr结构体的指针
                    const u_char *pkt_data) //指向接收到数据包内容的指针
124 {
125     struct tm *ltime;
126     char timestr[16];
127     ip_header *ih;
128     udp_header *uh;
129     u_int ip_len;
130     u_short sport,dport;
131     time_t local_tv_sec;
132     //将时间戳转换成可识别的格式
133     local_tv_sec = header->ts.tv_sec;
134     localtime_s(&ltime, &local_tv_sec);
135     strftime(timestr, sizeof timestr, "%H:%M:%S", &ltime);
136     //打印数据包的时间戳和长度
137     printf("%s.%.6d len:%d ", timestr, header->ts.tv_usec, header->len);
138     //获得IP数据包首部的位置
139     ih = (ip_header *) (pkt_data + 14);
140     //获得UDP首部的位置
141     ip_len = (ih->ver_ihl & 0xf) * 4;
142     uh = (udp_header *) ((u_char*)ih + ip_len);
```

```
143     //将网络字节序列转换成主机字节序列
144     sport = ntohs( uh->sport );
145     dport = ntohs( uh->dport );
146     //打印 IP 地址和 UDP 端口
147     printf("%d.%d.%d.%d.%d -> %d.%d.%d.%d.%d\n",
148         ih->saddr.byte1,
149         ih->saddr.byte2,
150         ih->saddr.byte3,
151         ih->saddr.byte4,
152         sport,
153         ih->daddr.byte1,
154         ih->daddr.byte2,
155         ih->daddr.byte3,
156         ih->daddr.byte4,
157         dport);
158 }
```

程序的运行结果如图 9-10 所示。

```
D:\project\ConsoleApplication4\Debug\ConsoleApplication4.exe
1. \Device\NPF_{0AD6A184-BD76-48A7-BAF9-E5993124C877} (WAN Miniport (Network Monitor))
2. \Device\NPF_{B3F9BCA5-A3CD-4DF3-AE53-439C61C8CB20} (WAN Miniport (IPv6))
3. \Device\NPF_{BB4DE448-4545-4687-8BA0-D91291B4686D} (WAN Miniport (IP))
4. \Device\NPF_{9C261565-9DBE-4C4C-9295-1762FFEEA942} (Realtek PCIe GbE Family Controller)
5. \Device\NPF_Loopback (Adapter for loopback traffic capture)
请待捕获数据的输入网卡编号(1-5):4

listening on Realtek PCIe GbE Family Controller...
15:25:06.739209 len:217 10.114.33.21.56245 -> 239.255.255.250.1900
15:25:07.746962 len:217 10.114.33.21.56245 -> 239.255.255.250.1900
15:25:08.756839 len:217 10.114.33.21.56245 -> 239.255.255.250.1900
15:25:10.075405 len:217 10.114.33.17.62836 -> 239.255.255.250.1900
15:25:11.079073 len:217 10.114.33.17.62836 -> 239.255.255.250.1900
15:25:12.086418 len:217 10.114.33.17.62836 -> 239.255.255.250.1900
15:25:13.093768 len:217 10.114.33.17.62836 -> 239.255.255.250.1900
15:25:14.610898 len:76 10.114.33.14.57470 -> 28.222.88.88.53
15:25:14.613886 len:473 28.222.88.88.53 -> 10.114.33.14.57470
15:25:16.248148 len:217 10.114.33.12.52461 -> 239.255.255.250.1900
15:25:17.259813 len:217 10.114.33.12.52461 -> 239.255.255.250.1900
15:25:18.261065 len:217 10.114.33.12.52461 -> 239.255.255.250.1900
15:25:19.275789 len:217 10.114.33.12.52461 -> 239.255.255.250.1900
15:25:47.918643 len:396 10.114.33.14.51067 -> 220.194.111.74.8000
15:25:47.958574 len:244 220.194.111.74.8000 -> 10.114.33.14.51067
15:25:47.987346 len:380 10.114.33.14.51067 -> 220.194.111.74.8000
15:25:48.030403 len:244 220.194.111.74.8000 -> 10.114.33.14.51067
15:25:48.236220 len:380 10.114.33.14.51067 -> 220.194.111.74.8000
```

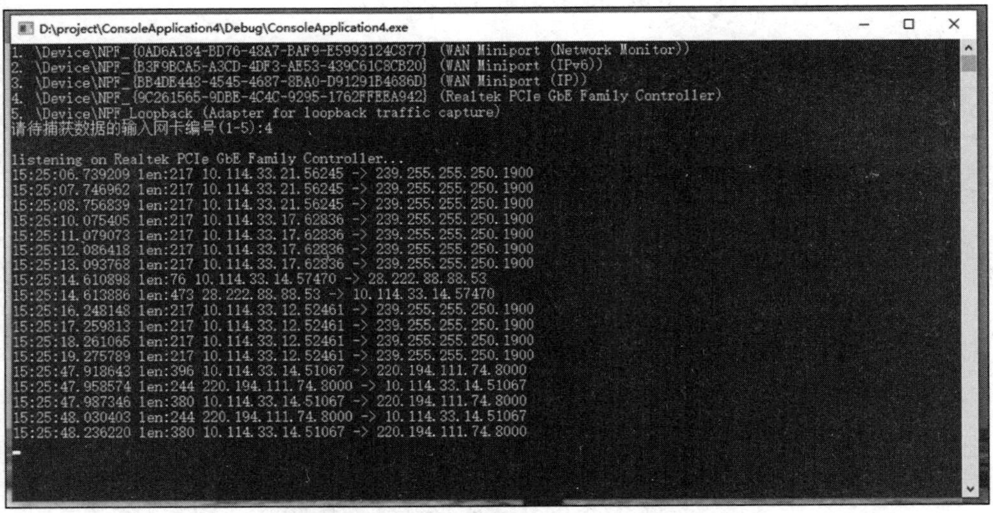

图 9-10　数据捕获程序的运行结果

9.6　Packet.dll 的常用数据结构和函数

9.6.1　Packet.dll 的常用数据结构

1. 网络适配器结构：_ADAPTER

_ADAPTER 结构体用于描述网络适配器的基本信息，其定义如下：

```
typedef struct _ADAPTER
{
    HANDLE hFile;
    CHAR  SymbolicLink[MAX_LINK_NAME_LENGTH];
    int NumWrites;
    HANDLE ReadEvent;
    UINT ReadTimeOut;
    CHAR Name[ADAPTER_NAME_LENGTH];
```

```
    PWAN_ADAPTER pWanAdapter;
    UINT Flags;
}ADAPTER, *LPADAPTER;
```

其中：

- hFile：一个打开的 NPF driver 实例的句柄。
- SymbolicLink：当前打开的网卡的名字。
- NumWrites：在这块 Adapter 上写了多少数据。
- ReadEvent：这块 Adapter 上的 read 操作的通知事件。等到 driver 的缓冲区内有数据到来时，它可以被传递给标准 Win32 函数（如 WaitForSingleObject( ) 或者 WaitForMultipleObjects( )），因此在同时等待几个事件的 GUI 程序中，该参数特别有用。
- ReadTimeOut：等待读操作的超时时间间隔。
- Name：Adapter 的命名。
- pWanAdapter：使用 NetMon API 的开放 WAN 网络适配器的描述。
- Flags：Adapter 标识。

2. 数据包结构：_PACKET

_PACKET 结构体用于描述原始数据包的基本信息，其定义如下：

```
typedef struct _PACKET
{
    HANDLE          hEvent;
    OVERLAPPED      OverLapped;
    PVOID           Buffer;
    UINT            Length;
    DWORD           ulBytesReceived;
    BOOLEAN         bIoComplete
}PACKET, *LPPACKET;
```

其中：

- hEvent：向后兼容使用，用来指定异步调用的事件。
- OverLapped：向后兼容使用，用来处理对驱动器的异步调用。
- Buffer：指向一段缓冲区的指针，该缓冲区包含了数据包的数据。
- Length：缓存区的长度。
- ulBytesReceived：该缓冲区中包含的有效数据的大小。
- bIoComplete：向后兼容使用，在异步调用中用来表示该数据包是否包含有效的数据。

3. 网卡地址结构：npf_if_addr

npf_if_addr 结构体用于保存网卡地址的描述信息，其定义如下：

```
typedef struct npf_if_addr {
    struct sockaddr IPAddress;            //描述 IP 地址
    struct sockaddr SubnetMask;           //描述子网掩码
    struct sockaddr Broadcast;            //描述广播地址
}npf_if_addr;
```

4. PACKET 的数据包头结构：bpf_hdr

bpf_hdr 结构体用于保存一个原始数据包的首部结构，其定义如下：

```
struct bpf_hdr {
    struct timeval bh_tstamp;
    UINT bh_caplen;
    UINT bh_datalen;
    USHORT bh_hdrlen;
};
```

其中：

- bh_tstamp：收到数据包的时间戳。
- bh_caplen：实际捕获的数据包长度，以字节为单位。
- bh_datalen：捕获的数据包的真实长度，如果文件中保存的不是完整的数据包，那么这个值可能要比 bh_caplen 的值大。
- bh_hdrlen：考虑对齐填充后 bpf 头的实际长度。

5. 转储文件的数据包头结构：dump_bpf_hdr

dump_bpf_hdr 结构体用于保存一个转储文件中原始数据包的首部结构，其定义如下：

```
struct dump_bpf_hdr{
    struct timeval ts;
    UINT caplen;
    UINT len;
};
```

其中：

- ts：收到数据包的时间戳。
- caplen：实际捕获的数据包长度，以字节为单位。
- len：捕获的数据包的真实长度，如果文件中保存的不是完整的数据包，那么这个值可能要比 caplen 的值大。

6. 统计数据结构：bpf_stat

bpf_stat 结构体用于保存数据监测的统计信息，其定义如下：

```
struct bpf_stat {
    UINT bs_recv;
    UINT bs_drop;
    UINT ps_ifdrop;
    UINT bs_capt;
};
```

其中：

- bs_recv：从捕获开始，该驱动器从网卡上接收的数据包数（包括丢失的）。
- bs_drop：从捕获开始，这个驱动程序丢失的数据包数量。
- ps_ifdrop：被网卡丢弃的数据包的数量。
- bs_capt：通过过滤器 filter 的数据包的数量。

9.6.2 Packet.dll 的常用函数

Packet.dll 提供了友好、功能强大的函数调用，是应用程序使用 Npcap 更加底层的方式。Packet.dll 输出了一组函数，用来捕获和分析网络流量。这些函数的功能如表 9-2 所示。

表 9-2　Packet.dll 常用函数的功能

函数名称	功　能
PacketGetAdapterNames( )	从注册表中读取网卡名称，得到现有的网络适配器列表和它们的描述
PacketOpenAdapter( )	根据传入的网络适配器名称打开网卡
PacketGetNetInfoEx( )	返回某个网络适配器的网络地址信息
PacketGetNetType( )	返回某个网络适配器的 MAC 类型
PacketGetVersion( )	返回关于 Packet.dll 的版本信息
PacketSetHwFilter( )	设置过滤器，典型的过滤规则有： ● NDIS_PACKET_TYPE_PROMISUOUS：接收所有流过的数据报 ● NDIS_PACKET_TYPE_DIRECTED：接收发给本地主机网络适配器的数据报 ● NDIS_PACKET_TYPE_BROADCAST：接收广播的数据报 ● NDIS_PACKET_TYPE_ALL_MULTICAST：接收所有多播数据报 ● NDIS_PACKET_TYPE_ALL_LOCAL：接收所有本地数据报
PacketSetBuff( )	设置数据捕获的内核缓冲区的大小
PacketSetBpf( )	设置过滤规则
PacketSetReadTimeout( )	设置一次读操作返回的超时时间
PacketAllocatePacket( )	分配一个 _PACKET 结构
PacketFreePacket( )	释放 _PACKET 结构
PacketInitPacket( )	初始化一个 _PACKET 结构，将 _PACKET 结构中的 buffer 设置为用户分配的缓冲区
PacketReceivePacket( )	从 NPF 驱动上读取数据
PacketSendPacket( )	从 NPF 驱动上发送一个或多个数据报的副本
PacketSetNumWrites( )	针对调用 PacketSendPacket( ) 函数发送一个数据报副本所重复的次数进行设置
PacketGetStats( )	得到当前捕获进程的统计信息
PacketCloseAdapter( )	关闭网卡

9.6.3　Packet.dll 的工作流程

使用 Packet.dll 提供的一些函数可以设置和捕获网络设备上传输的数据，常用的操作是数据捕获和发送功能。

1. 捕获数据报

捕获数据报的函数调用流程如下：

1）调用 PacketGetAdapterName( ) 函数获得主机上的网络设备，该函数返回一个指向主机中网络设备（如网卡）的指针。

2）选择待捕获数据包的网络设备，调用 PacketOpenAdapter( ) 函数打开这个网络设备。

3）调用 PacketSetHwFilter( ) 函数，根据捕获需求设置网卡的工作模式，一般设置为混杂模式。

4）调用 PacketSetBpf( ) 函数编辑和设置过滤规则（本步骤可选）。

5）调用 PacketSetBuff( ) 函数设置核心缓冲区大小。

6）调用 PacketSetReadTimeout( ) 函数设置读操作等待时间。

7）调用 PacketAllocatePacket( ) 函数分配 _PACKET 结构。

8）分配一段用户缓冲区，并调用 PacketInitPacket( ) 函数初始化用户缓冲区。

9）循环调用 PacketReceivePacket( ) 函数捕获网络数据报。

10）调用 PacketFreePacket( ) 函数释放 _PACKET 结构，并释放用户缓冲区。

11）调用 PacketClosePacket( ) 函数关闭网卡设备。

2. 发送数据报

发送数据报的函数调用流程如下：

1）调用 PacketGetAdapterName( ) 函数获得主机上的网络设备，该函数返回一个指向主机上的网络设备（如网卡）的指针。

2）选择待捕获数据包的网络设备，调用 PacketOpenAdapter( ) 函数打开这个网络设备。

3）调用 PacketAllocatePacket( ) 函数分配 _PACKET 结构。

4）分配一段用户缓冲区，并调用 PacketInitPacket( ) 函数初始化用户缓冲区。

5）填充用户缓冲区的内容。

6）调用 PacketSetNumWrites( )，针对调用 PacketSendPacket( ) 函数发送一个数据报副本所重复的次数进行设置。

7）调用 PacketSendPacket( ) 函数发送网络数据报。

8）调用 PacketFreePacket( ) 函数释放 _PACKET 结构，并释放用户缓冲区。

9）调用 PacketCloseAdapter( ) 函数关闭网卡设备。

9.7 Packet.dll 编程示例——生成网络流量

在基于 Npcap 的网络编程中，数据报文的构造与流量生成也是常见的应用之一。由于 Npcap 直接操纵网卡，不受 TCP/IP 协议栈的影响，因此可以利用 Npcap 构造任意数据报文进行发送。以下示例基于 Packet.dll 实现了对原始数据帧的构造和发送。

1. 获取设备列表

在开始发送数据包之前，通常需要获取与网络适配器绑定的设备列表。Packet.dll 提供了 PacketGetAdapterNames( ) 函数来实现这个功能，该函数的定义如下：

```
BOOLEAN PacketGetAdapterNames(
    PCHAR pStr,
    PULONG BufferSize
);
```

其中：

- pStr：指向一块用户负责分配的缓冲区，用来存储适配器的名称。
- BufferSize：pStr 指向缓冲区的大小。

通常，该函数是与网卡通信时要调用的第一个函数。它返回系统上已安装网卡的名字。在每个网卡的名字后面，pStr 中还有一个与之对应的描述。由于结果都是通过查询注册表得到的，因此在 Windows NTx 和 Windows 9X/Me 下得到的字符串编码是不同的。Windows 9X 用 ASCII 编码存储，而 Windows NTx 则使用 Unicode 编码存储。

如果函数执行成功，则返回非 0 值。

下列代码调用 PacketGetAdapterNames( ) 函数得到一组网卡的描述信息，如果没有找到适配器，将打印错误信息。

```
char AdapterName[8192];              //保存网卡名称
ULONG AdapterLength;                 //保存网卡名称长度
//获取网卡名称
AdapterLength = sizeof(AdapterName);
if(PacketGetAdapterNames((PTSTR)AdapterName,&AdapterLength)==FALSE)
{
    printf("无法获得网卡列表!\n");
    return -1;
}
```

2. 打开适配器

获得网络适配器绑定的设备列表后，可以要求用户选择一个设备用于发送数据包。发送数据之前，需要打开网络适配器。

这部分工作是由函数 PacketOpenAdapter( ) 完成的，该函数的定义如下：

```
LPADAPTER PacketOpenAdapter(
    LPTSTR AdapterName
);
```

其中，AdapterName 指定要打开的源设备名称。

如果打开成功，返回一个指针，它指向一个正确初始化了的 _ADAPTER 对象；否则，返回 NULL。

下列代码调用 PacketOpenAdapter( ) 函数打开用户指定的适配器，如果发生错误，将打印错误信息。

```
#define Max_Num_Adapter 10
LPADAPTER   lpAdapter = 0;         //指向 ADAPTER 结构的指针
int          AdapterNum=0,Open;
char         AdapterList[Max_Num_Adapter][8192];
DWORD        dwErrorCode;
do
{
    printf("请选择要打开的网卡编号: ");scanf_s("%d",&Open);
    if (Open>AdapterNum)
        printf("\n编号必须小于%d",AdapterNum);
} while (Open>AdapterNum);
lpAdapter = PacketOpenAdapter(AdapterList[Open-1]);
if (!lpAdapter || (lpAdapter->hFile == INVALID_HANDLE_VALUE))
{
    dwErrorCode=GetLastError();
    printf("无法打开网卡，错误码: %lx\n",dwErrorCode);
    return -1;
}
```

3. 填充并初始化 _PACKET 对象

在 Packet.dll 中，原始数据包的读取是通过 _PACKET 对象实现的，需要在数据发送前首先分配 _PACKET 对象，并将填充好的数据与该对象进行关联，然后在后续的操作中才能把数据发送出去。

_PACKET 对象的分配是通过 PacketAllocatePacket( ) 函数完成的，定义如下：

```
LPPACKET PacketAllocatePacket(void);
```

该函数没有输入参数，执行成功会返回指向 _PACKET 结构的指针，否则返回 NULL。

PacketAllocatePacket( ) 函数不负责为 _PACKET 结构的 Buffer 成员分配空间。这块缓冲区必须由应用程序分配，而且必须调用 PacketInitPacket( ) 将这个缓冲区和 _PACKET 结构关联到一起。

PacketInitPacket( ) 函数的定义如下：

```
VOID PacketInitPacket(
    LPPACKET lpPacket,
    PVOID Buffer,
    UINT Length
);
```

其中：

- lpPacket：指向一个 _PACKET 结构的指针。
- Buffer：一个指向一块用户分配的缓冲区的指针，这段缓冲区将保存待发送或待接收的原始数据。
- Length：缓冲区的大小，是一个读操作从网卡驱动传递到应用的最大数据量。

该函数没有返回值。

以下代码说明了 _PACKET 结构的初始化和填充过程。首先，调用 PacketAllocatePacket( ) 函数分配一个 PACKET 结构体对象，然后填充 packetbuff 缓冲区，并通过 PacketInitPacket( ) 函数将 lpPacket 指向的 PACKET 结构体对象与 packetbuff 缓冲区进行关联。

```
LPPACKET    lpPacket;               // 指向 PACKET 结构的指针
char        packetbuff[5000];       // 发送数据缓冲区
int         Snaplen;                // 缓冲区长度
if((lpPacket = PacketAllocatePacket())==NULL)
{
    printf("\n 错误：无法分配 LPPACKET 结构。");
    return -1;
}
// 填充数据包内容
packetbuff[0]=1;
packetbuff[1]=1;
packetbuff[2]=1;
packetbuff[3]=1;
packetbuff[4]=1;
packetbuff[5]=1;
packetbuff[6]=2;
packetbuff[7]=2;
packetbuff[8]=2;
packetbuff[9]=2;
packetbuff[10]=2;
packetbuff[11]=2;
for(i=12;i<1514;i++){
    packetbuff[i]= (char)i;
}
// 初始化 PACKET
PacketInitPacket(lpPacket,packetbuff,Snaplen);
```

4. 发送数据

利用 Packet.dll 发送数据时，不仅可以灵活地构建需要发送的原始帧，还可以设置一次数据发送操作时，多次重复发送的数据包，这样，通过少量的系统调用就可以产生大量的网络流量。

发送次数的设置是通过 PacketSetNumWrites( ) 函数完成的，该函数定义如下：

```
BOOLEAN PacketSetNumWrites(
    LPADAPTER AdapterObject,
    int nwrites
);
```

其中：

- AdapterObject：指向一个正确初始化了的 _ADAPTER 对象，这个对象一般通过 PacketOpenAdapter( ) 函数返回。
- nwrites：发送次数，指明一次数据发送调用实际发出的重复帧数。

如果函数成功，返回非 0 值，否则返回 0。

数据发送功能是通过 PacketSendPacket( ) 函数完成的，该函数定义如下：

```
BOOLEAN PacketSendPacket(
    LPADAPTER AdapterObject ,
    LPPACKET lpPacket,
    BOOLEAN Sync
);
```

其中：

- AdapterObject：指向一个正确初始化了的 _ADAPTER 对象，这个对象一般通过 PacketOpenAdapter( ) 函数返回。
- lpPacket：指向一个 _PACKET 结构的指针。
- Sync：发送标志，保留。

如果函数成功，返回非 0 值，否则返回 0。

以下代码说明了原始帧的发送过程。首先，调用 PacketSetNumWrites( ) 函数设置单个缓冲区 packetbuff 在网卡上的发送次数，然后调用 PacketSendPacket( ) 函数发送数据。

```
LPADAPTER   lpAdapter = 0;          //指向 ADAPTER 结构的指针
LPPACKET    lpPacket;               //指向 PACKET 结构的指针
int          npacks;                //单次发送的报文数
//设置发送次数
if(PacketSetNumWrites(lpAdapter,npacks)==FALSE)
    printf("无法在单次写操作上发送多个报文!\n");
printf("\n\n产生%d个数据包...",npacks);
//发送数据
if(PacketSendPacket(lpAdapter,lpPacket,TRUE)==FALSE)
{
    printf("发送数据包错误!\n");
    return -1;
}
```

基于以上基本步骤，完整的程序代码示例如下：

```
1  #include "stdafx.h"
2  #include <stdio.h>
3  #include <conio.h>
4  #include <time.h>
5  #include <packet32.h>
6  #define Max_Num_Adapter 10
7  int main(int argc, char* argv[])
8  {
9     char packetbuff[5000];                        //发送数据缓冲区
10    LPADAPTER  lpAdapter = 0;                     //指向ADAPTER结构的指针
11    LPPACKET   lpPacket;                          //指向PACKET结构的指针
12    int        i,npacks,Snaplen;
13    DWORD      dwErrorCode;
14    char       AdapterName[8192];  //保存网卡名称
15    char       *temp,*temp1;
16    int        AdapterNum=0,Open;
17    ULONG      AdapterLength;
18    float      cpu_time;
19    char       AdapterList[Max_Num_Adapter][8192];
20    printf("*流量发生器*");
21    printf("\n本软件使用Packet.dll API向网络发送一组数据报文\n");
22    if (argc == 1){
23         printf("\n\n Usage: TrafficGenerator [-i adapter] -n npacks -s size");
24         printf("\n size is between 60 and 1514\n\n");
25         return -1;
26     }
27     AdapterName[0]=0;
28     //解析命令行参数
29     for(i=1;i<argc;i+=2)
30     {
31         switch (argv[i] [1])
32         {
33         case 'i':
34             sscanf_s(argv[i+1],"%s",AdapterName);
35             break;
36         case 'n':
37             sscanf_s(argv[i+1],"%d",&npacks);
38             break;
39         case 's':
40             sscanf_s(argv[i+1],"%d",&Snaplen);
41             break;
42         }
43     }
44     if(AdapterName[0]==0)
45     {
46         /*********************************************************************/
47         /*                        获取本地机器设备列表代码                     */
48         //获取网卡名称
49         printf("Adapters installed:\n");
50         i=0;
51         AdapterLength = sizeof(AdapterName);
52         if(PacketGetAdapterNames((PCHAR)AdapterName,&AdapterLength)==FALSE)
53         {
54             printf("无法获得网卡列表!\n");
```

```
55              return -1;
56          }
57          temp=AdapterName;
58          temp1=AdapterName;
59          while ((*temp!='\0')||(*(temp-1)!='\0'))
60          {
61              if (*temp=='\0')
62              {
63                  memcpy(AdapterList[i],temp1,(temp-temp1)*2);
64                  AdapterList[i][temp-temp1]='\0';
65                  temp1=temp+1;
66                  i++;
67              }
68              temp++;
69          }
70          /* *************************************************************/
71          /*                打开用户指定的网络适配器                      */
72          AdapterNum=i;
73          for (i=0;i<AdapterNum;i++)
74              printf("\n%d- %s\n",i+1,AdapterList[i]);
75          printf("\n");
76          do
77          {
78              printf(" 请选择要打开的网卡编号 : ");scanf_s("%d",&Open);
79              if (Open>AdapterNum)
80                  printf("\n 编号必须小于 %d",AdapterNum);
81          } while (Open>AdapterNum);
82          lpAdapter =   PacketOpenAdapter(AdapterList[Open-1]);
83          if (!lpAdapter || (lpAdapter->hFile == INVALID_HANDLE_VALUE))
84          {
85              dwErrorCode=GetLastError();
86              printf(" 无法打开网卡, 错误码 : %lx\n",dwErrorCode);
87              return -1;
88          }
89      }
90      else
91      {
92          lpAdapter =  PacketOpenAdapter(AdapterName);
93          if (!lpAdapter || (lpAdapter->hFile == INVALID_HANDLE_VALUE))
94          {
95              dwErrorCode=GetLastError();
96              printf(" 无法打开网卡, 错误码 : %lx\n",dwErrorCode);
97              return -1;
98          }
99      }
100     /* ********************************************************************/
101     /*                    填充并初始化 _PACKET 对象                        */
102     if((lpPacket = PacketAllocatePacket())==NULL){
103         printf("\n 错误: 无法分配 LPPACKET 结构。");
104         return (-1);
105     }
106     //填充数据包内容
107     packetbuff[0]=1;
108     packetbuff[1]=1;
```

```
109     packetbuff[2]=1;
110     packetbuff[3]=1;
111     packetbuff[4]=1;
112     packetbuff[5]=1;
113     packetbuff[6]=2;
114     packetbuff[7]=2;
115     packetbuff[8]=2;
116     packetbuff[9]=2;
117     packetbuff[10]=2;
118     packetbuff[11]=2;
119     for(i=12;i<1514;i++){
120         packetbuff[i]= (char)i;
121     }
122     PacketInitPacket(lpPacket,packetbuff,Snaplen);
123     /* ****************************************************************/
124     /*                          发送数据                              */
125     //设置发送次数
126     if(PacketSetNumWrites(lpAdapter,npacks)==FALSE){
127         printf("无法在单次写操作上发送多个报文!\n");
128     }
129     printf("\n\n产生%d个数据包...",npacks);
130     cpu_time = (float)clock ();
131     if(PacketSendPacket(lpAdapter,lpPacket,TRUE)==FALSE){
132         printf("发送数据包错误!\n");
133         return -1;
134     }
135     //计算总耗时
136     cpu_time = (clock() - cpu_time)/CLK_TCK;
137     printf ("\n\n总共消耗的时间: %5.3f\n", cpu_time);
138     printf ("\n总共发送的数据包数 = %d", npacks);
139     printf ("\n总共产生的字节数 = %d", (Snaplen+24)*npacks);
140     printf ("\n总共产生的比特数 = %d", (Snaplen+24)*npacks*8);
141     printf ("\n每秒平均包数 = %d", (unsigned int)((double)npacks/cpu_time));
142     printf ("\n每秒平均字节数 = %d",
            (unsigned int)((double)((Snaplen+24)*npacks)/cpu_time));
143     printf ("\n每秒平均比特数 = %d",
            (unsigned int)((double)((Snaplen+24)*npacks*8)/cpu_time));
144     printf ("\n");
145     //释放PACKET结构
146     PacketFreePacket(lpPacket);
147     //关闭网卡并退出
148     PacketCloseAdapter(lpAdapter);
149     return 0;
150 }
```

程序首先对输入的参数进行检查和解析，第一个参数i指定发送数据的网络适配器，第二个参数n指定发送数据包的个数，第三个参数s指明发送的数据包长度。如果用户没有输入网络适配器名称，则首先获得网络适配器，并允许用户选择待发送数据的网卡编号，然后打开网卡，进行后续的数据填充和发送操作。数据发送后，对本次流量发生器的执行情况进行统计，执行结果如图9-11所示。

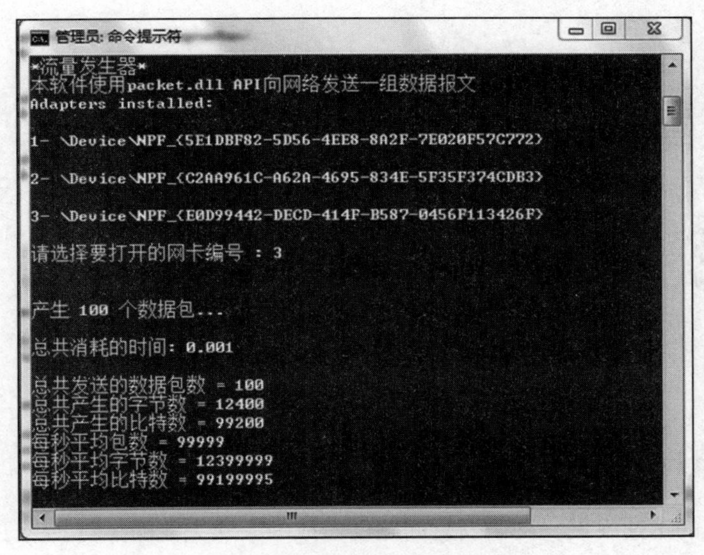

图 9-11　网络流量产生程序的运行结果

习题

请比较使用原始套接字和 Npcap 实现网络嗅探器的差别，可以从工作层次、数据内容、协议类型和调用方法等方面进行比较。

实验

1. 请使用 Npcap 编程实现 ARP 欺骗。该程序应能够构造 ARP 请求包或响应包，携带错误的 IP 地址和 MAC 地址对应关系，改变局域网内主机 ARP 缓存中 IP 地址与 MAC 地址的对应关系。
2. 请使用 Npcap 编程实现一个用户级网桥。该网桥应能够在多网卡主机上运行，从一个网卡中接收数据并将其转发到另一个网卡上，从而在数据链路层将网络中的多个网段连接起来。

第 10 章

加密通信

10.1 常用的安全协议

随着互联网的迅速发展，网络安全问题已经成为大众关注的焦点。为了解决安全问题，网络安全协议越来越广泛地应用于网络通信中。现在，互联网运行的基础是 TCP/IP 协议栈，它是一种分层的网络通信架构。为了满足不同类型的安全需求，针对不同的协议栈层次发展出了不同类型的网络安全协议，其中应用最广泛的是网络层安全协议 IPSec 和传输层安全协议 SSL，下面分别对这两种安全协议进行介绍。

10.1.1 网络层安全协议 IPSec

IP 是 TCP/IP 协议栈的核心，它有效地解决了异构网络互联问题，实现了网络直接的互联互通，同时它也是 TCP/IP 协议栈的中枢，对整个协议栈的正常运转具有不可替代的重要作用。然而，在 IP 标准制定之初，设计者们并没有考虑到安全方面的风险，因此没有加入任何安全机制，这为互联网的运行带了诸多安全隐患。

1993 年，John Ioannidis 等发表论文，首次提出在不更改 IP 体系结构的前提下增加安全性的想法。1994 年，IETF 成立了 IPSec 工作组。针对 TCP/IP 协议栈的安全缺陷，IETF IPSec 工作组于 1998 年设计了 IPSec（IP Security）协议（RFC 2401~RFC 2409），并于 2005 年 12 月制定了全面替代旧版本的新标准（RFC 4301~RFC 4309）。IPSec 对 IPv6 是必须实行的，但对 IPv4 是可选的。IPSec 协议已经成为主流的网络安全协议，在主机、安全网关（如路由器或防火墙）中得到广泛的实施和部署。图 10-1 给出了 IPSec 协议栈与 RFC 文档的对应关系。

RFC	内容	RFC	内容
2401	IPSec 体系结构	2407	IPSec DOI
2402	AH（Authentication Header）协议	2408	ISAKMP 协议
2403	HMAC-MD5-96 在 AH 和 ESP 中的应用	2409	IKE（Internet Key Exchange）协议
2404	HMAC-SHA-1-96 在 AH 和 ESP 中的应用	2410	NULL 加密算法及在 IPSec 中的应用
2405	DES-CBC 在 ESP 中的应用	2411	IPSec 文档路线图
2406	ESP（Encapsulating Security Payload）协议	2412	OAKLEY 协议

图 10-1 IPSec 协议栈与 RFC 文档的对应关系

1. IPSec 协议的功能和优缺点

作为一个网络层安全协议，IPSec 协议的基本目的是为 IP 数据报提供安全保护，主要包括数据报的机密性、完整性、真实性和防重放。当然，这些功能主要通过使用适当的密码技术来实现。

IPSec 在网络层对 IP 报文实现了安全保护，也为 IP 层以及上层协议提供了保护。使用 IPSec 具有以下优势：

1）当网关（防火墙和路由器）使用 IPSec 时，能对通过其边界的所有通信流量提供安全保障，但网络内部的通信不会增加安全处理相关的开销。

2）IPSec 工作在传输层之下，因此对于应用程序是透明的。当在路由器或防火墙上安装 IPSec 时，无须更改用户或服务器系统中的软件设置。即使在终端系统中执行 IPSec，上层应用软件也不会被影响。

3）IPSec 设计对终端用户来说也是透明的，它具有自动密钥管理功能，不需要用户介入密钥管理过程。

4）可以通过 IPSec 建立虚拟专用网络（VPN）为用户或企业提供敏感信息交互的安全通道。

但是，在 IP 层使用 IPSec 也存在以下不足：

1）IPSec 开发支持不佳，由于 IP 通常作为操作系统的一部分，因此调用系统内核功能不方便。

2）IPSec 部署比较复杂，使用不方便。

3）IPSec 的计算和通信代价较高，部署在网关时，对于通信效率的影响尤为明显。

2. IPSec 协议规范

IPSec 是一个协议栈，主要包括认证头（Authentication Header，AH）协议、封装安全载荷（Encapsulating Security Payload，ESP）协议和互联网密钥交换（Internet Key Exchange，IKE）协议、互联网安全联盟密钥管理协议（Internet Security Association Key Management Protocol，ISAKMP）的 Internet IP 安全解释域（Domain of Interpretation，DOI）等，还包括加密和认证过程中涉及的相关算法。这些协议和算法形成一个完整的 IPSec 协议体系，如图 10-2 所示。

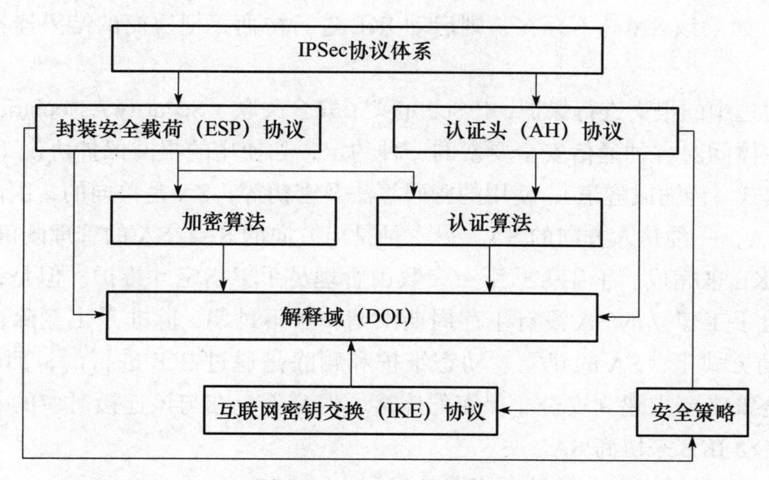

图 10-2 IPSec 协议体系

AH和ESP是IPSec协议体系的主体，AH协议用来实现IP报文认证，ESP用来实现IP报文加密兼具可选认证。AH和ESP定义了协议的载荷头格式以及它们所能提供的服务，它们还定义了数据报的处理规则。

加密算法描述了各种不同的加密算法如何用于ESP，认证算法描述了各种不同的认证算法如何用于AH以及ESP认证选项。

DOI为协议统一分配标识符。共享一个DOI的协议从一个共同的命名空间中选择安全协议以及交换协议的标识符等。DOI将IPSec的这些RFC文档联系到一起。

IKE描述密钥管理模式，它的一个重要功能是自动协商和交换用于加密和认证的密钥以简化IPSec的使用和管理。IKE利用ISAKMP来实现密钥交换，是对安全服务进行协商的手段。IKE交换的最终结果是一个通过验证的密钥以及建立在通信双方同意基础上的安全服务。

安全策略主要指明对IP数据包提供何种保护，并以何种方式实施保护。安全策略主要根据源IP地址、目的IP地址、入数据还是出数据等来标识。

3. 安全策略和安全关联

为了提高实用性和效率，IPSec设计为由用户根据自身需要选择、控制安全服务的粒度，并定义了安全策略（Security Policy）。安全策略可理解为规定了“对哪些通信（IP报文）实施怎样的安全保护”。IPSec设计了安全策略数据库（Security Policy Database，SPD）用于存储用户设定的安全策略。

SPD是一个包含策略条目的有序列表，IPSec要求所有通信流处理都必须查询SPD。IPSec通过使用一个或一些选择符来确定需要实施保护的报文，主要的选择符包括目的IP地址、源IP地址、传输层协议、系统名和用户ID，与选择符匹配的第一个安全策略条目将被应用到对应的通信数据处理中。当接收或将要发出IP包时，首先要查找SPD来决定如何进行处理。有3种可能的处理方式：丢弃、不用IPSec和使用IPSec。

- 丢弃：流量不能离开主机或者发送到应用程序，也不能进行转发。
- 不用IPSec：将流量作为普通流量处理，不提供额外的IPSec保护。
- 使用IPSec：对流量应用IPSec保护，此时这条安全策略要指向一个SA。对于外出流量，如果该SA尚不存在，则启动IKE进行协商，把协商的结果连接到该安全策略上。

如何针对选中的报文进行保护，IPSec定义了安全关联（Security Association，SA）。SA是对等通信主体间对各种通信安全要素的一种约定，如使用的报文保护协议（AH或ESP）、使用的保护模式（传输或隧道）、使用的密码算法及密钥等，SA是单向的，因此一个通信单体需要两种SA，一种是入方向的SA，另一种是出方向的SA。SA的管理既可以手工进行，也可以通过IKE来完成。手工方式下，参数由管理员手工指定并维护。但是，手工维护容易出错，而且手工建立的SA没有生存周期限制，永不过期，除非手工删除，因此有安全隐患。在自动方式下，SA的建立、动态维护和删除是通过IKE进行的，而且SA有生命期，如果安全策略要求建立安全、保密的连接，但又不存在与该连接对应的SA，IPSec的内核会立刻启动IKE来协商SA。

一个SA由三个参数唯一决定：

- 安全参数索引（Security Parameter Index，SPI）：唯一标识 SA 的 32 位位串，仅在本地有意义。在将一个 IP 报文封装成 AH 或者 ESP 的保护报文时，在其头部嵌入一个对应 SA 的唯一 SPI 值。SPI 由 AH 和 ESP 携带，通信接收端能根据该索引查找、选择合适的 SA 来处理接收包。
- 源 / 目的 IP 地址：SA 的目的地址，对于外出数据包，指数据包要到达的地址；对于进入 IP 包，指数据包的来源地址，来源可以是用户终端、防火墙或者路由器。
- 安全协议标志：说明该 SA 采用 AH 还是 ESP。

IPSec 设计了一个安全关联数据库（SAD）用于存储 SA 的参数。SAD 是将所有 SA 以某种数据结构进行存储的一个列表。对于外出的流量，如果需要使用 IPSec 处理，但相应的 SA 不存在，则 IPSec 将启动 IKE 来协商出一个 SA，并存储到 SAD 中。对于进入的流量，如果需要进行 IPSec 处理，IPSec 会从 IP 包中得到三元组（SPI，DST，Protocol），并利用这个三元组在 SAD 中查找一个 SA。SAD 中的每个 SA 除了上述三元组之外，还包括以下字段：

- 序列号（Sequence Number）：32 位，是用于产生 AH 或 ESP 头的序号字段，仅用于外出数据包。SA 刚建立时，该字段值设置为 0，每次用 SA 保护完一个数据包时，就把序列号的值递增 1，对方利用这个字段来检测重放攻击。通常，在这个字段溢出之前，SA 会重新进行协商。
- 序列号溢出（Sequence Number Overflow）：标识序号计数器是否溢出。该字段用于外出数据包，在序列号溢出时加以设置。安全策略决定一个 SA 是否仍可用来处理其余的包。
- 抗重放窗口：32 位，用于决定进入的 AH 或 ESP 数据包是否为重发的数据包。该字段仅用于进入数据包，如接收方不选择抗重放服务（如手工设置 SA 时），则不用抗重放窗口。
- 存活时间（Lifetime）/ 生存周期（Time To Live，TTL）：规定每个 SA 能够存在的最长时间。
- 模式（mode）：IPSec 协议可用于隧道模式还是传输模式。
- 隧道目的地（Tunnel Destination）：对于隧道模式的 IPSec 来说，需指出隧道的目的地，即外部头的目标 IP 地址。
- PMTU 参数：路径 MTU，用于对数据包进行必要的分段。

IPSec 的处理流程如图 10-3 所示。对于发送的 IPSec 数据包，首先查找 SPD 安全策略库，根据与选择符匹配的策略决定对该数据包采取的处理方式，包括丢弃、提供安全服务和直接转发。如果需要提供安全服务，则查找 SAD 数据库；如果找到匹配的 SA，则根据对应 SA 定义的安全服务执行 AH 或者 ESP 进行处理，否则启动 IKE 协商建立新的 SA 用于数据包处理。在将一个 IP 报文封装成 AH 或者 ESP 报文时，要在其头部嵌入对应 SA 的唯一 SPI 值。

对于接收的 IPSec 数据包，IPSec 的处理流程包括：根据报文协议号判断是 IPSec AH 还是 ESP 报文，IETF 默认 AH 的 IP 协议号是 51，ESP 的 IP 协议号是 50。如果是 IPSec 报文，则根据报文头部的 SPI 值查找 SA 数据库，然后根据查到的 SA 定义的安全服务执行 AH 或者 ESP 进行处理。

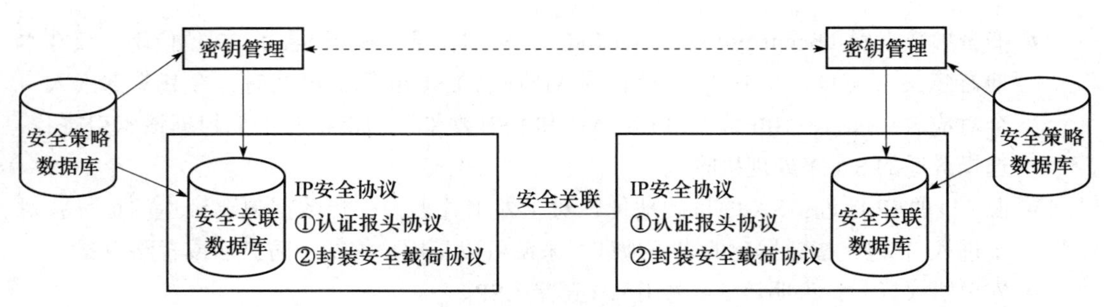

图 10-3 IPSec 的处理流程

4. IPSec 的运行模式

在实际工作中，AH 和 ESP 可以单独使用，也可以同时使用。AH 和 ESP 均支持两种操作模式：传输模式和隧道模式。采用何种操作模式是由 SA 指定的。IPSec 有四种组合：传输模式的 AH、隧道模式的 AH、传输模式的 ESP 以及隧道模式的 ESP。

传输模式主要为上层协议提供保护，同时增加了对 IP 包载荷的保护。传输模式一般用于两台主机之间的端到端的通信。这种模式的优点是：内网中的其他用户不能理解主机 A 和主机 B 之间传输的数据；各主机分担了 IPSec 处理载荷，避免了 IPSec 处理的瓶颈。传输模式的缺点是：内网中的各个主机只能使用公有 IP 地址；由于每个需要实现传输模式的主机都必须安装并实现 IPSec 协议，因此不能实现对端用户的透明服务，同时端用户的开销增加，也在一定程度上暴露了子网内部的拓扑结构。

隧道模式对整个 IP 包提供保护。隧道模式通常用于 VPN 安全网关之间的加密通信。如图 10-4 所示，IPSec 保护是在本地隧道终节点和远程隧道终节点两个网关间建立起来的，网关后的终节点子网内部主机与对方子网主机间的通信都通过这条隧道进行保护。这种模式的优点是：保护子网内的所有用户都可以透明地享受安全网关提供的安全保护，保护子网内部的拓扑结构，子网内的各个主机都可以使用私有的 IP 地址。该模式的缺点是：在子网内部通信是以明文方式进行的，没有加密来保障机密性；IPSec 主要在网关使用，增加了安全网关的处理负担，容易造成通信瓶颈。

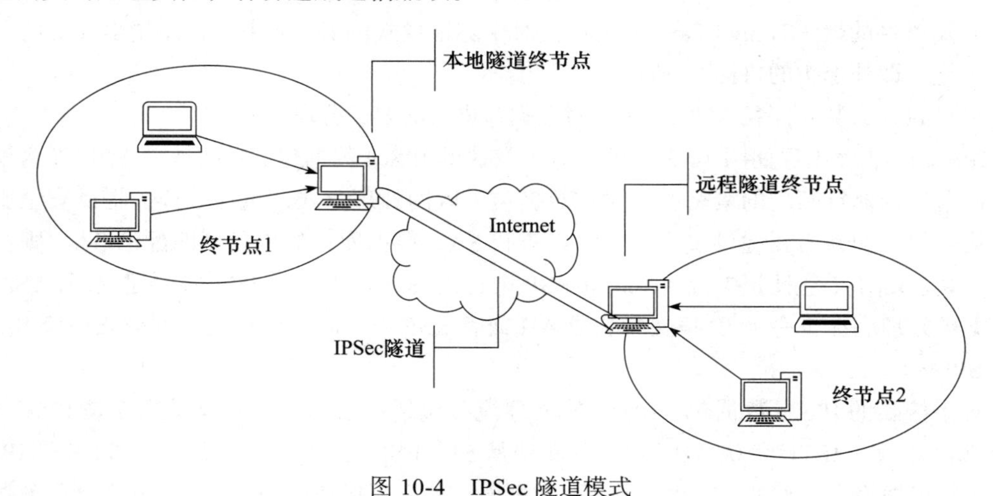

图 10-4 IPSec 隧道模式

在传输模式下，AH 或 ESP 报头被插入到原始 IP 报头之后。在隧道模式下，AH 或

ESP 报头插在原始 IP 头之前，另外生成一个新 IP（即安全网关 IP 地址）头放到 AH 或 ESP 报头之前。AH 在传输模式和隧道模式下的数据封装格式如图 10-5 所示，以 ESP 为例，在传输模式和隧道模式下的数据封装格式如图 10-6 所示。在隧道模式下，ESP 对原 IP 报文的全部和 ESP 报尾进行加密，对 ESP 报头、原 IP 报文的全部和 ESP 报尾进行认证校验。在传输模式下，ESP 加密和认证（可选）IP 载荷，但不包括 IP 报头。

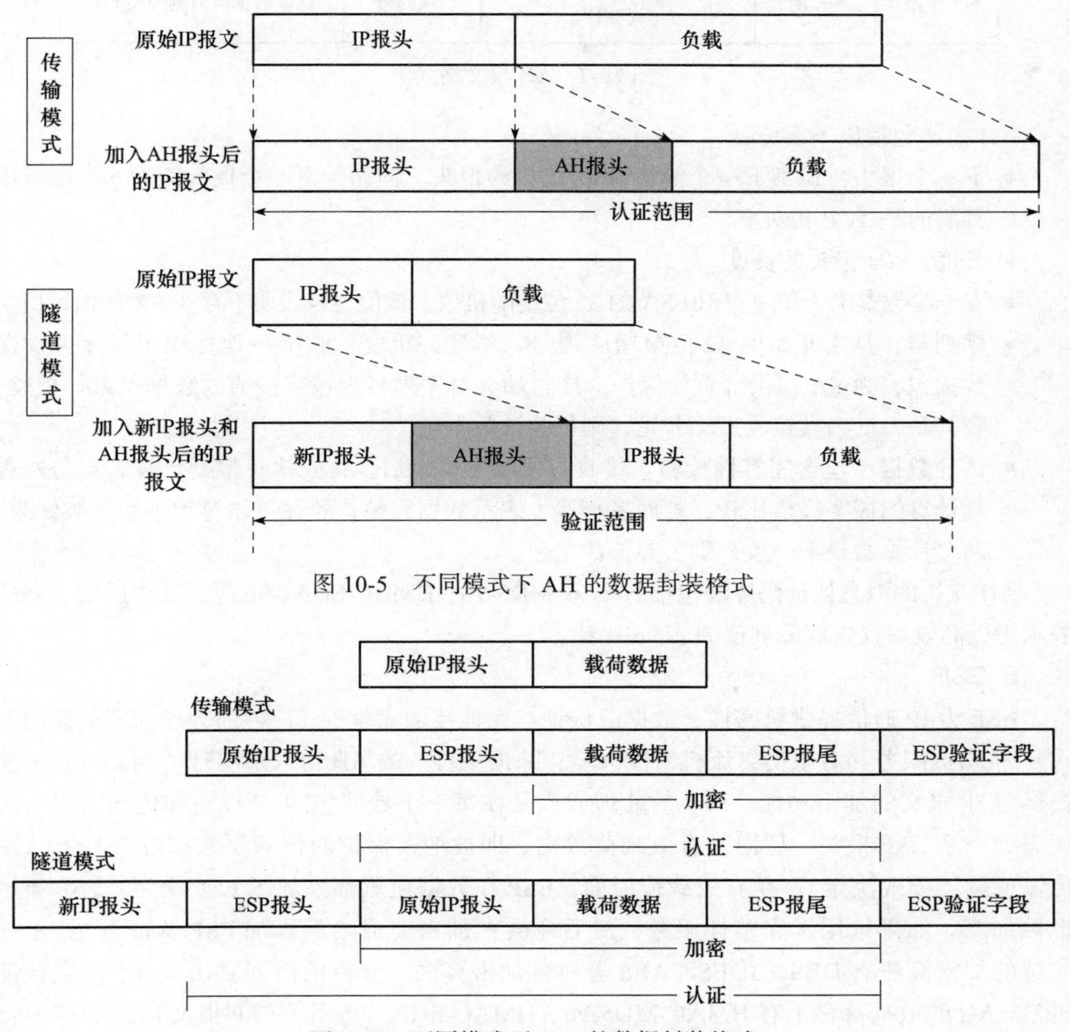

图 10-5　不同模式下 AH 的数据封装格式

图 10-6　不同模式下 ESP 的数据封装格式

5. AH 协议

AH 协议为 IP 通信提供报文数据源认证（防止伪造）、完整性认证（防止篡改）和抗重放保证，但并不加密所保护的数据包，适合传输非机密数据。AH 协议的处理方式是在每一个数据包的 IP 报头和传输报头之间添加一个 AH 报头。此报头包含一个使用带密钥的散列函数计算出来的消息认证码（或称散列校验和），该散列值主要对原 IP 报文的数据部分和 IP 报头中的不变部分进行校验，该散列值（实质是消息认证码）提供了真实性和完整性保护。AH 报文格式如图 10-7 所示。

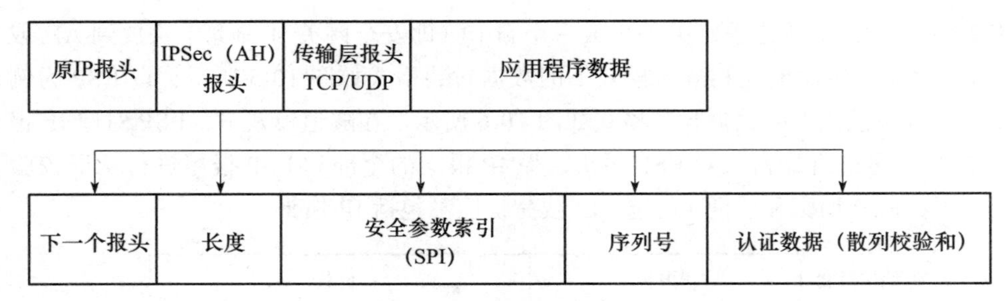

图 10-7　AH 报文格式

AH 报文包括以下字段：

- 下一个报头：识别下一个使用 IP 协议号的报头，例如，下一个报头值为 6 表示紧接其后的是 TCP 报头。
- 长度：AH 报头的长度。
- 安全参数索引（SPI）：标识 SA 的 32 位伪随机值。该值为 0 表明不存在 SA 的保留值。
- 序列号：从 1 开始的 32 位单增序列号，不允许重复，它唯一地标识了每一个发送数据包，为 SA 提供抗重放保护。接收端会对序列号为该字段值的数据包进行校验，看其是否已经被接收过，若是，则拒收该数据包。
- 认证数据：包含完整性校验。接收端接收数据包后，首先执行散列计算，再与发送端计算的该字段值比较，若两者相等，表示数据完整；若在传输过程中数据被修改，两个计算结果不一致，则丢弃该数据包。

AH 支持的消息认证码算法包括 HMAC-MD5-96、HMAC-SHA1-96 等，其中后缀“-96”表示为提高效率仅选取散列值的前 96 比特。

6. ESP

ESP 为 IP 通信提供机密性、数据源认证、无连接的完整性（一种部分序列完整性的形式）、抗重放服务和有限信息流机密性保障。除提供可选的 AH 协议所实现的功能外，主要提供对 IP 报文的加密功能。ESP 的处理方式是在每一个数据包的 IP 报头和传输层报头之间添加一个 ESP 报头，后面是有效载荷数据，即被加密保护的传输层数据或者 IP 包（由传输或隧道模式决定）。在有效载荷后面，ESP 在数据包尾部添加了 ESP 报尾，ESP 报尾也被加密。如果选用了完整性服务，最后还会在加密完成之后添加 ESP 认证报尾。ESP 支持的加密算法有 DES、3DES、AES 等对称加密算法，支持的散列算法（用于消息认证码 HMAC 的散列算法）有 HMAC-MD5-96、HMAC-SHA1-96 等。ESP 报文格式如图 10-8 所示。

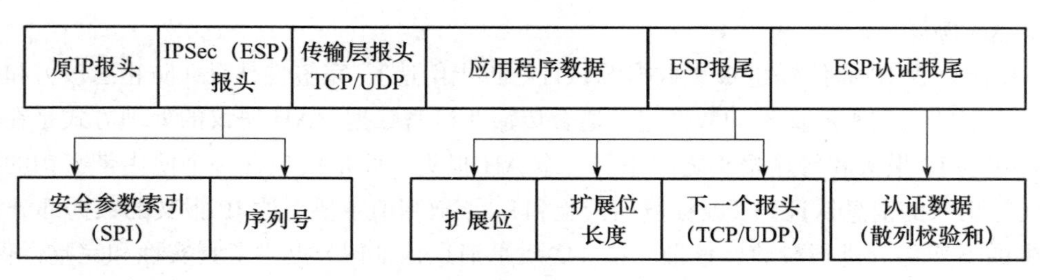

图 10-8　ESP 报文格式

其中，ESP 报头字段包括：

- 安全参数索引（SPI）：标识 SA 的 32 位伪随机值。
- 序列号：从 1 开始的 32 位单增序列号，不允许重复，唯一地标识每一个发送数据包，提供抗重放保护。接收端会对序列号为该字段值的数据包进行校验，看其是否已经被接收过，若是，则拒收该数据包。

ESP 报尾字段包括：

- 扩展位（也称填充域，Padding）：0 ～ 255 字节。加密算法要求加密后的数据要达到一定长度（以位为单位），若应用数据长度不足，则用扩展位填充。
- 扩展位长度：接收端在解密时，根据该字段长度删去数据中填充域数据。
- 下一个报头：标识下一个使用 IP 协议号的报头，如 TCP 或 UDP。它也作为加密填充域的一部分。

ESP 认证报尾字段包括认证数据，含散列校验和。散列校验和部分包括 ESP 报头、有效载荷（传输层报头和应用程序数据）以及 ESP 报尾。

7. IKE

IKE 协议提供管理 SA 和自动协商交换密钥的服务，使 IPSec 很多策略参数（如密钥）可以自动建立。IPSec 协议第 1 版专门设计了规定协议规范的 ISAKMP，并基于 ISAKMP 设计了 IKE 第 1 版。在当时终端和网络设备性能较低的条件下，为提高效率，针对不同的安全需求分别设计了对应的交换类型。在第 2 版中，对 ISAKMP 和 IKE 进行了整合，并且由于终端和网络设备的性能大幅提升，仅采用安全性较高交换类型，改称为模式。

ISAKMP 由 RFC 2408 定义，包括协商、建立、修改和删除 SA 的过程和包格式。ISAKMP 只是为 SA 的属性和协商、修改、删除 SA 的方法提供了一个通用的框架，没有定义任何密钥交换协议的细节，也没有定义任何具体的加密算法、密钥生成技术或者认证机制。这个通用的框架是与密钥交换独立的，可以被不同的密钥交换协议使用。ISAKMP 消息可以通过 TCP 和 UDP 传输，按规定默认使用 500 端口。ISAKMP 消息包含一个 ISAKMP 消息头，并以各种载荷（payload）的形式传输双方交换的信息。

ISAKMP 报文的头部格式如图 10-9 所示，主要包括以下字段：

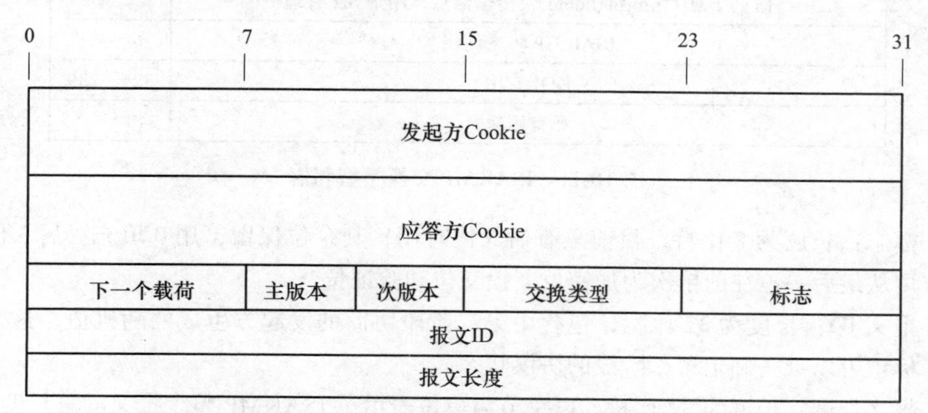

图 10-9　ISAKMP 报文的头部格式

- 发起方 Cookie：长度为 64 比特（8 字节）。Cookie 可以帮助通信双方确认一个 ISAKMP

报文是否真的来自对方，Cookie 是由双方共享的机密信息生成的，并且不能泄露机密信息。在发起方，如果收到的某报文应答方的 Cookie 字段和以前收到的不同，则丢弃该报文，反之亦然。对于一个 SA，其 Cookie 是唯一的，也就是说，对于一次 SA 协商过程，Cookie 不能改变。

- 应答方 Cookie：紧跟在发起方 Cookie 之后，长度为 64 比特（8 字节），作用与发起方 Cookie 类似。
- 下一个载荷：表示紧跟在 ISAKMP 头部之后的第一个载荷的类型。目前定义了 14 种载荷，类型值如图 10-10 所示。
- 主版本：长度为 4 比特，表示 ISAKMP 协议的主版本号。
- 次版本：长度为 4 比特，表示 ISAKMP 协议的次版本号。

载荷类型	值
None	0
SA 载荷	1
建议载荷	2
变换载荷	3
密钥交换载荷	4
身份载荷	5
证书载荷	6
证书请求载荷	7
散列载荷	8
签名载荷	9
Nonce 载荷	10
通知载荷	11
删除载荷	12
厂商载荷	13

图 10-10 ISAKMP 载荷类型值

- 交换类型：长度为 8 比特，表示该报文所属的交换类型。目前定义了 5 种交换类型，包括基本交换、身份保护交换、认证交换、积极交换和信息交换，类型值如图 10-11 所示。

交换类型	值
None	0
基本交换（Base）：交换密钥，但是不提供身份保护	1
身份保护交换（Identity Protection）：交换密钥，也提供身份保护	2
纯认证交换（Authentication Only）：只有认证（对消息的认证）	3
积极交换（Aggressive）：只有三条消息，类似于基本交换	4
信息交换（Informational）：传输信息，用于 SA 管理	5
ISAKMP 将来使用	6 ～ 31
DOI 专用	32 ～ 239
私有用途	240 ～ 255

图 10-11 ISAKMP 交换类型和值

- 标志：长度为 8 比特，目前只有后 3 位有用，其余位保留，用 0 填充。后 3 位的作用从最后一位往前依次为加密位、提交位和验证位。
- 报文 ID：长度为 32 比特，包含由第二阶段协商的发起方生成的随机值，这个报文标识可以唯一确定第二阶段的协议状态。
- 报文长度：长度为 32 比特，以字节为单位表示了 ISAKMP 整个报文的总长度。

ISAKMP 没有定义具体的密钥交换技术。对于 IPSec 而言，已定义的密钥交换协议就是 IKE 协议。AH 和 ESP 中用到的加密密钥和用于数据完整性保护的密钥通过 IKE 协议来协商生成。IKE 目前有两个版本：IKE v1 和 IKE v2。

IKE 定义了两个阶段的协商：第一阶段的任务是先建立一个 IKE SA，以便为第二阶段协商 SA 提供保护；第二阶段的任务是在 IKE SA 保护下的 IKE 安全通道中，完成 IPSec SA 的协商，协议交互为快速模式（Quick Mode）。在两阶段模式下，只需要在安全网关间协商出一个 IKE SA，就可以用它来为多个应用数据流协商 IPSec SA，而第二阶段的快速模式协议只需要两条消息，因此效率很高。对于简单的情形，两阶段协商带来了更多的通信开销。但是，它也有好处：首先，第一阶段的开销可以分摊到多个第二阶段中，这允许多个 IPSec SA 建立在同样的 IKE SA 基础上；其次，第一阶段商定的安全服务可以为第二阶段提供安全特性。例如，第一阶段的 IKE SA 提供的加密功能可以为第二阶段提供身份认证特性，从而使得第二阶段的交换更为简单。两阶段分开可以提供管理上的便利。

第一阶段的协商主要完成 3 个功能：

1）协商相关的安全参数（比如加密算法、签名算法，伪随机函数、Diffie-Hellman 群等）。

2）建立一个共享的会话密钥（AH 和 ESP 的密钥都根据该密钥源产生）。

3）认证对等实体的身份。

第一阶段分为两种模式：主模式（Main Mode）和野蛮模式（Aggressive Mode）。主模式交换包括 6 条交换的消息，前两条消息协商策略，接下来的两条消息交换 DH 数据和辅助数据，最后两条消息验证 DH 交换。野蛮模式交换包括 3 条消息，前两条消息协商策略，交换 DH 数据和辅助数据；第二条消息还要对响应者进行验证；第三条消息对发起者进行验证，并提供参与交换的证据。野蛮模式效率高，但有时不能协商某些属性，只能由发起者指定。

第二阶段的协商用于建立保护用户数据流的会话密钥。严格来说，第二阶段的交换并不是一次完整的密钥交换，因此比较简单，但是第二阶段的执行频率远比第一阶段要高，因为第二阶段要在第一阶段的基础上生成多个密钥用于不同的目的，比如只进行完整性保护的密钥、使用短密钥加密、使用长密钥加密等。

IKE v1 根据用户事先共享的秘密类型可以将第一阶段的认证密钥交换分为基于公钥签名的密钥交换、基于公钥加密的密钥交换、基于改进后公钥加密的密钥交换以及基于预共享的对称密钥的密钥交换，每种类型又分别对应主模式和野蛮模式，因此共有 8 种密钥交换协议可供选择。但是，IKE v1 的可选项太多，协议过于复杂，并且设计原则不够清晰，对协议的描述晦涩难懂，专家难以分析协议的安全性，用户在使用时也可能出错。IKE v2 在 IKE v1 基础上进行了改进，简化和统一了 IKE 的协议规范，将第一阶段“主模式”交换的消息条数由 6 条减少到 4 条，第二阶段的消息由 3 条减少到 2 条，并且将第一阶段的 8 种密钥协商模式简化、合并为一种基于签名的密钥交换协议。下面以 IKE v2 第一阶段主模式为例介绍协议流程。

如图 10-12 所示，IKE v2 主模式包括 4 条消息。前两条消息主要进行密钥算法的协商、随机数的交换以及 DH 密钥材料的交换，生成用于加密和验证后续交换的种子密钥。后两条消息对前两条消息进行验证，同时交换身份和证书信息，并建立第 1 个 IPSec SA。协商完成以后，发起方和响应方共享一个种子密钥，该种子密钥用于派生其他密钥。

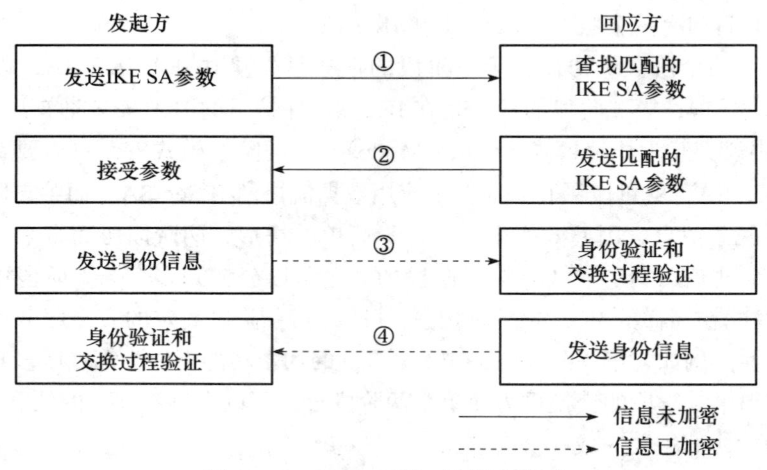

图 10-12 IKE v2 第一阶段主模式

8. IPSec 协议的应用

IPSec 协议能够支持各种应用的关键在于它可以在 IP 层加密或者认证所有流量，因此可以透明地保护所有网络应用，例如远程登录、客户 / 服务器应用、E-mail、文件传输、Web 访问等。

IPSec 协议提供了在局域网、专用或公用的广域网及 Internet 上安全通信的能力。基于 VPN 的分类，IPSec 协议具有以下用途：

1）企业分支机构通过 Internet 安全互连（IntraNetVPN）：企业可以借助 Internet 或公用的广域网搭建安全的虚拟专用网络，这使得企业可以不必耗巨资建立专用网络，依托 Internet 即可获得同样的效果。

2）通过 Internet 的远程安全访问（远程访问 VPN）：在计算机上装有 IPSec 协议的终端用户可以通过拨入所在地互联网服务提供商（ISP）的方式，获得对公司网络的安全访问权。

3）通过外部网或内部网建立与合作伙伴的联系（ExtraNetVPN）：IPSec 通过认证和密钥交换机制确保企业与其他组织的信息往来的安全性与机密性。

在 Windows 操作系统家族中，Windows 2000 以上版本的系统都集成了 IPSec 组件，以保护工作组、局域网计算机、域客户端和服务器、分支机构（物理上为远程机构）、外联网以及漫游客户端之间的通信。Windows XP、Windows 7 等操作系统可以通过系统提供的“IP 安全策略”配置功能来设置和启用 IPSec 安全通道。

10.1.2 传输层安全协议 SSL/TLS

传输层在 TCP/IP 协议栈中具有重要地位，它加强和弥补了网络层的服务。从服务类型来看，IP 层提供点到点的服务，而 TCP 层提供端到端的服务；从服务质量来看，传输层提高了可靠性，使得应用层协议不必关注可靠性问题，只需解决与自身应用功能相关的问题。

应用层协议直接构建于传输层协议之上，它们与用户直接交互，其安全性尤为重要。为了解决安全问题，一种方法是为每个应用层协议增加安全功能，但是由于应用类型层出不穷，为每个应用部署不同的安全功能不仅对应用设计者是极大的挑战，也会消耗大量系统资源；另一种方法就是在传输层增加安全功能，因为所有应用层协议都依赖传输层协议，所以只要加强传输层的安全，应用的安全就会得到保障。

安全套接层（Secure Sockets Layer，SSL）协议和传输层安全（Transport Layer Security，TLS）协议是传输层安全协议，也是目前实际应用最广泛的网络安全协议标准，互联网的敏感数据大多都采用SSL/TLS协议实现保密传输。SSL/TLS协议栈运行在网络层和应用层之间的传输层，如果传输层通信是安全的，那么应用层的所有通信也是安全的。

1. SSL/TLS 简介

自1994年Netscape公司提出SSL以来，SSL就在Internet中得到了广泛应用。SSL协议旨在为通信双方提供安全可靠的通信服务，它先后推出了3个主要版本：SSL v1因为自身安全存在一些问题并没有得到真正意义上的应用，SSL v2和SSL v3在Internet中得到了广泛的应用。1999年，IETF在SSL v3的基础上提出传输层安全规范TLS（Transport Layer Security）1.0，它可以看作SSL v3的一个后续版本。2006年，IETF又提出了TLS 1.1；在2008年，提出了目前广泛使用的TLS 1.2。由于应用广泛，TLS协议成为攻击的主要目标。针对攻击，当前的做法主要是打补丁，但是频繁地对协议打补丁并非明智之举。因此，IETF在2014年开始制定TLS 1.3。TLS 1.3的制订过程是透明的，只要发现问题，相关的专家就可以公开发布或者进行讨论，讨论的结果也会在后续的草案中得到体现。相比以往的TLS协议先公布标准后进行安全性分析，TLS 1.3的安全性得到了很大提高。

SSL协议和TLS协议并无本质区别，但是TLS已经逐步取代SSL协议成为网络标准。下面主要以TLS为例介绍SSL/TLS协议。

2. TLS 协议栈

TLS协议用于保障传输层安全，从而为两个通信应用提供数据加密和完整性保护。该协议具有以下目标：

1）密码安全：TLS协议可以为通信双方建立一个安全的连接。

2）通用性：TLS协议可以为两个不同的系统交换密码参数并且建立连接。

3）可扩展性：TLS协议建立了一个协议的框架，在必要的时候可以将新的密码体制合并到框架内。

TLS协议由两个阶段的协议构成，包括TLS记录协议和TLS握手协议。

TLS记录协议提供连接的安全性，它具有以下两个基本属性：

- 连接的机密性：通过对称加密来保证数据的机密性，其中加密密钥是由TLS握手协议为每次会话单独产生的。
- 连接的可靠性：传输的消息包括消息认证标签，可以防止消息被篡改。

TLS握手协议使得用户和服务器在传输应用层数据之前进行彼此的身份认证并且协商加密算法和密钥。TLS握手协议具有以下属性：

- 身份认证：通信方的身份通过对称密码或者公钥密码进行认证。身份认证是可选的，但是一般要求至少进行单向认证。
- 密钥安全：通信双方协商的会话密钥对于中间人是安全的，中间人得不到会话密钥的任何信息。
- 协商的可靠性：攻击者如果修改了密钥协商的通信消息，通信双方必将检测到攻击者的修改行为。

为实现以上两个阶段，TLS协议包括握手（Handshake）、密码规格变更（Change Cipher Spec）、告警（Alert）和记录（Record）四个子协议。TLS协议栈如图10-13所示。

握手	密码规格变更	告警	应用数据（HTTP）
SSL记录协议			
TCP			
IP			

图10-13　TLS协议栈

底层的SSL记录协议建立在可靠的传输协议之上，用于封装高层的协议，使得应用层的HTTP能够在TLS上运行。高层的握手、密码规格变更和告警协议则用于对TLS交换进行管理。

3. TLS握手协议

TLS握手协议使得用户和服务器能够进行身份认证、协商后续通信使用的密码算法，并且建立一个共享的主会话密钥。TLS记录协议通过握手协议建立的会话密钥构建安全的连接，从而为应用层协议提供安全通信。

握手协议的每个消息包含以下3个字段：

- 类型（Type）：表示10种消息类型之一。
- 长度（Length）：表示消息长度字节数。
- 内容（Content）：与消息相关的参数。

TLS握手协议的消息格式如图10-14所示。

1字节	3字节	大于等于0字节
类型	长度	内容

图10-14　TLS握手协议的消息格式

TLS握手协议的10种消息类型如表10-1所示。

表10-1　TLS握手协议的10种消息类型

消息类型	参　数	描　述
Hello Request	空	服务器发出该消息，启动握手协议
Client Hello	版本，随机数，会话ID，密码套件，压缩方法	客户端启动SSL会话，提供加密方法、压缩方法列表，服务器响应
Server Hello	版本，随机数，会话ID，密码套件，压缩方法	服务器选择客户端提出的加密方法、压缩方法
Certificate	X.509 v3证书链	服务器向客户端发出验证自己的证书
Server Key Exchange	参数，签名	服务器密钥交换并签名
Certificate Request	类型，授权	服务器要求客户端提供认证证书
Server Hello Done	空	服务器Hello消息发送完毕
Certificate Verify	签名	客户端发送证书验证签名
Client Key Exchange	参数，签名	客户端交换密钥并签名
Finished	散列值	验证密钥交换和鉴别过程的成功

TLS 握手协议分为 4 个阶段，如图 10-15 所示。

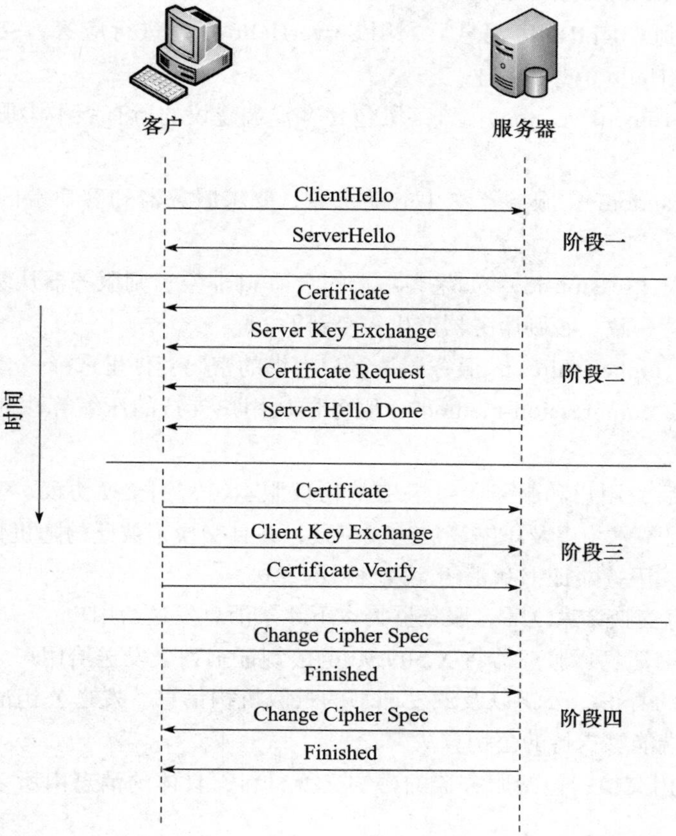

客户
服务器
时间
ClientHello
ServerHello
阶段一
Certificate
Server Key Exchange
Certificate Request
Server Hello Done
阶段二
Certificate
Client Key Exchange
Certificate Verify
阶段三
Change Cipher Spec
Finished
Change Cipher Spec
Finished
阶段四

图 10-15 TLS 握手协议的 4 个阶段

（1）阶段一：Hello 消息交换

TLS 握手协议启动会话连接的第一步是客户和服务器互发 Hello 消息。客户首先要发送一个 ClientHello 消息给服务器，服务器要回复一个 ServerHello 消息，否则会话建立失败。

用户发送的 CilentHello 消息包含如下字段：

①版本号（protocol-version）：通过该字段将客户所使用的版本号通知给服务器。

②随机数（random）：包含用于标识符的一次性随机数以及客户端的本地时间。

③会话标识（session-id）：TLS 会话的唯一标识符。当客户想要建立一个新的会话连接时，ClientHello.session-id 为空，服务器会为本次会话选择一个新的会话标识符；如果 ClientHello.session-id 非空，表明用户想要重新启用一个之前的会话，服务器会从缓存区查找该会话标识符并且重启会话。

④密码套件（cipher-suites）：该字段包含客户端可以支持的一系列密钥交换协议、公钥加密算法、对称加密算法、数字签名算法、MAC 算法以及散列函数的列表。每类算法是按照客户端想要使用的顺序排列的。例如，密钥交换协议包括 RSA（用服务器的 RSA 公钥加密预主密钥，需服务器提供一个 RSA 公钥证书）、DH（服务器的证书中包括由 CA 签名的 DH 公

开参数）等；对称加密算法包括RC4、DES、AES等；散列算法包括MD5、SHA1等。

⑤压缩算法（compression-method）：从客户端的压缩方法列表中选择的压缩算法。

服务器接收到CilentHello消息后，用ServerHello消息进行应答。ServerHello消息字段的格式与CilentHello消息类似。

①版本号（protocol-version）：该字段包含客户端建议的所有版本中服务器能支持的最高版本。

②随机数（random）：服务器产生的随机数，要求服务器和客户端的随机数各自独立产生。

③会话标识符（session-id）：如果客户端的会话id非空，则服务器从缓存中查找之前的id并且与客户保持一致，否则服务器产生一个新的id。

④密码套件（cipher-suites）：服务器从客户提供的密码套件里选择一套用于后续通信。

⑤压缩算法（compression-method）：服务器从用户支持的压缩算法列表中选择一种压缩算法。

此阶段结束后，用户和服务器对于TLS协议版本、密钥交换协议、密码套件（包括加密算法和消息验证算法）以及压缩算法达成一致，并且交换了彼此的随机数。

（2）阶段二：服务器证书和密钥交换材料的发送

在Hello消息交换结束之后，服务器将以下4条消息发送给用户：

①服务器证书消息：服务器将X.509 v3的公钥证书列表发送给用户。一个X.509证书包括证书所有者的身份、公钥以及颁发证书的权威机构信息。发送公钥证书列表的目的是让用户选择客户端能够支持的公钥算法。

②服务器密钥交换：包括服务器的密钥交换材料，具体的消息由所采用的密钥交换协议决定。

③证书请求消息：提供非匿名服务的服务器将会向用户发送证书请求消息。

④服务器握手完成：表示服务器握手完成，服务器将等待用户的响应。

（3）阶段三：客户响应消息

在TLS握手协议的第三阶段，客户将给服务器发送以下消息：

①发送客户证书（可选）：如果服务器在上一阶段发送了证书请求消息，则客户将发送其公钥证书；如果客户没有公钥证书，将给服务器发送NoCertificate Alert消息。

②客户端密钥交换消息：此消息取决于Hello消息交换阶段所商定采用的密钥交换协议。例如，如果商定采用RSA密钥交换协议，那么用户将产生一个48字节的预主密钥，并且用服务器的RSA公钥加密发送给服务器。

③证书验证：如果客户端发送了其公钥证书并且客户具有签名的能力，那么客户将对一个Certificate Verify消息进行签名，从而显式地认证用户的证书。Certificate Verify消息是对前述消息进行散列计算得到的。

阶段三完成之后，客户和服务器将会完成认证，并且产生一个共享的主会话密钥。

（4）阶段四：完成消息交换

客户端将一个带密钥的HMAC消息（利用预主密钥）作为用户完成消息发送给服务器

进行确认。此外，客户端还发送一个 change cipher spec 消息给服务器，该消息包含之前协商好的密码套件（加密算法以及校验算法）；相应地，服务器也给客户发送 change cipher spec 消息和服务器完成消息进行确认。上述服务器的消息的产生方法与客户端类似。

TLS 握手协议结束后，为客户和服务器生成的共享预主密钥并不直接用于后续应用层数据传输，而是作为种子密钥通过密钥派生函数（Key Derivation Function）为客户端和服务器端产生共享的主密钥（Master Secret），再利用主密钥产生对称加密算法密钥、消息认证码 MAC 密钥以及对称加密的初始向量 IV。为了抵抗攻击，服务器给客户发送消息和客户给服务器传输消息的加密密钥、MAC 密钥以及初始向量均是不同的，因此一个 TLS 有 6 个密钥，如图 10-16 所示。

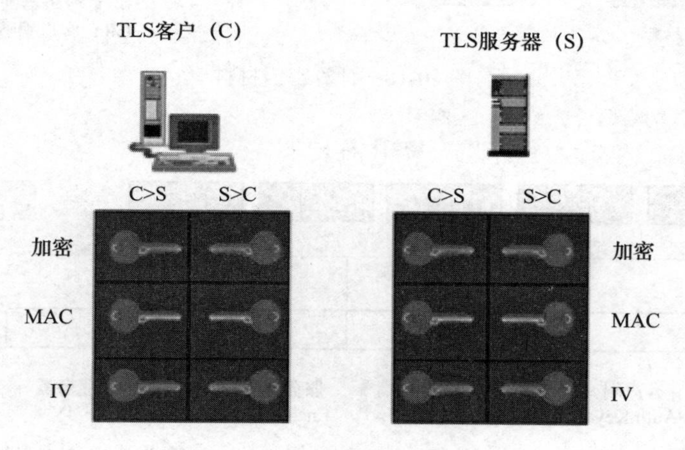

图 10-16　TLS 会话的会话密钥

TLS 的会话密钥产生过程包括主密钥计算（如图 10-17 所示）、计算密钥材料（如图 10-18 所示）以及产生会话密钥（如图 10-19 所示）三个部分。

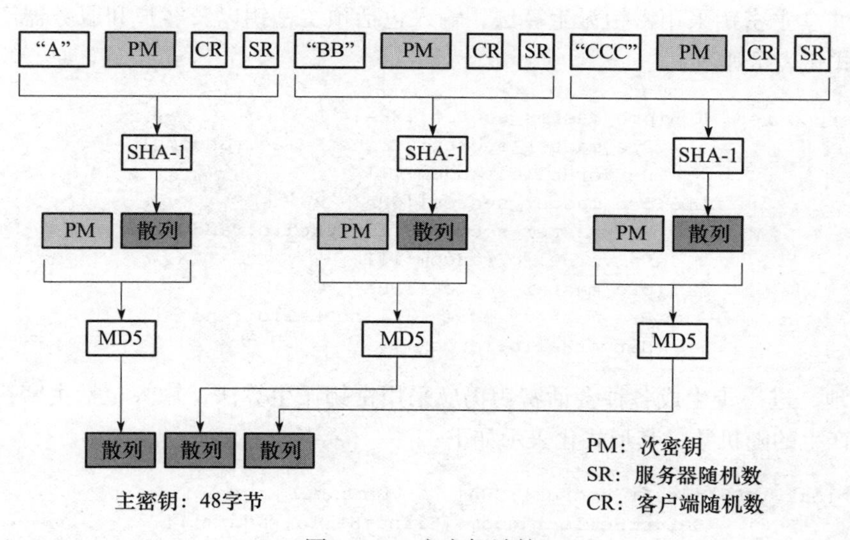

图 10-17　主密钥计算

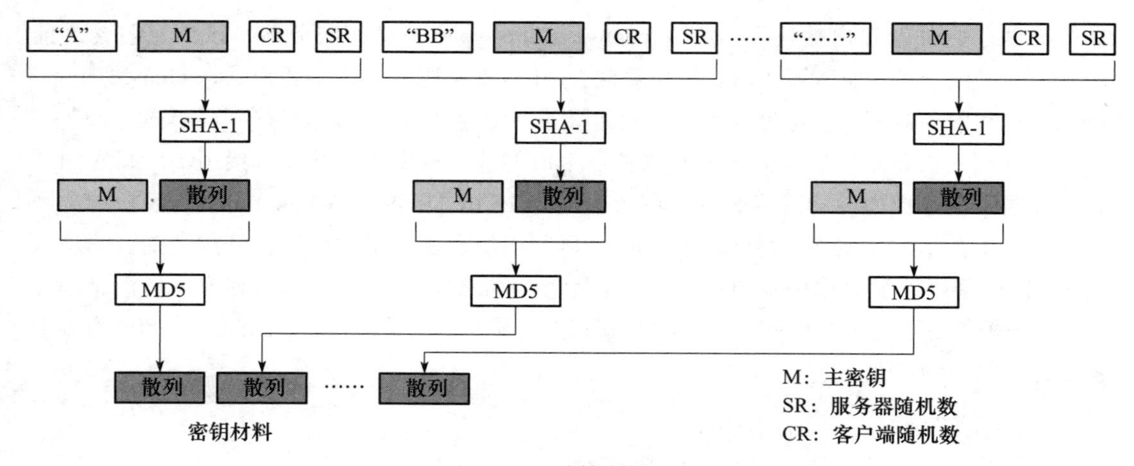

图 10-18　计算密钥材料

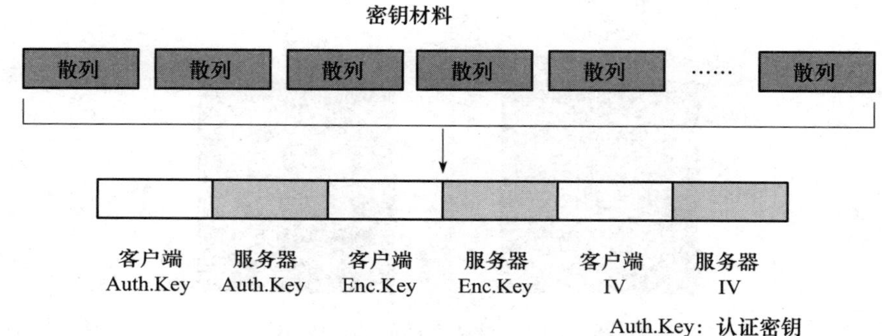

图 10-19　产生会话密钥

生成共享主密钥采用密钥派生算法，输入包括预主密钥以及客户和服务器产生的随机数，其形式化表示如下：

```
Master_secret= MD5(pre_master_secret||SHA('A'||
                   Pre_master_secret||ClinetHello.random||
                   ServerHello.random))||
               MD5(pre_master_secret||SHA('BB'||
                   Pre_master_secret||ClinetHello.random||
                   ServerHello.random))||
               MD5(pre_master_secret||SHA('CC'||
                   Pre_master_secret||ClinetHello.random||
                   ServerHello.random))
```

类似地，进一步生成各种会话密钥仍应采用密钥派生算法，输入包括主密钥以及客户和服务器产生的随机数，其形式化表示如下：

```
Key_block= MD5(master_secret||SHA('A'||master_secret||
               ServerHello.random||ClinetHello.random))||
           MD5(master_secret||SHA('BB'||master_secret||
               ServerHello.random||ClinetHello.random))||
```

```
MD5(master_secret||SHA('CCC'||master_secret||
    ServerHello.random||ClinetHello.random))||...
```

主密钥通过散列函数把所有参数映射成足够长的安全字节序列，这些序列输出 TLS 所需的 6 个会话密钥。

4. TLS 记录协议

记录协议在客户端和服务器握手成功并且产生会话密钥后使用，该协议向 TLS 连接的应用数据提供消息机密性和完整性保护。

记录协议的工作流程如图 10-20 所示，步骤如下：

1）对应用层的数据分块，每块的大小不得超过 2^{14} 字节。

2）对数据块利用握手阶段协商的压缩算法进行压缩，压缩时必须采用无损压缩方法。

3）对压缩后的数据利用握手阶段协商的 MAC 计算消息校验码来实现完整性保护。

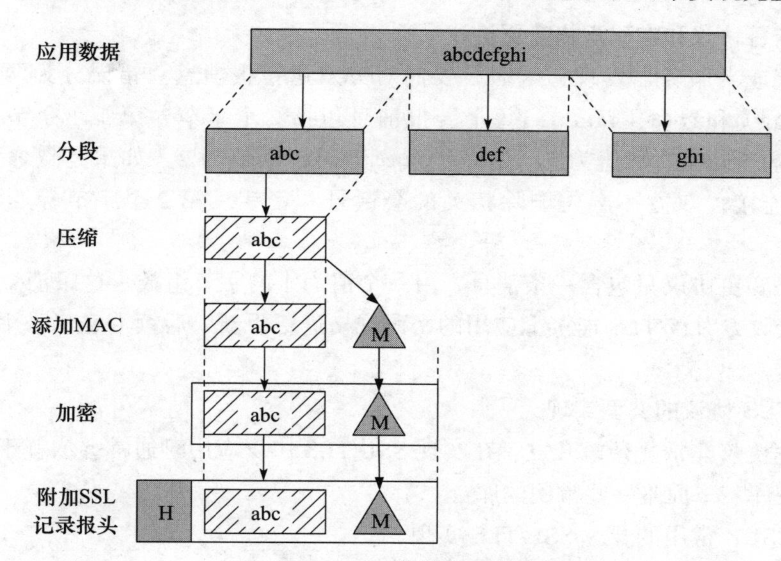

图 10-20　记录协议的工作流程

MAC 计算方法如下：

```
hash(MAC_write_secret+pad_2+
    hash(MAC_write_secret+pad_1+seq_num+
    SSLCompressed.type+
    SSLCompressed.length+SSLCompressed.fragment))
```

其中：

- + 表示连接。
- MAC_write_secret 表示共享认证密钥。
- hash 表示散列算法，如 MD5 或者 SHA-1。
- pad_1 填充字节 0x5c，若使用 MD5，则重复 48 次；若使用 SHA_1，则重复 40 次。
- pad_2 填充字节 0x36，重复次数和 pad_1 一样。
- seq_num 表示消息序号。
- SSLCompressed.type 表示封装数据的类型。

- SSLCompressed.length 表示压缩分段的长度。
- SSLCompressed.fragment 表示压缩块（无压缩时为明文消息）。

4）使用握手阶段产生的共享加密密钥利用对称加密算法对压缩后的消息块及校验码进行加密。

5）TLS 记录协议的最后一步是增加头部，包括以下字段：

- 内容类型（8 比特）：封装段使用的高层协议。
- 主要版本（8 比特）：TLS 的主版本号。例如，对于 SSL v3，字段值为 3。
- 次要版本（8 比特）：TLS 的次版本号。例如，对于 SSL v3，字段值为 0；对于 TLS v1，字段值为 1。
- 压缩长度（16 比特）：明文数据的字节长度，如果采用压缩算法，则为压缩数据的字节长度。

5. TLS 告警协议和密码规格变更协议

当客户端或者服务器发现错误时，要向对方发送警报消息。错误分为两个级别，即警报（warning）和致命（fatal）。每个警报消息包括 2 个字节，第 1 个字节表示错误级别，如果是警报错误，则值为 1，如果是致命错误，则值为 2。如果是致命错误，则立即关闭 TLS 连接，双方还会先删除相关的会话号和密钥。第 2 个字节标明实际的错误类型。

密码规格变更协议只包含一条消息，由一个值为 1 的字节组成。这条消息的唯一功能是告知消息接收方对该 TLS 连接上应用的密码规格进行更新，后续消息将采用新算法、新密钥进行处理。

6. SSL/TLS 协议的典型实现

SSL/TLS 协议非常复杂，开发者在实现 SSL/TLS 协议应用时通常会依赖于一些流行的 SSL/TLS 实现库。下面是一些常用的库：

- OpenSSL：常用的开源 SSL/TLS 实现。
- OpenSSLim：完全用 C 语言实现，支持 SSL 2.0/3.0、TLS 1.0/1.1/1.2 以及 DTLS 1.0。
- JSSE：使用 Java 实现，支持 SSL 3.0、TLS 1.0/1.1/1.2。
- Bouncy Castle：一个完整的密码学库，除支持 SSL/TLS 外，还支持各种密码学算法和协议，是 Android 平台的主要密码学库。仅支持 TLS 1.0。
- GnuTLS：使用 C 语言实现，支持 SSL 3.0、TLS 1.0/1.1/1.2 以及 DTLS 1.0。
- NSS：由网景公司开发，支持 SSL 2.0/3.0、TLS 1.0/1.1。现在主要被浏览器和客户端软件使用，如 Firefox 使用的就是 NSS 库，Chrome 使用的是一个 NSS 库的修正版。

10.2　加密通信的基本过程

从上一节针对 IPSec 和 SSL 协议的介绍中可以看出，网络安全协议的通信过程一般都是先进行参数协商，然后进行加密通信。

参数协商主要包含版本协商、算法协商、密钥协商以及身份认证等过程，加密通信则是利用之前协商好的参数对通信数据进行加密保护。

10.2.1 参数协商

在客户端和服务器对通信数据进行加密之后，需要保证对方能够正确还原密文对应的明文信息，从而做出正确的响应。这就需要通信双方掌握正确的加解密密钥，在没有先验知识的情况下，双方只能通过协商完成会话密钥的生成。

1. 版本协商

由于网络安全协议本身不断更新，而且部分协议的新旧版本之间存在不兼容的情况，因此为了保证通信双方能够正确完成会话密钥协商，版本协商逐渐成为很多安全协议的一个必要步骤。一般来说，版本协商过程是，客户端将自己所支持的版本类型发送给服务器，服务器根据实际情况选择一个最优版本，之后双方在此版本的标准通信流程中完成后续的协商过程。

2. 算法协商

通信双方在进行数据加密的时候，除了保证数据的机密性之外，还需要具备防篡改和不可否认的能力，这就会涉及对称加密、数字签名以及散列运算等不同类型的加密操作。另外，不同安全协议的设计特点、适用场景以及需求都不一样，不同安全需求所需要的加密算法种类和加密强度也不一样，因此需要通信双方根据当前的安全需求以及自身的资源条件确定最终的加密算法。这一过程通过双方的算法协商步骤完成。一般来说，服务器能够支持的算法类型和强度种类要多于客户端，所以在进行算法协商时，一般是由客户端发起，具体流程如下：

1）客户端根据自身条件以及通信需求选择自己支持的算法类型。

2）客户端将选择的算法封装成列表发送给服务器。

3）服务器接收客户端的消息，根据自身条件从客户端提供的列表中选择合适的算法类型发送给客户端。

4）客户端接收服务器的消息，将服务器选择的算法类型缓存起来，在此基础上完成后续的密钥协商等过程。

3. 密钥协商

通信双方完成算法协商之后，就会进入下一个关键环节，即会话密钥生成。由于存在对通信数据多个维度进行安全性保护的需求，因此针对不同类型的加密过程，需要生成不同类型的会话密钥，而这些过程都是在密钥协商阶段完成的。

根据通信双方协商选择的加密流程来看，密钥协商类型可以分为如下三种：

1）预共享密钥（PSK）模式：在这种模式下，通信双方在通信之前已经通过某种渠道共享了相同的秘密信息（称为预共享密钥），此时通信双方既可以直接使用PSK进行后续会话密钥的生成，也可以利用PSK对密钥协商信息进行加密保护，提高会话密钥生成的安全性。

2）基于公钥加密算法的明文协商模式：在这种模式下，通信双方没有任何先验的共享秘密信息，只能通过公开的明文协商完成会话密钥生成，这种情况下只能依赖于公钥加密算法。DH密钥交换协议就属于这种模式，它也被用于目前主流的网络安全协议的密钥协商过程中。

3）公钥加密模式：在这种模式下，通信双方同样没有掌握相同的秘密信息，但是通信某一方掌握了另一方的公钥信息，就可以将要协商的数据用公钥加密之后传输给对方，对方利用私钥解密就可以得到协商信息，从而完成最终的会话密钥协商。这种模式在部分网络安全协议中也得到了使用。

密钥协商可以由客户端发起，也可以由服务器发起，用A和B代表通信双方，其协商过程如下：

1）A发起密钥协商，生成密钥素材，并将密钥素材根据选择的密钥协商模式进行封装处理后发送给B。

2）B接收到A发送的密钥素材，根据不同的密钥协商模式，对A发送的数据进行处理、还原，同时生成自己的密钥素材，封装处理后发送给A。同时，根据具体的会话密钥生成算法生成最终的会话密钥。

3）A接收到B发送的密钥素材，根据具体的会话密钥生成算法来生成最终的会话密钥。

4. 身份认证

在密钥协商的过程中，由于缺乏对消息来源的身份认证某些协商模式存在被中间人攻击的可能性，因此在部分网络安全协议中，协商过程包含对通信方的身份认证。根据安全需求的不同，包括仅对用户端进行身份认证、仅对服务器进行身份认证以及对双方进行身份认证这三种情况。

身份认证的方法主要分为两种：一种是在双方具有预共享密钥的情况下，认证方只需要验证消息来源方是否掌握PSK信息就能进行身份认证；另一种是在没有预共享密钥的情况下，只能通过数字签名的方法进行身份认证。而要进行数字签名验证，需要认证方掌握被认证方的公钥信息，这一般都是通过发送公钥证书完成的。

以数字签名的认证方式为例，假设被认证方为A，认证方为B，则身份认证的过程如下：

1）A将自己的公钥证书以及数字签名发送给B。

2）B收到A发送的信息，对公钥证书进行验证，验证通过之后利用公钥对数字签名进行验证。

3）B根据验证结果决定身份认证是否通过，并给A发送相应的通知信息。如果通过，则继续后续的通信过程，如果未通过，则终止当前通信。

10.2.2 加密通信

完成参数协商之后，通信双方就会利用已协商好的算法和密钥进行加密通信。在加密通信的过程中，主要目的是保护通信数据的安全性，因此存在机密性、完整性、不可否认性等方面的安全需求。

机密性主要是利用对称加密算法结合已协商好的会话密钥对明文通信数据进行加密，从而防止攻击者窃取有用的信息；完整性主要是利用散列算法计算被保护数据的散列值，并与需要保护的数据一起发送给通信对等方，对等方通过验证散列值来查看数据是否被篡改；不可否认性主要是对被保护数据进行数字签名，防止信息发送方事后对消息进行否认，同时也能对信息来源进行认证。

为了能够满足上述安全需求，假设用 A 和 B 代表通信双方，则加密通信的流程如下：

1）A 根据应用需求生成明文数据。

2）A 根据已协商好的散列算法计算明文数据的散列值。

3）A 计算散列值的数字签名。

4）A 将散列值以及数字签名附在明文数据之后，并对所有数据进行加密，之后将加密数据发送给 B。

5）B 收到数据之后，对数据进行解密。

6）B 提取出散列值以及数字签名，对散列值和数字签名进行验证。

7）如果验证通过，则 B 对明文数据进行正常响应，否则给 A 发送错误通知或者断开当前连接。

通信双方在整个通信过程中会一直按照上述流程对数据进行加密保护，直到当前的通信过程结束为止。

10.3 编程示例

本节基于流式套接字实现一个简单的加密通信程序。根据之前的学习，我们知道，要实现最终的数据保护，需要经过参数协商和加密通信两个过程。本节将分别展示这两个过程的处理流程。

10.3.1 参数协商过程

本程序主要基于流式套接字完成，因此大部分初始化操作以及数据传输部分与之前章节中的示例一样，实现过程如下：

1. 客户端编程操作

客户端程序的实现过程包括 6 个步骤，下面分别介绍这些步骤。

（1）创建客户端套接字

创建套接字对象，命名为 ConnectSocket，调用 socket( ) 函数，并将返回值赋予对象 ConnectSocket，对调用结果进行检查和错误处理。代码如下：

```
SOCKET ConnectSocket = INVALID_SOCKET;
//创建流式套接字
if ((ConnectSocket = socket(AF_INET, SOCK_STREAM, 0)) < 0) {
    printf("socket 函数调用错误，错误号：%d\n", WSAGetLastError());
    WSACleanup();
    return -1;
}
```

以上代码显式指明 AF_INET，使用 IPv4 协议栈，创建流式套接字 SOCK_STREAM，此时 socket( ) 函数的第 3 个参数协议字段默认为 TCP。

（2）连接到服务器

将已创建的套接字和 servaddr 结构中存储的服务器地址作为输入参数，调用 connect( ) 函数，请求与服务器建立连接。代码如下：

```
//服务器地址赋值
struct sockaddr_in servaddr;
memset(&servaddr, 0, sizeof(servaddr));
servaddr.sin_family = AF_INET;
servaddr.sin_port   = htons(SERVER_PORT);
servaddr.sin_addr.s_addr=inet_addr(argv[1]);
//调用 connect() 函数请求与服务器建立连接
iResult = connect( ConnectSocket, (LPSOCKADDR)&servaddr, sizeof(servaddr));
if (iResult == SOCKET_ERROR) {
    printf("connect 函数调用错误, 错误号: %d\n", WSAGetLastError());
    closesocket(ConnectSocket);
    WSACleanup();
    return -1;
}
```

在本示例中，服务器端的端口号被宏 SERVER_PORT 定义，服务器的 IP 地址由输入参数 argv[1] 指明。在 connect( ) 函数的调用参数中，使用了 servaddr 结构描述的服务器地址。

（3）加密参数的设置与发送

客户端根据自己支持的算法类型填充参数协商载荷，并根据格式封装成应用载荷填入缓冲区，发送给服务器。代码如下：

```
//参数协商载荷结构
typedef struct {
    unsigned char type;
    unsigned char value;
}PAYLOAD;
//填充各种类型的参数协商载荷
PAYLOAD encAlgorithm, hashAlgorithm, KE;
encAlgorithm.type = PAYLOAD_TYPE_ENC;
encAlgorithm.value = ENC_DES | ENC_AES;
hashAlgorithm.type = PAYLOAD_TYPE_HASH;
hashAlgorithm.value = HASH_MD5 | HASH_SHA1 | HASH_SHA256;
KE.type = PAYLOAD_TYPE_KE;
KE.value = KE_DH | KE_RSA;
//将参数协商载荷封装进缓冲区
const int cPayloadLen = sizeof(PAYLOAD);
const int cLen = cPayloadLen * 3;//载荷总长度
char payloadBuf[cLen + 1];
memcpy(payloadBuf, (char *)&encAlgorithm, cPayloadLen);
memcpy(payloadBuf + cPayloadLen, (char *)&hashAlgorithm, cPayloadLen);
memcpy(payloadBuf + cPayloadLen * 2, (char *)&KE, cPayloadLen);
//发送协商数据长度
iSendResult = send(ConnectSocket, (char *)&cLen, sizeof(int), 0);
if (iSendResult == SOCKET_ERROR) {
    printf("send 函数调用错误, 错误号: %d\n", WSAGetLastError());
    closesocket(ConnectSocket);
    WSACleanup();
    return -1;
}
//发送协商数据
iSendResult = send(ConnectSocket, payloadBuf, cLen, 0);
if (iSendResult == SOCKET_ERROR) {
    printf("send 函数调用错误, 错误号: %d\n", WSAGetLastError());
```

```
        closesocket(ConnectSocket);
        WSACleanup();
        return -1;
    }
```

在本示例中，定义了 PAYLOAD 结构来描述参数协商载荷，其中主要包含两个成员变量：type 表示载荷类型，如加密参数、散列参数以及密钥交换等，value 则是每种类型的取值。在本次协商中，需要确定三种参数的取值（即加密、散列和密钥交换），因此定义了三个 PAYLOAD 变量，并根据实际情况进行赋值，如针对加密参数，type 取 PAYLOAD_TYPE_ENC 宏所定义的值，value 取 ENC_DES 和 ENC_AES 宏组合之后的值，代表其支持 DES 和 AES 两种加密算法，具体的宏取值以及组合方式可以根据实际情况进行设置。三个载荷填充好之后，按顺序封装进缓冲区 payloadBuf，利用 send( ) 函数发送给服务器，先发送载荷长度，后发送具体协商数据。

（4）接收确认服务器选择的参数并进行密钥协商

客户端发送完参数协商数据之后，等待服务器返回选择结果，并根据选择结果进行密钥协商等下一步工作。代码如下：

```
//接收服务器数据
memset(&recvBuf, 0, sizeof(recvBuf));
iResult = recvvl(ConnectSocket, recvBuf, MAXLINE);
if (iResult > 0)
{
    printf("接收数据长度：%d\n", iResult);
}
else
{
    if (iResult == 0)
    {
        printf("对方连接关闭，退出\n");
        closesocket(ConnectSocket);
        WSACleanup();
        return 0;
    }
    Else
    {
        printf("recv 函数调用错误，错误号：%d\n", WSAGetLastError());
        closesocket(ConnectSocket);
        WSACleanup();
        return -1;
    }
}
//解析服务器选择的参数并存储
PAYLOAD choseEncAlgorithm, choseHashAlgorithm, choseKE;
memcpy((char *)&choseEncAlgorithm, recvBuf, cPayloadLen);
memcpy((char *)&choseHashAlgorithm, recvBuf + cPayloadLen, cPayloadLen);
memcpy((char *)&choseKE, recvBuf + cPayloadLen * 2, cPayloadLen);
//DH密钥协商
unsigned char DHpriC = 0, DHpubC = 1;
const int cDHpubCLen = 1;
switch (choseKE.value)
{
```

```
case KE_DH:
    //模数 p 取 251，底数取 6，客户端私钥随机生成
    DHpriC = rand() % 256;
    for (int i = 0; i < DHpriC; i++)
        DHpubC = (DHpubC * 6) % 251;
    //将公钥信息发送给服务器
    iSendResult = send(ConnectSocket, (char *)&cDHpubCLen, sizeof(int), 0);
    if (iSendResult == SOCKET_ERROR) {
        printf("send 函数调用错误，错误号：%d\n", WSAGetLastError());
        closesocket(ConnectSocket);
        WSACleanup();
        return -1;
    }
    iSendResult = send(ConnectSocket, (char *)&DHpubC, 1, 0);
    if (iSendResult == SOCKET_ERROR) {
        printf("send 函数调用错误，错误号：%d\n", WSAGetLastError());
        closesocket(ConnectSocket);
        WSACleanup();
        return -1;
    }
    break;
case KE_RSA:
    break;
default:
    break;
}
```

客户端接收服务器发来的经过选择的参数，由于 TCP 是一个字节流服务，因此双方在载荷前部利用固定长度数据标识载荷长度（此示例中长度字段类型为 int 型），接收时利用 TCP 的变长数据接收函数接收完整数据。之后，对接收的数据进行解析，获取不同参数最终选择的类型，根据不同的类型进行后续处理。在本示例中，展示了密钥交换过程处理的流程，其中服务器选择的密钥交换方式为 DH，其余类型进行缺省处理。在本示例代码中，DH 的模数 p 为 251，底数为 6，客户端私钥随机生成，并将计算的公钥结果发送给服务器。

（5）接收服务器发送的公钥信息并生成 DH 共享密钥

客户端发送完自己的公钥信息之后，等待接收服务器的公钥信息，并结合自己的私钥生成最终的 DH 共享密钥。代码如下：

```
//持续接收数据，直到服务器方关闭连接为止
memset(&recvBuf, 0, sizeof(recvBuf));
iResult = recvvl(ConnectSocket, recvBuf, MAXLINE);
if (iResult > 0)
{
    printf("接收数据长度：%d\n", iResult);
}
else
{
    if (iResult == 0)
    {
        printf("对方连接关闭，退出\n");
        closesocket(ConnectSocket);
        WSACleanup();
        return 0;
```

```
        }
        else
        {
            printf("recv 函数调用错误，错误号 : %d\n", WSAGetLastError());
            closesocket(ConnectSocket);
            WSACleanup();
            return -1;
        }
    }
    //解析服务器的公钥信息
    unsigned char DHpubS, DHkey = 1;
    memcpy((char *)&DHpubS, recvBuf, recvLen);
    //计算 DH 共享密钥
    for (int i = 0; i < DHpriC; i++)
        DHkey = (DHkey * DHpubS) % 251;
```

客户端利用变长接收函数接收服务器发送的所有密钥协商数据，之后提取出正确的服务器公钥信息值，并结合自身的私钥生成最终的 DH 共享密钥，作为产生会话密钥的种子密钥。

（6）断开连接，释放资源

客户端接收完数据后，调用 closesocket( ) 关闭连接。当客户端不再使用 Windows Sockets DLL 时，调用 WSACleanup( ) 函数释放相关资源。代码如下：

```
//关闭套接字
closesocket(ConnectSocket);
//释放 Windows Sockets DLL
WSACleanup();
return 0;
```

客户端的完整代码如下：

```
 1  #include "Winsock2.h"
 2  #include "stdio.h"
 3  #pragma comment(lib,"ws2_32.lib")
 4  #define MAXLINE 4096            //接收缓冲区长度
 5  #define SERVER_PORT 13          //服务器端口号
 6
 7  typedef struct {
 8      unsigned char type;
 9      unsigned char value;
10  }PAYLOAD;
11
12  #define PAYLOAD_TYPE_ENC    1
13  #define PAYLOAD_TYPE_HASH   2
14  #define PAYLOAD_TYPE_KE     3
15
16  #define ENC_DES      1
17  #define ENC_AES      2
18
19  #define HASH_MD4     1
20  #define HASH_MD5     2
21  #define HASH_SHA1    4
22  #define HASH_SHA256 8
23
```

```
24 #define KE_DH 1
25 #define KE_RSA 2
26
27 //接收定长数据
28 int recvn(SOCKET s, char * recvbuf, unsigned int fixedlen)
29 {
30     int iResult;                    //存储单次recv操作的返回值
31     int cnt;                        //统计相对于固定长度，剩余多少字节尚未接收
32     cnt = fixedlen;
33     while ( cnt > 0 ) {
34         iResult = recv(s, recvbuf, cnt, 0);
35         if ( iResult < 0 ){
36             //数据接收出现错误，返回失败
37             printf("接收发生错误: %d\n", WSAGetLastError());
38             return -1;
39         }
40         if ( iResult == 0 ){
41             //对方关闭连接，返回已接收到的小于fixedlen的字节数
42             printf("连接关闭\n");
43             return fixedlen - cnt;
44         }
45         //printf("接收到的字节数: %d\n", iResult);
46         //接收缓存指针向后移动
47         recvbuf +=iResult;
48         //更新cnt值
49         cnt -=iResult;
50     }
51     return fixedlen;
52 }
53
54 //接收变长数据
55 int recvvl(SOCKET s, char * recvbuf, unsigned int recvbuflen)
56 {
57     int iResult;                    //存储单次recv操作的返回值
58     unsigned int reclen;            //用于存储报文首部存储的长度信息
59     //获取接收报文的长度信息
60     iResult = recvn(s, ( char * )&reclen, sizeof( unsigned int ));
61     if ( iResult !=sizeof ( unsigned int ) )
62     {
63         //如果长度字段在接收时没有返回一个整型数据就返回0(连接关闭)或-1(发生错误)
64         if ( iResult == -1 )
65         {
66             printf("接收发生错误: %d\n", WSAGetLastError());
67             return -1;
68         }
69         else
70         {
71              printf("连接关闭\n");
72              return 0;
73         }
74     }
75     //从网络字节顺序转换为主机字节顺序
76     //reclen = ntohl( reclen );
77     if ( reclen > recvbuflen )
78     {
79         //如果recvbuf没有足够的空间存储变长消息，则接收该消息并丢弃，返回错误
```

```
80          while ( reclen > 0)
81          {
82              iResult = recvn( s, recvbuf, recvbuflen );
83              if ( iResult != recvbuflen )
84              {
85                  //如果变长消息在接收时没有返回足够的数据就返回0(连接关闭)或-1(发生错误)
86                  if ( iResult == -1 )
87                  {
88                      printf("接收发生错误：%d\n", WSAGetLastError());
89                      return -1;
90                  }
91                  else
92                  {
93                      printf("连接关闭\n");
94                      return 0;
95                  }
96              }
97              reclen -= recvbuflen;
98              //处理最后一段数据
99              if ( reclen < recvbuflen )
100                 recvbuflen = reclen;
101         }
102         printf("可变长度的消息超出预分配的接收缓存\r\n");
103         return -1;
104     }
105     //接收可变长消息
106     iResult = recvn( s, recvbuf, reclen );
107     if ( iResult != reclen )
108     {
109         //如果消息在接收时没有返回足够的数据，就返回0(连接关闭)或-1(发生错误)
110         if ( iResult == -1 )
111         {
112             printf("接收发生错误：%d\n", WSAGetLastError());
113             return -1;
114         }
115         else
116         {
117             printf("连接关闭\n");
118             return 0;
119         }
120     }
121     return iResult;
122 }
123 
124 int main(int argc, char* argv[])
125 {
126     SOCKET  ConnectSocket = INVALID_SOCKET;
127     int     iRecvResult, iSendResult, iResult;
128     char    recvBuf[MAXLINE + 1];
129     struct  sockaddr_in     servaddr;
130     if (argc != 2){
131         printf("usage: DayTime <IPaddress>");
132         return 0;
133     }
134     //初始化Windows Sockets DLL，协商版本号
135     WORD wVersionRequested;
```

```
136     WSADATA wsaData;
137     //使用 MAKEWORD(lowbyte, highbyte) 宏，在 Windef.h 中声明
138     wVersionRequested = MAKEWORD(2, 2);
139     iResult = WSAStartup(wVersionRequested, &wsaData);
140     if (iResult != 0)
141     {
142         //告知用户无法找到合适的 WinSock DLL
143         printf("WSAStartup 函数调用错误，错误号: %d\n", WSAGetLastError());
144         return -1;
145     }
146     //确认 WinSock DLL 支持版本 2.2
147     if (LOBYTE(wsaData.wVersion) != 2 || HIBYTE(wsaData.wVersion) != 2)
148     {
149         //告知用户无法找到可用的 WinSock DLL
150         printf("无法找到可用的 Winsock.DLL 版本\n");
151         WSACleanup();
152         return -1;
153     }
154     else
155         printf("Winsock 2.2 DLL 初始化成功\n");
156     //创建流式套接字
157     if((ConnectSocket = socket(AF_INET, SOCK_STREAM, 0))<0)
158     {
159         printf("socket 函数调用错误，错误号: %d\n", WSAGetLastError());
160         WSACleanup();
161         return -1;
162     }
163     //服务器地址赋值
164     memset(&servaddr, 0, sizeof(servaddr));
165     servaddr.sin_family = AF_INET;
166     servaddr.sin_port   = htons(SERVER_PORT);
167     servaddr.sin_addr.s_addr=inet_addr(argv[1]);
168     //请求与服务器建立连接
169     iResult = connect( ConnectSocket, (LPSOCKADDR)&servaddr, sizeof(servaddr));
170     if (iResult == SOCKET_ERROR)
171     {
172         printf("connect 函数调用错误，错误号: %d\n", WSAGetLastError());
173         closesocket(ConnectSocket);
174         WSACleanup();
175         return -1;
176     }
177     //填充各种类型的加密参数
178     PAYLOAD encAlgorithm, hashAlgorithm, KE;
179     encAlgorithm.type = PAYLOAD_TYPE_ENC;
180     encAlgorithm.value = ENC_DES | ENC_AES;
181     hashAlgorithm.type = PAYLOAD_TYPE_HASH;
182     hashAlgorithm.value = HASH_MD5 | HASH_SHA1 | HASH_SHA256;
183     KE.type = PAYLOAD_TYPE_KE;
184     KE.value = KE_DH | KE_RSA;
185     //将参数协商载荷封装进缓冲区
186     const int cPayloadLen = sizeof(PAYLOAD);
187     const int cLen = cPayloadLen * 3;//载荷总长度
188     char payloadBuf[cLen + 1];
189     memcpy(payloadBuf, (char *)&encAlgorithm, cPayloadLen);
190     memcpy(payloadBuf + cPayloadLen, (char *)&hashAlgorithm, cPayloadLen);
191     memcpy(payloadBuf + cPayloadLen * 2, (char *)&KE, cPayloadLen);
```

```
192     //发送协商数据长度
193     iSendResult = send(ConnectSocket, (char *)&cLen, sizeof(int), 0);
194     if (iSendResult == SOCKET_ERROR) {
195         printf("send 函数调用错误，错误号: %d\n", WSAGetLastError());
196         closesocket(ConnectSocket);
197         WSACleanup();
198         return -1;
199     }
200     //发送参数协商数据
201     iSendResult = send(ConnectSocket, payloadBuf, cLen, 0);
202     if (iSendResult == SOCKET_ERROR) {
203         printf("send 函数调用错误，错误号: %d\n", WSAGetLastError());
204         closesocket(ConnectSocket);
205         WSACleanup();
206         return -1;
207     }
208
209     //接收服务器协商数据
210     memset(&recvBuf, 0, sizeof(recvBuf));
211     iResult = recvvl(ConnectSocket, recvBuf, MAXLINE);
212     if (iResult > 0)
213     {
214         printf(" 接收数据长度 : %d\n", iResult);
215     }
216     else
217     {
218         if (iResult == 0)
219         {
220             printf(" 对方连接关闭，退出 \n");
221             closesocket(ConnectSocket);
222             WSACleanup();
223             return 0;
224         }
225         else
226         {
227             printf("recv 函数调用错误，错误号 : %d\n", WSAGetLastError());
228             closesocket(ConnectSocket);
229             WSACleanup();
230             return -1;
231         }
232     }
233     //解析服务器选择的参数并存储
234     PAYLOAD choseEncAlgorithm, choseHashAlgorithm, choseKE;
235     memcpy((char *)&choseEncAlgorithm, recvBuf, cPayloadLen);
236     memcpy((char *)&choseHashAlgorithm, recvBuf + cPayloadLen, cPayloadLen);
237     memcpy((char *)&choseKE, recvBuf + cPayloadLen * 2, cPayloadLen);
238
239     //密钥协商
240     unsigned char DHpriC = 0, DHpubC = 1;
241     const int cDHpubCLen = 1;
242     switch (choseKE.value)
243     {
244     case KE_DH:
245         //模数 p 为 251，底数为 6，客户端私钥随机生成
246         DHpriC = rand() % 256;
247         for (int i = 0; i < DHpriC; i++)
```

```
248                 DHpubC = (DHpubC * 6) % 251;
249             iSendResult = send(ConnectSocket, (char *)&cDHpubCLen, sizeof(int), 0);
250             if (iSendResult == SOCKET_ERROR) {
251                 printf("send 函数调用错误, 错误号: %d\n", WSAGetLastError());
252                 closesocket(ConnectSocket);
253                 WSACleanup();
254                 return -1;
255             }
256             iSendResult = send(ConnectSocket, (char *)&DHpubC, 1, 0);
257             if (iSendResult == SOCKET_ERROR) {
258                 printf("send 函数调用错误, 错误号: %d\n", WSAGetLastError());
259                 closesocket(ConnectSocket);
260                 WSACleanup();
261                 return -1;
262             }
263             break;
264         case KE_RSA:
265             break;
266         default:
267             break;
268         }
269         //持续接收数据，直到服务器方关闭连接为止
270         memset(&recvBuf, 0, sizeof(recvBuf));
271         iResult = recvvl(ConnectSocket, recvBuf, MAXLINE);
272         if (iResult > 0)
273         {
274             printf("接收数据长度 : %d\n", iResult);
275         }
276         else
277         {
278             if (iResult == 0)
279             {
280                 printf("对方连接关闭，退出\n");
281                 closesocket(ConnectSocket);
282                 WSACleanup();
283                 return 0;
284             }
285             else
286             {
287                 printf("recv 函数调用错误, 错误号 : %d\n", WSAGetLastError());
288                 closesocket(ConnectSocket);
289                 WSACleanup();
290                 return -1;
291             }
292         }
293         //解析服务器的公钥信息
294         unsigned char DHpubS, DHkey = 1;
295         memcpy((char *)&DHpubS, recvBuf, recvLen);
296         //计算 DH 共享密钥
297         for (int i = 0; i < DHpriC; i++)
298         DHkey = (DHkey * DHpubS) % 251;
299
300         closesocket(ConnectSocket);
301         WSACleanup();
302         return 0;
```

运行以上程序，结果如图 10-21 所示。

```
C:\WINDOWS\system32\cmd.exe
D:\Project\Book-textbook\client\Debug>client.exe 127.0.0.1
Winsock 2.2 dll初始化成功
客户端生成的公钥为：163
双方协商生成的DH密钥为：87
```

图 10-21　密钥协商过程客户端程序的运行结果

2. 服务器编程操作

服务器程序的实现过程包括 7 个阶段，下面分别介绍这些阶段。

（1）创建服务器套接字

创建套接字对象，命名为 ListenSocket，调用 socket( ) 函数，并将返回值赋予对象 ListenSocket，对调用结果进行检查和错误处理。代码如下：

```
//创建服务器端的监听套接字
if ((ListenSocket = socket(AF_INET, SOCK_STREAM, 0)) < 0) {
    printf("socket 函数调用错误，错误号: %d\n", WSAGetLastError());
    WSACleanup();
    return -1;
}
```

（2）为套接字绑定本地地址

通过服务器地址结构 servaddr 保存服务器的地址族、IP 地址和端口号，调用 bind( ) 函数将监听套接字与服务器本地地址关联，并检查调用结果是否出错。代码如下：

```
//服务器地址赋值
struct sockaddr_in servaddr;
memset(&servaddr, 0, sizeof(servaddr));
servaddr.sin_family = AF_INET;
servaddr.sin_addr.s_addr = htonl(INADDR_ANY);
servaddr.sin_port = htons(SERVER_PORT);
//为监听套接字绑定服务器地址
iResult = bind(ListenSocket, (struct sockaddr *) & servaddr, sizeof(servaddr));
if (iResult == SOCKET_ERROR)
{
    printf("bind 函数调用错误，错误号: %d\n", WSAGetLastError());
    closesocket(ListenSocket);
    WSACleanup();
    return -1;
}
```

（3）在监听套接字上等待连接请求

接下来调用 listen( ) 函数，将监听套接字的状态更改为监听状态，并将连接等待队列的最大长度设置为 LISTENQ。该值是自定义的一个宏，表示允许套接字缓存的最大连接请求队列的长度。代码如下：

```
//设置服务器为监听状态，监听队列长度为 LISTENQ
iResult = listen(ListenSocket, LISTENQ);
if (iResult == SOCKET_ERROR)
{
```

```
        printf("listen 函数调用错误，错误号：%d\n", WSAGetLastError());
        closesocket(ListenSocket);
        WSACleanup();
        return -1;
    }
```

（4）接收一个连接请求

首先声明另一个套接字对象——连接套接字，之后调用accept( )函数接受一个客户端的连接请求，将返回值赋予新声明的连接套接字，用于与客户端的实际数据传输。代码如下：

```
SOCKET ClientSocket;
//接受客户端连接请求，返回连接套接字ClientSocket
ClientSocket = accept(ListenSocket, NULL, NULL);
if (ClientSocket == INVALID_SOCKET) {
    printf("accept 函数调用错误，错误号：%d\n", WSAGetLastError());
    closesocket(ListenSocket);
    WSACleanup();
    return -1;
}
```

（5）协商参数接收、选择与发送

服务器接收客户端发送的参数选择列表，根据自身条件以及安全需求选择合适的参数，并按格式封装之后发送给客户端。代码如下：

```
memset(&recvBuf, 0, sizeof(MAXLINE));
iRecvResult = recvvl(ClientSocket, recvBuf, MAXLINE);
if (iRecvResult > 0)
{
    printf("接收数据长度 : %d\n", iRecvResult);
}
else
{
    if (iRecvResult == 0)
    {
        printf("对方连接关闭，退出\n");
        closesocket(ClientSocket);
        WSACleanup();
        return 0;
    }
    else
    {
        printf("recv 函数调用错误，错误号 : %d\n", WSAGetLast
        closesocket(ClientSocket);
        WSACleanup();
        return -1;
    }
}
//解析客户端的参数列表并选择合适的参数类型
PAYLOAD temp, choseEncAlgorithm, choseHashAlgorithm, choseKE;
const int cPayloadLen = sizeof(PAYLOAD);
int numPayload = 0;
do {
    iRecvResult -= cPayloadLen;
```

```
        memcpy((char *)&temp, recvBuf + cPayloadLen * numPayload, cPayloadLen);
        switch (temp.type)
        {
        case PAYLOAD_TYPE_ENC:
            choseEncAlgorithm.type = temp.type;
            choseEncAlgorithm.value = temp.value & ENC_DES;
            break;
        case PAYLOAD_TYPE_HASH:
            choseHashAlgorithm.type = temp.type;
            choseHashAlgorithm.value = temp.value & HASH_MD5;
            break;
        case PAYLOAD_TYPE_KE:
            choseKE.type = temp.type;
            choseKE.value = temp.value & KE_DH;
            break;
        default:
            break;
        }
        numPayload++;
    } while (iRecvResult > 0);
    //封装所选择的参数
    char payloadBuf[cPayloadLen * 3 + 1];
    int cLen = cPayloadLen * 3;
    memcpy(payloadBuf, (char *)&choseEncAlgorithm, cPayloadLen);
    memcpy(payloadBuf + cPayloadLen, (char *)&choseHashAlgorithm, cPayloadLen);
    memcpy(payloadBuf + cPayloadLen * 2, (char *)&choseKE, cPayloadLen);
    //发送数据长度
    iSendResult = send(ClientSocket, (char *)&cLen, sizeof(int), 0);
    if (iSendResult == SOCKET_ERROR) {
        printf("send 函数调用错误，错误号: %d\n", WSAGetLastError());
        closesocket(ClientSocket);
        WSACleanup();
        return -1;
    }
    //发送所选择的参数
    iSendResult = send(ClientSocket, payloadBuf, cLen, 0);
    if (iSendResult == SOCKET_ERROR) {
        printf("send 函数调用错误，错误号: %d\n", WSAGetLastError());
        closesocket(ClientSocket);
        WSACleanup();
        return -1;
    }
```

服务器接收到客户端发送的参数列表之后，开始循环解析载荷内容，根据不同的类型选择相应的算法，并存储于不同的参数协商载荷中。和客户端一样，服务器也利用 PAYLOAD 结构来描述参数协商载荷。在本示例中，服务器端在协商中需要确定三种参数的取值（即加密、散列和密钥交换），并根据实际情况进行赋值。例如，针对密钥协商参数，选择 KE_DH 宏定义的值并赋给密钥协商载荷 choseKE，代表其选择了 DH 作为密钥协商的方法。三个载荷选择好之后，按顺序封装进缓冲区 payloadBuf，利用 send( ) 函数发送给客户端。

（6）进行密钥协商并生成 DH 共享密钥

服务器发送完选择的参数之后，会收到客户端发送的密钥协商信息，其中包含客户端的公钥信息。然后，服务器产生自己的私钥，并基于私钥生成公钥，将公钥信息发送给客户端，同时结合客户端的公钥和自身的私钥生成 DH 共享密钥。代码如下：

```
//接收客户端的公钥信息
unsigned char DHpubC;
memset(&recvBuf, 0, sizeof(recvBuf));
iRecvResult = recvvl(ClientSocket, recvBuf, MAXLINE);
if (iRecvResult > 0)
{
    printf(" 接收数据长度 : %d\n", iRecvResult);
}
else
{
    if (iRecvResult == 0)
    {
        printf(" 对方连接关闭，退出 \n");
        closesocket(ClientSocket);
        WSACleanup();
        return 0;
    }
    else
    {
        printf("recv 函数调用错误，错误号 : %d\n", WSAGetLast
        closesocket(ClientSocket);
        WSACleanup();
        return -1;
    }
}
//解析客户端的公钥信息
memcpy((char *)&DHpubC, recvBuf, iRecvResult);
//生成服务器的公钥和私钥
unsigned char DHpriS = 0, DHpubS = 1;
const int cDHpubSLen = 1;
//模数 p 为 251，底数为 6
DHpriS = rand() % 256;
for (int i = 0; i < DHpriS; i++)
    DHpubS = (DHpubS * 6) % 251;
iSendResult = send(ClientSocket, (char *)&cDHpubSLen, sizeof(int), 0);
if (iSendResult == SOCKET_ERROR) {
    printf("send 函数调用错误，错误号: %d\n", WSAGetLastError());
    closesocket(ClientSocket);
    WSACleanup();
    return -1;
}
iSendResult = send(ClientSocket, (char *)&DHpubS, 1, 0);
if (iSendResult == SOCKET_ERROR) {
    printf("send 函数调用错误，错误号: %d\n", WSAGetLastError());
    closesocket(ClientSocket);
    WSACleanup();
    return -1;
}
//计算 DH 共享密钥
unsigned char DHkey = 1;
for (int i = 0; i < DHpriS; i++)
    DHkey = (DHkey * DHpubC) % 251;
```

（7）断开连接，释放资源

当服务器发送完数据时，调用 shutdown( ) 函数，使用 SD_SEND 参数声明自己不再发送数据。shutdown( ) 函数的调用关闭了服务器单方向的连接，声明不再发送数据，客户端会根据服务器的声明释放一部分不再使用的资源，但并不影响服务器之后的数据接收。当服务器接收完数据后，调用 closesocket( ) 关闭连接。代码如下：

```
//停止连接，不再发送数据
iResult = shutdown(ClientSocket, SD_SEND);
if (iResult == SOCKET_ERROR) {
    printf("shutdown 函数调用错误，错误号：%d\n", WSAGetLastError());
    closesocket(ClientSocket);
    WSACleanup();
    return 1;
}
//关闭套接字
closesocket(ClientSocket);
```

服务器端的完整代码如下：

```
 1  #include <time.h>
 2  #include "Winsock2.h"
 3  #include "stdio.h"
 4  #pragma comment(lib,"ws2_32.lib")
 5  #define MAXLINE 4096                    //接收缓冲区长度
 6  #define LISTENQ 1024                    //监听队列长度
 7  #define SERVER_PORT 13                  //服务器端口号
 8
 9  typedef struct {
10      unsigned char type;
11      unsigned char value;
12  }PAYLOAD;
13
14  #define PAYLOAD_TYPE_ENC    1
15  #define PAYLOAD_TYPE_HASH   2
16  #define PAYLOAD_TYPE_KE     3
17
18  #define ENC_DES      1
19  #define ENC_AES      2
20
21  #define HASH_MD4     1
22  #define HASH_MD5     2
23  #define HASH_SHA1    4
24  #define HASH_SHA256  8
25
26  #define KE_DH        1
27  #define KE_RSA       2
28
29  //接收定长数据
30  int recvn(SOCKET s, char * recvbuf, unsigned int fixedlen)
31  {
32      int iResult;                        //存储单次 recv 操作的返回值
33      int cnt;                            //用于统计相对于固定长度，剩余多少字节尚未接收
34      cnt = fixedlen;
35      while ( cnt > 0 ) {
```

```
36          iResult = recv(s, recvbuf, cnt, 0);
37          if ( iResult < 0 ){
38              //数据接收出现错误，返回失败
39              printf("接收发生错误：%d\n", WSAGetLastError());
40              return -1;
41          }
42          if ( iResult == 0 ){
43              //对方关闭连接，返回已接收到的小于 fixedlen 的字节数
44              printf("连接关闭\n");
45              return fixedlen - cnt;
46          }
47          //printf("接收到的字节数：%d\n", iResult);
48          //接收缓存指针向后移动
49          recvbuf +=iResult;
50          //更新 cnt 值
51          cnt -=iResult;
52      }
53      return fixedlen;
54  }
55
56  //接收变长数据
57  int recvvl(SOCKET s, char * recvbuf, unsigned int recvbuflen)
58  {
59      int iResult;              //存储单次 recv 操作的返回值
60      unsigned int reclen;      //用于存储报文首部的长度信息
61      //获取接收报文长度信息
62      iResult = recvn(s, ( char * )&reclen, sizeof( unsigned int ));
63      if ( iResult !=sizeof ( unsigned int ) )
64      {
65          //如果长度字段在接收时没有返回一个整型数据，就返回0（连接关闭）或-1（发生错误）
66          if ( iResult == -1 )
67          {
68              printf("接收发生错误：%d\n", WSAGetLastError());
69              return -1;
70          }
71          else
72          {
73               printf("连接关闭\n");
74               return 0;
75          }
76      }
77      //从网络字节顺序转换到主机字节顺序
78      //reclen = ntohl( reclen );
79      if ( reclen > recvbuflen )
80      {
81      //如果 recvbuf 没有足够的空间存储变长消息，则接收该消息并丢弃，返回错误
82          while ( reclen > 0)
83          {
84              iResult = recvn( s, recvbuf, recvbuflen );
85              if ( iResult != recvbuflen )
86              {
87      //如果变长消息在接收时没有返回足够的数据，就返回0（连接关闭）或-1（发生错误）
88                  if ( iResult == -1 )
89                  {
90                      printf("接收发生错误：%d\n", WSAGetLastError());
```

```
 91                         return -1;
 92                     }
 93                     else
 94                     {
 95                         printf(" 连接关闭 \n");
 96                         return 0;
 97                     }
 98                 }
 99                 reclen -= recvbuflen;
100                 //处理最后一段数据
101                 if ( reclen < recvbuflen )
102                     recvbuflen = reclen;
103             }
104             printf(" 可变长度的消息超出预分配的接收缓存 \r\n");
105             return -1;
106         }
107         //接收可变长消息
108         iResult = recvn( s, recvbuf, reclen );
109         if ( iResult != reclen )
110         {
111             //如果消息在接收时没有返回足够的数据，就返回 0 (连接关闭) 或 -1 (发生错误)
112             if ( iResult == -1 )
113             {
114                 printf(" 接收发生错误 : %d\n", WSAGetLastError());
115                 return -1;
116             }
117             else
118             {
119                 printf(" 连接关闭 \n");
120                 return 0;
121             }
122         }
123         return iResult;
124     }
125 
126     int main(int argc, char* argv[])
127     {
128         SOCKET     ListenSocket = INVALID_SOCKET, ClientSocket = INVALID_SOCKET;
129         int        iResult;
130         struct     sockaddr_in servaddr;
131         char       buff[MAXLINE], recvBuf[MAXLINE];
132         time_t     ticks;
133         int        iSendResult, iRecvResult;
134         //初始化 Windows Sockets DLL，协商版本号
135         WORD wVersionRequested;
136         WSADATA wsaData;
137         //使用 MAKEWORD(lowbyte, highbyte) 宏，在 Windef.h 中声明
138         wVersionRequested = MAKEWORD(2, 2);
139         iResult = WSAStartup(wVersionRequested, &wsaData);
140         if (iResult != 0)
141         {
142             //告知用户无法找到可用的 WinSock DLL
143             printf("WSAStartup 函数调用错误，错误号: %d\n", WSAGetLastError());
144             return -1;
145         }
```

```
146        //确认WinSock DLL支持版本2.2
147        if (LOBYTE(wsaData.wVersion) != 2 || HIBYTE(wsaData.wVersion) != 2)
148        {
149            //告知用户无法找到可用的WinSock DLL
150            printf("无法找到可用的Winsock.dll版本\n");
151            WSACleanup();
152            return -1;
153        }
154        else
155            printf("Winsock 2.2 dll初始化成功\n");
156        //创建流式套接字
157        if ((ListenSocket = socket(AF_INET, SOCK_STREAM, 0)) < 0)
158        {
159            printf("socket 函数调用错误，错误号：%d\n", WSAGetLastError());
160            WSACleanup();
161            return -1;
162        }
163        memset(&servaddr, 0, sizeof(servaddr));
164        servaddr.sin_family = AF_INET;
165        servaddr.sin_addr.s_addr = htonl(INADDR_ANY);
166        servaddr.sin_port = htons(SERVER_PORT);
167        //为监听套接字绑定服务器地址
168        iResult = bind(ListenSocket, (struct sockaddr *) & servaddr, sizeof(servaddr));
169        if (iResult == SOCKET_ERROR)
170        {
171            printf("bind 函数调用错误，错误号：%d\n", WSAGetLastError());
172            closesocket(ListenSocket);
173            WSACleanup();
174            return -1;
175        }
176        //设置服务器为监听状态，监听队列长度为LISTENQ
177        iResult = listen(ListenSocket, LISTENQ);
178        if (iResult == SOCKET_ERROR)
179        {
180            printf("listen 函数调用错误，错误号：%d\n", WSAGetLastError());
181            closesocket(ListenSocket);
182            WSACleanup();
183            return -1;
184        }
185        for (; ; )
186        {
187            //接受客户端连接请求，返回连接套接字ClientSocket
188            ClientSocket = accept(ListenSocket, NULL, NULL);
189            if (ClientSocket == INVALID_SOCKET) {
190                printf("accept 函数调用错误，错误号：%d\n", WSAGetLastError());
191                closesocket(ListenSocket);
192                WSACleanup();
193                return -1;
194            }
195
196            memset(&recvBuf, 0, sizeof(MAXLINE));
197            iRecvResult = recvvl(ClientSocket, recvBuf, MAXLINE);
198            if (iRecvResult > 0)
199            {
200                printf("接收数据长度：%d\n", iRecvResult);
```

```
201        }
202        else
203        {
204            if (iRecvResult == 0)
205            {
206                printf(" 对方连接关闭，退出\n");
207                closesocket(ClientSocket);
208                WSACleanup();
209                return 0;
210            }
211            else
212            {
213                printf("recv 函数调用错误，错误号 : %d\n", WSAGetLast
214                closesocket(ClientSocket);
215                WSACleanup();
216                return -1;
217            }
218        }
219        //解析客户端的参数列表并选择合适的参数类型
220        PAYLOAD temp, choseEncAlgorithm, choseHashAlgorithm, choseKE;
221        const int cPayloadLen = sizeof(PAYLOAD);
222        int numPayload = 0;
223        do {
224            iRecvResult -= cPayloadLen;
225            memcpy((char *)&temp, recvBuf + cPayloadLen * numPayload, cPayloadLen);
226            switch (temp.type)
227            {
228            case PAYLOAD_TYPE_ENC:
229                choseEncAlgorithm.type = temp.type;
230                choseEncAlgorithm.value = temp.value & ENC_DES;
231                break;
232            case PAYLOAD_TYPE_HASH:
233                choseHashAlgorithm.type = temp.type;
234                choseHashAlgorithm.value = temp.value & HASH_MD5;
235                break;
236            case PAYLOAD_TYPE_KE:
237                choseKE.type = temp.type;
238                choseKE.value = temp.value & KE_DH;
239                break;
240            default:
241                break;
242            }
243            numPayload++;
244        } while (iRecvResult > 0);
245        //封装所选择的参数
246        char payloadBuf[cPayloadLen * 3 + 1];
247        int cLen = cPayloadLen * 3;
248        memcpy(payloadBuf, (char *)&choseEncAlgorithm, cPayloadLen);
249        memcpy(payloadBuf + cPayloadLen, (char *)&choseHashAlgorithm, cPayloadLen);
250        memcpy(payloadBuf + cPayloadLen * 2, (char *)&choseKE, cPayloadLen);
251        //发送数据长度
252        iSendResult = send(ClientSocket, (char *)&cLen, sizeof(int), 0);
253        if (iSendResult == SOCKET_ERROR) {
254            printf("send 函数调用错误，错误号: %d\n", WSAGetLastError());
255            closesocket(ClientSocket);
```

```
256             WSACleanup();
257             return -1;
258         }
259         //发送所选择的参数
260         iSendResult = send(ClientSocket, payloadBuf, cLen, 0);
261         if (iSendResult == SOCKET_ERROR) {
262             printf("send 函数调用错误，错误号：%d\n", WSAGetLastError());
263             closesocket(ClientSocket);
264             WSACleanup();
265             return -1;
266         }
267 
268         //接收客户端的公钥信息
269         unsigned char DHpubC;
270         memset(&recvBuf, 0, sizeof(recvBuf));
271         iRecvResult = recvvl(ClientSocket, recvBuf, MAXLINE);
272         if (iRecvResult > 0)
273         {
274             printf("接收数据长度：%d\n", iRecvResult);
275         }
276         else
277         {
278             if (iRecvResult == 0)
279             {
280                 printf("对方连接关闭，退出\n");
281                 closesocket(ClientSocket);
282                 WSACleanup();
283                 return 0;
284             }
285             else
286             {
287                 printf("recv 函数调用错误，错误号：%d\n", WSAGetLast
288                 closesocket(ClientSocket);
289                 WSACleanup();
290                 return -1;
291             }
292         }
293         //解析客户端的公钥信息
294         memcpy((char *)&DHpubC, recvBuf, iRecvResult);
295         //生成服务器的公钥和私钥
296         unsigned char DHpriS = 0, DHpubS = 1;
297         const int cDHpubSLen = 1;
298         //模数p为251，底数为6
299         DHpriS = rand() % 256;
300         for (int i = 0; i < DHpriS; i++)
301             DHpubS = (DHpubS * 6) % 251;
302         iSendResult = send(ClientSocket, (char *)&cDHpubSLen, sizeof(int), 0);
303         if (iSendResult == SOCKET_ERROR) {
304             printf("send 函数调用错误，错误号：%d\n", WSAGetLastError());
305             closesocket(ClientSocket);
306             WSACleanup();
307             return -1;
308         }
309         iSendResult = send(ClientSocket, (char *)&DHpubS, 1, 0);
310         if (iSendResult == SOCKET_ERROR) {
```

```
311                printf("send 函数调用错误，错误号：%d\n", WSAGetLastError());
312                closesocket(ClientSocket);
313                WSACleanup();
314                return -1;
315            }
316            //计算DH共享密钥
317            unsigned char DHkey = 1;
318            for (int i = 0; i < DHpriS; i++)
319                DHkey = (DHkey * DHpubC) % 251;
320
321            //停止连接，不再发送数据
322            iResult = shutdown(ClientSocket, SD_SEND);
323            if (iResult == SOCKET_ERROR) {
324                printf("shutdown 函数调用错误，错误号：%d\n", WSAGetLastError());
325                closesocket(ClientSocket);
326                WSACleanup();
327                return -1;
328            }
329            //关闭套接字
330            closesocket(ClientSocket);
331            printf("主动关闭连接\n");
332        }
333        closesocket(ListenSocket);
334        WSACleanup();
335        return 0;
336    }
```

运行以上程序，结果如图10-22所示。

图10-22　密钥协商过程服务端程序的运行结果

10.3.2　加密通信过程

加密通信过程的初始化操作和参数协商过程一致，本节主要描述加密通信过程中所涉及的核心步骤。

1. 客户端编程操作

客户端程序核心步骤有4个，下面具体介绍。

（1）生成会话密钥

利用密钥协商产生的DH共享密钥生成后续的会话密钥。代码如下：

```
//生成会话密钥
unsigned char sha1Res[20];
SHA_State s;
SHA_Init(&s);
SHA_Bytes(&s, &DHkey, 1);
SHA_Final(&s, sha1Res);
```

```
unsigned char deskey[8];
memcpy(deskey, sha1Res, 8);
```

在本示例中，利用SHA1对DH共享密钥DHkey进行操作，取前8字节作为DES加解密密钥。

（2）生成明文校验值

利用协商好的散列算法对明文数据进行运算，生成校验值。代码如下：

```
//明文数据
char plaintext[] = "Hello world!";
//生成明文数据的校验值
unsigned char plainCsum[16] = { 0 };
md4_csum((unsigned char*)plaintext, strlen(plaintext), plainCsum);
```

在本示例中，明文数据存储于plaintext中，利用MD4对明文进行散列运算，产生16字节的散列值并存储。

（3）填充明文数据

在部分对称加密算法中，需要保证明文数据是8字节的整数倍，所以需要进行填充。代码如下：

```
//填充要加密的数据，PKCS#5
unsigned char input[MAXLINE];
int inputLen = strlen(plaintext) + 16;
memcpy(input, plaintext, strlen(plaintext));
memcpy(input + strlen(plaintext), plainCsum, 16);
switch (inputLen % 8)
{
case 0:
    for (int i = 0; i < 8; i++)
        input[inputLen + i] = 0x08;
    inputLen += 8;
    break;
case 1:
    for (int i = 0; i < 7; i++)
        input[inputLen + i] = 0x07;
    inputLen += 7;
    break;
case 2:
    for (int i = 0; i < 6; i++)
        input[inputLen + i] = 0x06;
    inputLen += 6;
    break;
case 3:
    for (int i = 0; i < 5; i++)
        input[inputLen + i] = 0x05;
    inputLen += 5;
    break;
case 4:
    for (int i = 0; i < 4; i++)
        input[inputLen + i] = 0x04;
    inputLen += 4;
    break;
```

```
case 5:
    for (int i = 0; i < 3; i++)
        input[inputLen + i] = 0x03;
    inputLen += 3;
    break;
case 6:
    for (int i = 0; i < 2; i++)
        input[inputLen + i] = 0x02;
    inputLen += 2;
    break;
case 7:
    input[inputLen] = 0x01;
    inputLen += 1;
    break;
default:
    break;
}
```

在本示例中，首先将原始明文和 MD4 散列值拼接在一起，之后采用 PKCS#5 标准根据数据长度对数据进行填充，以用于后续的 DES 加密。

（4）对数据进行加密并发送

利用生成的会话密钥对填充好的数据进行 DES 加密，并发送给服务器。代码如下：

```
// 对填充好的数据进行 DES 加密
unsigned char output[MAXLINE];
int templen = inputLen, desCount = 0;
des_context ctx;
memset(&ctx, 0, sizeof(des_context));
des_set_key(&ctx, deskey);
while (templen > 0)
{
    des_encrypt(&ctx, input + 8 * desCount, output + 8 * desCount);
    templen -= 8;
    desCount++;
}
// 发送加密数据长度
iSendResult = send(ConnectSocket, (char *)&inputLen, sizeof(int), 0);
if (iSendResult == SOCKET_ERROR) {
    printf("send 函数调用错误，错误号: %d\n", WSAGetLastError());
    closesocket(ConnectSocket);
    WSACleanup();
    return -1;
}
// 发送加密数据
iSendResult = send(ConnectSocket, (char *)output, inputLen, 0);
if (iSendResult == SOCKET_ERROR) {
    printf("send 函数调用错误，错误号: %d\n", WSAGetLastError());
    closesocket(ConnectSocket);
    WSACleanup();
    return -1;
}
```

运行以上程序，结果如图 10-23 所示。

```
C:\WINDOWS\system32\cmd.exe
D:\Project\Book-textbook\client\Debug>client.exe 127.0.0.1
Winsock 2.2 dll初始化成功
客户端生成的公钥为：163
双方协商生成的DH密钥为：87
双方生成的会话密钥为：E2415CB7F63DF0C9
客户端要发送的明文数据为：Hello world!
客户端生成的加密数据为：2FE772CF90AB2F8E871CD30366156AB191547CB652117A538C2078B7048ED1CA
```

图 10-23　加密通信过程客户端程序的运行结果

2. 服务器编程操作

服务器端程序的核心步骤有 3 个，下面分别介绍。

（1）会话密钥生成

利用密钥协商产生的 DH 共享密钥生成后续的会话密钥，由于加密通信采用的是对称加密，因此加解密的密钥一致。代码如下：

```
// 生成会话密钥
unsigned char sha1Res[20];
SHA_State s;
SHA_Init(&s);
SHA_Bytes(&s, &DHkey, 1);
SHA_Final(&s, sha1Res);
unsigned char deskey[8];
memcpy(deskey, sha1Res, 8);
```

（2）接收加密数据并解密

接收从客户端发送过来的密文数据并解密。代码如下：

```
// 接收客户端的密文数据
memset(&recvBuf, 0, sizeof(recvBuf));
iRecvResult = recvvl(ClientSocket, recvBuf, MAXLINE);
if (iRecvResult > 0)
{
    printf(" 接收数据长度 : %d\n", iRecvResult);
}
else
{
    if (iRecvResult == 0)
    {
        printf(" 对方连接关闭，退出 \n");
        closesocket(ClientSocket);
        WSACleanup();
        return 0;
    }
    else
    {
        printf("recv 函数调用错误，错误号 : %d\n", WSAGetLast
        closesocket(ClientSocket);
        WSACleanup();
        return -1;
    }
}
// 对密文数据进行 DES 解密
```

```
unsigned char outPlaintext[MAXLINE];
int templen = iRecvResult, desCount = 0;
des_context ctx;
memset(&ctx, 0, sizeof(des_context));
des_set_key(&ctx, deskey);
while (templen > 0)
{
    des_decrypt(&ctx, (unsigned char*)recvBuf + 8 * desCount, outPlaintext + 8 * desCount);
    templen -= 8;
    desCount++;
}
```

接收完客户端发送的数据之后，按照相同的分组加密方式对密文数据进行 DES 解密，解密密钥与加密密钥相同。

（3）对解密的明文数据进行校验

解密明文数据之后，为了防止通信过程被攻击，需要对明文数据进行校验。代码如下：

```
// 对散列值进行校验
int plaintextLen;
switch (outPlaintext[iRecvResult - 1])
{
case 0x01:
    plaintextLen = iRecvResult - 16 - 1;
    break;
case 0x02:
    plaintextLen = iRecvResult - 16 - 2;
    break;
case 0x03:
    plaintextLen = iRecvResult - 16 - 3;
    break;
case 0x04:
    plaintextLen = iRecvResult - 16 - 4;
    break;
case 0x05:
    plaintextLen = iRecvResult - 16 - 5;
    break;
case 0x06:
    plaintextLen = iRecvResult - 16 - 6;
    break;
case 0x07:
    plaintextLen = iRecvResult - 16 - 7;
    break;
case 0x08:
    plaintextLen = iRecvResult - 16 - 8;
    break;
default:
    break;
}
unsigned char plainCsum[16] = { 0 };
md4_csum(outPlaintext, plaintextLen, plainCsum);
if (memcmp(plainCsum, outPlaintext + plaintextLen, 16) != 0)
{
    printf("散列校验产生错误! \n");
    closesocket(ClientSocket);
```

```
    WSACleanup();
    return -1;
}
```

运行以上程序，结果如图 10-24 所示。

```
D:\Project\Book-textbook\server\Debug\server.exe
Winsock 2.2 dll初始化成功
服务端生成的公钥为：137
双方协商生成的DH密钥为：87
双方生成的会话密钥为：E2415CB7F63DF0C9
服务端接收的加密数据为：2FE772CF90AB2F8E871CD30366156AB191547CB652117A538C2078B7048ED1CA
服务端解密之后的数据为：Hello world!
```

图 10-24 加密通信过程服务端程序的运行结果

习题

1. IPSec 协议中，IKE v1 分为两阶段协商的好处是什么？
2. SSL 协议由哪些子协议组成？
3. 进行保密通信时，双方一般会分为哪几步？每一步的作用分别是什么？

实验

请实现一个简单的加密文件分享系统，使得通信双方能够安全地共享自己的文件。

附　录

Windows Sockets 错误码

错误码 / 值	错误描述
WSA_INVALID_HANDLE 6	应用程序试图使用一个事件对象，但指定的句柄非法。错误值依赖于操作系统
WSA_NOT_ENOUGH_MEMORY 8	应用程序使用一个直接映射到 Win32 函数的 WinSock 函数，而 Win32 函数指示缺乏必要的内存资源。错误值依赖于操作系统
WSA_INVALID_PARAMETER 87	应用程序使用了一个直接映射到 Win32 函数的 WinSock 函数，而 Win32 函数指示一个或多个参数有问题。错误值依赖于操作系统
WSA_OPERATION_ABORTED 995	因为套接字关闭，一个重叠操作被取消，或执行 WSAIoctl( ) 函数的 SIO_FLUSH 命令。错误值依赖于操作系统
WSA_IO_INCOMPLETE 996	应用程序试图检测一个没有完成的重叠操作的状态。应用程序使用函数 WSAGetOverlappedResult( )（参数 fWait 设置为 false）以轮询模式检测一个重叠操作是否完成时将得到此错误码，除非该操作已经完成。错误值依赖于操作系统
WSA_IO_PENDING 997	应用程序已经初始化了一个不能立即完成的重叠操作，此操作完成时将有完成指示。错误值依赖于操作系统
WSAEINTR 10004	阻塞操作被函数 WSACancelBlockingCall ( ) 调用中断
WSAEBADF 10009	文件描述符不正确。该错误表明提供的文件句柄无效。在 Windows CE 下，socket 函数可能返回这个错误，表明共享串口处于“忙”状态
WSAEACCES 10013	试图使用被禁止的访问权限去访问套接字。例如，在没有使用函数 setsockopt( ) 的 SO_BROADCAST 命令设置广播权限的套接字上使用函数 sendto( ) 给一个广播地址发送数据
WSAEFAULT 10014	系统检测到调用试图使用的一个指针参数指向一个非法指针地址。如果应用程序传递一个非法的指针值，或缓冲区长度太小，会发生此错误。例如，如果参数为结构 sockaddr，但参数的长度小于 sockaddr 的大小
WSAEINVAL 10022	提供了非法参数（例如，在使用 setsockopt( ) 函数时指定了非法的 level）。在一些实例中，它也指套接字的当前状态，例如，在未倾听的套接字调用 accept( ) 函数
WSAEMFILE 10024	打开的套接字太多。不管是对整个系统还是每个进程或线程，Windows Sockets 实现都可能有一个最大可用的套接字句柄数
WSAEWOULDBLOCK 10035	此错误由在非阻塞套接字上不能立即完成的操作返回，例如，当套接字上没有排队数据可读时调用了 recv( ) 函数。此错误不是严重错误，相应操作应该稍后重试。对于在非阻塞 SOCK_STREAM 套接字上调用 connect( ) 函数来说，报告 WSAEWOULDBLOCK 是正常的，因为建立一个连接必须花费一些时间

（续）

错误码 / 值	错误描述
WSAEINPROGRESS 10036	一个阻塞操作正在执行。Windows Sockets 只允许一个任务（或线程）在同一时间可以有一个未完成的阻塞操作，如果此时调用了任何函数（不管此函数是否引用了该套接字或其他套接字），此函数将以错误码 WSAEINPROGRESS 返回
WSAEALREADY 10037	当非阻塞套接字上有一个操作正在进行时，又有一个操作试图在其上执行，就会产生此错误。例如，在一个正在进行连接的非阻塞套接字上第二次调用 connect( ) 函数，或取消一个已经被取消或已完成的异步请求（WSAAsyncGetXbyY( )）
WSAENOTSOCK 10038	试图在不是套接字的内容上操作。它可能是套接字句柄参数没有引用的合法套接字，或者对于 select、fd_set 成员不合法
WSAEDESTADDRREQ 10039	套接字的操作遗漏了必须的地址。例如，如果 sendto( ) 函数被调用且远程地址为 ADDR_ANY 时，返回此错误
WSAEMSGSIZE 10040	在数据报套接字上发送的一个消息大于内部消息缓冲区或其他网络限制，或者是用来接收数据报的缓冲区小于数据报本身
WSAEPROTOTYPE 10041	在 socket( ) 函数调用中指定的协议不支持请求的套接字类型的语义。例如，ARPA Internet UDP 协议不能和 SOCK_STREAM 套接字类型一同指定
WSAENOPROTOOPT 10042	在 getsockopt( ) 或 setsockopt( ) 调用中，指定了一个未知的、非法的或不支持的选项或层（level）
WSAEPROTONOSUPPORT 10043	请求的协议没有在系统中配置或不存在支持它的实现。例如，socket( ) 调用请求一个 SOCK_DGRAM 套接字，但指定的是流协议
WSAESOCKTNOSUPPORT 10044	不支持在此地址族中指定的套接字类型。例如，socket( ) 调用中选择了可选的套接字类型 SOCK_RAW，但是实现根本不支持 SOCK_RAW 类型的套接字
WSAEOPNOTSUPP 10045	对于引用的对象的类型来说，不支持试图进行的操作。这种情况通常发生在套接字不支持此操作的套接字描述符上，例如，试图在数据报套接字上接收连接
WSAEPFNOSUPPORT 10046	协议栈没有在系统中配置或没有支持它的实现。它与 WSAEAFNOSUPPORT 稍有不同，但在大多数情况下可以互换，返回这两个错误的所有 Windows Sockets 函数的说明见 WSAEAFNOSUPPORT 的描述
WSAEAFNOSUPPORT 10047	使用的地址与被请求的协议不兼容。所有的套接字在创建时都与一个地址族（如 IP 协议对应的 AF_INET）和一个通用的协议类型（如 SOCK_STREAM）联系起来。如果在 socket( ) 调用中明确地要求一个不正确的协议，或在调用 sendto( ) 等函数时使用了对套接字来说是错误的地址族的地址，该错误返回
WSAEADDRINUSE 10048	正常情况下，每个套接字地址（协议 /IP 地址 / 端口号）只允许使用一次。当应用程序试图使用 bind( ) 函数将一个被已存在的、没有完全关闭的、正在关闭的套接字使用的 IP 地址 / 端口号绑定到一个新套接字上时，会发生该错误。对于服务器应用程序来说，如果需要使用 bind( ) 函数将多个套接字绑定到同一个端口上，可以考虑使用 setsockopt( ) 函数的 SO_REUSEADDR 命令。客户端应用程序一般不需要使用 bind( ) 函数，connect( ) 连接函数总是自动选择没有使用的端口号。当 bind( ) 函数操作的是通配地址（包括 ADDR_ANY）时，本错误可能延迟到一个明确的地址被提交时才发生。这可能在后续的函数如 connect( )、listen( )、WSAConnect( ) 或 WSAJoinLeaf( ) 调用时发生
WSAEADDRNOTAVAIL 10049	被请求的地址在它的环境中是不合法的。通常是在 bind( ) 函数试图将一个本地机器不合法的地址绑定到套接字时发生。该错误也可能在 connect( )、sendto( )、WSAConnect( )、WSAJoinLeaf( ) 或 WSASendTo( ) 函数调用时因远程机器的远程地址或端口号非法（如 0 地址或 0 端口号）而产生

（续）

错误码 / 值	错误描述
WSAENETDOWN 10050	套接字操作遇到一个不活动的网络。此错误可能指示网络系统（例如 WinSock DLL 运行的协议栈）、网络接口或本地网络发生了一个严重的失败
WSAENETUNREACH 10051	试图和一个无法到达的网络进行套接字操作。它常常意味着本地软件不知道到达远程主机的路由
WSAENETRESET 10052	连接已中断，这是因为检测到操作正在进行时失败。该错误也可能由 setsockopt( ) 函数返回，这种情况是在已经失败的连接上设置 SO_KEEPALIVE 而出现的
WSAECONNABORTED 10053	一个已建立的连接被主机上的软件终止，可能是因为一次数据传输超时或是协议错误
WSAECONNRESET 10054	存在的连接被远程主机强制关闭。通常是因为：远程主机上对等方应用程序突然停止运行，远程主机重新启动，远程主机在远程方套接字上使用了“强制”关闭（参见 setsockopt(SO_LINGER)）。另外，在一个或多个操作正在进行时，如果因“keep-alive”活动检测到一个失败而导致连接中断，也可能报告此错误。此时，正在进行的操作以错误码 WSAENETRESET 返回，后续操作将失败返回错误码 WSAECONNRESET
WSAENOBUFS 10055	由于系统缺乏足够的缓冲区空间，或因为队列已满，在套接字上的操作无法执行
WSAEISCONN 10056	连接请求发生在已经连接的套接字上。一些实现对于在已连接 SOCK_DGRAM 套接字上使用 sendto( ) 函数的情况也返回此错误（对于 SOCK_STREAM 套接字，sendto( ) 函数的 to 参数被忽略），尽管其他一些实现将此操作视为合法事件
WSAENOTCONN 10057	因为套接字没有连接，并且使用 sendto( ) 函数在数据报套接字上发送时没有提供地址，因此发送和接收数据的请求不被允许。其他类型的操作也可以返回此错误，例如，使用 setsockopt( ) 函数在一个已重置的连接上设置 SO_KEEPALIVE
WSAESHUTDOWN 10058	因为套接字在相应方向上已经被先前的 shutdown( ) 调用关闭，所以不支持该方向上的发送或接收请求。通过调用 shutdown( ) 函数来请求对套接字的部分关闭，它发送一个信号来停止发送、接收或双向操作
WSAETOOMANYREFS 10059	指向内核对象的引用过多
WSAETIMEDOUT 10060	连接请求因被连接方在一个时间周期内不能正确响应而失败，或已经建立的连接因被连接的主机不能响应而失败
WSAECONNREFUSED 10061	目标主机主动拒绝，连接不能建立。这通常是因为试图连接到一个远程主机上不活动的服务造成的，如没有服务器应用程序处于执行状态
WSAELOOP 10062	无法转换名称
WSAENAMETOOLONG 10063	名称过长
WSAEHOSTDOWN 10064	套接字操作因为目标主机关闭而失败。套接字操作遇到不活动主机。本地主机上的网络活动尚未启动。这些条件由错误码 WSAETIMEDOUT 指示更有可能
WSAEHOSTUNREACH 10065	试图和一个不可达主机进行套接字操作。参见 WSAENETUNREACH
WSAENOTEMPTY 10066	无法删除一个非空目录

（续）

错误码 / 值	错误描述
WSAEPROCLIM 10067	Windows Sockets 实现可能限制同时使用它的应用程序的数量，如果达到此限制，WSAStartup( ) 函数可能因此错误而失败
WSAEUSERS 10068	超出用户配额
WSAEDQUOT 10069	超出磁盘配额
WSAESTALE 10070	对文件句柄的引用已不可用
WSAEREMOTE 10071	该项在本地不可用
WSASYSNOTREADY 10091	此错误由 WSAStartup( ) 函数返回，它表示此时提供网络服务的基础系统不可用。用户应该检查是否有合适的 Windows Sockets DLL 文件在当前路径中，是否同时使用了多个 WinSock 实现。如果有多于一个的 WINSock DLL 在系统中，必须确保搜索路径中第一个 WinSock DLL 文件是当前加载的网络子系统所需要的
WSAVERNOTSUPPORTED 10092	当前的 WinSock 实现不支持应用程序指定的 Windows Sockets 规范版本。检查是否有旧的 Windows Sockets DLL 文件正在被访问
WSANOTINITIALISED 10093	应用程序没有调用 WSAStartup( ) 函数，或函数 WSAStartup( ) 调用失败。应用程序可能访问了不属于当前活动任务的套接字（例如试图在任务间共享套接字），或调用了过多的 WSACleanup( ) 函数
WSAEDISCON 10101	由 WSARecv( ) 和 WSARecvFrom( ) 函数返回，指示远程方已经启动正常关闭序列
WSAENOMORE 10102	WSALookupServiceNext ( ) 函数没有后续结果返回
WSAECANCELLED 10103	对 WSALookupServiceEnd ( ) 函数的调用被取消
WSAEINVALIDPROCTABLE 10104	进程调用表无效。该错误通常是指进程表包含了无效条目的情况下，由一个服务提供者返回的
WSAEINVALIDPROVIDER 10105	服务提供者无效。该错误同服务提供者关联在一起，在提供者不能建立正确的 WinSock 版本导致无法正常工作的前提下产生
WSAEPROVIDERFAILEDINIT 10106	提供者初始化失败。这个错误同服务提供者关联在一起，通常见于提供者不能载入需要的 DLL 时
WSASYSCALLFAILURE 10107	当一个不应该失败的系统调用失败时返回。例如，如果 WaitForMultipleObjects( ) 调用失败，或注册的 API 不能够利用协议 / 名字空间目录
WSASERVICE_NOT_FOUND 10108	此类服务未知，该服务无法在指定的名字空间中找到
WSATYPE_NOT_FOUND 10109	没有找到指定的类
WSA_E_NO_MORE 10110	WSALookupServiceNext 函数没有返回后续结果
WSA_E_CANCELLED 10111	对 WSALookupServiceEnd 函数的调用被取消
WSAEREFUSED 10112	数据库请求被拒绝

（续）

错误码 / 值	错误描述
WSAHOST_NOT_FOUND 11001	主机未知。此名字不是一个正式主机名，也不是一个别名，它不能在查询的数据库中找到 此错误也可能在协议和服务查询中返回，它意味着指定的名字不能在相关数据库中找到
WSATRY_AGAIN 11002	此错误通常是在主机名解析时发生的临时错误，它意味着本地服务器没有从授权服务器接收到一个响应。稍后的重试可能会获得成功
WSANO_RECOVERY 11003	此错误码指示在数据库查找时发生了某种不可恢复的错误。它可能是因为数据库文件（如 BSD 兼容的 HOSTS、SERVICES 或 PROTOCOLS 文件）找不到，或 DNS 请求应服务器有严重错误而返回
WSANO_DATA 11004	请求的名字合法并且能够在数据库中找到，但它没有正确的关联数据用于解析。此错误的例子是使用 gethostbyname( ) 或 WSAAsyncGetHostByName( ) 函数尝试进行 DNS 主机名到地址的转换请求，返回了 MX（Mail eXchanger）记录但是没有 A（Address）记录，它指示主机本身是存在的，但是不能直接到达
WSA_QOS_RECEIVERS 11005	至少有一条预约消息抵达。这个值同 IP 服务质量（QoS）有着密切的关系，但并不是一个真正的“错误”，它指出网络上至少有一个进程希望接收 QoS 通信
WSA_QOS_SENDERS 11006	至少有一条路径消息抵达。这个值同 IP 服务质量（QoS）有密切的关系，更像一种状态报告消息。它指出网络至少有一个进程希望进行 QoS 数据的发送
WSA_QOS_NO_SENDERS 11007	没有 QoS 发送者。这个值同 QoS 关联在一起，指出不再有任何进程对 QoS 数据的发送有兴趣
WSA_QOS_NO_RECEIVERS 11008	没有 QoS 接收者。这个值同 QoS 关联在一起，指出不再有任何进程对 QoS 数据的接收有兴趣
WSA_QOS_REQUEST_CONFIRMED 11009	预约请求已被确认。QoS 应用可事先发出请求，希望在批准了自己对网络带宽的预约请求后收到通知
WSA_QOS_ADMISSION_FAILURE 11010	资源缺乏导致 QoS 错误，无法满足 QoS 带宽请求
WSA_QOS_POLICY_FAILURE 11011	证书无效，表明发出 QoS 预约请求的时候，要么用户并不具备正确的权限，要么提供的证书无效
WSA_QOS_BAD_STYLE 11012	未知或冲突的样式。QoS 应用程序可针对一个指定的会话，建立不同的过滤器样式。如果出现这一错误，表明指定的样式类型要么未知，要么存在冲突
WSA_QOS_BAD_OBJECT 11013	为 QoS 对象提供的 FILTERSPEC 结构无效，或者提供者特有的缓冲区无效，就会返回该错误
WSA_QOS_TRAFFIC_CTRL_ERROR 11014	FLOWSPEC 有问题。加入通信控制组件发现指定的 FLOWSPEC 参数存在问题（作为 QoS 对象的一个成员传递），便会返回该错误
WSA_QOS_GENERIC_ERROR 11015	常规 QoS 错误。如果其他 QoS 都不适合，便返回该错误
WSA_QOS_ESERVICETYPE 11016	在 QoS 的 FLOWSPEC 中发现无效或不可识别的服务类型
WSA_QOS_EFLOWSPEC 11017	在 QoS 的结构中发现不正确或不一致的 FLOWSPEC
WSA_QOS_EPROVSPECBUF 11018	无效的 QoS 提供者缓冲区

（续）

错误码 / 值	错误描述
WSA_QOS_EFILTERSTYLE 11019	无效的 QoS 过滤器样式
WSA_QOS_EFILTERTYPE 11020	无效的 QoS 过滤器类型
WSA_QOS_EFILTERCOUNT 11021	在 FLOWDESCRIPTOR 中指定了错误的 QoS FILTERSPEC 标识
WSA_QOS_EOBJLENGTH 11022	在 QoS 提供程序特定缓冲区中，对象长度域不正确
WSA_QOS_EFLOWCOUNT 11023	QoS 结构中指定的流描述符数量不正确
WSA_QOS_EUNKOWNPSOBJ 11024	在 QoS 提供程序特定缓冲区中发现无法识别的对象
WSA_QOS_EPOLICYOBJ 11025	在 QoS 提供程序特定缓冲区中发现不正确的策略对象
WSA_QOS_EFLOWDESC 11026	在流的描述列表中出现不正确的 QoS 流描述符
WSA_QOS_EPSFLOWSPEC 11027	在 QoS 提供程序特定缓冲区中发现不正确或不一致的 FLOWSPEC
WSA_QOS_EPSFILTERSPEC 11028	在 QoS 提供程序特定缓冲区中发现不正确的 FILTERSPEC
WSA_QOS_ESDMODEOBJ 11029	在 QoS 提供的特定缓冲区中发现了不正确的形状放弃模式对象
WSA_QOS_ESHAPERATEOBJ 11030	在 QoS 提供程序特定缓冲区中发现一个无效的定形速率对象
WSA_QOS_RESERVED_PETYPE 11031	在 QoS 提供程序特定缓冲区中发现保留的策略元素

参考文献

[1] 蒋东兴，林鄂华，陈棋德，等. Windows Sockets 网络程序设计大全 [M]. 北京：清华大学出版社，2000.

[2] JONES A，OHLUND J. Windows 网络编程技术 [M]. 京京工作室，译. 北京：机械工业出版社，2000.

[3] SNADER J C. 改善网络程序的 44 个技巧 [M]. 陈涓，赵振平，译. 北京：人民邮电出版社，2001.

[4] 谭献海，等. 网络编程技术及应用 [M]. 北京：清华大学出版社，2007.

[5] 王艳平. Windows 网络与通信程序设计 [M]. 2 版. 北京：人民邮电出版社，2009.

[6] 罗莉琴，詹祖桥. Windows 网络编程 [M]. 北京：人民邮电出版社，2011.

[7] 高守传，周书锋. Windows 网络程序设计完全讲义 [M]. 北京：中国水利水电出版社，2010.

[8] 罗杰文. Peer to Peer 综述 [EB/OL]. (2005-11-3)[2022-5-10]. https://blog.csdn.net/callytb/article/details/1534139.

[9] WinPcap. The industry-standard windows packet capture library [EB/OL]. (2008-6-1) [2022-6-11]. https://www.winpcap.org/misc/features.htm.

[10] Npcap. Npcap Reference Guide [EB/OL]. (2022-1-1) [2022-6-13]. https://npcap.com/guide/index.html.

[11] Microsoft.Windows Sockets Error Codes [EB/OL]. (2023-6-13) [2023-6-15]. https://docs.microsoft.com/zh-cn/windows/win32/winsock/windows-sockets-error-codes-2.

[12] DONAHOO M J, CALVERT K L.TCP/IP Sockets 编程：C 语言实现 [M]. 陈宗斌，等译. 北京：清华大学出版社，2009.

[13] QUINN B, SHUTE D. Windows Sockets 网络编程 [M]. 徐磊，腾婧，张莹，等译. 北京：机械工业出版社，2012.

[14] 福尔，史蒂文斯. TCP/IP 详解　卷 1：协议：第 2 版 [M]. 吴英，张玉，许昱玮，译. 北京：机械工业出版社，2016.

[15] STEVENS W R, FENNER B, RUDOFF A M.UNIX 网络编程　卷 1：套接字联网 API：第 3 版 [M]. 匿名，译. 北京：人民邮电出版社，2010.

[16] COMER D E, STEVENS D L. 用 TCP/IP 进行网际互连　第 3 卷：客户机 – 服务器编程和应用：第 2 版 [M]. 赵刚，林瑶，蒋慧，等译. 北京：电子工业出版社，1998.

推荐阅读

TCP/IP详解 卷1：协议（原书第2版）

作者：Kevin R. Fall, W. Richard Stevens　译者：吴英 吴功宜

ISBN：978-7-111-45383-3　定价：129.00元

TCP/IP详解 卷1：协议（英文版·第2版）

ISBN：978-7-111-38228-7　定价：129.00元

我认为本书之所以领先群伦、独一无二，是源于其对细节的注重和对历史的关注。书中介绍了计算机网络的背景知识，并提供了解决不断演变的网络问题的各种方法。本书一直在不懈努力，以获得精确的答案和探索剩余的问题域。对于致力于完善和保护互联网运营或探究长期存在的问题的可选解决方案的工程师，本书提供的见解将是无价的。作者对当今互联网技术的全面阐述和透彻分析是值得称赞的。

——Vint Cerf，互联网发明人之一，图灵奖获得者

《TCP/IP详解》是已故网络专家、著名技术作家W.Richard Stevens的传世之作，内容详尽且极具权威性，被誉为TCP/IP领域的不朽名著。本书是《TCP/IP详解》第1卷的第2版，主要讲述TCP/IP协议，结合大量实例介绍了TCP/IP协议族的定义原因，以及在各种不同的操作系统中的应用及工作方式。第2版在保留Stevens卓越的知识体系和写作风格的基础上，新加入的作者Kevin R.Fall结合其作为TCP/IP协议研究领域领导者的尖端经验来更新本书，反映了最新的协议和最佳的实践方法。